AF494018

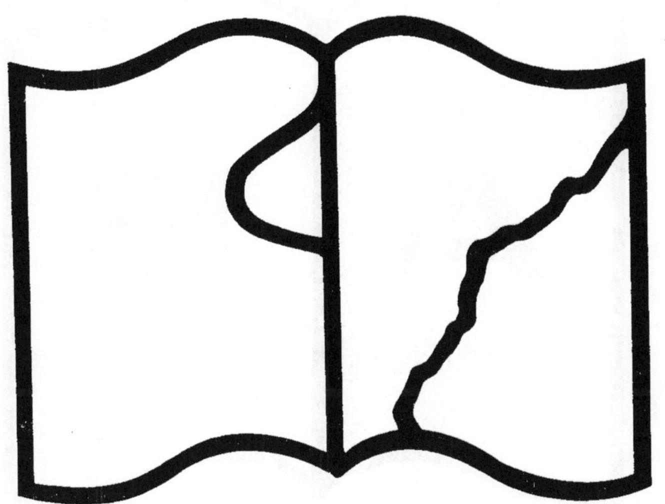

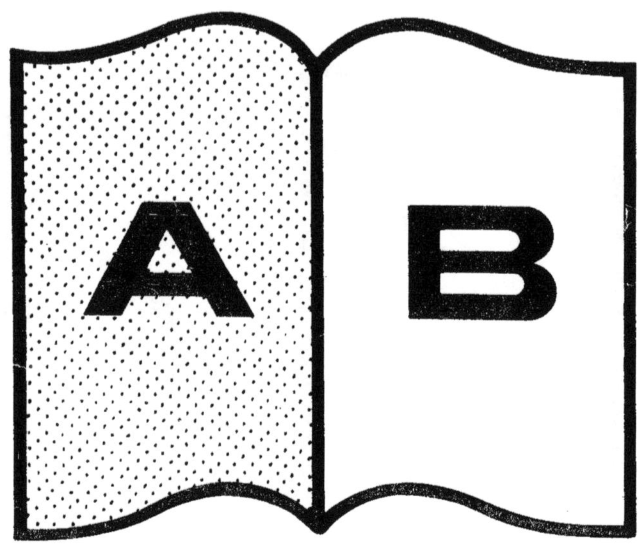

Contraste insuffisant

NF Z 43-120-14

HYDRAULIQUE AGRICOLE

APPLICATIONS

DES CANAUX D'IRRIGATION

DE

L'ITALIE SEPTENTRIONALE

ENVISAGÉS

SOUS LES DIVERS POINTS DE VUE DE LA SCIENCE HYDRAULIQUE,
DE LA PRODUCTION AGRICOLE ET DE LA LÉGISLATION

PAR

NADAULT DE BUFFON

INGÉNIEUR EN CHEF DES PONTS ET CHAUSSÉES,
PROFESSEUR D'HYDRAULIQUE AGRICOLE A L'ÉCOLE IMPÉRIALE DES PONTS ET CHAUSSÉES,
ANCIEN CHEF DE DIVISION AU MINISTÈRE DE L'AGRICULTURE, DU COMMERCE
ET DES TRAVAUX PUBLICS;
ASSOCIÉ ÉTRANGER DE L'ACADÉMIE ROYALE DES SCIENCES DE TURIN, ETC.

SECONDE ÉDITION.

TOME I.

PARIS
DUNOD, ÉDITEUR,
SUCCESSEUR DE Vor DALMONT,
Précédemment Carilian-Gœury et Vor Dalmont,
LIBRAIRE DES CORPS IMPÉRIAUX DES PONTS ET CHAUSSÉES ET DES MINES,
Quai des Augustins, 49.

1861

DOCIMASIE

TRAITÉ

[A]NALYSE DES SUBSTANCES MINÉRALES

A L'USAGE

DES INGÉNIEURS ET DES DIRECTEURS DE MINES ET D'USINES

PAR

M. L.-E. RIVOT
Ingénieur des mines, professeur de docimasie à l'École des mines.

PREMIÈRE PARTIE. — MÉTALLOÏDES.

PROSPECTUS.

La chimie est devenue une science tellement étendue, qu'il est difficile de se livrer à l'étude de toutes ses parties : ses applications sont nombreuses et importantes; les sciences et les arts industriels lui doivent une grande partie de leurs progrès.

Les principales publications qui ont été faites depuis un certain nombre d'années ont eu pour objet la chimie générale et la chimie organique. Bien peu de personnes se sont livrées exclusivement à l'étude des substances minérales, et c'est surtout dans les ouvrages publiés à l'étranger qu'il faut aller chercher les descriptions des procédés d'analyses et d'essais, applicables aux minéraux et aux minerais. Plusieurs de ces ouvrages ont un mérite incontestable ; mais ils sont écrits dans un but général, et ne se prêtent pas facilement aux recherches spéciales des ingénieurs et des directeurs de mines et d'usines.

Dans le *Traité de docimasie*, l'auteur s'est attaché particulièrement à résoudre toutes les questions scientifiques et industrielles qui se rattachent à l'examen des minéraux, des minerais les plus divers, des produits d'usines, des eaux minérales, etc. Il expose avec détails les principales méthodes qui peuvent être appliquées aux analyses exactes, ou seulement approximatives, des substances minérales, aux essais, par la voie sèche, des minerais et des produits d'usines. Chaque méthode est l'objet d'une discussion approfondie, dont le but est de montrer les causes de perte et d'erreur, et de faire comprendre dans quelles conditions les divers procédés doivent être employés, quels résultats on peut en attendre.

De nombreux exemples numériques permettent de se faire une idée suffisamment exacte de la composition des minéraux, des minerais et des produits d'art.

L'ouvrage est divisé en quatre parties :

La première, actuellement en vente, comprend tout ce qui est relatif aux métalloïdes ;

La seconde contiendra les alcalis, les terres alcalines et les terres ;

Dans la troisième se trouveront, comme applications des deux premières parties, les procédés d'analyse des eaux minérales, des matériaux employés dans les constructions hydrauliques, des engrais, des amendements, etc.;

La quatrième partie sera réservée aux métaux proprement dits.

EXTRAIT DE LA TABLE DES MATIÈRES

CONTENUES DANS LE PREMIER VOLUME.

EN VENTE

CHEZ DUNOD, ÉDITEUR

LIBRAIRE DU CORPS IMPÉRIAL DES MINES

49, Quai des Augustins, à Paris.

Paris. — Typographie HENNUYER, rue du Boulevard, 7.

HYDRAULIQUE AGRICOLE

APPLICATIONS

DES CANAUX D'IRRIGATION

DE

L'ITALIE SEPTENTRIONALE

SECONDE ÉDITION.

TOME I.

Paris. — Imprimé par E. Thunot et Ce, 26, rue Racine.

HYDRAULIQUE AGRICOLE

APPLICATIONS

DES CANAUX D'IRRIGATION

DE

L'ITALIE SEPTENTRIONALE

ENVISAGÉS

SOUS LES DIVERS POINTS DE VUE DE LA SCIENCE HYDRAULIQUE,

DE LA PRODUCTION AGRICOLE ET DE LA LÉGISLATION

PAR

NADAULT DE BUFFON

INGÉNIEUR EN CHEF DES PONTS ET CHAUSSÉES,

PROFESSEUR D'HYDRAULIQUE AGRICOLE A L'ÉCOLE IMPÉRIALE DES PONTS ET CHAUSSÉES,

ANCIEN CHEF DE DIVISION AU MINISTÈRE DE L'AGRICULTURE, DU COMMERCE

ET DES TRAVAUX PUBLICS;

ASSOCIÉ ÉTRANGER DE L'ACADÉMIE ROYALE DES SCIENCES DE TURIN, ETC.

SECONDE ÉDITION.

TOME I.

PARIS

DUNOD, ÉDITEUR,

SUCCESSEUR DE Vve DALMONT,

Précédemment Carilian-Gœury et Vve Dalmont,

LIBRAIRE DES CORPS IMPÉRIAUX DES PONTS ET CHAUSSÉES ET DES MINES,

Quai des Augustins, 49.

1861

AVANT-PROPOS.

Depuis 1852, la première édition de cet ouvrage (1) se trouvait épuisée. Mais les devoirs de mes fonctions publiques ne m'avaient pas permis, jusqu'à présent, de mettre la main à l'œuvre, pour faire les remaniements reconnus nécessaires. Une circonstance favorable s'est offerte récemment; la mission qui m'a été donnée en 1857, par S. E. M. le ministre de l'Agriculture, pour l'étude de la question des *endiguements*, en Italie, m'a permis de parcourir de nouveau ces mêmes contrées, que j'avais déjà visitées, en 1838 et 1840, au seul point de vue des irrigations.

J'ai pu alors recueillir les notes nécessaires à la rédac-

(1) 3 volumes in-8, avec Atlas. Paris, CARILIAN-GOEURY et V^{or} DALMONT, éditeurs, 49, quai des Augustins. — 1844.

tion de cette 2e édition, à sa simplification, à sa condensation ; c'est-à-dire que j'ai pu arriver à pouvoir présenter, sous un moindre volume, la masse des documents intéressant spécialement l'étude des *irrigations de l'Italie*, en supprimant des détails et documents accessoires, qui ne pouvaient être que d'un intérêt secondaire.

Les détails que j'avais cru d'abord pouvoir adjoindre à cette étude spéciale et concernant les canaux d'irrigation du Midi de la France, m'ont paru n'être ici que d'un intérêt secondaire. En effet l'état, malheureusement très-arriéré, dans lequel se trouvent, jusqu'à présent, nos travaux, relatifs à l'arrosage, ne peut certainement jeter aucun relief ni aucun enseignement quelconque sur les pratiques suivies, depuis plus de trois siècles, en Italie.

Au contraire les pratiques italiennes renferment, tant au point de vue de la théorie qu'à celui de la pratique, tous les enseignements applicables, aux perfectionnements qui sont désirables dans les arrosages actuellement effectués dans toutes les parties du globe.

C'est pourquoi j'ai jugé convenable de concentrer l'objet de cette étude spéciale, sur les *canaux d'irrigation* de *l'Italie septentrionale*, les considérant avec raison comme le type le meilleur et le plus remarquable qui puisse être cité pour modèle, aux localités pouvant jouir, d'une manière plus ou moins approximative, des rares avantages qui, sous ce rapport, ont fait des provinces du nord de l'Italie des localités exceptionnelles.

Voici l'économie de cette 2e édition, réduite à deux volumes, avec atlas de 28 planches sur cuivre.

L'ouvrage est divisé en huit livres. Après le discours

préliminaire, conservé de la 1re édition, le LIVRE Ier traite des canaux du Piémont, desservant principalement les territoires irrigables des provinces d'Ivrée, Verceil et Novare. Le LIVRE II donne la description des canaux, plus considérables, ouverts généralement depuis plusieurs siècles dans les provinces de Milan, Pavie, Lodi, Mantoue, Vérone, etc.

Le LIVRE III a pour objet l'étude et l'établissement des canaux d'irrigation, avec l'exposé des règles suivies pour la construction de ces ouvrages dans les provinces de l'Italie septentrionale.

Le LIVRE IV est consacré à l'examen sommaire des principes généraux de la pratique des irrigations, comprenant principalement : les notions de physiologie végétale, à l'aide desquelles on peut se rendre compte de l'action de l'eau sur les diverses organes des végétaux ; l'influence de la qualité des eaux ; l'effet des engrais et amendements sur les cultures arrosées ; les dispositions des rigoles, et les quantités moyennes de l'eau consommée par les arrosages.

Dans le LIVRE V sont examinées les principales *cultures arrosées*, en usage dans les provinces de l'Italie. Des additions importantes ont été faites à ce sujet en ce qui concerne : 1° des améliorations récemment obtenues dans la culture des *rizières;* 2° des détails pratiques sur la culture du *cotonnier*, plante essentiellement arrosable des climats chauds.

Les livres VI, VII et VIII ont pour objet les principes sommaires de la *législation*, de *l'administration* et du *contentieux* des canaux d'arrosage en Italie.

Enfin, comme appendice spécial à cette 2e édition en deux volumes, on y trouvera une *Revue bibliographique* comprenant l'analyse sommaire de quelques ouvrages, anciens et modernes, concernant la pratique des irrigations, principalement dans les diverses provinces de l'Italie, et dans les contrées d'un climat analogue.

Avec ces diverses améliorations et la suppression de tous les détails d'intérêt secondaire, cette édition peut être offerte au public comme comportant, sous une étendue restreinte, le maximum d'utilité pratique, à rechercher dans un livre ayant pour objet la description des ouvrages les plus remarquables qui aient jamais existé dans ce genre.

En effet ces ouvrages resteront comme un titre impérissable pour l'Italie, puisqu'ils auront eu pour conséquences incontestables :

1° De créer dans ces contrées une richesse territoriale inconnue sur aucun autre point du globe ;

2° D'établir que la science hydraulique y a été plus développée et plus perfectionnée qu'en aucun autre pays.

DES

CANAUX D'IRRIGATION

DE

L'ITALIE SEPTENTRIONALE.

DISCOURS PRÉLIMINAIRE

DE LA PREMIÈRE ÉDITION.

I. — But et avantages de l'irrigation.

Il est une grande et belle industrie, capable d'agir puissamment sur les progrès de l'économie rurale, et par conséquent sur la prospérité, de beaucoup de pays. Malheureusement trop peu connue jusqu'alors, l'irrigation, à laquelle chacun s'intéresse, est demeurée circonscrite dans un petit nombre de contrées, qui ont joui, comme à l'écart, des grands avantages qu'elle procure. Cette industrie demande à se propager ; les procédés qu'elle emploie ont besoin d'être popularisés, au grand avantage de la richesse publique.

L'irrigation est l'art d'obtenir de la terre, par un bon emploi des eaux, des produits plus abondants, plus variés, et surtout plus réguliers que ceux auxquels on peut prétendre par la culture ordinaire. Son but est d'augmenter les facultés productives du sol par l'emploi d'un agent naturel. Elle est donc la plus réelle, la plus permanente des améliorations que réclame l'agriculture.

L'irrigation est un art; car sa pratique consiste dans une suite d'opérations dont le succès dépend beaucoup du plus ou moins d'intelligence, du plus ou moins d'habileté qu'on y apporte. L'irrigation est une science; car, soit qu'on veuille envisager à fond le rôle qu'elle joue dans l'économie végétale, soit qu'on veuille s'assurer des moyens de la pratiquer, avec ordre et économie, par une exacte distribution des eaux, on est ainsi conduit, d'une part, jusqu'aux considérations théoriques les plus délicates, les plus inexplorées, de la chimie agricole; de l'autre, jusqu'aux problèmes les plus ardus de l'hydraulique. Il en est ainsi peut-être de beaucoup d'autres opérations analogues; toutes ont du moins leur théorie et leur pratique. Mais ici la théorie et la pratique, ou, en d'autres termes, la science et l'art, se trouvent plus étroitement unis que partout ailleurs; et les découvertes progressives de la science n'ont été nulle part aussi immédiatement mises à profit.

C'est une vaste étude que celle de l'irrigation;

non-seulement parce qu'elle se modifie, d'une manière notable, d'un climat à un autre, et dans des circonstances locales différentes ; mais encore parce qu'elle comprend plusieurs pratiques, essentiellement distinctes les unes des autres, dans leur but comme dans leurs moyens. Ainsi l'irrigation ordinaire d'été n'a rien de commun avec celle que, dans quelques contrées d'Italie, on effectue au cœur même de l'hiver avec certitude d'en tirer de grands avantages. L'usage de l'eau, pour les rizières, n'a aucun rapport avec celui qui a lieu sur les prairies et autres cultures irrigables de nature analogue. L'emploi des eaux claires et celui des eaux troubles, se placent encore dans des conditions très-dissemblables. Les unes, tout en stimulant la végétation, fatiguent et appauvrissent souvent le sol, qui a besoin d'être réparé en conséquence ; les autres, quand elles sont de bonne nature, non-seulement suppléent à ces inconvénients, mais, dans beaucoup de cas, fournissent encore à la terre, en sus de ce que consomme immédiatement la végétation, un excédant de sucs nourriciers (1).

A l'un et à l'autre de ces deux états, l'eau présente des avantages et des inconvénients particuliers.

Le Milanais et l'ancienne Égypte, fournissent les exemples les plus saillants de l'usage des eaux claires et de celui des eaux troubles.

(1) Les eaux de source et les eaux calcaires en général sont incontestablement dans la catégorie de celles que l'on ne peut employer qu'avec beaucoup de réserve, qui réclament toujours le concours des engrais, et qui sont souvent plus nuisibles qu'utiles.

Aujourd'hui on peut encore faire la même comparaison entre les irrigations de la Lombardie, effectuées presque exclusivement au moyen d'eaux limpides, et celles de la Provence, où l'on n'opère que sur des eaux plus ou moins chargées de matières terreuses. Ces divers modes d'irrigation seront examinés chacun en son lieu et avec les détails nécessaires.

Ce n'est point ici le lieu de parler des arrosages effectués à l'aide de machines. Il n'est donc question, dans ce traité, que de l'irrigation proprement dite, c'est-à-dire de celle qui s'effectue, avec ou sans barrage, au moyen d'eaux naturelles, coulant à un niveau convenable pour qu'elles puissent être dérivées, en quantité suffisante, sur toute l'étendue des terres à arroser.

Nul doute que l'irrigation ne soit bonne et utile, dans toutes les contrées et sous toutes les latitudes; il y a cependant quelques distinctions à faire sur ce point. Et d'abord, on doit remarquer qu'en partant des zones tempérées, à mesure qu'on s'avance vers le nord, l'humidité naturelle et moyenne de l'atmosphère, entretenue par la fréquence des pluies, augmente de plus en plus. On rencontre là ce qu'on a appelé, avec raison, les climats équilibrés; c'est-à-dire dans lesquels les alternatives de pluie et de sécheresse se trouvent à peu près réglées, d'une manière aussi favorable que possible au succès des cultures usuelles.

Dans ces contrées, l'irrigation pratiquée sur une grande échelle serait aussi coûteuse à établir que partout ailleurs, et ne donnerait que rarement des résultats capables de dédommager des frais qu'elle aurait occasionnés.

Mais les considérations relatives à la zone climatérique ne seraient pas suffisantes; la possibilité de l'irrigation sur une grande échelle réclame impérieusement des conditions hydrographiques toutes particulières; et, sous ce dernier rapport, la région éminemment propre aux irrigations dans notre hémisphère se place entre le 42e et le 46e degré de latitude.

On voit, par la carte générale (Pl. Ire de l'Atlas), que les magnifiques irrigations de l'Italie se trouvent essentiellement dans cette zone.

Mais pour expliquer complétement les conditions de leur existence, les considérations relatives à la zone climatérique ne seraient pas suffisantes.

Pour arriver à comprendre tout le bien que les eaux peuvent produire, en agriculture; pour expliquer, par exemple, les étonnants résultats de l'irrigation modèle du Milanais, il faut s'élever à des considérations plus étendues; il faut remonter jusqu'aux cimes des plus hautes montagnes, au milieu des glaciers et des neiges perpétuelles, et pénétrer, sinon en réalité, au moins par la pensée, dans ce vaste laboratoire de la nature, pour y chercher les causes de phénomènes naturels, ayant la plus grande influence sur le succès des grands arrosages. Je dirai donc brièvement quelques mots sur cet objet.

Les groupes des principales montagnes réparties

sur la surface du globe, s'élèvent à des hauteurs inégales, dans les diverses contrées appartenant aux deux hémisphères. L'Asie et l'Amérique du Sud présentent les plus considérables. Des cimes s'élevant de 5.000 à 7.800 mètres au-dessus du niveau de la mer et des cols, offrant des passages praticables de 4.000 à 5.000 mètres, donnent la mesure de leur grande élévation. Les montagnes d'Europe sont bien moins hautes; les plus hautes cimes des Alpes s'élèvent de 4.000 à 4.800 mètres, et les plus hautes cimes des Pyrénées de 2.800 à 3.400 mètres. Quant aux montagnes de l'Afrique, qui consistent principalement dans la chaîne de l'Atlas, leurs sommets atteignent à peine cette dernière hauteur.

Sans doute, rien n'est plus inaperçu dans le système du monde que ces petites aspérités de notre planète; puisqu'elles ne modifient pas plus sa forme générale que ne le font les inégalités de la peau d'une orange. Mais il n'en est pas moins vrai que, topographiquement parlant, l'existence des chaînes de montagnes joue un rôle de la plus grande importance dans la situation, bonne ou mauvaise, des contrées environnantes. Au point de vue dont il s'agit ici, le fait caractéristique de l'influence des hautes montagnes, consiste dans la propriété qu'elles ont, en pénétrant dans les régions froides de l'atmosphère, de conserver perpétuellement, autour de leurs points culminants et dans les hautes vallées qui s'y rattachent, des masses énormes de neiges et de glaces, qui paraissent être, dans ces âpres régions, aussi anciennes que le monde. Toujours fondues en partie, par les chaleurs de l'été, toujours restaurées par le retour de l'hiver, on ne saurait dire si elles tendent à diminuer ou à s'accroître; plusieurs savants physiciens sont pour cette dernière opinion et l'appuient de faits incontestables, qui tendraient à établir, comme une chose avérée, le refroidissement successif de notre planète. Néanmoins il reste des incertitudes à cet égard.

Quoi qu'il en soit, la fonte périodique de ces neiges, par l'effet de la chaleur solaire, est un phénomène naturel, de la plus haute importance pour l'irrigation. En effet, dans nos climats, dès le commencement du mois de mars, par l'influence des premiers beaux jours qui annoncent le retour du printemps, les neiges commencent à fondre; comme elles coulent sur des pentes très-rapides et sur un sol déjà saturé d'humidité, l'eau qui en résulte arrive presque en totalité dans les récipients inférieurs. A mesure que la température s'élève, la quantité d'eau augmente et atteint à son maximum, par l'effet des plus fortes chaleurs; puis elle décroît ensuite avec la même gradation jusque vers le milieu de l'automne, époque à laquelle les matinées fraîches et les nuits déjà longues ramènent, pour les neiges des hautes régions, un état de repos, auquel doit succéder un nouvel accroissement pendant la saison froide. Ces neiges et ces glaces s'accroissent donc pendant une seule époque, qui est celle de l'hiver : elles fondent et diminuent également, d'une manière continue, pendant une autre période, qui est celle de l'été; mais elles éprouvent deux fois dans la même année, c'est-à-dire au commencement du printemps et au milieu de l'automne, un même équilibre de température, pendant lequel elles n'éprouvent ni accroissement ni diminution.

A part des variations accidentelles et toujours minimes, l'accroissement et la fonte des neiges des hautes montagnes sont subordonnés aux variations de la température des contrées voisines. De sorte que c'est au milieu même des chaleurs solsticiales que l'on voit couler à pleins bords, au grand avantage de l'agriculture, les cours d'eau qui se forment dans les hautes régions, ainsi pourvues de neiges perpétuelles.

Dans la plupart des phénomènes de température qui s'observent à la surface du globe, il faut tenir compte, à la fois, de la chaleur solaire et de la chaleur terrestre. Mais en ce qui touche la fonte des neiges des montagnes, on doit ne considérer que la chaleur atmosphérique, ou de l'air ambiant; car, sous une enveloppe considérable de neige et de glace, la température propre de la terre approche extrêmement d'une quantité constante; tandis que, dans les localités ordinaires, la température des couches superficielles, dans lesquelles s'opère la végétation, se compose toujours de la chaleur propre ou centrale du globe et de la chaleur solaire, qui est très-variable d'une saison à l'autre, et qui modifie beaucoup les effets de la première.

Il est des rivières qui participent plus ou moins au produit de la fonte des neiges, opérée dans les régions supérieures de leur vallée et des vallées affluentes. Pour le plus grand nombre, ce n'est là qu'un mode d'alimentation secondaire, et les pluies de la saison d'hiver conservent généralement leur influence prédominante sur leurs crues, ordinaires ou extraordinaires.

Dans le voisinage des Alpes et des autres grandes chaînes de montagnes, il n'en est pas ainsi; la fonte des neiges et des glaces, infiniment plus régulière et plus modérée que la chute des eaux pluviales, y forme, comme je viens de le dire, le principal régulateur du régime des rivières. Et lorsque celles-ci sont devenues déjà considérables par le tribut d'un certain nombre d'affluents, alors les pluies qui tombent généralement en abondance, lors de la saison d'été, complètent cette première ressource et viennent assurer à ces rivières un volume permanent et régulier pendant toute l'année. Or, c'est là, comme on doit le concevoir, le plus grand avantage que l'on doive rechercher, en matière d'irrigations.

Telle est la situation privilégiée du Milanais, auquel on ne peut comparer, sous ce rapport, aucune autre contrée du monde. Mais, à des degrés moins avantageux, on trouve des situations analogues; notamment dans les autres provinces de la Lombardie, situées entre l'Adda et l'Adige; dans le Piémont; dans le midi de la France, soit au pied des Alpes, soit au pied des Pyrénées; en Suisse, notamment dans les plaines des cantons de Berne, de Lucerne et de Fribourg; enfin, depuis les bords du lac de Constance jusqu'au Danube, sur une très-grande étendue des territoires bavarois et autrichien, situés au pied du versant septentrional des Alpes tyroliennes.

Cette conservation des neiges, sur les points culminants de notre planète, est une des grandes harmonies de la nature, à laquelle on ne saurait attacher trop d'intérêt. Elle contribue puissamment à améliorer la situation hydrographique des lieux circonvoisins; car jamais les eaux courantes ne sont plus aptes à devenir une source féconde de richesses que lorsqu'elles remplissent bien ces deux conditions : abondance et régularité.

Il est remarquable que les principales divisions du globe jouissent, quoique peut-être à des degrés inégaux, de ce grand avantage d'avoir des régions assez hautes pour conserver des neiges perpétuelles. Seulement, on conçoit de suite que leur limite inférieure s'exhausse graduellement à mesure que la température du lieu est elle-même plus élevée.

Ainsi, cette limite, qui, dans les Alpes helvétiques, se maintient à peu près à une hauteur de 2.200 à 2.400 mètres, se trouve déjà remontée, par la différence du climat, de plusieurs centaines de mètres dans la chaîne des Pyrénées, où il reste fort peu de neige à la fin de l'été. La même limite, dans les Cordillères et dans les hautes montagnes du Tibet, régions beaucoup plus voisines de l'équateur, ne se rencontre qu'à près de 5.000 mètres d'élévation; ce qui excède les cimes les plus élevées de nos montagnes d'Europe.

C'est donc par suite d'une admirable prévoyance du Créateur que les hauteurs des principaux groupes des montagnes du globe se trouvent, à cet égard, dans un rapport convenable avec les latitudes sous lesquelles ils existent.

Si les plateaux des Cordillères et les pics de l'Himalaya, élevés de 7.000 à 8.000 mètres, eussent occupé la place des Alpes dans la région tempérée de l'Europe, ils n'y eussent pas conservé utilement une quantité de neige beaucoup plus grande que celle qui se maintient aujourd'hui aux abords du mont Blanc et des autres sommités de ces montagnes. Tandis que celles-ci, étant impuissantes à en conserver toute l'année la moindre quantité, dans la région équinoxiale, les plaines et les riches vallées de cette région eussent été à jamais privées des avantages dont elles jouissent, sous le rapport de l'abondance et de la régularité des eaux.

Les grands résultats obtenus par l'arrosage dans la Lombardie et le Piémont sont donc dus, en très-grande partie, aux avantages exceptionnels de leur position topographique et hydrographique. De sorte que ces mêmes résultats ne sont pas susceptibles d'être obtenus, du moins au même degré, dans des contrées moins favorisées sous ce rapport.

Mais c'est là, néanmoins, que l'on peut trouver les meilleurs enseignements et apprécier, à leur juste valeur, les avantages à obtenir de l'irrigation.

L'arrosage des terres est incontestablement une des améliorations agricoles dont on peut retirer les plus notables bénéfices. Cependant il faut bien se garder de l'assimiler à ces spéculations hasardées qu'on annonce comme devant, à coup sûr, tripler, décupler, les capitaux qu'on leur confie; car on doit raisonner, non pas sur des cas d'exception, mais sur les masses, en ne considérant que les résultats moyens. Or, les positions les plus favorables pour le succès des irrigations sont aujourd'hui occupées; les positions moins avantageuses ne pourront être utilisées qu'avec plus de frais, et par conséquent avec moins de profit. Enfin des difficultés accessoires de plus d'une espèce, telles que la grande division des héritages, et d'autres circonstances particulières aux habitudes de notre époque, existent, comme autant d'entraves, à la facile exécution des entreprises ayant l'irrigation pour objet.

S'il suffisait de déclarer que l'eau, employée avec opportunité en arrosages, est toujours profitable à la terre, on pourrait en toute confiance et sans hésitation se prononcer dans ce sens. Mais, en industrie, ce n'est pas ainsi que l'on raisonne. Pour qu'une entreprise quelconque puisse, sans incertitude, être réputée bonne et utile, il est essentiel qu'elle ne soit pas ruineuse pour ceux qui l'ont exécutée.

Il ne suffit pas qu'un propriétaire vous montre avec orgueil ses greniers pleins de gerbes, ses troupeaux bien nourris. S'il a dépensé 1 franc pour produire 90 centimes, vous vous rirez de ses spéculations, et vous penserez, avec raison, qu'il serait malheureux que ce particulier fût imité par beaucoup d'autres.

L'irrigation, qui constitue assurément l'amélioration foncière par excellence, est une entreprise de la nature de toutes les autres. Elle exige à la fois le concours de la terre, du capital et du travail; c'est-à-dire des trois sources de toute production. Elle ne peut donc être réalisée qu'après avoir nécessité des avances et des consommations préalables de toute nature. Ici, comme ailleurs, les produits bruts ne sont pas la mesure réelle du succès d'une entreprise. Il faut qu'il y ait produit net; c'est pourquoi il est utile d'étudier les principes mêmes de cette opération, dans les contrées où elle n'a donné que d'excellents résultats.

Je vais maintenant examiner rapidement quels ont été les progrès de l'irrigation : chez les peuples anciens, au moyen âge, et dans les temps modernes,

II. — De l'irrigation chez les peuples de l'antiquité.

L'irrigation paraît avoir une ancienneté égale à celle des premières sociétés humaines.

On peut suivre ses traces jusque dans les traditions des peuples primitifs qui se fixèrent, soit au nord de l'Afrique, soit au midi de l'Europe et de l'Asie; régions où, d'après les principales croyances, s'est trouvé placé le berceau de la grande famille humaine.

Les Hébreux soumettaient à un arrosage régulier les champs et les jardins. Il est question de cette pratique dans les livres de Moïse; et la Genèse, en parlant de l'Égypte, s'étend sur tous les avantages de cette terre fertile :

« Ubi aquæ ducuntur irriguæ. »

Il suit de là que près de deux mille ans avant notre ère, l'art de corriger les inconvénients d'un climat sec et chaud, à l'aide des irrigations, était déjà connu et exercé avec succès.

Les autres peuples dont l'origine remonte aussi aux temps les plus anciens sont successivement : les Égyptiens, les Chinois, les Persans, les Grecs et les Romains. Il est utile de dire quelques mots sur l'importance que ces différents peuples attachèrent tous à cet art essentiel.

Les Égyptiens occupent incontestablement le premier rang parmi les nations qui anciennement ont opéré la submersion des terres, comme moyen de fertilisation; chez eux, cette pratique, placée dans des conditions éminemment favorables et effectuée sur une très-grande échelle, a donné de suite des produits étonnants. Ce fut là que les autres peuples de l'antiquité allèrent d'abord apprendre comment les mêmes eaux, qui sont si souvent pour l'agriculture un fléau dévastateur, peuvent devenir pour elle un puissant élément de prospérité.

Tout le monde connaît au moins de nom les gigantesques travaux, établis dans l'ancienne Égypte, dès les temps les plus reculés, pour mettre en réserve les eaux qui devaient entretenir dans les plaines du Delta, cette fertilité extraordinaire, dont il paraît qu'aucune autre contrée n'a jamais offert d'exemple.

Les premiers rois de ce pays en rectifiant et creusant le cours du Nil, sur une très-grande longueur, en élevant, en outre, des digues longitudinales et transversales, avaient créé un système admirable pour une immense distribution d'eau ; mais il est essentiel de remarquer qu'un nombre considérable de vastes réservoirs, ou plutôt de grands lacs artificiels, faisaient la principale valeur de cette œuvre colossale.

Indépendamment du lac Mœris, sur les dimensions duquel les auteurs anciens paraissent avoir été en dissidence, mais qu'on doit considérer comme ne renfermant pas moins de 2 milliards de mètres cubes d'eau, plusieurs autres réservoirs artificiels, de la même ancienneté, accompagnaient le cours supérieur et moyen du Nil, depuis les montagnes de la Nubie jusqu'aux plaines de la basse Égypte, et constituaient le plus magnifique aménagement hydraulique et agricole qui ait jamais existé.

Les principaux étaient ceux de Memphis, de Meroë, de Copthos, d'Hermontis, etc. Ils occupaient des vallons entiers ayant de vastes superficies, et contenant généralement, même à leur niveau moyen, 1 ou 2 millions de mètres cubes d'eau, que l'on pouvait rendre disponible au fur et à mesure que le besoin s'en faisait sentir.

L'abondance extraodinaire, ainsi que le retour

périodique et régulier des crues annuelles du Nil, la facilité de répandre et de diriger à volonté ses eaux sur les vastes plaines de la basse Égypte, au moyen de digues d'une hauteur médiocre, ont été, depuis un temps immémorial, les causes déterminantes des grands résultats ainsi obtenus au profit de l'agriculture de ce pays, et de sa prodigieuse fertilité passée en proverbe dans le monde entier.

Au surplus, très-peu de contrées se trouveraient dans les conditions voulues pour pouvoir tirer parti des eaux comme on le faisait dans l'ancienne Égypte.

Dans les circonstances communes, le mérite des grandes irrigations, qui consiste partout dans l'abondance et dans la régularité des eaux, se tire du mode d'alimentation des rivières, dans les neiges des régions élevées. En Égypte, rien de semblable n'a lieu; car le Nil qui l'arrose prend ses sources dans les régions brûlantes de l'Abyssinie, où la neige, même sur les plus hautes montagnes, ne résiste que quelques heures à l'action d'une atmosphère toujours tiède. Mais les crues de ce fleuve sont alimentées, à peu près régulièrement, par des pluies d'une durée et d'une intensité inconnues partout ailleurs que dans les régions intertropicales; par des pluies que les auteurs anciens ont nommées avec quelque raison les cataractes du ciel. Il résulte de là que le Nil, d'abord encaissé entre des montagnes et collines, formant l'immense vallée de plus de 2.400 kil. de longueur, qu'il traverse dans les royaumes de Sennar et de Nubie, apporte sur les plaines de la basse Égypte une masse énorme d'eau, par laquelle ces plaines sont nécessairement submergées.

Or, toute inondation, livrée à elle-même, ne peut avoir qu'une influence fâcheuse sur le terrain qu'elle recouvre, d'un côté par l'entraînement du sol cultivable, occasionné par les courants; d'un autre côté, par l'inégale répartition des dépôts et atterrissements, qui se forment en d'autres endroits. L'art des anciens Égyptiens consistait à savoir retenir et distribuer habilement les eaux des débordements du Nil, de manière à les répartir, peu à peu, sur la totalité de la plaine; non-seulement dans le but de la saturer d'humidité, et de la préparer ainsi à recevoir l'action fécondante du soleil, mais surtout pour y effectuer, aussi complétement que possible, le dépôt du limon précieux, dont le Nil, après un si long trajet dans les terrains de toute nature, se trouve, si richement chargé, à la partie inférieure de son cours.

Des digues transversales au cours du fleuve, et prolongées jusqu'aux parties les plus éloignées de la plaine, avaient donc été construites; pour arrêter, temporairement, les eaux des crues et leur laisser déposer sur les terres ce limon fertilisant.

D'après l'époque des pluies périodiques dont il vient d'être fait mention, le Nil commence à croître vers le solstice d'été, et la crue parvient à son maximum au bout de trois mois, c'est-à-dire vers l'équinoxe d'automne. Il décroît ensuite graduellement pendant les neuf autres mois de l'année. Lorsque les eaux de l'inondation avaient atteint une certaine hauteur, déterminée par les nilomètres, auxquels on a toujours attaché une grande importance, on coupait les premières digues, élevées quelque temps auparavant, à l'entrée des canaux de distribution établis sur les deux rives du fleuve, et dirigés dans la haute Égypte, sous des directions plus ou moins obliques, vers les limites de la vallée. Parvenus au pied des montagnes qui la bordent, ces canaux se prolongeaient longitudinalement; mais d'autres digues transversales en interrompaient encore le cours par intervalles, et obligeaient les eaux à submerger régulièrement, de proche en proche, de grandes étendues de terrain. Plus les eaux s'élevaient en amont des digues, par la hauteur naturelle de la crue, plus s'étendait au loin leur féconde influence.

Quand la submersion avait atteint sa plus grande hauteur, et qu'il s'était écoulé un temps suffisant pour que le limon, tenu en suspension dans l'eau, eût pu se déposer sur le sol, alors les digues de retenue étaient elles-mêmes coupées, et les eaux, continuant de couler dans les canaux, allaient inonder les terrains situés en amont d'un nouveau barrage; puis, ainsi de suite, jusqu'à la partie la plus basse de la plaine.

On conçoit aisément qu'on pratiquait ainsi un vaste système de limonage, plutôt qu'une irrigation proprement dite. Les canaux ne servant qu'à transmettre les eaux, d'un bassin de retenue à un autre, étaient moins essentiels que les digues qui servaient à les arrêter.

Toute l'agriculture de l'ancienne Égypte était basée sur cet unique moyen d'amendement, et l'on attachait à juste titre un très-grand intérêt à tout ce qui concernait la marche de l'inondation annuelle du fleuve. Des nilomètres, placés sur les points les plus importants, servaient à en indiquer les progrès d'une manière certaine. Aux approches et pendant toute la durée de la crue, des préposés veillaient constamment sur ces nilomètres que des idées superstitieuses faisaient regarder comme profanées, si le vulgaire se fût permis sur eux un seul regard de curiosité. Ces préjugés se conçoivent par l'importance extrême qu'avait le débordement, pour l'immense population qui en attendait ses moyens de subsistance.

Suivant le témoignage de Pline, la meilleure hauteur du Nil était de 16 coudées, d'environ $0^{m},50$ de hauteur chacune; mais au delà de ce point, elle devenait dangereuse pour la conservation des digues et même pour les nombreux villages qui se trouvaient entourés par l'inondation. Il y avait famine en Égypte quand les eaux n'atteignaient qu'à 10 ou 12 coudées, sur le principal nilomètre qui était placé à la pointe méridionale de l'île de Rhoda, vis-à-vis le vieux Caire. Au contraire, quand l'inondation était complète et atteignait sa plus grande hauteur, de manière à pouvoir se répandre jusqu'au pied des premières collines, formant la vallée du

Nil, c'était le signe de grandes réjouissances dans le pays. Les crieurs publics, qui, dans tous les cas, devaient faire connaître au peuple les progrès des eaux, parcouraient alors les villes au son des instruments, accompagnés d'enfants qui agitaient des banderoles de diverses couleurs. Puis, s'arrêtant dans les carrefours de Memphis, Péluse, Hermopolis et Alexandrie, ils faisaient retentir ce cri de bon augure :

Dieu a tenu sa parole !

Le lac Mœris, ouvrage colossal, créé de main d'homme, aux temps les plus reculés, pour mettre en réserve, à l'usage de l'irrigation, un énorme volume des eaux du Nil, destiné à subvenir au cas où la crue ordinaire de ce fleuve ne serait pas assez abondande, était regardé avec raison, dans l'antiquité, comme une merveilleuse entreprise.

Suivant Pomponius Mela, sa superficie n'aurait été que d'environ 1.400 hectares ; mais, d'après les autres historiens, tels que Pline, Strabon, Hérodote, Diodore, elle n'eût pas été au-dessous de 12.000 hectares.

Si les auteurs anciens ne s'accordent pas sur les dimensions de cet ouvrage extraordinaire, tous s'accordent sur sa destination, qui ne pouvait être l'objet d'aucun doute, tant à cause du canal alimentaire d'environ 20 kilomètres de longeur, avec lequel il communiquait à la partie supérieure du Nil, que par l'existence des deux grandes pyramides de plus de

100 mètres de hauteur chacune, qui étaient établies au milieu même de ce vaste lac; et qui formaient, toujours sur la même échelle colossale, deux immenses nilomètres, gradués sur les quatre faces, et servant à régulariser, dans des proportions fixées par l'expérience, la distribution des eaux sur les terres qui se trouvaient privées de participer à l'inondation naturelle du fleuve.

Mais ce n'était pas seulement à des ouvrages gigantesques de cette nature que les anciens Égyptiens consacraient leur industrie; les travaux les plus modestes étaient aussi en usage parmi eux, quand ils étaient nécessaires pour remplir le grand but des arrosages. Ainsi la meilleure partie des terres de la haute Égypte, de même qu'un grand nombre de points des terrains inférieurs, n'étaient irrigués qu'à l'aide de machines, au moyen desquelles les eaux étaient élevées au-dessus de leur niveau naturel.

Les historiens s'accordent à établir que la vis d'Archimède fut inventée par ce célèbre mathématicien des temps antiques, dans un des voyages qu'il fit en Égypte, et qu'elle eut spécialement pour but l'irrigation.

Il est également hors de doute que les nombreux ouvrages d'art relatifs à la même industrie, tels que les aqueducs, ponts, ponts-canaux, siphons, etc., ont été tous connus et employés en Égypte, au temps de l'ancienne prospérité de cette contrée.

D'après la marche habituelle des eaux du Nil et les travaux qu'il fallait faire, plus de trois mois étaient consacrés chaque année à la submersion proprement dite. Ce temps, loin d'être perdu pour l'agriculture, était au contraire celui où la terre s'enrichissait le plus, au moyen des dépôts qu'elle recevait, des eaux rendues stagnantes.

Dès que les inondations étaient terminées, par l'ouverture des digues inférieures, il n'y avait plus alors qu'à retourner légèrement la terre, en y mêlant au besoin un peu de sable pour l'ameublir, puis à la semer immédiatement, sans engrais, sans aucune autre préparation. La première influence du soleil, sur cette terre ainsi fécondée presque sans travail, suffisait toujours pour y développer une végétation exubérante; de sorte que, deux mois à peine après le retrait des eaux, les campagnes se montraient toutes couvertes de grains, de fourrages, de légumes; ne donnant jamais moins de trois récoltes chaque année; et cela, on ne saurait trop le remarquer, sans aucun autre engrais que celui des eaux troubles du Nil, sans aucun autre labour que celui qui se pratique pour les jardins.

Ce peu de mots suffisent pour faire concevoir aisément que l'emploi des eaux pour l'agriculture, dans l'ancienne Égypte, a dû jouir d'une immense célébrité, et que l'aspect de cette contrée, soit pendant soit après l'inondation, devait être aussi admirable que nous l'ont retracé les historiens.

Le Nil continue toujours d'amener périodiquement des eaux fertilisantes sur cette terre classique; mais le temps et les révolutions ont détruit les ouvrages que l'antiquité avait fondés, et les ressources actuelles du pays ne suffiraient plus pour les rétablir, sur une aussi vaste échelle ; d'autant plus que le défaut d'entretien des digues et canaux a donné lieu depuis longtemps à des colmatages irréguliers qui ont modifié notablement les anciens niveaux de la vallée inférieure du fleuve. A la vérité une partie notable des terres de la basse Égypte est encore fécondée de cette manière, mais ces travaux ne sont presque rien, à côté de ceux qui existaient au temps des Pharaons (1).

La conclusion à tirer de ces détails, c'est qu'ainsi que cela a eu lieu pour la plupart des autres arts, l'irrigation peut être regardée par nous comme originaire de l'Égypte. Dans les paragraphes suivants nous examinons par quelles voies et dans quelles circonstances elle s'est propagée en Europe, en commençant par les localités où son emploi offrait le plus d'avantages.

La Chine est aussi un des pays où l'irrigation paraît avoir été le plus anciennement pratiquée. Placée entre le 25e et le 40e degré de latitude, cette contrée jouit de la température moyenne la plus favorable aux arrosages, et la grande chaîne de montagnes par laquelle elle est traversée alimente des eaux vives qui sont très-propres à les entretenir. Les voyageurs qui ont pénétré dans l'intérieur de ce pays ont remarqué que de nombreux canaux en sillon-

---

(1) Voir la note relative aux travaux modernes concernant le *barrage du Nil.*

naient les principales vallées, et que ces canaux servaient autant que possible à la navigation et à l'irrigation; que les plus petits ruisseaux y étaient utilisés dans le même but; et enfin que là où les eaux courantes n'étaient pas assez abondantes ou assez régulières, de nombreux réservoirs artificiels, formés dans la partie supérieure des vallons, venaient y suppléer et recueillaient ainsi les eaux pluviales, toujours abondantes en hiver, pour les distribuer sur les terres, pendant le temps de la végétation. Dans ce pays toute source pérenne, coulant à un niveau un peu élevé, est considérée, avec raison, comme un trésor pour l'agriculture, et les eaux en sont soigneusement utilisées. En un mot, depuis un temps immémorial, l'art des irrigations a été regardé chez les Chinois comme une des bases de l'agriculture, les travaux qu'elle exige, comme un des emplois les plus assurés des bras de la classe ouvrière.

Ainsi, dès les siècles les plus reculés, ce pays ne le cédait à aucune autre nation, par le soin que mettaient les habitants à recueillir, même à l'aide d'immenses travaux, les eaux nécessaires à l'entretien des irrigation; ce qui se conçoit aisément, quand on remarque que le riz forme la base de la nourriture de ce peuple industrieux.

L'Inde, la Perse, l'Assyrie et d'autres contrées de l'Asie Mineure virent établir, dans les siècles antiques, plusieurs de ces immenses réservoirs, obtenus non-seulement par le barrement des vallons, mais par d'immenses déblais, effectués à la partie supérieure de ces vallons; circonstance qui mettrait ce genre de travaux tout à fait hors des moyens d'action des peuples modernes.

Plus le climat était brûlant, plus il y avait intérêt à obtenir de puissantes réserves d'eau, disponibles pendant la saison des sécheresses. Aussi les principales ruines, appartenant à ces grandes constructions, existent-elles surtout dans des contrées, jadis riches et populeuses, dont l'agriculture ne pouvait prospérer que par l'emploi des eaux artificielles.

La plupart des antiques empires d'Orient nous ont laissé de semblables vestiges. Les trois réservoirs des jardins de Salomon, en *Palestine*, contenaient, ensemble, plusieurs millions de mètres cubes d'eau, qui se renouvelaient entièrement chaque année. Les îles de Java et de Ceylan ont des restes de grands barrages, en maçonnerie, qui avaient pour but l'aménagement des eaux d'irrigation, nécessaires aux cultures de ces contrées équatoriales.

Les anciens Persans, pour favoriser l'agriculture, avaient mis en honneur l'irrigation des terres, à l'aide d'immunités et de priviléges devant à coup sûr en faciliter l'extension. L'adapter à un terrain qui n'en avait pas joui encore donnait droit, pendant plusieurs années, d'être dispensé de certaines charges publiques. Si l'on en croit le témoignage de Polybe, les particuliers qui créaient des irrigations nouvelles, sur des terres improductives, appartenant au souverain ou à l'État, en acquéraient, par cela seul, la pleine propriété, pendant cinq générations consécutives.

De tels encouragements montrent combien ce peuple avait su apprécier l'utilité de favoriser, par tous les moyens possibles, un art aussi important.

Des traditions authentiques ne permettent pas de révoquer en doute que les Étrusques, et autres peuples très-anciens qui ont habité soit l'Italie, soit l'Asie Mineure, avant la domination romaine, n'aient aussi pratiqué l'irrigation. Ces peuples intelligents ont eu leurs historiens; les monuments qu'ils ont laissés prouvent que plusieurs d'entre eux avaient porté à une grande perfection tous les arts relatifs à l'agriculture.

Enfin les Grecs et les Romains, c'est-à-dire les deux peuples de l'antiquité dont les institutions et les mœurs nous sont les mieux connues, considérèrent cet art non-seulement comme une des sources de la richesse agricole, mais même comme un des principaux soutiens de la prospérité publique. Les détails qui suivent vont justifier cette assertion.

L'ancienne Grèce, ainsi que le nord de la Chine, avait son climat sous la zone la plus favorable au succès des irrigations. Aussi les divers peuples qui occupèrent jadis cette contrée se livrèrent-ils avec un soin particulier à l'irrigation des prairies, parce que celles-ci étaient la base de la nourriture du bétail, qu'ils regardaient avec raison comme leur principale richesse.

Les fêtes instituées en l'honneur de Palès, déesse qui présidait aux prairies et aux troupeaux, ont pris naissance dans les montagnes de la Thessalie; et les

Romains, qui les ont adoptées depuis, les trouvèrent en usage dans cette contrée.

On sait combien était grande l'importance qu'attachaient les Grecs et les Romains, à tout ce qui avait rapport aux troupeaux, aux prairies et à la multiplication du bétail. De cela seul on pourrait induire qu'ils s'étaient beaucoup appliqués à la pratique de l'irrigation. Mais des monuments encore sur pied et des traditions certaines ne laissent aucune incertitude à cet égard. Le traité d'agriculture de Caton et les écrits de Virgile en fourniraient seuls des preuves nombreuses. Le premier de ces écrivains, consulté sur l'espèce de propriété qu'il regarde comme préférable à toutes les autres, la désigne sous le nom de *solum irriguum ;* l'autre, recommandant aux bergers le soin de leurs prairies, leur dit : « *Claudite jam rivos,... sat prata biberunt.* » Plusieurs autres passages des *Géorgiques* de Virgile ont un rapport direct avec l'irrigation des prairies ; ce qui s'explique aisément, puisque le poëte, dès son enfance, avait eu sous les yeux les pratiques de cet art, exercé depuis une époque immémoriale dans les plaines de Mantoue, sa patrie.

En fait de monuments relatifs à l'irrigation, chez les Romains, il existe dans diverses contrées, et notamment en Italie, de nombreux vestiges de barrages, canaux, aqueducs et autres ouvrages d'art, qui paraissent remonter à l'époque des empereurs, depuis le règne d'Auguste jusqu'à celui de Théodose. Une inscription consulaire, gravée sur une plaque de marbre, actuellement incrustée dans une des faces latérales de la porte romaine de Milan, fait mention du barrage qui existait autrefois au pont de l'Archetto, comme un des ouvrages les plus remarquables qui eussent été construits par les Romains, pour effectuer des irrigations.

Comment s'expliquerait-on, d'ailleurs, que ce peuple, qui s'est signalé d'une manière particulière dans la conduite des eaux destinées pour l'usage des villes, par les constructions grandioses d'aqueducs, que l'on admire encore après plus de deux mille ans, ait négligé les travaux plus simples, mais non moins utiles, que réclamaient les conduites d'eau, destinées à l'agriculture?

Ces faits authentiques démontrent, avec évidence, que l'irrigation des terres a été constamment envisagée avec l'importance qu'elle méritait, par tous les peuples qui ont marqué dans l'histoire.

III. — De l'irrigation chez les peuples du moyen âge.

En abandonnant Rome pour Constantinople, les derniers empereurs avaient laissé l'Occident non-seulement faible et mal défendu, mais livré aux concussions et aux déprédations des agents d'un gouvernement corrompu. Pour renverser un empire si ancien et fondé au prix du sang de tant d'illustres guerriers, il ne fallait, dit Machiavel, ni moins d'impéritie dans les souverains, ni moins de corruption dans leurs ministres, ni moins de force et de persévérance dans les populations qui consommèrent sa ruine.

Suivant ce prince des historiens, ces peuples, nés dans les régions situées au nord du Rhin et du Danube, régions *génératives* et saines, se multipliaient d'une manière si rapide qu'à certains intervalles, une partie des leurs étaient obligés d'abandonner les foyers paternels pour aller chercher ailleurs des terres à habiter, des biens à posséder. Au moment de ces émigrations, ils procédaient, entre eux, d'après certaines formes légales, pour arriver à se décharger ainsi de l'excédant de population qu'ils ne pouvaient plus nourrir. Généralement, la totalité de la nation était partagée en trois classes, sensiblement égales, dans chacune desquelles toutes les conditions sociales se trouvaient représentées. Puis le sort décidait quelle était celle de ces trois classes qui irait chercher fortune ailleurs, tandis que les deux autres continuaient à jouir des biens de la patrie.

Après les Cimbres, qui furent défaits par Marius, les premiers peuples qui, partis des contrées du Nord, se dirigèrent ainsi vers les vastes possessions romaines, furent les Goths de l'Occident, plus connus sous le nom de Wisigoths. Ce peuple, qui eut longtemps le siége de son empire sur les bords du Danube, avait déjà assailli plusieurs fois, mais en vain, les principales provinces romaines; et la puissance impériale, quoique sur son déclin, était parvenue à le tenir en respect. Après les avoir glorieusement et longtemps combattus, Théodose les avait même définitivement réduits à son obéissance; de sorte que, satisfaits de marcher sous ses enseignes, les Wisigoths avaient cessé de faire aucune entreprise contre l'empire romain.

A la mort de ce prince, arrivée l'an 395 de J.-C., Arcadius et Honorius succédèrent au trône, mais non à l'habileté et à la fortune de leur père; de sorte que les choses changèrent soudainement de face. Par la trahison des trois gouverneurs que Théodose avait institués en Orient, en Occident et en Afrique, et d'après des conseils perfides qui furent donnés aux faibles successeurs de ce grand roi, les Wisigoths, imprudemment privés de leurs subsides, non-seulement se détachèrent de la cause impériale, mais tournèrent immédiatement leurs armes contre les provinces romaines, qu'ils avaient depuis longtemps convoitées. Dès lors, l'édifice croula de toutes parts, sur ses fondements; car les Francs, les Alains, les Bourguignons, les Vandales et autres peuples du Nord, déjà mus par le besoin de chercher, eux aussi, de nouvelles terres à conquérir, furent appelés à prendre part à ce grand et dernier assaut, que devait subir le colosse fondé par la puissance romaine.

Les Wisigoths, après avoir choisi Alaric Ier pour leur roi, remportèrent plusieurs grandes victoires dans l'Italie, qu'ils ravagèrent, et finirent par prendre Rome, qui fut pillée et saccagée peu de temps avant la mort d'Alaric, arrivée en l'an 412.

Le règne de ce conquérant, qui le premier enseigna aux peuples barbares le chemin de l'ancienne capitale du monde, est un des plus remarquables de l'histoire du moyen âge. Placé à la tête d'hommes turbulents et indisciplinés, avides de butin et de conquêtes, il ne put se servir d'eux que pour détruire. Néanmoins, pendant sa vie errante et dans le cours de ses expéditions, il parvint à jeter les fondements d'une monarchie militaire, qui s'établit pour plusieurs siècles, en Espagne et dans la Gaule narbonaise, où elle laissa, sous le point de vue dont il s'agit ici, des souvenirs fort importants. Alaric II, qui fut le dernier roi des Wisigoths, régna non-seulement sur la Péninsule, mais sur l'Aquitaine et sur l'ancienne Province romaine ; ce qui étendait sa domination le long des Pyrénées et sur toutes les provinces du Midi, depuis les Alpes du Dauphiné jusqu'au golfe de Gascogne.

Longtemps alliés des Romains, les chefs des Wisigoths étaient versés dans la connaissance des lois récentes qui venaient d'être codifiées, pour la première fois, sous le règne de Théodose. Voulant mettre ces lois en vigueur dans ses nouvelles possessions, Alaric II ordonna la rédaction d'un code particulier qui, à de légères modifications près, ne fut que l'abrégé du code Théodosien. Ceci explique comment, bien longtemps après le moyen âge, ces provinces méridionales continuèrent d'être régies par le droit romain, ou droit écrit, tandis que les provinces du Nord et du centre de la France étaient régies par le droit coutumier.

Au commencement du VIe siècle, Clovis, devenu

puissant par ses victoires, ayant défait l'armée des Wisigoths et tué de sa main Alaric II, dans les plaines de Poitiers, se trouva maître de tout le pays situé au delà de la Loire. Les vaincus continuèrent cependant de posséder au pied des Pyrénées une partie de l'ancienne province de Septimanie ainsi que le Roussillon et la Provence.

Mais au commencement du VIIIe siècle, un peuple nouveau qu'animait la soif des conquêtes, vint prétendre à son tour à la possession de ces riches contrées; et, après une courte résistance, le royaume des Wisigoths y fut détruit pour toujours.

L'empire, fondé par Mahomet, depuis à peine un siècle, avait grandi rapidement. A cette époque, l'Arabie, devenue la métropole des sciences, des arts et de la civilisation, voyait le croissant victorieux s'étendre du golfe Persique aux Pyrénées, sur les meilleures provinces de l'Europe méridionale et du nord de l'Afrique.

On ne peut se dispenser de remarquer encore que ces nouveaux conquérants semblèrent s'attacher, plus particulièrement que ne l'avaient fait les peuples précédents, à la possession des contrées où l'irrigation pouvait être pratiquée avec succès. Cela s'explique facilement. Les Arabes Nabathéens, habitant, sur les bords de la mer Rouge, les plaines voisines de la basse Égypte, avaient vu, par l'état florissant de cette contrée, ce que l'emploi des eaux peut produire de merveilles en agriculture. D'un autre côté, les Chaldéens, peuple pasteur de la même contrée, s'étaient, dès les temps les plus anciens, signalés par des découvertes étonnantes, dans l'astronomie et les mathématiques.

Héritiers des traditions de ces deux peuples, les Arabes conquérants, du VIIIe siècle, nés pour la plupart au milieu des plaines de sables, constamment desséchés par le vent du désert, et bien convaincus d'ailleurs des avantages que produisait l'introduction de l'eau sur les terres des climats chauds, ne pouvaient manquer d'attacher une immense importance à la possession des régions irrigables de l'Europe méridionale. Aussi est-ce précisément vers ces mêmes régions qu'ils ont surtout dirigé leurs efforts.

Leur intention, de tirer tout le parti possible des ressources de l'irrigation se montra avec évidence dès les premiers temps de leur conquête, et si leurs efforts n'eussent été en partie paralysés par trois siècles de guerres et d'anarchie, principalement dus au schisme qui résultait de la double puissance des califes d'Arabie et des califes d'Espagne, ce peuple eût signalé son arrivée en Europe par de grandes entreprises d'irrigation. Malgré tant d'empêchements, les Arabes n'ont pas tardé à faire faire à cet art les progrès les plus notables, par la continuation et l'agrandissement du système d'arrosage que les Wisigoths avaient eux-mêmes amélioré sur les Romains.

Dès que les premiers troubles qui suivirent leur conquête du midi de l'Europe commencèrent à s'apaiser, toutes les ressources de la paix furent dirigées vers l'amélioration de l'agriculture et notamment vers la création de nouveaux canaux d'arrosage. Une grande partie de ceux de l'Espagne et de ceux que nous possédons encore, en deçà des Pyrénées, remontent à cette origine. Mais ces pacifiques et utiles travaux durent de nouveau cesser au moment des guerres acharnées, qui, dès la fin du XIe siècle, éclatèrent entre les Maures et les Chrétiens.

Les Arabes et les autres peuples qui ont habité autrefois les côtes septentrionales de l'Afrique, n'ont négligé aucune occasion de construire des réserves d'eau destinées à l'arrosage. On voit encore aujourd'hui les restes, très-bien conservés, des barrages, en maçonnerie, construites, dès cette époque, dans nos provinces d'Alger, Oran et Constantine; notamment sur les cours du Sig, de l'Habbra, de la Mina, et autres torrents.

Les Arabes passent avec raison pour avoir été le peuple qui a le mieux connu le sol des provinces qu'ils avaient choisies pour leurs conquêtes. En effet, ils avaient donné à l'agriculture de ces contrées une impulsion qui, depuis, n'a pas été égalée. De tous les peuples du moyen âge, ils sont celui qui a attaché la plus grande importance à l'irrigation, et l'on peut les regarder comme les principaux fondateurs de cette belle industrie, dans le midi de l'Europe.

Il est infiniment remarquable de voir que, de nos jours encore, elle est pratiquée avec succès, dans diverses vallées des montagnes de l'Asie Mineure, par les Kourdes et par quelques autres peuplades indépendantes; car on présume que ces peuplades ont été originairement formées des derniers débris du peuple maure, expulsés de l'Europe; et dans tous les cas elles remontent, ainsi que lui, à la souche commune des Chaldéens.

D'après les observations qui précèdent on s'explique aisément comment, sous la domination des Wisigoths et sous celle des Arabes, les provinces faisant aujourd'hui partie du midi de la France, notamment le long des Pyrénées, virent s'ouvrir de nombreux canaux d'irrigation, dont la plupart subsistent encore aujourd'hui. Mais ils n'ont rien de remarquable ni par leur construction ni par leurs ouvrages d'art.

Du XIIIe au XVe siècle des dérivations importantes furent établies dans le Piémont, le Novarrais et la Lumelline. Parmi ceux-ci on distingue encore les Roggie *Busca* et *Gattinara*, exécutées dans le courant du XIVe siècle; le canal Langosco, dérivé de la rive droite du Tessin, territoire qui faisait jadis partie de celui du Milanais. Quelques autres canaux, dans cette contrée, ont eu une origine contemporaine.

Il n'est pas nécessaire de tant se rapprocher de nous pour trouver l'époque la plus remarquable de l'histoire des irrigations. Ce fut vers la fin du XIe siècle, c'est-à-dire environ trois cents ans après l'envahissement des provinces du Midi par les Sarrasins, que les premières croisades amenèrent un immense concours des populations européennes vers ces mêmes contrées d'Orient, où l'irrigation avait pris naissance. Alors l'impulsion que l'influence arabe avait déjà donnée aux entreprises de cette nature se trouva complétée, et les résultats s'en ressentirent bientôt.

Le fait capital de l'histoire des irrigations en Europe consiste assurément dans la création des deux vastes canaux qui, sur le territoire milanais, furent dérivés du Tessin et de l'Adda, l'un à la fin du XIIe siècle, l'autre au commencement du XIIIe. A eux seuls ils portent un volume d'eau régulier plus considérable que celui que formeraient par leur réunion tous les canaux d'arrosage du midi de la France.

On ne saurait trop remarquer que ces grands ouvrages, antérieurs à l'invention de l'imprimerie et à celle des écluses de navigation, remontent à l'époque reculée où les connaissances en mathématiques, et surtout en hydraulique, étaient encore nécessairement dans l'enfance.

Peu importe qu'ils présentent quelques imperfections dans leur tracé, que leurs pentes rapides offrent des difficultés à la navigation, qui s'est établie sur l'un d'eux, longtemps après son ouverture. Le but principal a été pleinement atteint. Ces deux canaux procurent ensemble l'irrigation à *près de cent mille hectares* de terrain, aujourd'hui d'une valeur inappréciable; et avant eux presque exclusivement formé de cailloux et de grèves sablonneuses.

L'imagination s'effraye en pensant à tout ce qu'il a fallu d'efforts et de persévérance pour la réalisation d'une telle conception à une pareille époque. Tout ce qu'on peut se dire de satisfaisant sur ce point, c'est que ces canaux sont contemporains des vastes et admirables basiliques, dont l'art chrétien a su tirer un si grand parti; car ils ont eu comme elles les ouvrages arabes pour modèles, la fin du moyen âge pour époque, et pour créateurs des architectes inconnus.

IV. — De l'irrigation chez les peuples modernes.

Le milieu du XVe siècle, époque en quelque sorte mitoyenne entre le moyen âge et la renaissance, fut témoin de découvertes et de travaux qui occupent une place importante dans l'histoire de la science hydraulique.

On fait remonter à l'année 1444 le remplacement de l'ancien barrage à pertuis de *Viarenna*, sur le canal intérieur de Milan, par une écluse de navigation, à sas et à doubles portes busquées. Cette construction faite sous le duc de Milan, Philippe-Marie, le dernier des Visconti, serait la première application des écluses à sas, qui eût été faite en Italie et probablement en Europe; car les plus anciennes des écluses analogues qui existent sur le canal de la Brenta, près de Padoue, ne remontent qu'à l'année 1481 ; et quant à celles qu'on dit avoir été employées en Hollande dès la fin du siècle précédent, elles étaient construites en bois, avec des portes d'un autre système, et ne pouvaient remplir le même but que les écluses d'Italie, qui ont au contraire été conservées, sans modification, jusqu'à nos jours.

Quoi qu'il en soit sur l'époque de cette grande

découverte, les incertitudes qui peuvent exister ne porteraient, dans tous les cas, que sur un espace de trois ou quatre années; car il est hors de doute que les écluses à sas étaient connues dans le Milanais, et déjà appliquées avec un plein succès, sur le canal intérieur de Milan, lorsque le duc François Ier Sforce succéda, en 1450, à son beau-père Philippe-Marie Visconti. François Sforce, prince éclairé et ami des arts, remplit le rôle de conciliateur, dans les guerres continuelles qui avaient lieu alors en Italie. On doit à son zèle pour le bien public les deux canaux entrepris dans les premières années de son règne, savoir celui de la Martesana et celui de Bereguardo, qui complètent si heureusement pour le territoire milanais le bienfait des irrigations, déjà en partie réalisé par les canaux du Tessin et de la Muzza.

Ces deux grands canaux, ouverts dans le moyen âge, antérieurement à l'invention des écluses, ont dû se passer de leur secours. Le premier cependant reçoit une navigation fort active, qui s'y effectue, à la remonte comme à la descente; mais à la partie supérieure, elle y est gênée par les trop fortes pentes. Les canaux de la Martesana et de Bereguardo ayant eu leur origine postérieurement à cette grande invention, sont au contraire pourvus d'écluses. Le premier, qui en avait d'abord deux, n'en a plus qu'une aujourd'hui et conserve encore de fortes pentes. Le second, au contraire, a onze écluses, sur un trajet de moins de dix-neuf kilomètres, et il ne reste à ses biefs qu'une pente presque insensible; ce qui ne l'empêche pas de fonctionner, très-bien aussi, comme canal d'irrigation.

Le XVIe siècle fut une admirable époque dans laquelle tout ce qui tenait au domaine de l'intelligence, aux nobles conceptions du génie, prit un essor capable de faire faire à la civilisation européenne, stationnaire depuis plus de dix siècles, ce pas immense que l'on a nommé la renaissance des arts et des lettres.

Cette époque fut signalée, en Italie, par des hommes vraiment extraordinaires; car la plupart des grands arsistes qui ont fait la gloire de cette contrée ne bornaient pas leurs succès à la peinture, à la sculpture et à d'autres branches des beaux-arts; ils excellaient aussi dans l'architecture, et plus particulièrement encore dans l'architecture hydraulique. Admis tous dans l'intimité de leurs souverains, qui eurent constamment pour eux la haute estime que méritaient leurs talents, ils leur étaient doublement utiles dans les loisirs de la paix et dans les nécessités de la guerre; car l'Italie à cette époque était très-agitée, et les papes du XVIe siècle devaient savoir revêtir le casque aussi bien que la tiare.

Bramante, Raphaël, Perruzzi, remplissaient à la fois les fonctions d'ingénieurs militaires et hydrauliciens, près des pontifes Jules II, Léon X et Clément VII. Ils les accompagnaient dans toutes leurs campagnes. Julien de San-Gallo rétablit les fortifications d'Ostie, par ordre du cardinal de la Rovère, qui fut depuis Jules II. Son frère, Antoine de San-Gallo, reçut d'Alexandre VI l'ordre de transformer en forteresse le mausolée d'Adrien, qui est aujourd'hui le château Saint-Ange. Ce même ingénieur construisit pour Paul III la citadelle d'Ancône, les fortifications de Pérouse, celles de la ville et du port de Civita-Vecchia. Ce fut lui aussi qui, parmi tous les ingénieurs de l'Italie, et d'après les profondes connaissances qu'il avait sur l'hydraulique, fut désigné par son souverain pour résoudre une question des plus graves, qui s'était élevée, au commencement du XVIe siècle, entre les habitants de Terni et ceux de Narni, relativement au débouché des eaux du lac de la Marmora. Dans le même temps, Léonard de Vinci résolvait, par la jonction des canaux de la Martesana et du Tessin, une difficulté regardée jusqu'alors comme insurmontable; tandis que Jules Romain, qui avait fui de Rome, à la suite de certaine faute, que la cour papale ne pouvait pas voir avec indulgence, utilisait dans l'exil, ses talents, comme ingénieur militaire et hydraulicien, en exécutant avec un plein succès, pour le duc de Gonzague, les fortifications de Mantoue et l'assainissement de cette ville, au milieu même des marais, formés par la stagnation des eaux du Mincio. Aujourd'hui ces eaux, aussi limpides que profondes, portent de nombreux bateaux, et viennent baigner le pied des murailles de la ville, regardée, jusqu'à ces ces derniers temps, comme une place imprenable.

On voit, par ces détails, à quels talents d'élite étaient confiés les travaux publics de l'Italie à l'époque de la renaissance.

Mais parmi ces travaux, il n'en est pas qui puissent approcher de l'importance des canaux d'irrigation, qui sont l'objet de cet ouvrage.

Or, c'est là un caractère très-remarquable des arrosages de l'Italie septentrionale, qu'ayant été obtenus généralement au prix d'immenses travaux, ils ont été assez productifs pour créer là une richesse territoriale, inconnue partout ailleurs, et une population plus condensée que sur aucun autre point du globe.

LIVRE PREMIER.

CANAUX DU PIÉMONT

DESSERVANT PRINCIPALEMENT LES TERRITOIRES IRRIGABLES

DES PROVINCES

D'IVRÉE, VERCEIL ET NOVARE.

CHAPITRE PREMIER.

SITUATION HYDROGRAPHIQUE, ORIGINE ET PROGRÈS DES IRRIGATIONS DANS CETTE CONTRÉE.

Situation topographique. — Plaines et montagnes. — Similitudes avec la Lombardie. — Ceinture formée des plus hautes montagnes de l'Europe. — Rivières et torrents. — Absence des lacs. — Eaux généralement limoneuses. — Direction des principaux canaux. — Leur répartition dans les diverses provinces. — Torrents où ils s'alimentent. — Richesse produite par ces canaux. — Canaux domaniaux et particuliers.

Le Piémont est la première région de l'Italie septentrionale qui confine à la frontière de France. Entouré par les Alpes et les Apennins, il comprend un territoire montagneux très-considérable, mais aussi une vaste plaine, enrichie des alluvions de nombreux cours d'eau; et celle-ci est une région privilégiée, pour le succès des irrigations.

A un moindre degré que la Lombardie, les provinces du Piémont occupant les plaines, et même la partie inférieure des versants, sont donc remarquables par le développement d'une industrie agricole très-florissante. Et cela s'explique tout naturellement, par suite d'une situation topographique et hydrographique, analogue à celle qui va être décrite plus loin, pour la Lombardie; et à laquelle correspondent les plus grands résultats qu'on ait jamais obtenus par l'irrigation.

Dans la ceinture de montagnes qui entourent le Piémont, à l'ouest et au nord, se trouvent les sommets du mont Cenis, du grand et du petit Saint-Bernard, du mont Blanc et du mont Cervin, dont les cimes, qui sont les plus élevées de l'Europe, ne s'élèvent pas à moins de 2.500 à 3.000 mètres au-dessus du niveau de la mer.

Ces groupes de hautes montagnes, conservant des masses énormes de glaces et de neiges perpétuelles, assurent aux cours d'eau qui en descendent un débit abondant, pendant toute la saison d'été. Et ceux-ci, enrichis de nombreux détritus, apportent dans la plaine des eaux fertilisantes, qui dès les temps les plus reculés, ont été pour les provinces d'Ivrée, Bielle, Verceil, Novare et Mortara, une source intarissable de richesse.

En jetant les yeux sur le plan général des rivières

et canaux qui occupent la partie septentrionale du Piémont (1), on voit, depuis la Doire de Suze descendant du mont Cenis, jusqu'au Tessin, ancienne frontière de la Lombardie, les cours d'eau, naturels et artificiels, dirigés généralement du N.-O. au S.-E.; c'est-à-dire qu'ils viennent tous, finalement, se déverser dans le Pô, coulant de l'est à l'ouest, dans le thalweg primitif, et que l'on a surnommé avec raison le colateur général des irrigations de l'Italie.

La Doire de Suze, petite rivière complétement torrentielle, qui, descendant du mont-Cenis, vient se jeter dans le Pô, un peu en aval de la ville de Turin, fournit, à la partie inférieure du vallon qu'elle parcourt, quelques irrigations privées, que, d'après la rapidité des pentes, on peut classer comme étant, dans la même catégorie que celles de la Suisse et du Tyrol, des *irrigations de montagnes.*

La *Sture* et la *Malesina* en alimentent très-peu. Mais l'*Orco*, placé dans des conditions meilleures, voit utiliser une plus grande partie de ses eaux. Entre autres dérivations d'une certaine importance, il alimente le canal de Caloso qui est une des quelques dérivations très-secondaires, ouvertes anciennement sur le torrent de la Chiusella.

Quant à la *Doire-Baltée*, elle descend des hauteurs du petit Saint-Bernard, et, après avoir parcouru la province d'Aoste, vient traverser celle d'Ivrée, où elle est la source nourricière des plus importantes ir-

---

(1) Pl. IV de l'Atlas.

rigations du pays. Indépendamment de plusieurs petites dérivations, ouvertes sur la partie supérieure de son cours, elle alimente le canal d'*Ivrée*, qui s'étend jusqu'à Verceil, et fournit lui-même les eaux de nombreux canaux secondaires.

On voit figurer, sur le plan général, les principales de ces irrigations qui sont celles de la *Mandria*, de *Cigliano*, d'*Asigliano*, de *Saluggia*, del *Rotto*, et de la *Camera*, qui toutes se dirigent vers le territoire de Verceil.

D'assez nombreuses dérivations, mais d'une importance secondaire, sont dérivées de l'*Elvo*. Mais la *Sesia*, dont ce torrent n'est qu'un affluent, rivalise avec la Doire-Baltée, en alimentant les nombreuses dérivations, qui font la richesse du territoire vercellais. Les *Roggie* (1), *Mora*, *Busca*, *Rizza-Biraga* et *Sartirana*, toutes dérivées de la rive gauche de la Sesia, sont les plus importantes de ces dérivations, dont plusieurs vont vivifier les territoires situés sur les provinces de Novare et de Mortara.

L'*Agogna* et le *Terdoppio*, rivières torrentielles qui coulent sur ces mêmes territoires, mais qui nont pas une alimentation assurée, pendant l'été, ne fournissent qu'une très-faible ressource aux irrigations du pays.

Entre le *Tessin*, qui s'alimente dans les immenses glaciers des Alpes, et qui, de plus, a son cours régularisé par la traversée du *lac Majeur*, fournit aux territoires de Novare et de Mortara deux impor-

(1) Voy. le Vocabulaire placé à la fin du tome II.

tantes dérivations, utilisées à la fois pour l'arrosage, et une navigation locale ; ce sont les Navigli *Langosco* et *Sforzesca*, dont la description est donnée avec détail dans les chapitres suivants, ainsi que celle des autres canaux qui viennent d'être rapidement indiqués.

Tels sont les points principaux du système hydrographique auquel le Piémont est, en grande partie, redevable de la prospérité de son agriculture, basée elle-même sur la plus grande extension possible des arrosages.

Les détails donnés dans le reste de ce chapitre vont préciser davantage l'ensemble de cette situation. Puis, dans les trois chapitres suivants, on trouvera la description particulière des divers canaux qui viennent d'être mentionnés.

La principale région irrigable du Piémont, qui s'étend sur les territoires d'Ivrée, Verceil, Novare, Mortara et Vigevano, se trouve comprise entre l'Orco et le Tessin. Cette région, entourée à l'est et au nord par les groupes les plus considérables des Alpes, où dominent le mont Blanc, le mont Vélan, le mont Cervin, le mont Rosa, se trouve sillonnée par de nombreux cours d'eau, coulant généralement du N.-E. au S.-E., ayant de fortes pentes et un volume considérable pendant l'été; attendu que la plupart s'alimentent dans les neiges perpétuelles, qui environnent ces points culminants du sol européen.

Les principaux torrents du Piémont ont leur débouché sur la rive gauche du Pô, et forment, entre Turin et Pavie, les affluents de premier ordre de ce fleuve. La Chiusella, affluent de la Doire, l'Elvo et le Cervo, affluents de la Sésia, complètent le système hydrographique de cette région, disposée, comme on le voit, de la manière la plus favorable pour le succès des irrigations.

Ces cours d'eau ne jouissent pas cependant, comme les principales rivières de la Lombardie, du rare avantage de s'alimenter dans de vastes lacs qui donnent à leur régime la régularité, si précieuse en matière d'arrosages. Ils sont soumis à des variations considérables, dans leur volume. Mais la condition essentielle de l'abondance des eaux, pendant l'été, se trouvant remplie, elle a suffi pour donner lieu, avec certitude de succès, à la création des nombreux canaux d'arrosage qui, depuis plusieurs siècles, ont été ouverts dans cette localité; et qui ont mis, peu à peu, son agriculture sur le pied florissant où on la voit aujourd'hui.

La principale circonstance par laquelle se manifeste, sur les eaux courantes du Piémont, l'absence des lacs que traversent, à leur partie supérieure, celles du Milanais, consiste dans l'abondance d'un sable fin, de couleur grise, et de nature schisteuse ou siliceuse, charrié par les rivières torrentielles et surtout dans la Doire, qui alimente les canaux du gouvernement. En général un peu de limon est plutôt utile que nuisible dans les eaux d'irrigation. Celui-ci agit d'une manière défavorable, par sa nature trop maigre, et par sa trop grande quantité. Malgré la vitesse des eaux, dans les canaux du pays, ce limon occasionne encore des atterrissements considérables qui rendent très-coûteuse l'opération du curage.

Dans l'énumération qui vient d'être faite, des cours d'eau utilisés dans les arrosages du Piémont, je n'ai point fait mention du Pô, qui y occupe cependant le premier rang ; car, encore bien que dans cette partie de son cours il ait conservé des pentes plus fortes que dans la Lombardie, son niveau est déjà trop déprimé pour qu'il puisse y être fait utilement des prises d'eau ; et d'après l'usage qui s'est établi très-anciennement de prolonger dans les terres les canaux d'irrigation, jusqu'à l'entier épuisement de leurs eaux, il ne remplit même que très-incomplétement ici la destination de colateur, qu'il a, plus loin, d'une manière très-marquée, relativement aux grands canaux du Milanais.

Le seul canal considérable qui soit dérivé de l'Orco est le canal de Caluso.

Les canaux dérivés de la rive gauche de la Doire-Baltée sont : 1° le canal d'Ivrée, qui est le plus important du pays; 2° le canal de Cigliano ; 3° le canal del Rotto. Quoiqu'ils ne soient pas navigables, ils portent tous les trois le nom de *Naviglio*, et alimentent un grand nombre de dérivations secondaires.

Les principaux canaux, dérivés de la Sesia, sont : 1° à gauche, les roggie Mora, Busca et Rizza-Biragua ; 2° à droite, les deux roggie de Gattinara.

Les canaux dérivés de la rive droite du Tessin sont le naviglio Langosco et le naviglio Sforzesca.

Les canaux dérivés de la Sesia et du Tessin sont les plus anciens du pays. Ils furent établis aux époques féodales, du XIII et du XIVe siècle ; et remontent ainsi à une époque antérieure à la constitution territoriale de cette contrée. Car ce fut au commencement du XVe siècle qu'Amédée VIII, premier duc de Savoie, réunit dans ses mains les domaines héréditaires des descendants d'Humbert aux blanches mains, fondateur de cette maison, au XIe siècle, et ceux des ci-devant comtes de Piémont. C'est depuis lors que ce dernier territoire n'a plus été séparé de la Savoie.

Cependant les deux vastes provinces du Novarais et de la Lumelline, situées sur la rive droite du Tessin, continuèrent d'appartenir au Milanais jusqu'en 1736, époque à laquelle elles furent cédées, par le traité de Vienne de ladite année, à Victor-Amédée III. Par suite des dispositions d'un autre traité de Vienne, plus voisin de notre époque, ces provinces firent retour définitivement aux rois de Sardaigne, de la même manière que le Piémont.

Les canaux de ce pays, qui ont été ouverts dans le courant du XIVe siècle, sont celui du marquis de *Gattinara*, ainsi que les canaux *Busca* et *Langosco*. Du XVe siècle datent : ceux d'*Ivrée*, *del Rotto*, de la commune de *Gattinara;* avec les roggie *Mora*, *Sartinara*, *Sforzesca* et *Rizza-Biragua*. Le XVIe siècle vit ouvrir le canal de *Caluso;* le XVIIe siècle, le canal d'*Ivrée*, qui avait été abandonné pendant quatre-vingt-sept ans ; le XVIIIe siècle, le canal de *Cigliano;* enfin le XIXe siècle, le canal *Charles-Albert*, création moderne qui, sous le rapport de l'irrigation, n'a point été entièrement satisfaisante.

Pendant longtemps les eaux des premiers canaux d'irrigation créés entre l'Orco et le Tessin, se distribuèrent sans règle précise, à peu près selon le besoin et les exigences des usagers. Ce fut en 1474, sous le règne de Philibert Ier, duc de Savoie, que l'on commença à prescrire, pour les eaux du canal d'Ivrée, une mesure de distribuion, fort imparfaite d'abord, mais qui fut le point de départ d'améliorations successives, arrivées, de proche en proche, jusqu'à la création d'un nouveau module métrique adopté par le gouvernement. Ici, comme cela se verra toujours ailleurs, l'introduction des règles sûres et précises dans la distribution des eaux d'irrigation, si sujettes au gaspillage, a été équivalente à l'émission de nouvelles eaux; ce qui, tout en améliorant la situation des canaux anciens, a encouragé l'établissement des canaux nouveaux.

La création successive de ces nombreuses dérivations vivifia, au delà des espérances que l'on avait conçues, les territoires irrigables des provinces d'Ivrée, Verceil, Novare et Mortara, situées entre l'Orco et le Tessin. Les deux dernières provinces surtout, comprenant l'ancienne Lumelline, éprouvèrent une transformation totale, par le fait des arrosages.

Cette localité ne présentait autrefois que des terrains presque incultes, les uns arides, les autres marécageux, où nulle culture régulière ne pouvait s'établir avec avantage; aussi elle était pauvre et dépeuplée, l'agriculture, le commerce, l'industrie, tout y était languissant et mort. Les choses ont bien changé : l'introduction des eaux sur ce sol ne produisant rien, y a réveillé les germes d'une fécondité inépuisable, qui eût été à jamais perdue. Aujourd'hui l'aisance et la prospérité ont succédé à la misère des anciens habitants, et une population nombreuse habite ces campagnes, devenues, comme la Lombardie, une des plus riches contrées de l'Europe.

Cet exemple remarquable vient confirmer un principe sur lequel j'appuie, plusieurs fois, dans le cours de cet ouvrage, savoir : que là où l'irrigation est facilement praticable, les bénéfices que l'on doit en attendre sont généralement d'autant plus grands que les produits du terrain qui y est soumis, étaient primitivement plus faibles. En effet, le bénéfice qu'on doit attribuer à l'irrigation, celui qui lui est propre, se compose de la différence entre les produits obtenus par elle et ceux qu'on aurait recueillis sans son secours. Or, pour peu que les eaux employées soient, par elles-mêmes, fertilisantes et bonnes, le sol le plus maigre, le terrain le plus ingrat deviennent, après quelques années du régime d'un arrosage bien dirigé, égaux, en valeur et en produits, aux terrains naturels les plus favorisés.

En France, où, à la vérité, la plupart des cours d'eau sont sujets aux étiages, mais où, jusqu'à présent, on ne s'est jamais occupé, à fond, à rechercher les causes fondamentales du succès des grands arrosages, le gouvernement n'a pas jugé convenable de créer, et encore moins d'exploiter par lui-même, aucun canal d'irrigation; et lorsque les circonstances lui en ont mis entre les mains, il s'est hâté de s'en défaire, en les offrant, même à titre gratuit, à des particuliers ou à des compagnies.

En Piémont, le contraire a eu lieu et chacun s'en est bien trouvé. Aujourd'hui les principaux canaux dérivés de la Doire, arrosant les territoires de Verceil et d'Ivrée, et qui étaient jadis des possessions particulières, ont été successivement acquis par le gouvernement piémontais.

Une administration spéciale, parfaitement dirigée, et secondée par des ingénieurs habiles, a mis sur un excellent pied ces canaux qui, tout en distribuant, aussi libéralement que possible, le bienfait des eaux à une agriculture florissante, produisent encore au trésor public des produits fort intéressants. Dans le tome II, où je parle spécialement de l'administration et du contentieux des canaux d'irrigation, on trouvera les détails nécessaires sur la gestion et l'exploitation, par l'Etat, des canaux du Piémont, qui forment, en ce pays, une branche de l'administration générale des finances.

Sous l'influence de ces circonstances favorables, la distribution des eaux d'irrigation a pris, sur le riche territoire compris entre l'Orco et le Tessin, un développement remarquable. Quoique la carte que je donne de cette localité ne présente que les artères principales de la féconde circulation dont elle se trouve dotée, on voit combien, depuis quatre siècles, il a été fait d'efforts heureux en faveur de son agriculture.

Les dessins d'ouvrages d'art relatifs à la transmission des eaux d'irrigation, à leur croisement en tout sens, annoncent aussi, par leurs formes variées, cette grande extension des arrosages. Il reste cependant encore beaucoup à faire dans cette contrée.

Les canaux dérivés, dans le XIVe et le XVe siècles, de la Sesia et de la rive droite du Tessin, pour l'irrigation des provinces de Novare et de Mortara, sont restés propriétés particulières des communes ou de quelques riches familles. Leur exploitation se fait généralement avec ordre et intelligence, par les soins de leurs propriétaires, qui choisissent leurs ingénieurs. Néanmoins, l'administration des canaux royaux, arrosant les territoires de Verceil et d'Ivrée, peut encore leur être citée pour modèle.

Les cours d'eau mentionnés ci-dessus, étant formés par les neiges des Grandes-Alpes, ont généralement beaucoup d'eau en été. Le contraire a lieu pour les affluents de la rive droite du Pô, qui naissent dans la chaîne secondaire des Alpes-Maritimes.

CHAPITRE DEUXIÈME.

CANAUX ROYAUX DU PIÉMONT, ALIMENTÉS PAR LA DOIRE-BALTÉE, AVEC LEURS DÉRIVATIONS SECONDAIRES, DANS LES PROVINCES D'IVRÉE ET DE VERCEIL.

CANAUX D'IVRÉE, — DE CIGLIANO, — DE SALUGGIA, — DEL ROTTO, — CAMERA ET AUTRES.

Canal d'Ivrée.

Dérivé, vers le milieu du xve siècle, de la rive gauche de la Doire-Baltée, sous les murs d'Ivrée; ayant 72.200 mètres de longueur sur 8^{m},60 de largeur réduite, et portant 388$^{onc.}$,50 (16^{mc},347 par seconde).

Historique. — Ce canal avait été ouvert, une première fois, en 1468, sous la régence de Yolande de France, femme d'Amédée IX, duc de Savoie. On sait que ce prince étant devenu, peu après son avénement, incapable de porter la couronne, la régence, longtemps disputée entre ses frères et sa femme, finit par rester à cette sœur de Louis XI.

Soit vice de construction, soit défaut d'entretien, le canal avait beaucoup à souffrir des ensablements, qui sont si rapides avec les eaux de la Doire; et il fut totalement abandonné en 1564.

Près d'un siècle plus tard, en l'année 1561, le lit du canal, alors en partie comblé, fut acquis par le marquis de Pianezza, qui le fit rouvrir à ses frais, et le mit, par la réintroduction des eaux, dans l'état où on le voit aujourd'hui.

Ce canal, qui portait jusqu'à ces derniers temps le nom de naviglio *del Borgo*, était autrefois et serait encore au besoin, navigable, pour des bateaux de petite dimension, qui servaient jadis à transporter, pour la consommation de la province, le produit des salines, existant dans le voisinage. Il paraît qu'avec cette double destination, il donnait des revenus assez considérables à la famille de Pianezza; elle l'a exploité pendant cent soixante-neuf ans. C'est seulement sous le règne de Victor-Emmanuel Ier, qu'en 1820, ce canal, avec toutes ses dépendances, fut acquis par l'État. Depuis, il a pris le nom de canal royal d'*Ivrée*, et il est régi par l'administration des finances, qui y a apporté de notables améliorations.

Description et tracé. — Le canal est dérivé de la rive gauche de la Doire-Baltée, au moyen d'une grande digue en maçonnerie établie obliquement sur la direction de cette rivière torrentielle, immédiatement au-dessous du pont, d'une seule arche, situé à l'entrée de la ville d'Ivrée, sur la route de Turin. Ce barrage-déversoir se continue, sur une grande longueur, au-dessous du mur de quai de la ville, depuis le pont susdit jusqu'aux martellières de prise d'eau. Le canal d'Ivrée, après un parcours de 72.200 mètres, pendant lequel il forme beaucoup de ramifications secondaires, aboutit à Verceil, en un point qu'on appelle le Pertuis (Incastrone), d'où le reste de ses eaux, recueillies dans un canal de fuite, vient déboucher dans la Sesia.

Les longueurs partielles et les largeurs décroissantes du canal principal sont distribuées ainsi qu'il suit :

	Largeur.	Longueur.
		mèt.
De l'embouchure à la Roca..........	8^{m},40	32.661
De là à San-Germano..............	7^{m},50	27.137
De là à Verceil....................	5^{m},40	12.402
Longueur totale.....................		72.200

Pentes.—Le canal principal, ainsi que les embranchements dont il va être parlé, ont de fortes pentes, qui excèdent généralement 0^{m},80 et même 1 mètre par kilomètre. Cela était nécessaire, d'après la grande quantité de limon ou de sable fin, tenue en suspension dans les eaux de la Doire, et dont les dépôts encombreraient promptement le lit des canaux, si une vitesse suffisante n'y était pas ménagée.

Des canaux secondaires, qui portent le nom de *naviletti*, forment les branches principales du canal d'Ivrée. Ils ont eux-mêmes des bouches de distribution et se ramifient, en de nombreuses rigoles, jusqu'à la consommation totale des eaux. Sur ces canaux secondaires, qui sont au nombre de huit, six appartiennent, comme le canal principal, au gouvernement. Les deux qui sont restés propriétés particulières sont : le naviletto de Livorno, dérivé, sur la rive droite, en face de Cigliano, et celui de Tronzano, dérivé, du même côté, en face de Santhia. Dans ces deux canaux privés, l'administration royale des finances a le droit d'introduire un certain volume d'eau, pour le transmettre à d'autres canaux secondaires dépendant du gouvernement.

Voici la distribution des six canaux secondaires dérivés du canal d'Ivrée, et appartenant à l'État. Le premier et le dernier sont les seuls qui soient situés sur la rive gauche ; les quatre autres ont leur dérivation sur la rive droite du canal principal.

DÉSIGNATION DES CANAUX.	LIEU DE LEUR embouchure.	LONGUEURS.	LARGEURS moyennes.
		mèt.	mèt.
Della Mandria	Borgo d'Alice. . .	17.079	4,00
De Tronzano	Santhia	7.188	3,00
D'Azigliano (ancien)	Tronzano	21.950	4,60
De Crova ou de Tane. . . .	Santhia	5.082	3,50
Del Termine	Santhia	2.450	2,40
De Salasco	S. Germano. . . .	5.942	4,00
De Robarello	S. Germano. . . .	4.161	2,50
	Longueur ensemble. . . .	65,852	

Outre ces principales branches, bien d'autres dérivations dépendent encore du canal d'Ivrée, et sont, comme lui, propriété domaniale. Voici l'indication de leurs longueurs, y compris celles de plusieurs sources affluentes dans le canal :

	mèt.
Canal de décharge, dei Travi	865
Canal des moulins de Pianezza	2.911
Id. de la Tour	1.063
Id. de Pratosecco	4.774
Canal de décharge d'Albiano	3.796
Id. de Tina	1.697
Id. de Borgo Masino	2.464
Id. della Margarita	1.346
Id. della Maddalena	158
Cavetto della Stella	904
Cavetto delle Lucre, et fontaine de Bagliona	3.163
Fontaines de Falasse et de San-Grato	620
Fontaines de Ronco et Ronchetto	530
	24.191

En réunissant cette longueur à celle qui est donnée dans le tableau précédent, on voit que l'ensemble des dérivations, formant une dépendance immédiate du canal d'Ivrée, occupe un développement total de 88.043 mètres, plus considérable de 15.843 mètres que sa longueur totale, qui est de 72.200 mètres.

Voici, à l'aide de numéros correspondants, placés sur la carte des canaux du Piémont, l'indication et l'emplacement des divers ouvrages, établis sur la direction principale du canal :

1. Pont sur la Doire, à l'entrée de la ville d'Ivrée, et origine du grand déversoir qui effectue la dérivation.
2. Embouchure disposée pour une portée de 60 roues de Piémont, ou de 466 onces milanaises. (7^{mc},304.)
3. Maison de garde.
4. Déchargeoir du Travi.
5. Canal du moulin de Pianezza.
6. Canal de décharge de la Tour.
7. Moulins de la Tour (inexploités).

8. Moulin de Pratosecco, sur le même bief que ceux de Pianezza.
9. Canal de décharge d'Albiano.
10. Pont-canal du Tamboletto.
11. Moulin de la commune d'Albiano. Il est mis en mouvement par l'émissaire du lac d'Azeglio ou de Viverone, qui a son débouché dans le canal d'Ivrée.
12. Déchargeoir de Tina,
13 et 13 *bis*. Moulins et usines de Gravellina.
14. Déchargeoir de Borgo-Masino. Pour rétablir dernièrement cet ouvrage, il a fallu reprendre sur les riverains l'ancien canal de fuite, qu'ils avaient usurpé.
15. Pont-canal de Gorla.
16. Déchargeoir de la Margherita se trouvant dans les mêmes circonstances que celui de Borgo-Masino.
17. Déchargeoir et maison de garde de la Maddalena.
18. Bâtiment étant autrefois un magasin à sel, quand le canal servait au transport de cette marchandise. Ce bâtiment est aujourd'hui une maison de garde.
19. Prise d'eau ou dérivation du naviletto de *Livorno*.
20. Prise d'eau du naviletto de la *Mandria* de *Santhia*.
21. Moulins, foulons à riz, et forge de la Bescarina.
22. Prise d'eau du naviletto de *Tronzano*.
23. Moulin et foulons à riz de Tronzano, mus par les eaux de ce canal.
24. Moulin et foulon de Santia.
25. Prise d'eau du naviletto de *Crova*.
25 *bis*. Moulin du Martinet.
26. Prise d'eau du naviletto *del Termine*, qui a son débouché, à une petite distance, dans celui de la Molinara.
27. Moulin près San-Germano.
28. Prise d'eau du naviletto de *Salasco*.
29. Magasins et foulons à riz de Salasco.
30, Prise d'eau du naviletto de *Robarello* (rive gauche).
31. Pertuis de Verceil où se termine le canal.

Les ouvrages d'art proprement dits, existants sur le naviglio, ou canal principal, sont distribués ainsi ;

savoir : de la prise d'eau à la Rocca, 22 ponts et 8 aqueducs; de là à San-Germano, 23 ponts et 1 aqueduc-siphon ; de là à Verceil, 9 ponts et 2 aqueducs. On compte en outre, sur le naviletto de la Mandria, 28 ponts et 6 aqueducs ; sur celui d'Azigliano, 24 ponts et 7 aqueducs ; sur celui de Crova, 4 ponts ; sur celui del Termine, 4 ponts ; sur celui de Salasco, 5 ponts et 5 aqueducs ; enfin, sur celui de Rabarello, 1 pont et 1 aqueduc. Les ponts, sur le canal principal, sont généralement en maçonnerie, ayant de 5 à 6 mètres de largeur entre les têtes, et de 6 à 9 mètres d'ouverture, suivant qu'ils sont vers la fin ou vers l'origine du canal. Les ponts, sur les naviletti, sont de même largeur entre les têtes, mais n'ont généralement que 3 à 3,^{m}50 de débouché. Les aqueducs servent pour la plupart à la transmission des eaux de dérivation, destinées aux arrosages ; ainsi qu'à celles de quelques ruisseaux, qu'on n'aurait pas pu introduire dans le canal.

En fait d'ouvrages d'art, il y a donc, en tout, sur le canal d'Ivrée, qui a 72.200 mètres de longueur, 57 ponts et 11 aqueducs ; et sur ses six dérivations principales, occupant ensemble 64.680 mètres de développement, 66 ponts et 19 aqueducs.

Je ne parle que des ouvrages dont l'entretien est à la charge du gouvernement ; car postérieurement à l'ouverture du canal et de ses principales branches, il s'y est établi un assez grand nombre de ponts et de ponts-aqueducs, construits et entretenus aux frais des parties intéressées.

On y compte encore neuf moulins et une forge; outre l'établissement de Salasco, composé de foulons et de magasins à riz; ces divers bâtiments et usines sont compris dans les baux que passe le gouvernement, pour l'amodiation des eaux.

Au moyen des divers embranchements dont il vient d'être fait mention, et des 73 bouches de prises d'eau, établies sur sa direction principale, le canal d'Ivrée distribue des irrigations à 32 territoires, qui sont ceux des communes suivantes : Ivrée, Albiano, Tina, Vestigné, Masino, Borgo-Masino, Moncrivello, Villareggia, Cigliano, Saluggia, Livorno, Bianzé, Borgo d'Alice, Alice, Trenzano, Santhia, San-Germano, Tronzano, Crova, Azigliano, Salasco, Cacine-di-Strà, Olconengo, Veneria-Vercellese, Casalrosso, Viemmino, Lignana, Selve, Dezzana, Costanzana, Stroppina et Verceil.

Portée, du canal, prix de l'eau, produits. — La portée du canal d'Ivrée, qui pourrait être plus considérable, est évaluée à 16^{mc},317 (1). Si cette quantité était employée uniquement sur des prairies, elle pourrait irriguer près de 15.000 hectares; mais indépendamment de l'eau perdue, en filtrations, le canal d'Ivrée entretient une assez grande quantité de *rizières* qui, ainsi que les jardins de la Provence, consomment moyennement le double de l'eau réclamée

(1) Cela correspond à 60 *roues* de Piémont, à 287,5 *modules*, ou enfin à 288,5 *onces* milanaises.

par une égale surface de prairies. Par ces motifs, la superficie arrosée n'est que d'environ 12.600 hectares ; ce qui est peu considérable si l'on remarque que le canal d'Ivrée s'enrichit, sur plusieurs points de son long parcours, du produit d'une assez grande quantité de sources, qui suppléent très-utilement à la consommation déjà faite, sur les terrains supérieurs.

Le prix de l'eau a varié sensiblement dans cette partie du Piémont, et il a beaucoup augmenté depuis que, le gouvernement ayant mis sur un excellent pied l'administration des principaux canaux, dont il est devenu acquéreur, l'agriculture a pu compter sur une complète régularité, si nécessaire dans cet usage des eaux. Anciennement le prix courant de la roue n'était que de 2.200 francs, ce qui mettait l'once milanaise au-dessous de 290 francs de loyer annuel. Mais depuis une vingtaine d'années, notamment depuis 1824, époque de la mise en ferme des canaux royaux, ce prix a doublé et dépasse aujourd'hui 580 francs l'once de 44 litres, ce qui approche de celui du Milanais.

Le gouvernement ne traite pas directement avec les particuliers, pour la vente et la location des eaux ; il y a des amodiateurs ou fermiers principaux, à qui l'on concède, par voie d'adjudication et par baux de neuf années, les eaux de tel ou tel canal, et ces entrepreneurs se chargent d'en faire la distribution en détail, aux particuliers, à des prix dont le maximum est fixé dans l'adjudication.

De 1824 à 1837, le canal d'Ivrée, y compris ses

principales branches, a été affermé ainsi, moyennant la somme de 116.591fr,67. Pendant la même période, les frais, à la charge du gouvernement, comprenant l'entretien général, et la construction de quelques ouvrages d'art, ont été moyennement de 30.000 francs par an. Depuis 1837, ce canal forme un seul lot d'adjudication, avec celui de Cigliano, dont il est question ci-dessous.

Canal de Cigliano.

Dérivé, à la fin du XVIIe siècle, de la rive gauche de la Doire, territoire de Villareggia, -- ayant 31.300 mètres de longueur, sur 8 mètres de largeur, — et portant 363 onces d'eau (15mc,972).

Historique, description et tracé. — Ce canal fut ouvert en 1785, sous le règne de Victor Amédée III. Il est dérivé de la Doire à environ 5 kilomètres en aval de la ville d'Ivrée, au lieu dit la Rona. Sa prise d'eau s'opère, comme celle du précédent, au moyen d'un barrage fixe, en maçonnerie, et de vannes régulatrices. Il se termine, après un parcours de 31.300 mètres, sur le territoire de Carisio, où le résidu de ses eaux vient déboucher dans l'Elvo. Sa largeur décroît graduellement depuis 8 mètres à son origine jusqu'à 4m,50 à son extrémité d'aval.

Ce canal alimente le naviletto de *Saluggia*, ouvert à la même époque, et auquel il ne fournit que 1mc,680(1), ce qui n'est pas le quart de sa portée effective, car il

(1) Cinq *roues* d'eau, ou 40 *onces* milanaises.

a une largeur de 5m.40 sur 1m.50 de profondeur et un développement de 15 kilomètres.

Dans le prolongement du Naviletto de Saluggia, se trouve celui de *Rive*, exécuté en vertu de lettres patentes de S. M. Charles-Albert, en date du 7 octobre 1837. Cette dernière dérivation a 19,740 mètres de longueur et 4 mètres de largeur.

Voici, sous la même forme que j'ai déjà adoptée pour le canal d'Ivrée, la désignation sommaire des divers ouvrages existant sur le canal de Cigliano et sur sa dérivation principale :

42. Prise d'eau et maison de garde.
43. Déchargeoir et canal de fuite.
44. Déchargeoir du château.
45. Déchargeoirs du fourneau, aujourd'hui sans usage.
46. Prise d'eau du naviletto de Saluggia.
47. Siphon pour le passage du naviletto de Livorno sous le canal de Cigliano.
48. Dérivation ou emprunt de 5 roues, de 39 onces d'eau, en faveur du canal d'Ivrée.
49. Bouche de restitution de cette quantité d'eau, augmentée d'une roue, ou en tout de 47 onces, en faveur de la partie inférieure du canal de Cigliano.
50. Pont-canal à l'aide duquel les eaux du canal de Cigliano passent au-dessus du canal d'Ivrée.
51. Chute au-dessus du canal de la Brunenga. En cet endroit, celui de Cigliano, au lieu d'être maintenu à mi-côte, sur la colline de Corisio, comme il y était d'abord projeté, descend par une chute au niveau de la plaine.
52. Prise d'eau du naviletto de *Berzetti*.
53. Extrémité inférieure et débouché du canal de Cigliano dans le torrent de l'Elvo.
54. Siphon de Saint-Jacques, au moyen duquel le naviletto de Saluggia passe sous le canal del Rotto, qui lui fournit en

ce point une seconde dotation d'environ 4^{mc},200 (1), moyennant lesquelles il alimente lui-même de nombreuses dérivations secondaires.

55. Ouvrage d'art de la Colombara, où se termine le naviletto en donnant naissance à ceux de *Magrelli*, de *Lucedio*, etc.

Les ouvrages d'art proprement dits, existant sur ces deux dérivations, consistent, 1° en 25 ponts et 5 aqueducs ou siphons, sur le canal principal; 2° en 25 ponts et 8 aqueducs sur le naviletto de Saluggia. Total, 50 ponts et 13 aqueducs. Plus, 7 moulins particuliers et une forge.

Les sept territoires sur lesquels se distribuent les eaux dérivées par le canal de Cigliano sont ceux des communes suivantes : Villareggia, Cigliano, Saluggia, Livorno, Bianzé, Tronzano, Santhia, Livorno, Vestigné et Carisio.

Portée d'eau, dépenses, produits. — Le prix de l'eau est le même sur le canal de Cigliano que sur celui d'Ivrée; c'est-à-dire d'environ 560 à 600 fr. l'once de Milan. La portée de ce canal, qui n'est pas tout à fait aussi riche que le précédent, est de 14^{mc},246 par seconde (2).

La superficie qu'il arrose, dans les mêmes circonstances que le canal précité, est d'environ 11,400 hectares.

De 1824 à 1837, le gouvernement a touché, pour

(1) 100 onces milanaises de 42 litres.

(2) Cela correspond à 48 roues de Piémont, ou à 363 onces milanaises.

le produit du fermage du canal de Cigliano, 37,300 francs par an; ses dépenses d'entretien, confondues avec celles qui concernent le canal del Rotto, dont il est question au paragraphe suivant, s'élèvent habituellement à 20,000 fr. Depuis cette époque, le produit a beaucoup augmenté; mais comme les adjudications comprennent maintenant plusieurs canaux, j'indiquerai ces produits en forme de résumé à la fin du chapitre suivant.

Canal del Rotto.

Dérivé, au commencement du XVe siècle, de la Doire, territoire de Saluggia, — ayant 12.200 mètres de longueur, sur $7^{m},40$ de largeur, — et portant $14^{mc},700$ par seconde.

Historique, description et tracé. — Ce canal, qui est la troisième et dernière dérivation de la Doire-Baltée, fut ouvert en 1400, par les ordres du duc Jean de Montferrat. A cette époque, la prise d'eau avait d'abord été établie sur le territoire de Saluggia; mais au bout de quelque temps, elle fut remontée jusqu'au territoire de Mazzé, au lieu dit Rivarossa, un peu en amont du pont en pierre, sur la route de Rondissone.

La longueur du canal est de 12,200 mètres et sa largeur, à son origine, de $7^{m},40$; sa profondeur, en contre-bas du couronnement des berges, est moyennement de $1^{m},80$. Il alimente une dérivation importante qui est le naviletto *della Camera*, dont la prise d'eau est près de Saluggia. La longueur de ce canal secondaire est de 36,660 mètres et sa largeur réduite de 5m,50. Le naviletto de Saluggia, dont il vient d'être question au paragraphe précédent, peut être regardé aussi comme principale dépendance du canal del Rotto; car on a vu qu'il tire de ce dernier, à l'endroit où ils se croisent, 100 onces d'eau, tandis que le canal de Cigliano, dans lequel il a son embouchure, ne lui en fournit que 40. Au moyen de ces deux grands embranchements qui se ramifient principalement, l'un à l'est, l'autre au midi, le canal del Rotto verse à la fois le résidu de ses eaux dans la Sesia et dans le Tessin.

Voici les divers ouvrages qui se trouvent sur la ligne du canal principal :

56. Embouchure du canal dans la Doire, voisine de celle du canal de Cigliano.
57. Déchargeoir et maison de garde.
58. Prise d'eau de la Roggia de la Camera.
59. Bouches de Saint-Jacques, où se termine le canal royal del Rotto, et où il distribue 100 onces d'eau aux diverses roggie de *Bianze*, de *Livorno*, d'*Apertole*, etc. Sur le naviletto de la Camera, qui longe la rive gauche du Pô, on distingue plusieurs moulins et autres constructions qui sont disposés ainsi qu'il suit :
60. Moulins de Saluggia.
61. Moulins de la campagne,
62. Moulins de Crescentino.
63. Moulins de Cazavino.
64. Moulins de Fontanetto.
65. Moulins de Palazzuolo.
66. Moulins de Trino.
67. Cavetto de *Morano* appartenant au gouvernement.
68. Partiteur du Trino, où le canal se termine en diverses

ramifications, à peu près à égale distance de Trino et de Robella.

Il y a, sur la direction principale, 14 ponts et 3 aqueducs, et sur l'embranchement de la Camera, 31 ponts et 5 aqueducs; total 45 ponts et 8 aqueducs.

Les communes sur lesquelles se distribue l'irrigation sont les suivantes : Saluggia, Crescentino, Fontanetto, Palazzuolo, Trino, Grangia di Pobietto, Torrione, Morano, Balzala, Villanova, Balono, Livorno, Lucedio, etc.

Portée d'eau, dépenses, produits. — Le volume d'eau que porte régulièrement le canal del Rotto est de 14^{mc},700$^{lit.}$, ce qui fait un peu plus de 46 roues de Piémont, ou 350 onces milanaises.

Tant en prairies qu'en rizières et autres cultures, il arrose 10,800 hectares.

Du 1824 à 1837, l'amodiation de ses eaux ne rapportait annuellement que 43,300 fr. Depuis cette époque, l'adjudication de ce canal, formant un seul lot avec celui de Saluggia, auquel il fournit aussi des eaux, a été passée moyennant la somme de 83,200 fr.

Les frais d'entretien annuel, qui ne varient pas beaucoup, sont compris dans les 20,000 fr. mentionnés à l'article précédent.

CHAPITRE TROISIÈME.

SUITE DES CANAUX ROYAUX DU PIÉMONT, DANS LES PROVINCES D'IVRÉE ET DE VERCEIL.

Canal de Caluso.

Dérivé, vers le milieu du XVIe siècle, de la rive gauche de l'Orco, sur le territoire de Castellamonte, — ayant 28 kilomètres de longueur, sur 7 mètres de largeur, — et portant 10[m.c.],920 (1), dans la province d'Ivrée.

Historique. — Le maréchal duc du Cossé-Brissac, seigneur feudataire de Caluso, conçut, en 1556, le projet de doter d'un canal d'arrosage cette contrée, qui souffrait beaucoup de la sécheresse. Il obtint en conséquence, de Henri II, roi de France, la faculté de dériver le volume d'eau nécessaire, du torrent de l'Orco, près de Castellamonte, et de traverser, pour conduire ce canal à Caluso, les territoires dépendant des domaines royaux de Castellamonte, Bairo, Aglié, ainsi que ceux qui dépendaient du duché de Montferrat. En mai 1559, le maréchal de Brissac s'occupa de l'acquisition des terrains, et fit à cet égard, les conventions et transactions nécessaires, tant avec les particuliers qu'avec les communes.

Plusieurs de celles-ci, reconnaissantes d'un si grand

(1) 260 onces milanaises.

bienfait, procuré à la localité, s'obligèrent spontanément à indemniser, sur leurs ressources disponibles, les propriétaires de terrains à céder; pour éviter ainsi les difficultés et les retards qui auraient pu avoir lieu, si le fondateur du canal avait eu à traiter directement avec eux. Il résulta de là que, dès avant la fin de l'année 1560, ce canal, ouvert sur toute sa longueur, pouvait déjà fournir un assez grand volume d'eau, à l'irrigation et aux usines.

Le duc de Savoie, Emmanuel-Philibert, étant rentré dans la possession de cette contrée, confirma par lettres patentes du 18 mars 1560, la concession faite au maréchal de Brissac. Mais celui-ci, vers la fin de 1562, aliéna à la marquise de Montferrat le fief du canal de Caluso, cession qui fut confirmée par lettres patentes du duc de Savoie, du 18 août 1563. En 1594, le duc de Mantoue, seigneur de Montferrat, céda de nouveau la propriété de cet ouvrage aux comtes de Valperga ; après quoi il subit encore divers changements de mains, qui finirent par entraîner de longs procès.

En 1746, l'acquisition du même canal ayant été proposée au duc de Savoie, Victor-Amédée II, ce souverain consulta son administration des domaines, et celle-ci fit procéder, par des hommes de l'art, à une estimation détaillée, d'où il résulta que le canal de Caluso, qui ne portait encore que 72 onces d'eau (1), pouvait être acheté 167.210 liv. ; et rapporter un re-

(1) 3^{mc},024.

venu net d'environ 4 p. 100 de ce capital. Cette acquisition fut consentie, et le domaine royal de Piémont devint définitivement propriétaire de cette dérivation, le 17 avril 1760, c'est-à-dire deux cents ans après la date de son ouverture.

Depuis cette époque, diverses ordonnances de Charles-Emmanuel III eurent pour objet, l'agrandissement et l'amélioration de ce beau travail ; le projet des galeries de Saint-Georges, dont il va être parlé plus loin ; le prolongement du canal jusqu'à l'établissement royal de la Mandria, la reconstruction de la prise d'eau, en amont de son ancienne position, pour une portée de 30 roues ; l'adoption d'un module régulateur, enfin, plusieurs règlements importants, rendus sur la police des eaux, furent les principales améliorations effectuées sous le règne de ce souverain.

Ce fut vers 1786, que l'ingénieur Contini, qui était alors directeur des canaux royaux du Piémont, inventa, principalement pour le canal de Caluso, le module particulier, dont il est question dans le chapitre consacré à cet objet. Ce module, qui fut assez longtemps en usage sur plusieurs autres canaux du même pays, donnait ce que l'on appelle encore aujourd'hui, la petite once, *once de Contini*, ou once de Caluso, dont le produit est de $\frac{1}{5}$ au-dessous de l'once ordinaire de Piémont. Ce même module, qui, sous le rapport de sa disposition, est analogue à celui de Milan, servit de base à toutes les concessions d'eau du canal, à partir de son acquisition par l'État. Ces anciennes concessions y existent encore, au nombre de 42.

Le roi Victor-Amédée III faisait ses délices du beau domaine de la Mandria, où, vers la fin du dernier siècle, il avait naturalisé un troupeau de 3 à 4,000 mérinos, qui réussirent et firent un grand bien dans le pays. Dans le mois de mars 1801, sous l'administration française, cet établissement fut mis en ferme et l'on y affecta 52 onces d'eau, à prélever sur le canal de Caluso, quantité plus que suffisante pour l'irrigation des 7.600 hectares dont se compose ce domaine. En 1823, le roi Victor-Emmanuel l'affecta spécialement, ainsi que le canal, à la société pastorale; mais celle-ci ne peut faire de concession d'eau qu'à titre provisoire ; le gouvernement s'étant sagement réservé le droit exclusif de statuer sur les concessions à titre définitif.

Description et tracé. — Le canal de Caluso est dérivé, sur le territoire de Castellamonte, de la rive gauche de l'Orco, au point même où celui-ci reçoit les eaux des deux torrents secondaires, de Piova et de Rivotorto. Sa dérivation s'effectue à l'aide d'un barrage fixe, en maçonnerie; il traverse les territoires des communes de Castellamonte, Bairo, Aglié, San-Giorgio, Montalenghe, Orio, Barone, Caluso et Massé ; sa longueur totale est de 27.972^{m}, depuis sa prise d'eau, jusqu'à l'entrée du domaine royal de la Mandria, où il se termine, par l'épuisement de ses eaux, avant d'arriver à la Doire.

Sa largeur est au plafond de $5^m,70$, et d'environ 8 mètres à la surface de l'eau. Sa profondeur moyenne au-dessous du niveau général de la campagne, de 2 mètres, et sa hauteur d'eau de $1^m,20$. On évalue à 217 hectares la superficie totale du terrain qu'il occupe, y compris ses digues, francs-bords, canaux de fuite, etc.

Les pentes du canal sont très-considérables; mais j'ai peine à croire que la pente moyenne aille à plus de $3^m,70$ par kilomètres, ainsi que cela résulterait d'un travail fait, en 1827, par M. l'ingénieur Michela; travail dont cependant j'ai été à même de vérifier l'exactitude, sur d'autres points essentiels.

Les ouvrages d'art les plus importants du canal de Caluso, sont les suivants :

1° La grande digue qui défend son embouchure contre les eaux de l'Orco. En 1812, elle fut construite en pierre de taille, sur une longueur de 78 mètres, après une crue terrible qui avait menacé d'envahir toute la partie supérieure du canal. Un grand déchargeoir et le partiteur de Castellamonte, font suite à cette digue. Aux abords, les berges sont revêtues de perrés sur une grande longueur. Dans le même lieu se trouve une maison de garde.

2° Les galeries de Saint-Georges, ouvrage remarquable, pour l'époque où il fut entrepris (1764); la première, nommée galerie Bioleto, a 693 mètres de longueur; la seconde, appelée galerie Fenoglio, a $723^m,80$ de longueur. Elles ont une section commune, dont les dimensions sont : $3^m,08$ au niveau du radier;

3^m, 60 aux naissances des voûtes qui sont en plein cintre, et 4^m,55 de hauteur sous clef. Les voûtes et pieds-droits sont en moellons, de fortes dimensions; l'intervalle qui sépare ces deux galeries, est occupé par une tranchée de 43 mètres de longueur, dont 37 mètres sont recouverts par un pont-aqueduc, au moyen duquel les eaux du canal franchissent celles du petit torrent de Madenzone.

3° 27 ponts-canaux, parmi lesquels on distingue ceux de Malesina, de Rivo alto, de Louisetto, de Fenoglio, etc.; 23 ponts en maçonnerie, 4 travées sur culées en pierre, 8 ponts-canaux, entretenus par des particuliers et communes; total, 86 ponts ou ponts-aqueducs.

4° 1.455 mètres courants de revêtement de berges, en maçonnerie à mortier, et 1.372 mètres en pierres sèches; plus, 6.469 mètres de pavé sur le fond du canal, tant pour empêcher les filtrations, que pour lui conserver sa pente régulière.

On distingue encore, sur sa direction, divers ouvrages moins importants, tels que : maisons de garde, déchargeoirs, partiteurs et bouches de prise d'eau; pour les dérivations secondaires, appartenant tant aux communes qu'aux particuliers. Ses eaux mettent en mouvement trois moulins, une forge et une filature; usines assez importantes, occupant ensemble 22 roues hydrauliques.

Portée, valeur de l'eau, superficie arrosée, prix de l'eau. — Le volume d'eau dérivé par le canal de Caluso a été successivement augmenté. De 1760, époque à laquelle il devint propriété domaniale, jusqu'en 1800, les concessions ne s'élevaient qu'à 326 onces de Contini, ce qui correspond à 176 onces milanaises (1). Depuis cette époque, les améliorations successives rendirent ce canal capable de porter 38 à 40 roues de Contini, c'est-à-dire 260 onces milanaises (2); c'est effectivement le volume d'eau qui y entre, et qui y a été constaté par des jaugeages exacts, faits en 1823 et 1824. Néanmoins, le volume effectivement distribué en arrosages n'est que de 227 onces, les 37 onces de différence, représentent donc la quantité d'eau perdue ou absorbée par les filtrations, par l'évaporation, ou par quelques abus dans leur consommation.

Nous verrons dans le livre suivant, que l'on a fait plusieurs fois, sur les grands canaux du Milanais, cette même comparaison, qu'il serait très-utile de répéter, dans l'intérêt de l'art des irrigations; car on arriverait ainsi à connaître quel est, moyennement, le déchet que doit subir, par les filtrations, le volume d'eau, introduit dans un canal placé dans des circonstances données; en mettant à part, bien entendu, tout ce qui aurait lieu pendant les premières années, sur les canaux nouvellement construits.

On estime en Piémont, que l'once de Contini irrigue 50 journées de terrain, de 38 ares chacune. Cela

(1) $7^{mc},392$.
(2) $10^{mc},920$.

correspond à un peu plus de 35 hectares par once milanaise, de chacune 42 litres par seconde. Cela est bien en rapport avec les quantités d'eau employées dans les localités analogues; car, sans les rizières, qui diminuent la superficie arrosée, celle-ci se calculerait à raison de 37 hectares par once; ce qui, dans le climat du Piémont et du Milanais, correspond à l'emploi le plus économique de l'eau; pour les prairies et les cultures analogues. La superficie irriguée par les eaux disponibles du canal de Caluso, devrait être, d'après cela, de 7.945 hectares; mais il paraît qu'il se perd un peu d'eau, puisqu'en réalité, la superficie arrosée, n'est que d'environ 7.000 hectares.

De 1760 à 1800, le prix de l'eau s'est maintenu sur son ancienne base qui était de 2.000 à 2.500 fr. la roue de Contini. Elle était donc cotée au taux très-bas d'environ 335 francs l'once de 42 litres; mais depuis, la concurrence a fait hausser ce prix jusqu'à 550 francs et plus; en location, bien entendu.

Estimation du canal, dépenses, produits. — L'administration des canaux, qui a opéré de grandes améliorations sur le canal de Caluso, ayant désiré, il y a environ vingt ans avoir une évaluation approximative du capital qu'il représente; elle a été donnée, en 1823, par les ingénieurs, ainsi qu'il suit :

	fr.
Valeur du sol	40.000
Terrassements	195.000
Barrage, embouchure, canal d'amenée, etc.	35.000
A reporter	270.000

Report......	270.000
Déchargeoir, partiteurs, maison de garde...	40.000
Galeries S^nt-Georges et pont-canal attenant...	300.000
Ponts et ponts-canaux en maçonnerie.....	85.000
Pont en bois..............................	11.000
Rigoles et petits canaux en bois pour l'irrigation..............................	1.200
Murs de soutènement à mortier...........	30.000
Murs de revêtement à sec.................	40.000
Défense des rives et soutien des terres......	1.200
Pavé sur le fond du canal.................	15.000
Partiteurs d'Arré, de la Mandria, etc........	10.000
Frais de rédaction des projets et de surveillance des ouvrages.....................	25.800
Dépense totale.................	829.200

La dépense annuelle pour l'entretien de ce canal est évaluée moyennement à.......	7.000
Les salaires d'employés, gardes et conducteurs, s'élèvent à......................	5.000
Total des frais annuels (1)..........	12.000

Les produits ordinaires du canal se sont augmentés, au fur et à mesure des améliorations qui s'y sont réalisées. En 1800, lorsqu'il ne portait encore que 175 onces, le revenu annuel était de 23.533 francs, non compris le produit des concessions éventuelles, qu'il a toujours été d'usage de faire, à tant par jour,

(1) Rapportés à la dépense du premier établissement, ces frais correspondent aux proportions suivantes :

Pour entretien proprement dit.	0f,84 p. 100.
Pour main-d'œuvre.	0f,60 p. 100.
Ensemble.	1f,44 p. 100.

à tant par mesure de terrain. Il résulte d'un état dressé par l'ingénieur Michelotti, qu'en 1807, qui fut une année de sécheresse, ces concessions temporaires, ou éventuelles, s'élevèrent à plus de 14.000 fr.

Dans l'état actuel des choses, les produits nets du canal de Caluso ne figurent que pour 27.000 fr. dans l'adjudication des eaux disponibles des canaux du gouvernement; mais cette adjudication ne comprend pas : 1° le fermage des moulins et usines; 2° le produit des 8 roues d'eau affectées au domaine royal de la Mandria, lesquelles, au prix ancien de 2.000 fr. l'une, représenteraient 17.600 francs; et représentent effectivement, aux prix actuels, plus de 30.000 francs.

Récapitulation du produit des eaux disponibles des canaux du gouvernement, en Piémont.

Ainsi que je l'ai dit précédemment, la direction des canaux, successivement acquis par le gouvernement dans les provinces de Verceil et d'Ivrée, est confiée à l'administration des finances. Depuis 1824, les eaux, restant disponibles sur ces canaux, sont affectées, par baux de neuf années, à des adjudicataires principaux, qui traitent seuls avec les propriétaires riverains, pour la vente ou la location, en détail de ces eaux, dont le prix s'est successivement accru, à mesure que l'agriculture en a tiré un meilleur parti. Le bail courant qui date du 1er janvier 1846, a donné, comparativement aux précédents, des résultats avantageux. Voici comment sont actuellement groupés, pour cette adjudication, les divers canaux qui viennent d'être décrits :

	fr.
Les canaux d'Ivrée et de Cigliano, avec leurs principales dérivations, notamment avec le naviletto de la Mandria de Santhia, sont amodiés, en un seul lot, moyennant la somme annuelle de..................	260.600
Les canaux del Rotto, della Camera et de Saluggia, forment également ensemble un seul lot, qui a été soumissionné pour.	83.200
Le canal de Caluso est affermé............	27.000
Le nouveau canal d'Azigliano, dérivé du canal d'Ivrée, près Tronzano, rapporte environ..............................	22.000
Le nouveau canal de Rive, dérivé du naviletto de Saluggia récemment achevé, rapporte aussi, à partir de 1843, environ.................................	18.000
Montant total des eaux adjugées.....	410.800

Cette somme dépassera prochainement 500.000 fr., d'après les projets arrêtés et les travaux actuellement en cours d'exécution, par les soins du gouvernement. Dans le total ci-dessus on voit déjà figurer, ensemble pour 40,000 francs, les deux canaux d'Azigliano et de Rive, qui sont de construction récente ; de sorte que de jour en jour leur produit doit s'accroître rapidement. D'autres projets très-utiles dont je dirai quelques mots dans le chapitre suivant peuvent encore, s'ils sont mis à exécution, accroître considérablement les revenus que le gouvernement est en droit d'attendre de cet utile emploi de fonds. Ne perdons pas de vue toutefois que le revenu net, produit par la location des eaux disponibles d'un canal d'arrosage, est bien rarement une mesure exacte des avantages qu'il représente.

Car si, comme cela a lieu sur tous les anciens canaux, il y a eu des donations ou aliénations, les eaux, qui ne figurent plus que pour mémoire dans les produits actuels, n'en sont pas moins profitables que les autres à l'agriculture.

Si le fondateur du canal en consomme, par lui-même, une certaine partie soit pour l'irrigation, soit pour des usines, ces quantités, qui ne comptent pas non plus dans la vente des eaux, ne sont pas pour cela des non-valeurs.

CHAPITRE QUATRIÈME.

CANAUX PARTICULIERS SITUÉS DANS LES DIVERSES PROVINCES DU PIÉMONT. — PROJETS DIVERS. — RÉSUMÉ.

Canaux dérivés de la Sesia, comprenant principalement, les Roggie Gattinara, Mora-Busca, Rizza-Biraga et Sartinara. — Canaux dérivés du Tessin comprenant principalement les navigli Langosco et Sforzesca. — Canaux de la rive droite du Pô. — Canal Charles-Albert. — Autres canaux secondaires. — Résumé des irrigations du Piémont.

I. — Canaux dérivés de la Sésia.

ROGGIA GATTINARA (1re).

Le plus ancien canal dérivé de la Sesia est celui qui fut ouvert dans le commencement du XIVe siècle, par le marquis de Gattinara, alors feudataire de la plus grande partie du territoire situé sur la droite de cette rivière; il est resté la propriété de cette famille.

Sa dérivation, qui est la troisième de la Sesia, a lieu sur le territoire de Gattinara, province de Verceil; elle s'effectue au moyen d'un barrage, mobile ou temporaire, qui ne fonctionne que pendant la saison des arrosages. A 13.600 mètres en aval de la prise d'eau, le canal se divise en deux branches; l'une conserve le nom de *Roggia di Gattinara*, l'autre porte celui de *Cavo delle Baragie*. La Roggia, qui se termine sur le territoire d'Oldenico, où elle débouche dans l'Elvo, a une longueur totale de 24.640 mètres, sur une largeur réduite d'environ 3^{m},60 à l'origine. Le Cavo a 12.320 mètres de longueur sur 2 mètres de largeur. Le parcours total de la dérivation appartenant à la famille de Gattinara est donc de 36.960 mètres.

Les communes traversées, tant par la direction principale, que par la branche secondaire, sont les suivantes : 1° Gattinara, Lenta, Gistarengo, Arborio, Greggio, Albano, Aldenico; 2° Gattinara, Lenta, Roasenda, Cascine di San-Giacomo, Buzenzo, Bollono.

Il y a procès entre les propriétaires des sept canaux dérivés de la Sesia; car quoique ce torrent, qui s'alimente au pied des neiges du mont Rosa, roule en été un volume d'eau considérable, il n'est pas suffisant pour alimenter complétement ces divers canaux, selon les besoins de l'agriculture. D'après cela, jusqu'à ce qu'une décision ait été prise, par l'autorité supérieure, sur cette grave question, les volumes d'eau, autorisés pour chaque dérivation, ne sont réglés que provisoirement.

Ainsi le canal dont il s'agit, qui avait été ouvert pour porter 200 onces d'eau, n'en reçoit actuellement que 60, et n'irrigue que 1.800 hectares. Il paraît qu'autrefois il rapportait de 75.000 à 80.000 francs ; aujourd'hui ce revenu doit être très-diminué, par la réduction qui a lieu dans le volume des eaux.

ROGGIA GATTINARA (2me).

Elle fut ouverte, vers 1482, sur la rive droite de la Sesia, territoire de Romagnano, province de Novare. Les eaux sont dérivées au moyen d'un canal d'amenée, qui prend naissance au barrage, établi plus haut, pour la roggia *Mora*. Les martellières régulatrices sont situées sur le territoire de Gattinara. Ce canal, qui n'arrose que les terres de la commune dont il porte le nom, se termine vers le territoire de Lena, après un parcours d'environ 4 kilomètres.

Par suite des contestations pendantes, relativement au volume d'eau, à dériver dans les sept canaux qu'alimente la Sesia, celui de la commune de Gattinara ne reçoit qu'une dotation provisoire de 15 onces, servant à l'irrigation minime d'environ 500 hectares de prés, appartenant à divers habitants de cette commune, qui considèrent ce canal comme leur propriété collective. Ils ont en conséquence le droit d'arrosage, sans payer aucune taxe, et perçoivent, à leur profit, les 5 ou 6.000 francs de fermage que produisent plusieurs moulins, mus par les eaux du canal.

ROGGIA MORA.

Ce canal, qui est aujourd'hui la propriété des familles Saporiti et de Beauregard, fut ouvert à une époque des plus reculées, par la ville de Novare. En 1481, le duc de Milan, Louis Sforce, dit le *More*, à cause de son teint basané, fit élargir cette roggia et prolonger son cours jusqu'à la rencontre du canal Sforzesca, en aval de la ville de Vigevano.

C'est la prise d'eau la plus élevée de celles qui ont lieu sur la Sesia, elle s'opère sur la rive droite de ce torrent, au moyen d'un barrage fixe, sur le territoire de Romagnano, province de Novare. La longueur de la dérivation est de 52.000 mètres. Les autres territoires qu'elle traverse sont ceux des communes de Ghemme, Sizzano, Fara, Vignale, Novare, Trecate, Cerano, Cassolo et Vigevano.

La portée moyenne de la Roggia Mora, qui a 7 à 8 mètres de largeur, pourrait être de $14^{mc},280^{lit}$ (1); mais, d'après les réductions, exigées par l'insuffisance des eaux, le volume qu'elle reçoit n'est provisoirement que de 86 onces ; sur quoi encore il y a un assez grand nombre de concessions gratuites, faites à perpétuité et remontant à une époque très-ancienne. Aussi, le produit du canal qui n'est plus que de 20 à 22,000 francs n'est qu'une faible partie de ce qu'il aurait pu être. L'irrigation d'environ 3.000 hectares se distribue, en proportions variables, entre tous les territoires que traverse le canal, depuis Ghemme jusqu'à Vigevano.

ROGGIA BUSCA.

C'est la seconde dérivation de la rive gauche de la

(1) 540 onces milanaises.

Sesia. Elle fut ouverte à la fin du XIVe siècle, de 1380 à 1382, par la famille Crotta-Tettoni, dont elle porta d'abord le nom; après avoir été abandonnée depuis longtemps, elle fut rouverte dans le XVIIe siècle, aux frais de la famille Busca-Arcenati-Visconti.

Le barrage de prise d'eau est établi sur la commune de Ghemme, province de Novare. Après un parcours de 32 kilomètres, le canal se termine sur le territoire de Valle, province de Mortara. Les treize communes qu'il traverse sont celles de Ghemme, Carpignano, Silavenzo, Mondello, Biandrate, Casaleggio, Orfengo, Confienza, Robbio, Castel-Novetto, Rosasco, Cozzo et Valle.

La portée de la Roggia *Busca*, ouverte primitivement sur 6 à 7 mètres de largeur, pourrait être de $16^{mc},080^{litt}$ (1). Elle n'en reçoit cependant moyennant que $1^{mc},764^{lit}$ (2); ce qui met fort en souffrance l'irrigation des territoires voisins, où des réductions considérables ont lieu, par cette raison, dans la culture si lucrative des rizières.

Sur ce canal, comme sur tant d'autres, d'anciennes concessions, ou aliénations gratuites, annulent presque entièrement les produits actuels.

ROGGIA RIZZA-BIRAGUA.

Ouverte en 1488 par le marquis Rizzo de Birague, en vertu d'une concession de Ludovic Sforce, duc de

(1) 365 onces milanaises.
(2) 40 onces milanaises.

Milan. C'est de lui que naquit, en 1407, le célèbre René de Biragne, qui, pour éviter la colère de ce duc, dont il n'avait pas suivi la cause, se réfugia en France, où il devint successivement : conseiller au parlement de Paris, sous François Ier, garde des sceaux sous Charles IX, puis chancelier de France, et enfin cardinal.

Cette dérivation, qui est la troisième sur la rive gauche de la Sesia, a sa prise d'eau établie à l'aide d'un barrage sur le territoire de Capignano, province de Novare. Son cours, qui est de 33 kilomètres, se termine sur le territoire de Zemme, province de Mortara, et vient déboucher dans l'Agogna. Les territoires traversés sont ceux de Carpignano, Biandrate, Confienza, Cameriano, Vespolate, Marza et Zemme.

La portée de ce canal n'est que de 1mc,680lit (1) environ, qui sont aliénés, presque en totalité.

ROGGIA SARTIRANA.

Ouverte en 1380, par les auteurs du marquis de Brenne, comte de Sartirana. La prise d'eau s'opère au moyen d'un barrage fixe, établi sur le territoire de Pallesta, province de Mortara; c'est la quatrième et dernière dérivation effectuée sur la rive gauche de la Sesia; sa prise d'eau n'est qu'à envirrn 15 kilomètres en amont du point où ce torrent a son débouché dans le Pô, près Casale. Elle a 31.300 mètres de longueur

(1) 40 onces milanaises.

et ne traverse que les deux communes, sur lesquelles elle a son origine et sa fin.

La portée de ce canal est considérable; pendant une partie du printemps, il distribue près de $16^{mc},800^{lit}$(1) d'eau. Mais en été, tant par la diminution naturelle du volume de la Sesia, que par la répartition qui s'en fait entre sept dérivations, dont les six premières sont très-voisines l'une de l'autre, chacun de ces canaux éprouve beaucoup de pénurie. Sa portée moyenne n'est donc que d'environ $10^{mc},920^{lit}$ (2), avec lesquels, eu égard à beaucoup de rizières, on irrigue un peu plus de 8.000 hectares.

On conçoit que sur un canal aussi ancien que la Roggia Sartirana, qui existe depuis quatre siècles et demi, il y a eu un grand nombre d'aliénations faites sur ces eaux. Cependant elle donne encore à ses propriétaires, outre l'irrigation de leurs domaines, un revenu de plus de 80.000 francs.

II. — Canaux dérivés de la rive droite du Tessin.

NAVIGLIO LANGOSCO.

Deux canaux assez considérables et d'une égale portée ont été, depuis une époque très-ancienne, dérivés de la rive droite du Tessin, pour l'arrosage de la partie orientale des provinces de Novare et de Mortara. Le premier est le naviglio Langosco.

---

(1) 400 onces milanaises.

(2) 260 onces milanaises.

Il fut d'abord ouvert, dans le milieu du XIVe siècle, jusqu'au pont-canal de Croscia, sur le territoire de Cerano, par la famille Langosco, ainsi que cela résulte d'une inscription gravée sur une des pierres de taille de cet édifice. Plus tard, il fut prolongé aux frais de l'hôpital de Pavie, de la maison Pasquale, et du cardinal Calderara. Actuellement il est possédé conjointement par l'hôpital de Pavie et par divers propriétaires, des familles Busca, Borromée, Strada et Litta. Ces copropriétaires sont réunis en une association, connue sous le nom de compagnie du canal Langosco.

La dérivation a lieu au moyen d'un barrage fixe, situé sur le territoire de Galliate, province de Novare. Sa longueur est de 43 kilomètres répartis, savoir :

	kil.
Sur la province de Novare	12
Sur celle de Mortara	31

Les dix-sept territoires qu'il traverse sont ceux de Galliate, Trecate, Cerano, Cassolo, Vigevano, San-Marco, Borgo, San-Ciro, Garbagna, Gambolo, Trumello, Cascinale, Garlasco, Gropello, San-Giorgio, Scaldasole, Ferrera et Alagna. A partir de Cascinale, le reste des eaux du canal se partage entre diverses ramifications secondaires, dont la principale est la Roggia Regina, et à l'aide desquelles il arrose encore les six derniers territoires indiqués ci-dessus.

Les deux canaux de la rive droite du Tessin, participent aux grands avantages que cette rivière procure, surtout aux irrigations du Milanais, qui ne sont jamais en souffrance. Aussi, quoique l'on cultive dans cette localité beaucoup de rizières, les $14^{mc},280^{lit}$ (1) que porte le naviglio Langosco, irriguent d'une manière régulière et complète environ 10.800 hectares de terrain, auparavant stérile, et qui tire actuellement de ses eaux une valeur extrêmement élevée.

NAVIGLIO SFORZESCA.

C'est la deuxième et dernière dérivation de la rive droite du Tessin. Ce canal, ouvert en 1482 aux frais de Ludovic Sforce, duc de Milan, a pris son nom du beau et vaste domaine de la villa Sforzesca, situé près de Vigevano, et pour l'arrosage duquel il fut originairement créé. Il appartient aujourd'hui au comte Apollinari Rona Saporiti, propriétaire actuel du domaine de la Sforzesca, composé d'un peu plus de 900 hectares.

C'est là que se termine le canal proprement dit, qui a sa prise d'eau, établie à l'aide d'un barrage, ainsi que ses martellières régulatrices, sur le territoire de Galliate, province de Novare. Sa largeur est de $7^m,50$ à 8 mètres, et sa longueur totale de 36.960 mètres. Il traverse en partie les mêmes communes que le naviglio Langosco, parallèlement auquel il longe la rive droite du Tessin, depuis sa prise d'eau jusqu'à Vigevano.

(1) 340 onces milanaises.

Après l'irrigation complète du domaine susdit, les colatures, qui sont considérables, ajoutées au résidu des eaux du canal, représentent encore environ 60 onces d'eau ; qui, en aval de Vigevano, forment la Roggia-Marangone ; elle n'est, comme on le voit, que le prolongement du naviglio Sforzesca, dont les eaux se trouvent entièrement consommées, sur le territoire de Garlasco.

La portée de ce canal est, comme celle du naviglio Langosco, de 340 onces milanaises, qui arrosent également 10.800 hectares. Il met en mouvement, sur le territoire de Vigevano, deux moulins à blé, ayant ensemble huit roues hydrauliques; cinq filatures de soie et une de coton.

Outre l'irrigation complète du domaine de la Sforzesca, la location des eaux du canal, y compris les usines, rapporte à son propriétaire un revenu net de 40.000 fr. ; ce qui n'est qu'une bien faible partie de son produit total, absorbé en grande partie par les concessions et aliénations; opérées successivement pendant le cours de plusieurs siècles.

III. — Canaux des provinces de la rive droite du Pô.

Sur la rive droite du Pô les provinces d'Alexandrie et de Novi sont traversées par des cours d'eau qui descendent du revers septentrional de l'Apennin, à la hauteur de Savone et de Gênes ; c'est-à-dire, à l'endroit où cette chaîne succède, sur le littoral, à celle des Alpes-Maritimes. Ces montagnes ne conservent pas de neige, en été, et les eaux qui en descendent diminuent sensiblement, ou même tarissent, tout à fait, pendant cette saison.

CANAL CHARLES-ALBERT.

Ouvert en 1839 aux frais d'une compagnie, ce canal a sa prise d'eau établie au moyen d'un barrage fixe, sur le torrent de la Bormida, territoire de Castel-Nuovo, province d'Alexandrie; il a une longueur totale de 26.100 mètres et traverse les six communes suivantes : Castel-Nuovo, Sezze, Gamalero, Frasiaro, Borgonetto et Alexandrie; c'est près de cette ville que le résidu de ses eaux aboutit dans la partie inférieure du torrent qui l'alimente.

La portée de ce canal, qui a une largeur moyenne de 5 mètres, avait été calculée en raison de 400.000 mètres cubes d'eau à distribuer en 24 heures, ce qui correspond à 110 onces de Milan. Mais ce volume n'y est obtenu qu'au printemps. Du milieu de juillet au milieu de septembre, la Bormida, comme tous les cours d'eau de la rive droite du Pô, éprouve un étiage des plus marqués; ce qui réduit alors à moins de 40 onces le volume pouvant être utilisé dans le canal. Sa portée moyenne doit donc être considérée comme étant, au plus, de 72 onces, et tandis que l'étendue de terrain sur laquelle on se proposait de répandre les eaux, est de plus de 6.000 hectares, la superficie effectivement arrosée est à peine de 2.000.

Le prix de l'arrosage est réglé à raison de 10 francs

par *journée* de 38 ares, ce qui correspond à 26 fr, 31 par hectare; prix conforme à ceux qui sont en usage, sur les canaux modernes du midi de la France. Mais ni en Provence, ni dans les Pyrénées, il n'y a pas de canal qui souffre autant que celui-ci, de la diminution des eaux, pendant l'été. Par les travaux d'amélioration qui y sont projetés ou même déjà en exécution, on espère y maintenir une portée régulière d'au moins 90 onces; ce qui établirait le produit de l'irrigation à environ 50.000 francs par an.

Les dérivations de ce genre offrent toujours de grandes ressources; et lors même qui l'irrigation y est en souffrance, on peut en être en partie dédommagé par le produit des usines, qui ont toujours une haute valeur, dans le voisinage des centres de population. Quoique Alexandrie ne soit pas une bien grande ville, les trois moulins du nouveau canal qui y sont établis sont loués 37.600 francs Ce revenu allége, pour la compagnie, la diminution qu'elle éprouve, sur le produit des arrosages.

Un canal analogue au précédent est depuis quelques années projeté, aux abords de la ville de Novi, sur les projets de M. l'ingénieur A. Calvi, de Milan. Les planches X et XI indiquent les principaux ouvrages de ce canal, destiné également à la navigation, aux arrosages et aux usines.

Un assez grand nombre de canaux, actuellement projetés dans les diverses provinces du Piémont, à l'aide des eaux qui y sont encore disponibles sur plusieurs rivières, et notamment sur la Doire, répondent à des améliorations vivement désirées. Les limites de cet ouvrage ne me permettant pas de m'arrêter sur ces projets, je me suis borné à indiquer leurs principales directions, par des lignes ponctuées sur la carte des canaux de ce pays.

IV. — Autres canaux secondaires existant dans les diverses provinces du Piémont.

Je viens de décrire les principaux canaux d'arrosage auxquels les riches plaines du Piémont sont en grande partie redevables de leur fertilité. Dans ces mêmes plaines il en existe encore beaucoup d'autres; moins importants à la vérité, mais procurant cependant aussi des irrigations étendues et avantageuses, d'après la régularité des eaux. En amont et en aval de l'embouchure du canal de Caluso, il part des deux rives de l'Orco et de ses affluents une foule de petites dérivations, ouvertes très-anciennement, aux frais des communes dont elles portent le nom; tels sont, sur la rive droite, les canaux des communes de Saint-Pons, de Valperga, de Salasso, de Favria, de Rivarolo, etc.; sur la rive gauche, ceux de Salto, de Courgné, de Castellamonte, d'Aglié, d'Ozegna, de San-Giorgio, de San-Giusto, de Foglizzo, de Montanaro et de Chivasso.

Outre le canal de Parella, qui est le principal, et dont la nouvelle prise d'eau se trouve représentée avec détails, dans la planche VII, la Chiusella alimente encore les canaux moins importants des communes de Gavone, de Perosa, etc.

Le cours supérieur de l'Elvo forme, sur la rive gauche, les roggie Fausano, Canapali, San-Pietro, Casanova, etc.; sur la rive droite, les roggie del Piano, Marchesa, de Vestignó, de Porta, de Quinto, et de Verceil.

Sur cette même rive de l'Elvo, il y a deux dérivations, assez considérables, qui sont la roggia Cavallera, prenant naissance en amont de Carisio, et la roggia Molinara, qui a sa prise d'eau en aval de cette commune. Ce dernier canal, qui remonte à une origine très-ancienne, était primitivement d'une portée assez considérable, augmentée encore par des sources abondantes, qui s'y réunissent vers sa partie inférieure. Voici, à l'aide des numéros placés sur la carte, les dispositions principales qu'il présente :

32. Ancienne prise d'eau.
33. Portion du lit, occupée par les riverains.
34. Portion encore ouverte et recueillant les eaux des colatures, provenant des irrigations voisines.
35. Pont-canal sur la roggia Cavallera.
36. Fontaines de San-Grato, qui enrichissent la Molinara.
37. Jonction du naviletto del Termine avec la roggia Molinara.
38. Moulin de San-Germano.

Le Cervo, ainsi que le cours supérieur de la Sesia et de l'Agogna, fournissent aussi plusieurs dérivations, d'intérêt communal, qui sont régulièrement alimentées.

Ces diverses irrigations s'étendent sur des superficies assez considérables, formant ensemble plus de 20.000 hectares.

Pour avoir le total des irrigations actuelles du Piémont, il faut y comprendre encore celles de la partie montagneuse, qui forme le nord-ouest de ce territoire, irrigations qui sont réparties à peu près ainsi qu'il suit :

	hect.
1° Vallée du Chisson et vallons affluents, depuis la frontière de France jusqu'au Pô, dans le canton de Pignerol..............	1.240
2° Vallée de la Doire de Suze et vallons affluents; depuis la frontière de France jusqu'aux environs de Turin................	1.530
3° Vallée de la Sture et vallons affluents, depuis les sources de ce torrent jusqu'aux environs de Turin..............................	1.600
4° Val d'Aoste, depuis le pied du Saint-Bernard jusqu'à Ivrée..........................	1.020
5° Vallées supérieures de la province de Bielle.	2.050
6° Vallées supérieures de la province de Varallo................................	1.160
Ensemble.........	8.600

RÉSUMÉ DES SUPERFICIES ARROSÉES EN PIÉMONT.

En récapitulant les superficies irriguées par les divers canaux du Piémont, on arrive, approximativement, au résultat suivant :

	hect.
Canaux royaux..........................	41.800
Canaux dérivés de la Sesia................	16.000
Canaux dérivés de la rive droite du Tessin.	21.600
Canal Charles-Albert.....................	2.200
Canaux secondaires, principalement d'intérêt communal........................	20.000
Petits canaux des vallées supérieures......	8.600
Nombre total d'hectares........	110.200

A part les canaux dérivés de la Sesia, toutes les autres irrigations laissent peu à désirer, sous le rapport de la régularité; avantage dont nous ne jouissons ni en Provence, ni le long des Pyrénées.

Dans les provinces du Piémont, on cultive beaucoup de rizières, et cela diminue le total des superficies arrosées, attendu que cette culture exige bien plus d'eau que les autres; mais les profits qu'elle donne sont très-considérables.

Une irrigation fort étendue s'opère encore au sud et à l'ouest du Piémont avec les eaux de la *Sture*, du *Gesso*, de la *Macra*, de la *Mellea* du *Pellice;* et autres rivières ou torrents qui alimentent même des canaux domaniaux, ouverts dans la plaine fertile comprise entre les limites de Carignano, Brà, Pollenzo, Alba et Savigliano. Cette partie haute du Piémont, qui comprend principalement les provinces de Coni, Saluces et Pignerolo, possède un très-grand nombre de dérivations.

Les principaux cours d'eau, affluents du Pô, qui sont mis à contribution, sur la rive droite de ce fleuve, en deçà et au delà de la Doire de Suze, qui est le plus important de ces affluents, sont : 1° le Giandone, le Pellice, la Chiamosa, le Chison, la Lemma, le Langone; et plusieurs ruisseaux provenant de sources importantes; 2° la Doire elle-même, d'où il part une multitude de dérivations très-intéressantes; puis la Seconda, le Gesso, la Bendole, le Malone et la partie supérieure de l'Orco.

Sur l'autre rive on doit citer l'Ellero, le Pessio et

le Brobio, rivières torrentielles qui versent le résidu de leurs eaux dans le Tanaro, la Sture, et ses affluents supérieurs, qui fournissent beaucoup de dérivations; enfin, la Mellea; la Grana, la Maira et la Varaita, qui se jettent directement dans le Pô.

Dans ces deux régions on ne compte pas moins d'une centaine de dérivations, de longueurs différentes, et dont les largeurs vont de 1 mètre à 5 mètres, avec des portées d'eau variables de 500 litres à 2.500 litres par seconde.

Parmi les dérivations de la Sture, on remarque le canal de Soprana, propriété particulière, servant pour l'arrosage et les usines, ayant de 4^{m},50 à 5 mètres de largeur moyenne, et portant six roues d'eau de chacune 342 litres, ce qui fait plus de 2 mètres par seconde. Le canal de Chérasco, à la famille Salmatori, les canaux de Rovere, de Cuneo, de Leona, de Sture et de Pertusata, dont plusieurs sont possédés par des sociétés d'arrosants, sont d'une importance à peu près égale. Mais la plus importante des dérivations de la Sture est celle qui est désignée sous le nom de naviglio de Brà, et qui fait partie du domaine privé de S. M. le roi Victor-Emmanuel. Ce canal a, moyennement, plus de 6 mètres et porte 8 roues d'eau ou 2^{m},736 par seconde. Les canaux de Santa-Vittoria et de Pertusata, également dérivés de la Sture, appartiennent encore au domaine privé de ce souverain.

Sur le Tanaro, il n'y a qu'une dérivation importante, qui est le canal de Mussot, appartenant au marquis Alfiéri. Il est des mêmes dimensions et portées d'eau que le canal royal de Brà, dont je viens de parler.

Les canaux dérivés de l'Ellero et de la Mellea sont moins considérables. On remarque cependant le canal de Carru, appartenant à diverses communes, le canal des Moulins, propriété de l'archevêché, ainsi que ceux de Montesino et de Centallo; avec trois ou quatre autres petits canaux, appartenant au gouvernement; la majeure partie des autres appartiennent aux usagers.

Les dérivations de la Varajta, affluent du cours supérieur du Pô, en amont de Turin, sont de médiocre importance; car le canal de Revello, appartenant à la famille de ce nom, et qui porte $1^{m},710$ par seconde, principalement pour l'usage des moulins, n'est alimenté que par des eaux de source.

Ce grand nombre de canaux secondaires des provinces du haut Piémont, que je n'avais pas comprises dans mon premier résumé, ne portent pas moins de 85 mètres cubes par seconde. Leurs irrigations, régulières et copieuses, s'étendent sur plus de 90.000 hectares. Mais, comme j'en ai déjà compté partiellement environ 8.000 dans le résumé qui précède, c'est 82.000 hectares, qu'il faut ajouter au chiffre primitif de 110.000 pour avoir celui de 192.000 hectares qu'on peut regarder comme étant, aussi approximativement que possible, le total des superficies arrosées, en Piémont.

Les provinces de ce pays offrent donc d'excellents

types d'irrigation. Mais ce résultat n'est pas seulement l'œuvre de la nature, il a fallu bien des efforts, des soins et de la persévérance, pour créer un aussi vaste système de distribution de ces eaux qui, dans l'origine, étaient nuisibles à l'agriculture au lieu de lui être profitables; il faut encore aujourd'hui beaucoup de travaux intelligents et de surveillance, pour conserver ce système, tel qu'il a été successivement établi; et pour obvier aux difficultés, aux contestations, qui naissent fréquemment, dans les rapports soit des usagers, soit des concessionnaires ou propriétaires de canaux, avec l'administration publique.

LIVRE SECOND.

CANAUX DE LA LOMBARDIE

DESSERVANT LES TERRITOIRES IRRIGABLES DES PROVINCES

DE

MILAN, PAVIE, LODI, MANTOUE, VÉRONE, BRESCIA, CREMONE, BERGAME, CREMA, ETC.

CHAPITRE CINQUIÈME.

SITUATION HYDROGRAPHIQUE DE LA LOMBARDIE. — LACS ET RIVIÈRES DU MILANAIS.

Détails généraux sur la situation de la Lombardie. — Description succincte des lacs et des rivières qui s'y alimentent. — Cours d'eau principaux et secondaires du Milanais. — Leur destination à la fois agricole et industrielle. — Lacs et rivières des autres provinces de la Lombardie.

Considérations préliminaires. — Dans l'introduction qui précède, j'ai indiqué succinctement les avantages que présente, pour l'irrigation, le voisinage des hautes montagnes ayant la propriété de conserver des masses considérables de neiges et de glaces, qui fondent régulièrement pendant l'été. Je ne reviendrai donc sur cet objet que pour signaler les circonstances particulières qui ont fait à l'Italie supérieure et surtout au Milanais une situation unique, par les avantages naturels que ce pays retire de l'abondance et de la régularité des eaux.

En effet, si l'on se place sur un point assez élevé pour pouvoir saisir l'ensemble de la topographie locale, depuis le faîte des Alpes jusqu'au cours du Pô (1), on voit : 1° une grande étendue de la région culminante, dominant cette immense plaine, occupée par des neiges perpétuelles qui lui versent chaque été leur tribut régulier ; 2° au pied des montagnes, de vastes lacs, placés là comme tout exprès pour modérer et pour épurer les eaux torrentielles, chargées d'un limon siliceux dont les dépôts, sans être utiles à l'agriculture, encombreraient promptement les canaux ; 4° ensuite des rivières d'une abondance et d'une limpidité admirables, qui, à la faveur de la déclivité naturelle du sol, du nord au midi, s'y répandent avec facilité et y distribuent, dans tous les sens, le bienfait des irrigations ; 5° enfin le Pô, ce grand colateur, qui reçoit et entraîne toutes les eaux, soit naturelles, soit dérivées, existant sur ses rives, et qui procure ainsi au sol de la Lombardie, du moins dans la partie qui nous occupe, le rare avantage d'être constamment salubre quoique continuellement humecté. On pourrait ajouter encore que le climat de

(1) *Voy.* Pl. I et II.

cette contrée, peu méridionale dans la zone des irrigations, mais puissamment abritée par une chaîne de hautes montagnes, jouit d'une de ces températures moyennes et régulières qui sont éminemment propices, à la santé des hommes comme à celle des végétaux. En effet, le grand rideau des Alpes, au pied desquelles se trouve la Lombardie, produit sur les vents du nord, si nuisibles à la terre, le même effet que les lacs du pays produisent sur les torrents qui viennent y amortir leur impétuosité.

Les détails sommaires qui complètent ce paragraphe achèveront de faire comprendre tout ce qu'il y a de caractéristique dans la situation de la Lombardie, et en particulier dans celle du Milanais.

Lacs du Milanais. — La nature aurait déjà beaucoup fait pour ce pays, en le dotant seulement des vastes rivières du Tessin et de l'Adda, si remarquables par leur mode d'alimentation dans les neiges; mais sa richesse hydrographique s'accroît encore par l'existence des lacs, situés dans la région supérieure, parmi les dernières ondulations du grand soulèvement des Alpes.

Le principal est le lac Majeur, qui était désigné, chez les anciens, sous le nom de *Verbanus;* il a, dans sa plus grande longueur, 72 kilomètres et 5.500 mètres de largeur moyenne; sa superficie est de plus de 380 kil. carrés, ou 38,000 hectares; son émissaire est le Tessin. Le deuxième, par ordre d'importance, est le lac de Côme, autrefois *Lerius,* qui a pour émissaire l'Adda ; il a 70 kilomètres de longueur, environ 2 kilomètres de largeur et 20.300 hectares de superficie; le troisième est le lac de Lugano qui, plus encore que les précédents, offre à l'œil des contours très-irréguliers ; sa surface est d'environ le tiers de celle du lac de Côme.

En sus de ces trois principaux lacs, on distingue encore dans leur voisinage, ceux d'Orta et de Varese, qui sont d'une grandeur moyenne, puis les petits lacs d'Annone, de Porlezza, de Sagrino, de Monate, de Corgenno, de Pusiano et d'Alserio, qui tous sont traversés par des cours d'eau, destinés à arroser le territoire milanais.

Le *lac Majeur* est élevé de 227^{m},50, et le lac de Côme, de 211^{m},25 au-dessus du niveau de la mer. La plupart des autres lacs secondaires de la même contrée sont à des niveaux plus élevés, et se déversent dans le premier; de sorte que leur ensemble représente, dans le haut milanais, l'accumulation d'une énorme masse d'eau, limpide et en grande partie exempte des variations funestes qui sont propres aux rivières torrentielles.

Les eaux qui descendent sur les pentes rapides d'une grande chaîne de montagnes ne sont pas toujours utilisables, soit pour l'industrie, soit pour l'économie rurale. La rapidité des pentes, les obstacles qu'elles rencontrent, les rendent impétueuses et bondissantes. Quelque résistant que soit le lit dans lequel elles roulent, en entraînant avec elles des fragments de rocher et des cailloux, il est impossible que ces eaux, lorsquelles arrivent à la partie modérée de leur cours, ne charrient pas, en quantité plus ou moins grande, un sédiment qui peut être utile ou nuisible à l'agriculture; mais qui est toujours dans ce dernier cas, par rapport aux canaux, à cause des dépôts qu'il y forme.

Un lac, interposé sur le cours d'un torrent, y produit d'abord l'effet d'un bassin d'épuration, de manière que les eaux en sortent généralement dépourvues de toute matière étrangère; il y produit surtout l'effet d'un régulateur, qui transforme les produits irréguliers des cours d'eau, à fortes pentes, en un débit successif et réglé, tel qu'il est si désirable de l'obtenir, pour tous les usages quelconques, mais plus particulièrement encore pour l'irrigation : il opère, en un mot, sur ces eaux torrentielles, le même effet que le réservoir à air, qui donne, dans les pompes, un jeu continu en échange d'une alimentation intermittente.

Les grands lacs du Milanais, quoique rendant sous ce rapport un éminent service à la localité, sont cependant sujets, de temps en temps, à des crues violentes auxquelles participent nécessairement leurs émissaires le Tessin et l'Adda. Pour le lac Majeur, ces crues, qui ont lieu ordinairement au printemps et à l'automne, durent de six à quinze jours; leur hauteur varie de 3 à 5 mètres au-dessus des eaux moyennes; mais on cite des crues extraordinaires beaucoup plus élevées. Ainsi la tradition a gardé le souvenir de celle qui paraît avoir atteint la hauteur effrayante de 18 brasses ou de $10^{m},80$, dans l'automne de 1178. En 1705, la crue du même lac s'éleva à $6^m,55$ et causa de grands désastres : c'est la plus forte que l'on ait constatée depuis cette époque. Les autres principales crues considérables eurent lieu en 1787, 1792, 1823, 1830, 1834 et 1842. Les exhaussements de niveau du lac de Côme ont lieu aux mêmes époques et durent un peu moins longtemps; leur hauteur ordinaire varie de 3 à 4 mètres; mais on cite moins de cas extraordinaires que sur le lac Majeur. La plus forte crue, celle de 1705, ne s'éleva qu'à $5^m,57$ au-dessus des eaux ordinaires. Les autres grandes eaux, dont la date a été conservée, atteignirent les hauteurs suivantes : 1792, $3^m,29$; 1810, $3^m,69$; 1823, $3^m,40$; etc.

L'étendue et la rapidité des versants qui aboutissent à ces lacs sont telles que, malgré leur grande supperficie, quelquefois leurs eaux se gonflent d'une manière presque instantanée. C'est ainsi que le 7 septembre 1807 le lac Majeur s'éleva de 4 brasses ou de $2^m,40$ en vingt-quatre heures; mais il est vrai de dire que de tels accidents sont très-rares. Les plus basses eaux des deux grands lacs ont lieu en hiver, notamment dans les mois de janvier et février. Dans des cas extraordinaires seulement, cette diminution de volume s'est prolongée au delà de l'ouverture des irrigations, qui a lieu vers l'équinoxe de mars.

Des profondeurs très-considérables sont un des signes distinctifs des lacs des Alpes; celles qui ont été observées sur ceux du Milanais sont : pour le lac Majeur, de 800 mètres; pour le lac de Côme, de

588 mètres; pour le lac de Lugano, de 161 mètres; pour le lac de Varese, de 79 mètres, et pour le lac de Puziano, de 50 mètres, etc. C'est sans doute à ces grandes profondeurs et peut-être à l'existence des courants, qui s'y établissent lors des crues, que l'on doit attribuer le niveau à peu près stationnaire de ces lacs, du moins pour la plupart d'entre eux, malgré les masses charriées qui, depuis leur formation, dans la dernière révolution du globe, s'y accumulent journellement. Quant aux petits lacs, il est positif que plusieurs d'entre eux éprouvent, par cette raison, des exhaussements de niveau qui tendent à envahir graduellement les propriétés voisines, devenues marécageuses. On attribue cet inconvénient aux constructions de barrages et usines, faites à la partie supérieure des émissaires des lacs; constructions qui, en rétrécissant les débouchés naturels, par lesquels les grandes eaux se dégageaient autrefois librement, font que ces eaux, au lieu de sortir, à certaines époques, chargées de matières limoneuses, coulent maintenant toujours claires, parce que le lac fonctionne complétement comme bassin d'épuration; ce qui ne peut avoir lieu sans qu'il se remplisse peu à peu.

Il y aurait plusieurs observations intéressantes à faire sur ces mêmes lacs, soit sous le rapport des vents réguliers, espèces des vents alisés, qui y règnent deux fois par jour, le matin d'aval en amont, et dans le sens contraire au milieu du jour; circonstance dont le commerce sait très-bien tirer parti pour la navigation à voile; soit même sous le rapport des poissons particuliers, qui vivent dans leurs couches inférieures et dont l'organisation est curieuse, par cela seul qu'elle résiste à l'énorme pression d'une colonne d'eau de 600 à 800 mètres de hauteur.

Rivières principales du Milanais. — Le Tessin prend sa source au pied des rochers du val Bedretto et dans les gorges effrayantes qui avoisinent le Saint-Gothard. A sa partie supérieure il reçoit, notamment dans le val Leventina, une multitude de cascades. Il a, sur la rive droite, trois affluents principaux qui sont la Moësa et les torrents des vals de Blegno et de Morobbia ; de sorte qu'à son entrée dans le lac, à Maggadino, il offre déjà un volume d'eau considérable. Néanmoins, et c'est le fait essentiel que je veux signaler ici, il n'y a nul rapport entre les deux états de ce cours d'eau, considéré comme affluent ou comme émissaire du lac Majeur, c'est-à-dire entre le Tessin, médiocre torrent des Alpes, et le Tessin vaste rivière du Milanais. La chose est facile à concevoir lorsqu'on jette seulement les yeux sur la carte du lac Majeur, qui reçoit, par d'autres affluents directs, plus de deux fois autant d'eau que ne lui en apporte le Tessin. En effet, indépendamment d'une multitude de petits ruisseaux et d'eaux de source qui tombent et découlent des pentes escarpées, existant principalement sur la rive gauche de ce lac, indépendamment des eaux abondantes des torrents des vallons de Verzasca, de Falmenta et d'Intra, il reçoit encore comme affluents directs : à droite, les rivières-torrentielles de la Maggia et de la Toccia, plus l'émissaire du lac d'Orta; à gauche, les rivières de Tresa et de Bardello, émissaires des lacs considérables de Lugano et de Varese; outre les eaux des lacs moins importants de Monate, de Comabio, etc.

La formation granitique étant celle qui est dominante dans cette partie des Alpes, le Tessin, ainsi que les autres affluents du lac Majeur, lui versent ordinairement des eaux claires, quoique chargées néanmoins d'un sable très-fin qui, malgré cette épuration, s'accumule encore assez rapidement dans les canaux du Milanais. Mais le fait le plus remarquable à signaler ici, sur ces affluents, qui sont par le fait ceux du Tessin lui-même, c'est la proportion vraiment étonnante suivant laquelle cette masse d'eau, si admirablement disposée pour le Milanais, puise son alimentation régulière dans les neiges et les glaces des Alpes. Si l'on jette les yeux sur le vaste bassin au centre duquel se trouve le lac Majeur, on y voit d'abord le Tessin, dont la partie supérieure s'alimente directement déjà dans les glaciers du Gries, du Mut-Horn et du Saint-Gothard, et dont tout le cours supérieur traverse une région où l'hiver ne dure guère moins de huit mois, puiser encore, par son affluent du val de Blegno, dans la masse inépuisable des vallées de neige voisines des sept sources du Rhin, depuis la cime des Luckmaniers jusqu'à celle du Plattenberg; tandis que, par son affluent considérable de la Moësa, il met aussi à contribution les grands glaciers des monts Adula, dont les masses formidables dominent les routes nouvelles du Bernardin et du Splügen.

Si, du Tessin, on passe à l'examen des autres affluents directs du même lac, on voit la Maggia qui s'y jette à sa partie supérieure, près de Locarno, s'alimenter aussi dans de hautes vallées qui conservent leurs neiges. On voit surtout la Toccia, d'une part, puiser, par ses affluents de la rive droite, dans les glaciers du Simplon, et, de l'autre, étendre, dans le val d'Anzasca, un rameau de 40 kilomètres qui vient, aux frontières du Valais, s'épanouir dans l'énorme masse des neiges du mont Rosa.

Telles sont les circonstances auxquelles le Tessin inférieur, à sa sortie du lac, est redevable des rares avantages qu'il offre à l'irrigation de la vaste plaine située entre Milan et Novare. Dans le trajet de plus de 180 kilomètres qu'il parcourt, depuis sa sortie du lac, à Sesto-Calende, jusqu'à son embouchure dans le Pô, un peu au-dessous des murs de Pavie, il ne reçoit plus d'affluents, ni à droite ni à gauche; mais assez riche pour donner beaucoup sans rien recevoir, il subvient, dans ce trajet, par ses seules ressources, du côté de la Lombardie, à l'alimentation considérable du naviglio Grande, et du côté du Piémont, à celle des deux canaux Langosco et Sforzesca, qui arrosent la partie orientale du Novarais.

Le Tessin distribue régulièrement, à ces divers canaux environ 84 mètres cubes par seconde(1), et comme son

(1) 2.000 onces milanaises.

volume est loin d'en être épuisé, on ne peut estimer sa portée moyenne en cette saison, à moins de 2.800 onces, ce qui approche de 1.200 mètres cubes par seconde. Dans des crues extraordinaires, on a calculé que le volume que roule cette rivière, allait au moins à 6.000 mètres cubes, ce qui n'est pas étonnant, d'après l'étendue du bassin dont il reçoit les eaux.

Les pentes du Tessin, à partir de sa sortie du lac, sont variables depuis $0^{m},70$ jusqu'à $2^{m},05$ par kilomètres.

L'Adda, par le moyen du lac de Côme, jouit d'avantages analogues à ceux qui viennent d'être signalés pour le Tessin ; mais à un degré moins marqué. Ainsi, encore bien que, sur une longueur de plus de 120 kilomètres, il parcoure toute l'étendue de la Valteline, vaste vallée, à la partie supérieure de laquelle ses sources se forment, principalement par la fonte des neiges; quoique la Maïra, autre torrent qui se jette aussi dans la partie la plus septentrionale du lac de Côme, s'alimente de la même manière, ce lac n'a pas, à beaucoup près, par ses affluents, les mêmes ressources que le précédent; il n'a pas, comme lui, un cortége de petits lacs supérieurs qui lui versent avec régularité le tribut de leurs eaux clarifiées. Celui d'Annone est le seul qui lui envoie les siennes. Ceux de Sagrino, de Pusiano et d'Alserio ont leur débouché directement dans le Lambro.

Cela explique comment la rivière d'Adda, à sa sortie du lac de Côme, si elle approche de celle du Tessin par son grand volume, ne l'égale, ni pour la pureté ni pour la régularité des eaux. Les dépôts limoneux sont beaucoup plus rapides dans les canaux dépendant de l'Adda, et les crues de cette rivière sont plus violentes que celle de l'émissaire du lac Majeur.

L'Adda distribue aux grands canaux dérivés de sa rive droite, sur le territoire du Milanais, un volume d'eau au moins égal à celui qui est fourni par le Tessin; mais il ne lui en reste pas autant de disponible. Quant à ses crues, quoique moins considérables par leur volume, elle sont cependant plus redoutables, ainsi qu'on le verra dans les chapitres suivants, par la relation des grands désastres auxquels ont été exposés, et que peuvent redouter encore, les canaux qui en dépendent. Ses pentes, plus fortes que celles du Tessin, sont rarement au-dessous de 2^{m},30 par kilomètre.

Rivières secondaires du Milanais. — Outre le Tessin et l'Adda, entièrement hors de ligne, par l'abondance et la régularité de leurs cours, il existe dans le Milanais d'autres rivières secondaires, parmi lesquelles on distingue principalement l'*Olone*, le *Nirone*, le *Seveso*, le *Lambro*, la *Molgora;* toutes ont leurs sources entre le Tessin et l'Adda, au pied des derniers rameaux des Alpes Milanaises, mais en deçà des lacs. Ces cours d'eau n'ayant plus aucune part à l'alimentation extraordinaire du Tessin et de l'Adda, sont torrentiels, comme cela a lieu presque constamment dans les situations analogues. Leurs basses eaux ont lieu en été, et ils grossissent rapidement, quelquefois même par l'effet d'un seul orage; enfin ils charrient, dans ces circonstances, une grande quantité de terre, sable et cailloux, de dimensions proportionnées à l'intensité des crues.

Le Lambro Septentrional et le Seveso, qui sont les plus considérables de ces torrents, prennent naissance entre Côme et Lecco ou, pour mieux dire, entre les deux branches méridionales du lac.

L'un et l'autre traversent, à peu de distance de Milan, la ligne du canal de la Martezana; mais le Seveso perd son nom en s'y introduisant, tandis que le Lambro continue son cours jusqu'à Melegnano où il reçoit le Lambro méridional et s'achemine ensuite vers le Pô, sous le nom de grand Lambro, ou simplement de Lambro. Le cours d'eau, qui, au sud de Milan, est désigné sous le nom de Lambro méridional, est plutôt un canal de main d'homme qu'une rivière naturelle, car il fait fonction de canal de fuite, pour le Naviglio-Grande, et ne remonte pas au delà. Il est probable qu'il occupe ainsi l'ancien lit qu'avait l'Olone, avant qu'elle n'eût été introduite dans le canal intérieur de Milan.

Le Lambro septentrional reçoit, dans sa partie supérieure, les émissaires des petits lacs de Pusiano, d'Alserio et de Sagrino. Dans la partie au N.-E. de Milan, comprise entre l'Olone, le Seveso et le lac Majeur, il existe encore plusieurs petites rivières ou torrents, dont, malgré l'irrégularité de leur régime, on a su tirer parti pour l'irrigation et d'autres usages :

ce sont la *Lura*, l'*Arno* et les ruisseaux torrentiels de *Tradate*, de *Bozzente* et de *Gardaluso*.

Parmi les rivières secondaires du Milanais, le Lambro est le plus considérable. Depuis le confluent des deux émissaires des petits lacs de Pusiano et d'Alserio jusqu'à son embouchure dans le Pô, à Sant-Angiolo, il a une longueur de 106 kilomètres, et une pente totale de 211^{m},605, ce qui répond à une pente moyenne de 1^{m},95 par kilomètre. L'Olone, depuis le pont de Malnate, près Varese, jusqu'à sa jonction dans le Grand-Canal, sous les murs de Milan, a une longueur de 53.244 mètres, une pente totale de 172^{m},50 et une pente moyenne de 3^{m},23 par kilomètre, pente très-forte, qui explique bien le régime tout à fait torrentiel de cette rivière.

Outre les divers cours d'eau que je viens d'énumérer, on doit compter encore, comme appartenant au Milanais, ceux qui forment les émissaires de petits lacs de cette contrée.

Ainsi, la Tresa, qui forme l'émissaire du lac de Lugano dans le lac Majeur, a 11.500 mètres de longueur, et une pente totale d'environ 76 mètres; qui est, dans les eaux moyennes, la différence du niveau existant entre les eaux de ces deux lacs. Le volume d'eau que la Tresa verse moyennement dans le dernier peut être évaluée à 800 onces, ce qui fait plus de 33 mètres cubes par seconde. Ce cours d'eau forme la frontière entre le canton suisse du Tessin et le royaume d'Italie.

L'émissaire par lequel le lac de Varese déverse,

également dans le lac Majeur, le trop-plein de ses eaux est la rivière de *Bardello* qui a 10 kilomètres de longueur; elle a son débouché dans le lac, près de Brebbia, et y verse moyennement 250 onces, ou 10^{mc},500 d'eau par seconde; sa pente, par kilomètre, est moins considérable que celle de la Tresa.

L'émissaire du lac de Monate est l'*Acqua-Nera* qui a 3.600 mètres de longueur. Sa pente totale qui représente la différence de niveau de ce lac, au-dessus du lac Majeur, est, dans les eaux moyennes, de 70^{m}, 37.

L'émissaire du lac de Comabio, dont le trop-plein n'aboutit dans le lac Majeur qu'en passant par le lac de Varese, est le ruisseau ou petit torrent de *Varanno*, qui a 3.600 mètres de longueur.

En ce qui touche les trois petits lacs voisins de la partie inférieure du lac de Côme, le plus élevé, qui est celui de Sagrino, se déverse dans l'étang ou lac de Pusiano par un fort ruisseau de 2 kilomètres de longueur. Enfin, ce lac et celui de d'Alserio aboutissent eux-mêmes directement dans le Lambro, qui prend naissance en cet endroit.

Ces cours d'eau, dont je viens de parler, c'est-à-dire ceux qui forment les émissaires des petits lacs du Milanais, offent un intérêt particulier, en ce que la plupart d'entre eux, réunissant de fortes pentes avec un volume d'eau régulier, sont d'excellents moteurs pour les usines; outre l'alimentation précieuse qu'ils procurent à l'irrigation.

C'est ce qui fait que les établissements hydrauliques sont très-multipliés, dans cette partie du Milanais.

Indépendamment du Tessin et de l'Adda, qui mettent en mouvement un grand nombre de roues faisant tourner des moulins, pour la plupart d'une origine très-ancienne, les émissaires des petits lacs servent aussi de moteurs à beaucoup d'usines diverses, parmi lesquelles on distingue des papeteries, des filatures de soie, des scieries, des foulons à riz, etc.

Le Bardello, émissaire du lac de Varese dans le lac Majeur, fait mouvoir trente-six roues hydrauliques. La Tresa, émissaire du lac de Lugano, en met en mouvement vingt-deux, sur la rive milanaise et plusieurs autres du côté du Novarais. Il en est demême des émissaires des autres petits lacs.

Enfin, outre ces cours d'eau, si considérables et si nombreux, la richesse hydrographique du Milanais se complète encore par l'existence de *sources*, en quantité peu commune, qui ont été jusqu'ici d'un grand secours, pour l'extension des arrosages. Il y a toutefois à faire, sur ces sources du Milanais, des observations particulières que j'ai renvoyées au chapitre spécial qui traite de cet objet.

Lacs et rivières des autres provinces de la Lombardie. — A l'est de l'Adda, il n'y a plus, au pied du versant méridional des Alpes, que deux lacs considérables, savoir : celui d'Iseo, alimenté presque exclusivement par les eaux de l'Oglio, qui coule entre les provinces de Bergame et Brescia, et celui de Garda, le plus grand de tous, qui sépare cette dernière province et celle de Vérone. Le premier n'a guère que l'étendue du lac de Lugano, tandis que le second est plus considérable même que le lac Majeur. Il a également, comme ce principal lac du Milanais, divers affluents dont le plus important est le Mincio qui en sort en conservant son nom. Mais, en ce qui touche les moyens d'alimentation, le lac de Garda est inférieur à l'un et à l'autre des deux grands lacs du Milanais, et, sous ce rapport, il a une influence moins remarquable, sur l'irrigation de la plaine qui s'étend au-dessous de lui. Néanmoins, l'effet salutaire qu'il produit, en régularisant le cours du Mincio, est incontestablement la cause pour laquelle les irrigations des provinces de Mantoue et de Vérone viennent, par ordre d'importance, immédiatement après celles du Milanais.

Entre l'Adda et l'Oglio coule le Serio, rivière de médiocre grandeur, qui ne s'épure dans aucun lac, et dont le volume ne se maintient pas régulièrement pendant l'été. Cependant, ses eaux, qui ne sont pas habituellement troubles, rendent de bons services à l'irrigation, dans les provinces de Bergame et de Crema. Plus à l'est, entre l'Oglio et le Mincio, émissaires des lacs d'Iseo et de Garda, les rivières très-secondaires de la Mella et de la Chiese qui se jettent dans l'Oglio, à l'ouest de Mantoue, sont encore de quelque utilité pour les arrosages, notamment dans la province de Brescia; mais ces cours d'eau n'ont pas la régularité nécessaire, pour qu'on puisse y attacher un grand intérêt.

Enfin, sur le territoire de Vérone, l'Adige, ce fleuve limoneux, qui vient se perdre dans les lagunes de l'Adriatique, forme, dans la Lombardie, la limite actuelle des irrigations. Les provinces de Vicence, de Trévise et de Padoue cherchent, il est vrai, à utiliser leurs ressources dans ce genre, et il s'en faut beaucoup qu'elles en soient dépourvues ; mais, dans ces localités, les résultats sont à obtenir, et non encore obtenus.

Quant aux plaines de la rive droite du Pô, formant les ci-devant duchés de Parme et de Modène, et le nord de l'État romain, elles ne peuvent être réputées irrigables, attendu que les cours d'eau ayant leurs sources dans les Apennins, tarissent en grande partie, l'été. Il faudrait donc aller jusque dans les environs de Rome, et dans quelques parties du grand-duché de Toscane, pour trouver, hors de la haute Italie, des territoires situés favorablement pour l'irrigation.

En récapitulant les considérations préliminaires qui précèdent, on doit concevoir déjà : que s'il est une contrée unique au monde, par les facilités naturelles qu'elle offre aux arrosages, c'est assurément la riche et vaste plaine d'alluvion qui, dotée comme on vient de le voir, des eaux du Tessin et de l'Adda, se prolonge, sous une douce inclinaison, et sans contrepentes, sur une étendue de plus de 500.000 hectares, depuis le pied des Alpes, jusqu'aux rives du Pô, en comprenant principalement les territoires de Milan, Pavie et Lodi.

Ainsi, par sa topographie, son climat et ses eaux, le Milanais était une région en quelque sorte prédestinée à recueillir, aussi complétement que possible, les grands avantages de l'irrigation, et à devenir, comme elle l'est aujourd'hui, une nouvelle Égypte, encore mieux partagée que celle dont les eaux du Nil venaient régulièrement baigner les campagnes, aux temps de son antique civilisation.

CHAPITRE SIXIÈME.

ORIGINE ET PROGRÈS DES IRRIGATIONS DANS LA LOMBARDIE.

Avantages naturels du sol et du climat secondés par un travail persévérant. — Situation ancienne et nouvelle du Milanais. — Entreprises dont l'origine remonte au moyen âge. — Premiers travaux sur l'Olone et la Vettalera. — Canaux ouverts du XIIIe au XVe siècle. — Lois successives généralement favorables au développement des grands arrosages. — Progrès rapides de la richesse publique, dans ses diverses branches, dus à cette cause principale.

En indiquant, dans le paragraphe qui précède, les conditions physiques auxquelles le Milanais est en grande partie redevable de sa prospérité actuelle, je n'ai pas prétendu induire de là que ses habitants avaient trouvé cette situation toute faite, et que la Providence s'était montrée tellement généreuse envers eux qu'elle ne leur avait rien laissé à faire. On doit reconnaître, au contraire, que le travail et l'industrie humaine ont eu la plus grande part dans la réalisation des avantages dont il s'agit. On verra en effet, par les détails historiques qui font partie de la description des grands canaux de ce pays, que de peines et de persévérance il a fallu, pendant plusieurs siècles consécutifs, pour amener les choses au point où elles sont aujourd'hui.

Le Milanais, entouré de toutes parts, et dominé, comme il l'est, par des eaux d'une abondance extraordinaire, ne pouvait pas se trouver, sous ce rapport, dans une situation médiocre; il fallait qu'il triomphât de ces eaux, ou qu'il fût anéanti par elles. Il fallait qu'il optât entre ces deux situations : être une des contrées les plus florissantes du monde, ou bien l'une des Plus insalubres et des plus misérables. On sait dans quel sens le problème a été résolu.

Qu'on ne croie pas qu'il y a de l'exagération dans cette manière de voir, elle est justifiée par des faits incontestables ; elle est, d'ailleurs, conforme à la marche ordinaire des choses. Il en est de cela comme d'une terre fertile, qui s'épuise à produire des plantes inutiles et nuisibles, si l'on a négligé d'ouvrir son sein pour lui confier quelque bonne semence. Il en est de même encore de l'intelligence humaine qui, à son degré le plus éminent, ne peut avoir qu'une influence funeste, une fois qu'elle est sortie de la bonne voie, faute d'un aliment utile, donné à son activité. C'est la pensée que les anciens avaient traduite par cet axiome très-juste : *corruptio optimi pessima.*

Il n'y a pas encore bien des siècles que la fertile contrée, située en aval des trois lacs, n'offrait à l'œil attristé qu'un marais, entrecoupé de quelques landes arides. Ici, plus encore que sur l'autre rive du Tessin, des plantes aquatiques et de tristes bruyères furent longtemps les seuls produits d'une végétation inutile. Aujourd'hui, quelle différence ! Mais, on ne saurait trop le dire, il a fallu les efforts de plusieurs siècles, il a fallu des prodiges de travail et de patience pour compléter ce triomphe de l'homme sur la nature, et pour créer, dans les campagnes du Milanais, la richesse étonnante dont elles jouissent aujourd'hui.

Lorsque les Romains s'emparèrent de la ville et du territoire de Milan, cette cité gauloise, fondée, 385 ans avant J.-C., par les peuples de la Cisalpine, était devenue la capitale des Insubriens. Éclipsée quelque temps par Mantoue et Modène, elle redevint bientôt la première, par sa population et par les embellissements qui y furent exécutés ; surtout quand, au IIIe siècle, l'empereur Maximilien la choisit pour sa résidence. Sous les rois Lombards, Pavie et même Monza furent aussi, pour quelque temps, en concurrence avec elle ; mais à la destruction de cet empire, par Charlemagne, Milan reprit, et conserva toujours le premier rang, parmi les villes de l'Italie septentrionale.

Les Romains y ont laissé de nombreux vestiges des ouvrages hydrauliques qu'ils y avaient fondés. Ils consistaient principalement en des aqueducs souterrains, destinés à assurer la propreté et l'assainissement des rues de la ville, par le moyen des eaux des rivières secondaires du haut Milanais qui, dès cette époque, y étaient déjà dérivées.

Pendant les quatre ou cinq premiers siècles du moyen âge, les invasions réitérées de l'Italie par les peuples du Nord, qui avaient hâte d'en finir avec les restes de la civilisation romaine, amenèrent la destruction totale ou partielle de ces ouvrages, destinés à la conduite des eaux ; celles-ci devinrent stagnantes, et transformèrent en marécages les abords de Milan ;

de sorte que les populations durent déserter, alors, un séjour infecté par le mauvais air.

Cependant tous les peuples qui conjurèrent la ruine de l'empire romain ne méritaient pas indistinctement le nom de barbares; les Wisigoths et d'autres encore, qui furent ses premiers assaillants, étaient amis de l'agriculture et des lois qui la protégent. Il est donc probable que la belle position du Milanais ne fut pas longtemps dédaignée de ces nouveaux conquérants; et qu'il y eut des ouvrages faits pour en tirer parti. Mais, d'un autre côté, à ces époques de troubles et de violences, dont l'histoire est ensevelie dans une obscurité profonde, n'est-il pas probable aussi que la décadence générale dut atteindre l'agriculture, et à plus forte raison ses perfectionnements?

Jusqu'au milieu du XIIe siècle, l'Olone, le Seveso, le Nirone, rivières de second ordre, qui ont leur source dans le haut Milanais, continuèrent de couler hors de la ville, en baignant seulement le pied de ses antiques murailles, bâties par l'empereur Maximien. En 1155, lorsqu'elle fut réédifiée, sur un plan plus vaste, cette ceinture d'eau se trouva renfermée dans sa nouvelle enceinte et devint le *canal intérieur*, qui reçut plus tard des perfectionnements successifs.

En 1176, les peuples du Milanais, ayant remporté sur l'empereur Frédéric Barberousse, la victoire mémorable et définitive qui donna lieu à la paix de Constance, signée le 25 juin 1183, leur intelligente activité, qui avait été jusqu'alors absorbée dans la guerre, se tourna vers les améliorations intérieures ; les ouvrages hydrauliques, ayant pour objet l'assainissement de la ville et du territoire de Milan, furent mis en première ligne. Les anciens aqueducs existant sous les rues, furent déblayés et réparés ; ou reconstruits, de manière à donner un libre passage aux eaux qu'ils recevaient autrefois. On en dériva de nouvelles de l'Olone, du Seveso, du Nirone. Outre le nettoiement des égouts, elles servirent encore à des fontaines, ainsi qu'à divers établissements publics, tels que les hôpitaux, les boucheries, etc.

Jusqu'ici, il n'y a rien encore qui soit relatif à l'irrigation, mais nous allons voir cette belle industrie renaître au pied des murs de Milan, et de là, se propager rapidement dans les provinces voisines.

Dès cette même époque du milieu du XIIe siècle, les eaux du canal intérieur, alimentées, soit par les dérivations directes de l'Olone, du Seveso, du Nirone, soit par les égouts de la ville, avait déjà pour émissaire le canal secondaire, dit de la *Vettabia*, autrefois *Veterabia ;* qui, partant de la partie inférieure, ou du midi de la ville, coule du nord au sud vers la province de Pavie. A quelques kilomètres de distance, la pente naturelle du terrain permet de répandre sur les terres, ces eaux chargées de principes fertilisants ; cependant il fallait quelques travaux pour les y amener.

Les plus anciennes traditions locales établissent que les premiers propriétaires auxquels le pays est redevable de cet utile emploi des eaux, furent les religieux de la ci-devant abbaye de *Chiaravalle* (Clairval ou Clairvaux), située à une petite distance au sud de Milan, et qui, peu de temps auparavant, venait d'être fondée par saint Bernard (1).

Les résultats surprenants que produisit, tout d'abord, l'emploi des eaux si riches de la Vettabia, a inspiré aux habitants de Milan la confiance nécessaire pour tenter l'entreprise du grand canal du Tessin, qui lui-même remonte à la fin du XIIe siècle.

---

(1) Dans le cours de mes recherches sur ce sujet important, le nom de cet illustre saint, qui eut la Bourgogne pour berceau, mais le monde entier pour témoin de l'influence qu'il exerça sur son siècle, vint exciter mon attention, plus vivement encore que ne l'avait fait celui d'un autre Français célèbre, que peu de temps auparavant, je venais de reconnaître comme le créateur d'un des principaux canaux du Piémont; j'acquis bientôt la certitude que cette abbaye de *Clairval*, près Milan, n'était qu'un des nombreux établissements, du même nom, que le fondateur de l'ordre de Cîteaux laissa sur son passage, dans la plupart des États d'Europe. C'est même cette circonstance qui a donné lieu au jeu de mots constituant cette épitaphe bizarre et bien connue :

Claræ sunt valles, sed claris vallibus abbas
Clarior his clarum nomen in orbe dedit.
Clarus avis, clarus meritis et clarus honore,
Clarus et ingenio, religione magis.
Mors est clara, cinis clarus clarumque sepulcrum.
Clarior exultat spiritus ante Deum.

L'irrigation est un service tellement signalé, rendu à l'Italie septentrionale, qu'il était d'un véritable intérêt de mettre bien en lumière tout ce qui concerne les hommes à qui elle en est redevable.

Nos plus célèbres économistes modernes se sont empressés de reconnaître qu'au point de vue de la production agricole, les associations religieuses, du moyen âge, avaient rendu d'importants services, à ces époques de désordre, où la civilisation antique étant détruite, la civilisation moderne ne l'avait pas encore remplacée. Ce mérite appartint surtout aux disciples de saint Bernard, qui, tout en cultivant de leurs mains les terres de la communauté, avaient voué leur intelligence à la recherche des plus hautes vérités des sciences et de la morale.

Les XIIIe, XIVe et XVe siècles virent ouvrir les grandes dérivations de l'Adda ; et le canal de la Martesana, en réunissant, dans les murs mêmes de Milan, les eaux de cette rivière à celles du Tessin, vint compléter la belle position de cette citée florissante. Dans sa première origine, elle n'était située au bord d'aucun cours d'eau ; de sorte que plusieurs historiens ont reproché à ses fondateurs d'avoir manqué de prévoyance ; aujourd'hui, la situation de cette capitale est préférable à celle de la plupart des villes, qui sont bâties au bord d'un fleuve ; car elle profite, sous tous les rapports possibles, du bienfait des eaux, sans en avoir les inconvénients.

Depuis lors, l'irrigation fut toujours prospère dans les campagnes de la Lombardie, qu'elle enrichit de jour en jour. Les divers gouvernements qui se succédèrent dans ce pays, furent constamment animés du zèle le plus grand pour les progrès de cette puissante amélioration. Le gouvernement espagnol, qui, sous d'autres rapports, n'a pas laissé, aux XVIe et XVIIe siècles, de bien bons souvenirs en Italie, fut néanmoins extrêmement favorable à l'extension des arrosages ; ce qui s'explique facilement ; puisque les travaux des Maures en avaient déjà réalisé les avantages, sur le sol de l'Espagne.

A cette époque on sentait déjà, dans toute l'Italie, moins le besoin de créer des irrigations nouvelles que celui de régler les irrigations existantes. Aussi, à partir de la seconde moitié du XVIe siècle, les plus grands efforts furent faits pour arriver à la connaissance des *modules*, ou régulateurs; qui sont la sauvegarde des irrigations, contre des abus sans nombre. Le plus remarquable de ces appareils fut le fruit précoce des premiers pas de la renaissance (1).

Dans la seconde moitié du XVIIIe siècle, les règnes remarquables de Marie-Thérèse et de Joseph II produisirent, en améliorations au profit de l'agriculture et de ses perfectionnements, tout ce que l'on devait en attendre.

Pendant la période du premier empire, les institutions spéciales, coordonnées avec la prospérité agricole de la Lombardie, furent entourées d'une haute protection, dans le royaume d'Italie; et de nombreux décrets du prince Eugène, restés toujours en vigueur, confirmèrent ceux des anciens règlements qui avaient la sanction de l'expérience; mais posèrent les bases d'une excellente administration des canaux d'arrosage.

Enfin, durant les quarante-quatre années que le gouvernement autrichien a possédé, en dernier lieu, ces mêmes provinces, il s'est lui-même efforcé de stimuler le plus possible le développement de cette source féconde de richesses; tout en maintenant l'impôt foncier sur des bases justes et modérées.

Cet ensemble de circonstances favorables ne pouvait manquer d'amener, peu à peu, la Lombardie au plus haut degré de la richesse territoriale. Mais, ainsi que nous l'avons déjà remarqué, c'est surtout aux rares avantages naturels dont a été pourvu ce

---

(1) *Voir* plus loin, la description du module milanais.

pays privilégié, au point de vue topographique et hydrographique, que doit être attribuée la principale cause de cette prospérité exceptionnelle.

J'indique, avec intention, ces deux causes réunies, parce que l'une et l'autre ont incontestablement concouru à l'obtention des magnifiques résultats que l'on chercherait inutilement à réaliser, dans des situations moins privilégiées.

En effet, si les puissantes masses d'eau qui vivifient si largement l'agriculture de cette contrée y coulaient sous de faibles pentes, comme le Pô qui circule dans la plaine, elles n'y seraient plus que d'un intérêt secondaire, ne pouvant plus fournir utilement de grandes dérivations.

La plaine et la montagne, en se vivifiant l'une par l'autre, ont donc surtout contribué à assurer le succès des grandes irrigations, qui sont la principale base de la prospérité exceptionnelle de la Lombardie (1).

---

(1) Voir aux notes bibliographiques les citations extraites des *Notizie sulla Lombardia*, dans lesquelles d'intéressants détails sont donnés sur ce même sujet.

CHAPITRE SEPTIÈME.

NAVIGLIO-GRANDE, OU GRAND CANAL DU TESSIN.

Dérivé, vers la fin du XIIe siècle, de la rive gauche de cette rivière, à Tornavento; ayant 50 kilomètres de longueur sur 30 mètres de largeur moyenne, et portant 51^mc,824 (1.234 onces), dans les provinces de Milan et de Pavie. — Canal d'arrosage et de navigation.

Historique. — Les statuts et coutumes du Milanais, réunis pour la première fois en un seul Code, en 1216, sont le plus ancien document qui fasse mention de ce canal, dont la construction remonte aux années 1177, 1178 et 1179; époque où les principales villes de l'Italie formaient, sous la protection de l'empereur d'Allemagne, de petits États indépendants.

Ainsi que cela se remarque, pour la plupart des grandes créations architecturales du moyen âge, on n'a conservé les noms ni de ceux qui conçurent le plan de cette vaste entreprise, dont il n'existait jusqu'alors aucun exemple, ni des ingénieurs qui exécutèrent et amenèrent à fin, en si peu de temps, un ouvrage hydraulique de cette importance. Dans l'origine, ce canal n'était destiné qu'au seul usage de l'irrigation. Il portait alors le nom de *Ticinello*, petit Tessin, qui ne s'applique plus aujourd'hui qu'à deux de ses dérivations secondaires. Plus tard, il fut adapté à la navigation; et prit, vers 1447, le nom de *Naviglio-Grande*, qu'il porte encore actuellement. Cette dénomination lui fut donnée, surtout pour le distinguer du canal de la Martesana, qui venait d'être ouvert, sous le duc de Milan, François Ier Sforce, et qui, peu de temps après, fut réuni au canal intérieur de la ville.

Le canal actuel du Tessin n'est pas la première grande dérivation qui ait été exécutée, ou du moins tentée, sur cette rivière. Il paraît que dès l'année 1037, un canal de navigation mettait en communication Milan avec le Pô; et facilitait un commerce étendu au delà des mers. En outre, il existe encore aujourd'hui, dans le lit du Tessin, en amont de la prise d'eau actuelle du grand canal, des files de pieux, vestiges d'un ancien barrage qui dut servir, très-anciennement, à l'établissement d'une autre dérivation, dont on voit d'ailleurs des traces très-reconnaissables dans la campagne.

L'ancien canal de Milan au Pô fut probablement détruit, pendant les guerres du moyen âge. Quant à celui qui paraît avoir été plus anciennement dérivé du Tessin, quelques ingénieurs pensent qu'il fut abandonné comme impraticable, par suite de la nature du sol. En effet, toute la vallée en amont de la prise d'eau de Tornavento n'est presque entièrement formée que de galets et de graviers, à peine recouverts de terre végétale; ce qui constitue un sol entièrement perméable, dans lequel on ne pourrait maintenir l'eau sans des dépenses énormes. La dérivation actuelle devrait être regardée, d'après cela, comme la plus élevée qui puisse exister sur le Tessin.

Dans le cours du XIIIe siècle, la ville de Milan fit exécuter les ouvrages nécessaires pour rendre navigable ce canal, et pour lui faire porter un plus grand volume d'eau, destiné à l'accroissement des irrigations.

A diverses époques, les crues extraordinaires du lac et du Tessin lui causèrent de grands préjudices. Au milieu même des travaux de son premier établissement, la crue mémorable de 1178 vint mettre en question le succès de l'entreprise. Cette crue, la plus grande qui, de mémoire d'homme, ait eu lieu dans le pays, s'éleva, au dire des historiens, de 18 brasses, ou de 10^{m},80 au-dessus du niveau des basses eaux. Si les ouvrages en lit de rivière avaient été déjà établis, nul doute qu'ils n'eussent été emportés.

Depuis cette époque, la plus forte crue fut celle du mois de novembre 1705; les eaux s'élevèrent à une hauteur de 6^{m},55; et comme le Tessin fait beaucoup de sinuosités aux abords de Tornavento, il changea de lit, à une assez grande distance en amont de l'embouchure du canal, ce qui semblait devoir rendre à jamais inutiles les ouvrages considérables déjà faits sur ce point. En effet, l'ensablement de l'ancien lit, l'accumulation énorme des cailloux et galets, entraînés par les eaux, le barrage rompu, les déchargeoirs et autres ouvrages en partie détruits, les digues affouillées; tout, en un mot, faisait désespérer de pouvoir jamais réparer un tel désastre. Au lieu d'être découragés, les magistrats et les commissaires, délégués en cette circonstance, s'occupèrent immédiatement d'y porter remède. On fit rédiger à la hâte les devis des différentes réparations, qui furent estimées plus de 300.000 livres ; somme qui, il y a un siècle et demi, valait plus d'un million de notre monnaie. Comme il y avait urgence, et qu'un petit gouvernement ne pouvait faire face, de suite, à une aussi forte dépense imprévue, elle fut réalisée en partie, au moyen d'une taxe additionnelle sur les usagers des autres canaux du Milanais. Cette taxe se composait : 1° de l'augmentation des trois quarts en sus du droit ordinaire de navigation ; 2° d'une contribution de 190 livres par once d'eau dérivée, soit pour l'irrigation, soit pour les usines.

La saison des basses eaux, qui ici ont toujours lieu en hiver, favorisa les travaux. On mit donc immédiatement la main à l'œuvre, pour cette grande opération, à laquelle plus de 4.000 ouvriers furent employés à la fois. Les ingénieurs et les commissaires du gouvernement restaient eux-mêmes au milieu des travailleurs, sans les quitter un seul instant ; de sorte qu'à l'aide de tant d'efforts, les travaux furent promptement terminés ; ce qui permit de rendre les eaux à leur double destination, dès l'époque ordinaire de l'ouverture des arrosages, au commencement du printemps.

En 1755 et en 1787, deux autres crues extraordinaires du lac et du Tessin faillirent renouveler les mêmes bouleversements, dont le souvenir était encore si récent; mais heureusement ces crues ne causèrent que de médiocres dégradations aux ouvrages de la prise d'eau, et l'on en fut quitte pour quelques travaux peu considérables; mais de grandes précautions furent prises, en même temps, dans la prévision des crues subséquentes. A l'aide de ces sages mesures et des travaux annuels d'entretien, les grandes crues, qui arrivèrent principalement dans les années 1789, 1792, 1810, 1823, 1829, 1834 et 1842, n'occasionnèrent plus que des dégâts minimes. Au contraire, les guerres du XVIIIe siècle, qui n'épargnèrent pas le Milanais, entraînèrent, pour ces mêmes ouvrages, de nouveaux désastres et des réparations très-coûteuses.

Le Tessin, qui forme l'ancienne frontière entre les États sardes et le royaume lombard-vénitien, fournit, sur la rive droite, deux dérivations assez considérables, au premier de ces territoires; mais d'après un traité passé, le 4 octobre 1751, entre les deux États, relativement à la libre navigation sur cette rivière, tout y est subordonné à l'alimentation du Naviglio-Grande, qui constitue, pour le Milanais, des droits préexistants.

Modellation. — L'invention de l'ingénieux régulateur qui constitue le module milanais et l'application immédiate de ce système aux bouches du grand canal, font époque dans les annales du pays.

La description de ce module, regardé avec raison comme le plus parfait de ceux qui ont été employés jusqu'à présent, se trouve plus loin dans le chapitre consacré à cet objet spécial. J'ai cru devoir y conserver quelques détails historiques, se rattachant essentiellement au même sujet; on peut y voir combien de difficultés se rattachèrent à l'établissement de cet appareil, qui avait pour objet de substituer l'ordre aux abus.

Les détails donnés, sur ce sujet, dans le chapitre susdit ont été jugés essentiels, d'abord d'après l'intérêt spécial qui s'y rattache; ensuite parce qu'à un moindre degré, peut-être, des difficultés analogues se sont renouvelées, lors de la modellation successive, d'après le même système, des bouches de tous les autres canaux du Milanais.

La limitation obtenue par ce moyen est, pratiquement, aussi complète qu'il était possible de l'obtenir. Si le régulateur en question eût été moins exact, il se fût prêté encore, jusqu'à un certain point, à la continuation des mêmes abus; et les intéressés, menacés de réductions importantes, dans des consommations illicites, n'eussent pas opposé une aussi vive résistance.

Description et tracé. — Le Naviglio-Grande s'étend sur une longueur de 49.982 mètres, depuis son origine, sur la rive gauche du Tessin, à Torna-Vento, près Lonate, jusqu'à la nouvelle gare, où il aboutit, sous les murs de Milan. De sa naissance jusqu'à Buffalora, sur une longueur de 21 kilomètres, il suit la vallée du Tessin, en passant par Turbigo, Peregnano, Castelletto et Bernate.

Dans cette première partie de son cours, il est presque toujours sinueux; moins encore à cause des inégalités du terrain que par suite de la nécessité où l'on a été de développer le tracé pour éviter les trop fortes pentes.

Pendant environ 12 autres kilomètres, il se trouve placé à mi-côte, et soutenu par une digue; ensuite il abandonne, à Buffalora, la vallée proprement dite pour entrer dans la plaine où il suit une direction plus rectiligne. Il passe ainsi par Robecco, Castelletto, côtoie la grande route de Vigevano, et arrive à Milan, en traversant les territoires de Gaggiano, Trezzano, Corsico et Saint-Christophe.

De Buffalora à Robecco, le lit du canal se trouve assez profondément encaissé dans les terres; ensuite cette profondeur diminue, jusqu'à Castelletto, où il se trouve à peu près au niveau du terrain naturel. Enfin de là à Milan, il est tantôt en déblai, tantôt en remblai, mais avec des terrassements peu considérables. On doit comprendre dans son parcours le prolongement qui va jusqu'à l'écluse de Viarenna, où il se trouve en communication avec le canal intérieur.

Quelque temps après l'achèvement de ce canal, on établit, à peu de distance de Milan, les deux grands déchargeoirs de Saint-Christophe et de Binasco, afin de se prémunir, aussi complétement que possible, contre les crues redoutables du Tessin. Le premier de ces déchargeoirs donne naissance au Lambro méridional; rivière artificielle, qui coule aujourd'hui dans l'ancien lit qu'occupait la rivière d'Olone, avant d'avoir été rectifiée, aux abords de Milan. Le deuxième déchargeoir, placé entre Abbiategrasso et Binasco, donne naissance à une rivière, ou canal, qui a seul conservé le nom de *Ticinello*. Tout en ayant pour principal but de recevoir le trop-plein du naviglio, ils servent l'un et l'autre à l'irrigation des terres qui les avoisinent.

La longueur de 49.982 mètres, indiquée plus haut, se subdivise ainsi :

	mèt.
Sur la province de Milan..................	15.183
Sur celle de Pavie..........................	23.677
Sur celle de Milan..........................	11.122
Total........	49.982

Sur la première partie, le canal a toutes les apparences d'une grande rivière naturelle. Ses sinuosités, considérables, ses largeurs variables, depuis 22 jusqu'à 50 mètres; ses profondeurs qui vont de $1^m,30$ à 4 mètres; ses pentes qui varient depuis $0^m,72$ jusqu'à $1^m,55$ par kilomètre, sont autant de caractères extérieurs qui pourraient faire, quelque jour, révoquer en doute l'intervention du travail de l'homme, dans l'existence de ce vaste cours d'eau. Mais on conçoit qu'étant établi sans barrages ni écluses, ce n'est qu'à l'aide de grands développements que l'on pouvait y modérer la vitesse de l'eau, restée encore très-considérable.

La seconde partie du trajet, qui a lieu sur la province de Pavie, présente de moins grandes inégalités. Néanmoins, les largeurs varient de 18 à 24 mètres; les profondeurs de $1^m,10$ à $2^m,70$; les pentes de $0^m,20$ à $1^m,16$ par kilomètre. Enfin, sur la troisième et dernière partie du même canal, celle qui aboutit à Milan, les largeurs ne varient plus qu'entre 12 et 18 mètres; et les profondeurs qu'entre $1^m,25$ et $2^m,55$. Une pente moyenne de $0^m,55$ par kilomètre y correspond à une vitesse à la surface de $0^m,23$ par seconde. La pente totale du canal étant de $33^m,52$ pour une longueur de 50 kilomètres, il en résulte une moyenne de $0^m,67$ par kilomètre; pente qui, lors même qu'elle ne serait pas distribuée très-irrégulièrement, dépasse beaucoup celle qu'il est convenable d'adopter, pour les canaux destinés, à la fois, aux arrosages et à la navigation.

Les observations suivantes, que je traduis textuellement, confirment et complètent utilement ce qui vient d'être dit sur les conditions toutes spéciales du tracé de ce remarquable canal.

« La partie supérieure, dont l'origine est la plus ancienne, a un cours très-rapide. Sur la partie inférieure construite, elle-même, avant l'invention des écluses à sas, il s'agissait de satisfaire à des conditions très-difficiles. En premier lieu, il fallait modérer, de plus en plus, les pentes à mesure que les bouches d'irrigation amoindrissaient davantage le débit du canal, afin de conserver à l'eau une profondeur suffisante pour la navigation. Ensuite on devait seconder, autant que possible, les déclivités naturelles du terrain, pour éviter les énormes dépenses qu'eussent occasionnées des déblais et remblais. Or cela fut admirablement exécuté, en établissant la partie supérieure du canal sur les 7.810 mètres compris entre Castelletto et Gaggiano, sous une pente moyenne de 0m,70 par kilomètre et en déviant notablement vers le nord, la partie inférieure de 12.440 mètres, qui va jusqu'à Milan, avec une pente moyenne très-douce d'environ 0m,12 par kilomètre. De telles dispositions attestent assurément l'habileté des ingénieurs de ces anciens temps. » (1)

POINTS PRINCIPAUX DU NIVELLEMENT DU CANAL (2).

	mèt.
A la prise d'eau au Tessin	147,86
A Cassano	139,43
A Turbigo	137,87
Au pont de Pregnana	135,52
A Cuggiano	132,30
A Bernate	131,66
A Buffalora	131,21
A Magenta	128,46
A Robecco	125,66
A Castelletto	118,76
A Gaggiano	115,77
A Bonirola	115,69
Au pont de Corsico	114,78
Au débouché, près la Porte du Tessin, à Milan	114,34
Chute totale	33,520

(1) *Notizie naturali e civili sulla Lombardia*, p. 174.

(2) Ce nivellement comme celui des autres canaux et rivières de la même contrée est rapporté au-dessus du niveau moyen de l'Adriatique.

Pentes et longueurs du Canal.

POINTS PRINCIPAUX DU TRACÉ.	LONGUEURS.	PENTE par kil.	PENTES partielles.
	mèt.	mèt.	mèt.
Prise d'eau au Tessin........	»	»	»
Pont de Cassano..........	5.395	1,546	8,342
— de Turbigo..........	1.832	0,854	1,565
— de Paregnano.........	1.906	1,221	2,345
— de Castelletto de Cuggionno..	4.484	0,720	3,227
— de Bernate..........	3.136	0,202	0,632
— de Buffalora..........	1.645	0,277	0,455
— de Magenta..........	2.896	0,949	2,748
— de Robecco..........	2.530	1,107	2,801
— de la Cascinetta........	2.354	1,169	2,750
— de Castelletto d'Abbiategrasso (origine du canal de Bereguardo)...........	3.554	1,169	4,152
— de Caggiono..........	7.810	0,370	2,886
— de la Bonirola.........	1.320	0,134	0,778
— de Frezzano..........	1.654	0,150	0,248
— de Corsico...........	3.496	0,189	0,661
— de Cristoforo.........	4.032	0,104	0,422
— de la route de ceinture....	1.800	0,006	0,012
Sas de Viarenna (gare de la Porte du Tessin).............	138	0,000	0,000
	49.982		33,520

Principaux ouvrages d'art. — Le premier, comme

le plus remarquable de ces ouvrages, est, sans contredit, le grand barrage, ou écluse, de prise d'eau, dite la *Paladella*, qui traverse obliquement presque toute la largeur du Tessin (pl. V), laissant seulement, sur la rive droite, une ouverture de 65 mètres de largeur, qu'on appelle la *Bouche-de-Pavie*.

La longueur du barrage est de 280 mètres, et sa largeur varie de $9^m,50$ à $17^m,80$; à l'exception, toutefois, des 37 mètres formant à son extrémité une sorte d'appendice, qui ne présente qu'une largeur de $2^m,40$. Le système de sa construction est mixte. Les enrochements, les bétonages, et diverses autres natures de maçonneries y sont habilement combinés. Des files de pieux jointifs, maintiennent généralement le pied des enrochements. Le corps du barrage, formé d'une maçonnerie de briques, entremêlée de massifs de béton, est recouvert de dalles ou libages de très-fortes dimensions.

Les talus sont revêtus, d'une manière analogue, tant du côté de la rivière que du côté du canal. Sur la rive lombarde, l'extrémité de ce grand barrage se termine à un mur de jouée, en maçonnerie de briques, surmonté par un glacis en libages et cailloux; sur la rive piémontaise, l'autre extrémité, qui aboutit à la Bouche-de-Pavie, est défendue par un enrochement à pierres perdues, qui forme un massif continu tant sur le fond de ce pertuis que sur la berge de la rive droite.

En 1819, des avaries considérables exigèrent la reconstruction de l'extrémité du barrage sur 36 mètres de longueur, du côté du Milanais; plus récemment encore, il fallut renouveler les revêtements sur 43 mètres. A ces deux réparations près, tout le reste de ce barrage s'est maintenu dans l'état où il fut rétabli, lors de la dernière grande crue du lac et du Tessin, dont j'ai parlé dans le chapitre qui précède.

La bonne direction, la nature et le mode d'emploi des matériaux, et surtout les nouveaux déchargeoirs, construits postérieurement à son établissement, semblent devoir garantir indéfiniment cette grande construction, dont la ruine serait désastreuse pour le pays.

Les autres ouvrages d'art principaux du grand canal sont les suivants :

2° Six grands déversoirs, ayant généralement leurs glacis solidement construits, en blocs et libages, avec ou sans ciment; les jouées sont formées ou par des murs en maçonnerie, ou seulement par des files de pieux soutenant, à chaque extrémité, les terres de la berge; tous, à l'exception du premier, sont surmontés d'une passerelle en bois, contre les montants de laquelle s'appuie, dans les eaux basses, un batardeau en fascines, destiné à empêcher celles-ci de sortir du canal.

3° Douze déchargeoirs, ayant ensemble 185 vannes de fond, $0^{m},87$ à $0^{m},88$ de largeur; leur manœuvre s'effectue au moyen d'une crémaillère, fixée à la queue de chaque vanne (Pl. VIII), et d'un levier en fer qui reste entre les mains du *Camparo* ou préposé, chargé de cette manœuvre. La construction de ces déchargeoirs n'a rien de particulier; ils se composent, comme tous les empellements, d'un seuil en maçonnerie, et quelquefois en bois de chêne, de jouées, potilles, chapeau et vannes de fond. Les canaux de fuite ou de décharge étant une dépendance essentielle du canal principal, sont comme lui placés dans le domaine public. Leurs eaux sont également utilisées, soit pour l'irrigation, soit pour des usines.

4° Il existe sur toute la longueur du canal, dix ponts dont quatre se trouvent aux abords de Milan.

5° Les aqueducs ou siphons, pour le passage des eaux privées, n'y sont qu'au nombre de trois; ce qui s'explique par la grande ancienneté de son origine, puisqu'il a précédé, dans le Milanais, presque tous les autres canaux qui y existent aujourd'hui.

6° On compte, en outre, sur la ligne du Naviglio-Grande, sept maisons ou magasins appartenant au gouvernement; les uns sont destinés au dépôt de certains matériaux, outils et appareils, d'un usage fréquent; les autres servent au logement des employés et des ingénieurs en tournée; ainsi qu'à celui des autres fonctionnaires, qui prennent part, dans l'intérêt du trésor, à la surveillance de ce canal.

7° Parmi les ouvrages d'art, d'une utilité spéciale, on ne doit point oublier les *hydromètres*, qui sont au nombre de huit. Les anciens sont formés de tiges ou plaques de fer scellées dans une forte dalle, et graduées en mesures milanaises. Dans les nouveaux hydromètres, l'échelle de graduation est tracée sur une plaque de marbre blanc, enchâssé dans un pilier de granit, matériaux l'un et l'autre très-communs dans la localité. Ce sont des guides indispensables pour mettre les préposés à même de bien régler la hauteur et la distribution des eaux; ce qui est pour eux une occupation continuelle.

8° Le fond du canal est généralement établi sur le terrain naturel; néanmoins, du pont de Castelletto à celui de Mantegna, il existe 96 portions de radier, ou pavé en cailloutages, destiné à prévenir les corrosions; et, en aval de ce dernier pont, le fond est entièrement recouvert d'un semblable radier. Les revêtements, pour la défense des berges, sont construits, soit à sec, soit à mortier, en blocs ou dalles, briques ou cailloux; leur longueur totale, sur les deux rives, est de 62.113 mètres. Devant ces revêtements ou perrés, il existe des files de pieux, avec ou sans moises horizontales, pour les préserver du choc des bateaux, et pour les consolider contre la poussée des terres. Depuis 1848, l'administration a augmenté la longueur des revêtements d'à peu près 2.000 mètres, dans divers endroits où les berges laissées à nu avaient à souffrir, tant par le fait des eaux que par celui de la navigation.

Surveillance, entretien et curages. — Outre les ingénieurs, et employés secondaires, faisant des tournées sur le canal, il est affecté à sa surveillance permanente, six gardes, dont les fonctions sont analogues à celles des mêmes agents sur les canaux de navigation. Ils ont, de plus, la surveillance et la police immédiate des bouches de prise d'eau; et doivent veiller à ce qu'il n'y soit apporté, par les usagers, ni par qui que ce soit, aucun changement pouvant en altérer le débit. Le premier et le dernier garde sont particulièrement chargés de veiller à ce qu'aucun des bateaux qui entrent dans le canal, soit en descendant, soit en remontant, n'excède les dimensions prescrites, savoir : $0^{m},75$ de tirant d'eau, $4^{m},75$ de largeur et $1^{m},20$ de hauteur pour le chargement. Le premier garde règle, en outre, d'après l'inspection des hydromètres et la manœuvre des déchargeoirs, l'introduction du volume d'eau constant qui doit alimenter le canal. Les fonctions de ce garde n° 1 étant les plus importantes, la longueur de sa section n'est que de 3.300 mètres, tandis qu'elle est 7 à 8 kilomètres pour les cinq autres.

Les dépenses d'entretien et de réparations ordinaires du canal, y compris les ouvrages d'art, et notamment ceux de la prise d'eau, sont affermées par baux de neuf ans. Le montant du bail, qui a fini en 1851, était de 52.900 livres ou de 40.733 francs.

Quant aux curages, on pourrait croire que le Naviglio-Grande doit en être à peu près exempt. Car à la vue de ces eaux si limpides, qui, provenant des neiges des Alpes, sont encore épurées par leur séjour dans le lac Majeur, comment présumer qu'elles forment des dépôts et atterrissements dans un lit où elles coulent généralement avec beaucoup de vitesse? C'est cependant ce qui a lieu; et la coûteuse opération du curage se renouvelle deux fois chaque année. Le principal chômage, qui a lieu au printemps, dure environ un mois; le plus court a lieu en automne et ne dure que huit jours. Il est vrai de dire que le *faucardement* des herbages, qui tendent à encombrer rapidement le lit du canal, contribue à la nécessité de ces chômages, au moins autant que l'enlèvement des graviers et du limon qui s'y amassent. Ces dépôts se forment néanmoins avec assez d'abondance, et surtout, d'une manière irrégulière, sur certains points. Mais aussi toutes les eaux du Naviglio-Grande ne viennent pas du lac Majeur; l'introduction de celles de l'Olone, qu'il reçoit à son extrémité inférieure, sous les murs de Milan, est la principale cause des grands envasements auxquels il est exposé et qui lui sont extrêmement nuisibles. A diverses reprises on s'est occupé sérieusement de remédier à un si grand inconvénient, en dirigeant cette rivière torrentielle sous le Grand-Canal, pour la faire aboutir directement dans quelqu'un de ses canaux de décharge; mais ce changement, qui serait trop coûteux, rencontrerait en outre une foule d'oppositions, aujourd'hui que toutes les eaux sont utilisées, dans leur situation actuelle, aux abords de Milan.

Lors des travaux de curage et de faucardement qui s'exécutent pendant la mise à sec du Naviglio-Grande, aux époques que je viens d'indiquer, il doit être entièrement évacué par les bateaux, pour lesquels des gares, bassins, ou autres espaces convenables, sont réservés à cet effet.

La mise à sec, par le détournement des eaux, s'effectue au moyen d'un batardeau, ou barrage temporaire, formé de chevalets, pieux, fascines et toiles, représenté Pl. XXVIII, et sur la construction duquel je donne, plus loin, les détails nécessaires. Ordinairement le batardeau s'établit à Nonate, où il n'occupe qu'une petite largeur; mais de temps en temps il est nécessaire de le construire à l'embouchure même du canal, où il devient très-coûteux. Cette mise à sec générale a eu lieu en 1842.

En 1780, pour la conservation des pentes du canal, aux époques des curages, on y avait établi, de distance en distance, des repères, qui consistaient en pieux de chêne, avec frettes et sabots en fer, battus au mouton, jusqu'au niveau du fond; mais ces pieux, qui n'étaient pas d'un usage commode pour cette destination, ont été en grande partie remplacés par des seuils en pierre, qui remplissent bien mieux leur but.

Portée d'eau, irrigations, prix de l'arrosage, etc. — La portée d'eau du Grand-Canal, mesurée sur le débit des bouches, qui sont en grande partie réglées, est, selon la dernière statistique de l'administration, de 45^{mc},150 (1); mais ce volume d'eau comprend 104 onces destinées pour le canal de Berguardo, et 142 onces pour celui de Pavie; restent donc 829 onces, qui sont distribuées entre les bouches

(1) 1.075 onces milanaises.

du Naviglio-Grande pour le service des irrigations et pour quelques usines.

Un jaugeage direct du canal fut fait, vers son origine, à Tornavento, les eaux étant à leur niveau normal; cette opération donna un produit équivalent à $51^{mc},828$, ou 1.177 onces, au lieu de 1.075 qui sont effectivement dépensées par les bouches; il y aurait donc, d'après cela, une différence de 102 onces ou de $4^{mc},488$ par seconde, qui doit être attribuée à l'évaporation, aux filtrations et autres pertes d'eau, mais aussi à un excédant de débit de plusieurs bouches qui sont restées sans régulateur. Un autre jaugeage direct a donné pour résultat 1.182 onces, ou $52^{mc},008$, ce qui diffère moins du débit effectif.

Dans les années où les basses eaux, qui ont toujours lieu en hiver, se prolongent trop avant dans le printemps, c'est-à-dire au delà de l'ouverture des irrigations d'été, on est dans l'usage d'établir, sur le glacis du grand barrage de la Paladella, une hausse mobile destinée à parer à cet inconvénient. Cette hausse régulatrice règne, soit sur une partie, soit sur la totalité de sa longueur; on l'enlève aussitôt que les eaux ont repris leur niveau moyen, ce qui arrive ordinairement, au plus tard, avec les fontes de neige de la fin d'avril, mais on a vu les basses eaux se prolonger exceptionnellement jusque dans le mois de mai.

En 1812, l'exhaussement temporaire a été maintenu jusqu'au 19 de ce même mois. En 1821, les basses eaux commencèrent au 10 septembre et se maintinrent sans interruption pendant cinq mois consécutifs, jusqu'au 11 février suivant; période pendant laquelle la pénurie fut si grande, pour les irrigations d'hiver, qu'elle exigea non-seulement la présence de la rehausse sur toute la longueur de la Paladella, mais encore la fermeture complète de la Bouche-de-Pavie, moyen extraordinaire auquel on n'avait eu recours qu'une fois, en 1817.

Un inconvénient plus grand encore eut lieu dans l'été de 1832; non plus par ce motif, mais par l'absence de la crue régulière des eaux d'été; car à l'époque où cette crue devait atteindre son maximum, on n'eut, pour le service des irrigations, si abondantes en cette saison, qu'une eau moyenne, de beaucoup insuffisante; ce qui causa un préjudice notable à l'agriculture; c'est, du reste, le seul cas qu'on puisse citer de ce phénomène.

D'après une vérification des bouches du Grand-Canal, faite en 1694 par l'ingénieur Pessina, leur débit total fut évalué, à cette époque, à 794 onces. Le vérification faite en 1785 par l'ingénieur Ferrari, donna pour résultat 844 onces, mais divers changements faits pour augmenter la portée d'eau du canal, notamment en faveur de l'ouverture de celui de Pavie, ont modifié cet ancien état de choses. Actuellement le nombre des bouches du Naviglio-Grande est de 120, dont 116 sur la rive droite et 4 sur la rive gauche. La première est la Bocca-Ceriano, de 1 once 1/3; la dernière est formée par le déchargeoir du *Résidu*, sous les murs de Milan. Il est composé de 10 vannes de

$0^m,87$ de largeur, dont l'une sert à la dérivation de 32 onces continues, qui forment la portée d'eau du canal de ce nom. En mettant à part les grandes bouches alimentaires des canaux de *Bereguardo* et de *Pavie*, dont la dotation est mentionnée ci-dessus, les plus grandes bouches du Naviglio-Grande sont : celle du Ticinello, de 36 onces continues, la Bocca-Bernate de 31 onces, la Bocca-Visconti de 24 onces, etc. Parmi les plus petites, on peut citer les Bocchetti Calvi et Corona, de chacune 1 once d'eau d'été, etc. La portée moyenne de toutes ces bouches est de 7 à 8 onces; il y en a 22, qui sont assujetties à rendre les colatures dans le canal.

Il n'y a plus d'eau disponible sur le naviglio; car les irrigations d'été absorbent toute celle qu'il peut distribuer en cette saison; et depuis la construction du canal de Pavie, les 60 à 70 onces qui y restaient disponibles, en hiver, sont maintenant utilisées sur ce dernier canal.

Les 829 onces d'eau du Naviglio-Grande, subviennent en été à l'irrigation de 31.500 hectares de terres cultivées en prairies, perpétuelles et à rotation; ce qui représente sensiblement 38 hectares par once, ou un peu moins d'un hectare pour l'écoulement continu d'un litre par seconde. En hiver, il distribue environ 660 onces, qui entretiennent 660 hectares de *marcite;* soit 42 litres par hectare.

Outre les irrigations, qui s'étendent à de grandes distances du canal, dans les provinces de Milan et de Pavie, les mêmes eaux mettent encore en mouvement

160 tournants de moulins à blé et une vingtaine d'autres usines.

Le prix de l'eau du Grand-Canal a toujours été à un taux plus élevé, dans la partie voisine de Milan, que dans sa partie supérieure. Avant 1787, les prix, pour la location d'une once d'eau d'été, variaient ainsi qu'il suit : de l'origine du canal à Buffalora, 300 livres milanaises ; de là au pont de Venezia, 400 livres ; de là à Milan, 450 livres. En 1787, une demande considérable fit monter ces redevances aux chiffres suivants : de l'origine du canal à Castelletto, 500 livres mil. ; de là à Gaggiano, 600 livres ; de là à Milan, 700 livres ; et ensuite 800 livres, ou 616 francs.

Sous le précédent gouvernement, un décret du vice-roi, en date du 21 novembre 1822, a établi, ainsi qu'il suit, d'une manière uniforme, les *minima* qui servent de bases aux adjudications, tant pour la vente que pour la location des eaux, sur le Grand-Canal, ainsi que sur ceux de Bereguardo et de Pavie, qui en dérivent :

	liv. mil.	fr.
Vente en capital d'une once d'eau (1).	14.000	10.780,00
Location à perpétuité d'un once d'eau continue	650	550,50
Location d'une once d'eau d'été	600	562,00
Location temporaire de l'eau d'été	500	385,00
Eau d'hiver	60	46,20
Location dans un rayon de 9 kil. de Milan	80	61,60

(1) L'once milanaise étant de 42 litres par seconde, le prix correspondant

Ces prix sont très-bas; ou, en d'autres termes, très-avantageux pour l'agriculture, attendu qu'ils reviennent aux suivants :

	fr.
Pour les prairies et cultures analogues, eau continue, en rente perpétuelle ou en capital (à un peu plus de 4 1/2 p. 100 par hectare)...	14,47
Id. par location annuelle....................	12,16
Eau d'hiver pour les *marcite*, prix moyen, à raison d'une once (de 42 lit.) par hectare...	70,00

Tels sont les prix régulateurs de l'eau d'irrigation du Naviglio-Grande, sur les trois territoires de Milan, Pavie et Lodi, qui forment la principale région irrigable du Milanais.

Malgré le taux peu élevé de ces redevances, en les rapprochant des quantités d'eau qui sont distribuées sur le Grand-Canal, on pourrait croire qu'il est actuellement, pour l'État qui le possède, l'objet d'un revenu important. Il n'en est rien; car pendant la longue période de près de sept siècles, écoulés depuis sa création, le nombre des concessions gratuites, dues à la munificence des divers souverains, et celui des aliénations définitives, se sont successivement accrus; de sorte que, comme branche du revenu public, ce produit, qui pourrait être d'un intérêt majeur, se réduit actuellement à la perception de quelques mille livres, provenant de la rente des plus anciennes concessions. Le droit de navigation est

---

est de $256^{f},66$ pour la valeur capitale de l'écoulement correspondant à 1 litre, et de $13^{f},10$ en location perpétuelle.

lui-même réglé sur une base extrêmement modérée, et ne donne en conséquence au gouvernement qu'un médiocre produit pécuniaire.

Mais cette artère féconde, en même temps qu'elle fait la richesse du pays environnant, est pour le trésor public la source d'une multitude de revenus indirects.

CHAPITRE HUITIÈME.

CANAUX DOMANIAUX DÉRIVÉS DU NAVIGLIO-GRANDE, DANS LES PROVINCES DE MILAN ET DE PAVIE.

Canal navigable de Bereguardo.

Dérivé au milieu du xve siècle; ayant 18.848 mètres de longueur, sur 10 mètres de largeur réduite, et portant $4^{mc},368$ (1) dans la province de Pavie. — Canal d'arrosage et de navigation.

Historique, description et tracé. — Les 120 bouches du Naviglio-Grande donnent naissance à un pareil nombre de canaux, qui ont généralement une grande longueur, et dont plusieurs ont une portée de $1^{m},260$ à $1^{m},512$ (2). Les deux plus considérables, qui sont l'objet de ce chapitre, appartiennent au gouvernement, comme le canal principal.

Ce fut en 1457 que François Ier Sforce, duc de Milan, ordonna l'ouverture du canal de Bereguardo, qui fut consacré, dès son origine, à la navigation et à l'irrigation; et qui, à ce double titre, fut éminemment utile au territoire, jadis improductif et aujourd'hui si fertile, qui forme la rive gauche du Tessin, entre Milan et Pavie.

(1) 104 onces milanaises.

(2) 30 à 36 onces milanaises.

Dans cette même année 1457, le canal, commencé sous la direction de l'ingénieur Bertola, de Novare, fut dérivé du Naviglio-Grande, près d'Abbiategrasso, d'où il s'étend dans la direction de Pavie, jusqu'à la commune dont il porte le nom. Les travaux furent terminés vers 1462, et le canal fut mis en navigation à cette époque; mais, sous le rapport de la distribution des eaux à l'agriculture, il reçut de notables perfectionnements en 1470, époque de laquelle date véritablement son achèvement. Depuis l'ouverture du canal de Pavie, les transports par eau ont beaucoup perdu de leur importance sur celui de Bereguardo; ils s'y trouvent réduits à un petit nombre d'articles propres à la localité. Ce dernier canal est, au contraire, par sa situation favorable, d'un grand intérêt pour l'irrigation; et si celui d'où il dérive pouvait lui fournir un plus grand volume d'eau, elle trouverait immédiatement son emploi, sur les terrains qui l'avoisinent. Sa dérivation a lieu, sur la rive droite du Naviglio-Grande, aussitôt après le pont de Castelletto-d'Abbiategrasso, et se fait à bouche libre, c'est-à-dire au moyen d'un simple déversoir. Il suit pendant quelque temps la route de poste de Milan à Vigevano; puis, se retournant vers la gauche, il se dirige, presque en ligne droite, jusqu'à Bereguardo, où il finit. Les territoires qu'il traverse sont ceux d'Abbiategrasso, Bugo, Caselle, Morimondo, Coronate, Basiano, Besate, Motta, Visconti et Zelada; sans que cependant il rencontre, dans son trajet, aucun de ces dix villages, sur le finage desquels il passe. Le niveau des eaux dans le canal se trouve tantôt au-dessus, tantôt au-dessous de celui de la campagne; mais cela avec des différences minimes, qui n'ont exigé que des terrassements peu considérables.

Sa longueur, depuis son embouchure à Castelletto jusqu'à Bereguardo, trajet dans lequel il est entièrement situé sur la province de Pavie, est de 18.848 mètres. Sa pente totale est de $24^{m},756$. Sur cette pente, $20^{m},67$ sont rachetés au moyen de onze écluses; les $4^{m},086$ de pente restante sont répartis, d'une manière à peu près uniforme, sur le fond des différents biefs; ce qui leur donne une déclivité très-faible de $0^{m},22$ par kilomètre.

La largeur ordinaire du canal, mesurée au niveau de l'eau, est de 10 mètres. Sur quelques points seulement, elle va à 12 et 13 mètres. La hauteur d'eau, qui est plus grande en été qu'en hiver, comme cela a lieu dans le Tessin, d'où il dérive, varie de $1^{m},20$ à $1^{m},80$.

Les digues ou remblais du canal sont d'une largeur proportionnée à leur hauteur, qui est invariable. Les talus, qui ont plus de deux et demi de base pour un de hauteur, sont garnis, à l'extérieur, de gazon, et à l'intérieur, dans les places menacées de dégradation, de perrés ou revêtements dont la longueur totale est de 8.751 mètres; sans compter une assez grande longueur de revêtements semblables qui sont à la charge des particuliers, jouissant des bouches d'irrigation. Le chemin de halage se trouve placé tantôt à droite, tantôt à gauche; dans le voisinage du pont de Basiano, une partie de 860 mètres de longueur de ce chemin, sert de route communale; une autre partie de 150 mètres de longueur est entretenue aux frais des particuliers. A l'exception des radiers, établis dans l'emplacement des onze écluses, ou aux abords, le fond du canal se trouve partout sur le sol naturel. Les perrés, ou revêtements des talus, sont construits, soit à sec soit à mortier de chaux et sable, en cailloux et galets, ou en maçonnerie de briques. Leur hauteur varie d'un point à un autre, suivant les circonstances locales, et suivant le plus ou moins de danger, pour ces talus, d'être dégradés par les eaux, ou par le choc des bateaux.

On ne voit que très-peu d'ouvrages d'art, sur ce canal. Ils se réduisent à peu près aux seules écluses de navigation, qui sont au nombre de onze ; et à trois ponts, dont l'un, celui de Castelletto, n'est qu'une simple passerelle en bois. Il n'y a pas de déchargeoirs ni d'autres ouvrages régulateurs; leur construction eût été superflue, attendu que le canal alimentaire en étant suffisamment pourvu, les eaux qu'il transmet à ses dérivations ont, par elles-mêmes, la régularité nécessaire. Les cinq petites vannes de décharge qui s'y trouvent, n'ont pour but que d'assurer l'écoulement des eaux de source, pendant les chômages annuels. La maison destinée au logement des gardes, se compose en outre de magasins, pour le service du canal. Un jardin et un terrain assez vaste sont annexés à cette maison, indépendamment d'autres terrains, destinés spécialement à recevoir en dépôts les produits du curage.

Pour assurer, lors de ces curages annuels, les dimensions du lit et le maintien de la section, le fond du canal est pourvu, de distance en distance, de seuils ou *caractères*, en pierre et en bois, destinés à servir de repères pour cet objet.

Pour régler le niveau et la distribution des eaux, il n'y a qu'un seul hydromètre, semblable à ceux du canal du Tessin, dont j'ai donné la description au chapitre précédent. Il est placé à l'origine même de la dérivation. On voit, par l'inspection de cet hydromètre, que quand, à la fin de l'été, les herbages commencent à encombrer le canal, on est obligé, pour le maintien de la navigation, d'y tenir l'eau à environ $0^m,07$ au-dessus de son niveau normal. Je ferai à ce sujet une observation très-importante, relativement à l'emploi du module : c'est que, sans ce secours, une pareille ressource ne pourrait être employée, attendu que les bouches, dépourvues d'un régulateur efficace, profiteraient seules de l'exhaussement, qu'elles tendraient même à détruire sans cesse, par l'excédant de la dépense d'eau qui en résulterait pour chacune d'elles.

La surveillance journalière du canal est confiée à deux gardes ; le premier a une station de 9.040 mètres ; celle du second est de 9.808 mètres.

Sur la longueur totale de 18.848 mètres les 18.066 compris depuis l'embouchure jusqu'à la Bocca-Gambirona, sont entretenus aux frais de l'État. Les 782 mètres restants sont à la charge des usagers.

POINTS PRINCIPAUX DU NIVELLEMENT DU CANAL.

	mèt.
Origine à Castelletto........................	119,74
Extrémité à Bereguardo....................	94,98
Pente totale........	24,760

Pentes et longueurs du Canal.

POINTS PRINCIPAUX DU TRACÉ.	LONGUEURS.	PENTES par kil.	PENTES partielles.	CHUTE des écluses.
	mèt.	mèt.	mèt.	mèt.
Pont de Castelletto.	»	»	»	»
1re écluse	1.518	0,220	0,333	1,900
2e *id.*	1.172	0,158	0,151	1,157
3e *id.*	1.119	0,065	0,096	2,058
4e *id.*	1.685	0,179	0,302	1,915
5e *id.*	1.751	0,370	0,215	2,141
6e *id.*	1.626	0,245	0,399	2,300
7e *id.*	1.458	0,083	0,122	1, 50
8e *id.*	952	0,456	0,435	1,979
9e *id.* (Double sas) . .	2.305	0,152	0,351	2,412
10e *id.*	1.906	0,595	0,312	2,466
11e *id.*	1.714	0,147	0,252	1,602
Place Bereguardo	1.684	0,400	0,672	»
	18.848		4,086	20,670
			20,670	
Chute totale. . .			24,756	

Portée d'eau, bouches, irrigations.—Le volume d'eau transmis au canal de Bereguardo par le Naviglio-Grande, est de 4 mètres cubes, 368 litres par seconde (1). Cette quantité n'est pas rigoureusement limitée par un module; elle résulte simplement du passage de l'eau, par des orifices convenablement disposés, dans les portes d'amont de la première écluse de navigation; située à 1.520 mètres en aval de l'origine du canal.

Le volume d'eau susdit se distribue d'abord entre les 12 bouches modellées qui sont placées à la partie supérieure du canal; six à droite et six à gauche; elles en absorbent ensemble 30 onces $\frac{11}{12}$,

Les 53 onces $\frac{1}{12}$ restantes sont absorbées par six vannes libres, ou bouches non modellées, qui sont situées sur la rive droite, vers la partie inférieure du canal. Ces dernières profitent, en outre, du produit de quelques sources, qui sont introduites dans le naviglio, et de celui des colatures, provenant de plusieurs irrigations supérieurs. La plus grande des 12 bouches modellées est la B. Zelata-Grande, de 12 onces d'été; la plus petite, la B. Landrina, de 1 once, aussi d'été. Parmi les bouches d'été, trois seulement ont droit à l'eau continue, les neuf autres n'ont droit qu'à l'eau temporaire disponible. La portée des premières est de 28 onces $\frac{11}{12}$; la portée des autres est de 24 onces $\frac{1}{12}$; ce qui représente bien les 104 onces ou la portée totale du canal. Les bouches libres ont

(1) 104 onces milanaises.

droit à l'eau continue; ou du moins les usagers le prétendent ainsi, en invoquant en leur faveur un titre qu'ils font remonter à 1553.

Pendant l'été, le service de la navigation sur ce canal, dont l'alimentation est très-limitée, ne pourrait se concilier avec celui de l'irrigation, si toutes les bouches restaient constamment ouvertes en même temps. D'après cela ces bouches sont assujetties, par mesure de police, à rester fermées, pendant le jour, le temps nécessaire pour assurer la manœuvre des écluses et le passage des bateaux. Lorsque ceux-ci qui sont eux-mêmes obligés de marcher par convois, ont effectué leur passage, alors les bouches voisines, situées dans le bief qu'ils viennent de traverser, se rouvrent immédiatement; et ainsi de suite, dans le sens de la navigation ascendante ou descendante.

L'eau d'été est entièrement distribuée en irrigations; l'eau d'hiver ne sert que jusqu'à concurrence de 84 onces; de sorte que, jusqu'à présent, les 18 ou 20 onces de surplus sont restées disponibles et même en partie sans emploi, attendu que les locations temporaires et éventuelles d'eau d'hiver, n'en ont pas réclamé jusqu'à présent plus de 10.

Les 4 mètres cubes, 368 litres (104 onces d'eau), qui se distribuent en été, sur le canal de Bereguardo, sont employées à l'irrigation de 3.900 hectares; et sur 92 onces qui y sont disponibles en hiver, environ 84 servent à l'entretien d'un pareil nombre d'hectares de *marcite*, qui sont d'un grand produit. Ces irrigations ont lieu en totalité sur la province de Pavie; les bouches réglées le sont d'après le module milanais; à l'exception, toutefois, que les vannes sont dépourvues de gattello. Par une bizarrerie assez singulière, cet obstacle se remarque aux seules vannes des prises d'eau, à bouche libre, ou dépourvue du module. Il est vrai que les inconvénients attachés à cet état de choses sont moins grands ici qu'ailleurs, puisque les eaux, distribuées au canal, en quantité à peu de chose près constante, n'éprouvent que bien peu de variations dans leur niveau normal.

CHAPITRE NEUVIÈME.

CANAL DE PAVIE.

Dérivé, au commencement du XIXe siècle, de l'extrémité du Naviglio-Grande, sous les murs de Milan; ayant 33.103 mètres de longueur sur 11 mètres de largeur; portant 5^{mc},964 (142 onces) en été, et 8^{mc},400 (200 onces) en hiver dans les provinces de Milan et de Pavie. — Canal d'arrosage et de navigation.

Historique. — Le canal de Pavie étant le plus considérable des ouvrages de ce genre, qui aient été établis dans les temps modernes, il y a lieu de donner ici sa description, avec les détails nécessaires. Dès le commencement du XVIIe siècle, on s'occupait déjà de l'ouverture du canal de Pavie, dont les plans furent, depuis cette époque, repris et abandonnés plusieurs fois. Sous le gouvernement espagnol, on avait décrété, en 1601, la vente des droits et redevances, produits par les eaux de la Muzza, jusqu'à concurrence d'un capital de 25.000 écus, qui devaient être affectés à la construction du nouveau canal. Mais les circonstances s'opposèrent à la réalisation de l'entreprise. En 1646, l'ingénieur milanais Bigatti, ayant présenté un projet régulier des travaux, une compagnie s'offrit, quelques années après, pour les exécuter; mais à la condition que l'administration poursuivrait l'achèvement de la réformation des bouches du Grand-Canal, selon le module milanais; opération qui est toujours restée incomplète.

Après le traité d'Aix-la-Chapelle, la seconde moitié du XVIIe siècle vit luire des jours prospères pour la monarchie autrichienne. On s'occupa beaucoup alors, dans ce pays, d'amélorations intérieures, parmi lesquelles le canal de Pavie fut nécessairement compris. Les travaux avaient été commencés dans le siècle suivant, en 1775, mais bientôt après il fallut les suspendre, par suite des événements de la révolution.

En 1805, le gouvernement français institua une commission, chargée spécialement d'assurer la reprise de ce travail, dont l'exécution était vivement désirée (1). On avait proposé de faire procéder à des jaugeages directs, sur le Tessin, pour se rendre compte du volume d'eau qu'il pouvait fournir au nouveau canal. Les ingénieurs du pays déclarèrent qu'il n'existait aucune méthode, assez exacte, pour qu'on pût tirer de ce moyen, appliqué à une rivière aussi importante, des indications suffisantes. On y renonça donc, et c'est à l'aide des bouches de distribution du Naviglio-Grande que l'on reconnut la possibilité d'y introduire aisément, en toute saison, la quantité d'eau nécessaire à l'alimentation du nou-

(1) Dès l'organisation du nouveau royaume d'Italie, Napoléon avait décrété la construction de quatre canaux du même genre, qui devaient aller de l'Oglio à Brescia; de Peschiera à Mantoue; de Reggio au Pô; et enfin de Milan à Pavie. Les grands événements qui survinrent ne permirent l'exécution que de ce dernier.

veau canal ; même sans apporter de changement notable à sa section. Cette prévision se trouva complétement vérifiée, puisqu'en réalité un approfondissement de $0^{m},30$ à $0^{m},35$ obtenu, en quelque sorte par un simple curage, suffit pour modifier, autant qu'il le fallait, la portée primitive du Grand-Canal alimentaire.

Les projets furent rédigés, en quelques mois, par les ingénieurs Brunacci, Giussani et Giudici, puis soumis à l'approbation du conseil général des ponts et chaussées, à Paris.

Les travaux furent entrepris en 1807, et une partie du canal fut exécutée, dans les années suivantes; mais les vicissitudes politiques qui signalèrent le commencement de notre siècle, en amenèrent encore l'interruption. Le canal de Pavie ne fut donc définitivement repris et terminé que sous le gouvernement autrichien. Ce fut le 17 septembre 1819, qu'eut lieu, avec une grande solennité, l'inauguration de ce bel ouvrage qui, outre son utilité pour les irrigations, forme une des artères les plus intéressantes de la navigation intérieure de la Lombardie; par la jonction qu'il opère entre le cours supérieur du Tessin et celui du Pô, en passant par Milan.

Description et tracé, pentes, etc. — Le canal prend son origine au pont du Trophée, sous les murs de la ville, au point où aboutit le Naviglio-Grande. De là il se dirige vers Pavie, en suivant la grande route; tantôt à quelque distance, tantôt en contact immédiat avec elle. A peu près au milieu du trajet, la ligne du canal longe le bourg de Binasco, où elle s'infléchit, en déviant sur la gauche, sous un angle très-ouvert; et à partir de ce point elle se dirige, en ligne droite, sur Pavie, dont le canal contourne l'enceinte, avant d'aboutir dans le Tessin.

Sur la longueur totale de 33.103 mètres, il se trouve douze écluses de navigation, qui partagent le canal en autant de biefs; sans compter la gare, ou dernier grand bassin, situé à son extrémité inférieure.

La largeur du canal, à la cuvette, est de $10^m,80$, et de $11^m,60$ au niveau des berges. Aux abords de Pavie, où se fait principalement le stationnement des bateaux, cette largeur est portée graduellement de 14 mètres à 20 mètres; et s'accroît ainsi jusqu'à la gare, ou darse, qui a 65 mètres de largeur. Les hauteurs régulatrices de l'eau, au-dessus du fond, sont de $1^m,20$ en été, et de $1^m,65$ en hiver, par suite de l'introduction d'un volume d'eau supplémentaire, de 60 onces, dans cette dernière saison.

Dans les derniers projets du canal, on se proposait de régler les pentes des biefs, à raison de $0^m,21$ par kilomètre, sur la première moitié de son trajet; et seulement de $0^m,12$ par kilomètre, sur la seconde; ce qui devait correspondre à des vitesses superficielles de $0^m,44$ et de $0^m,16$ par seconde. Mais, en réalité elles sont plus faibles, car il résulte du tableau placé, à la fin de ce paragraphe, que sur une longueur totale de 33.103 mètres, les pentes, non rachetées, ne vont qu'à $4^m,40$, ce qui donne, pour la pente générale, une moyenne de $0^m,13$ par kilomètre. Sur la partie supérieure, la pente est d'environ $0^m,15$ et de $0^m,11$, seulement sur les deux derniers tiers du tracé, à partir du Casarile.

POINTS PRINCIPAUX DU NIVELLEMENT DU CANAL.

	mèt.
Gare de la porte du Tessin à Milan..........	114,35
Écluse de la Conchetta....................	114,33
Id. du Lambro.........................	111,23
Id. de Rozzano	106,31
Id. de Moirago.........................	102,31
Id. de Casarile.........................	99,36
Id. de Nivolto	94,64
Id. de Torre del Mangano..............	90,72
Id. de Cascinino.......................	85,85
Id. de porta Stoppa....................	81,05
Id. del bastione Botanica..............	80,64
Id. de la porte de Crémone............	76,24
Id. des sas accolés.....................	68,64
Id. dernière écluse	61,04
Débouché au Tessin......................	57,74

Chute totale........... 56,610

Pentes et longueurs du canal.

	LONGUEURS.	PENTES par kil.	PENTES partielles.	CHUTE des écluses.
	mèt.	mèt.	mèt.	mèt.
Gare de la porte du Tessin à Milan	»	»	»	»
1re écluse dite la *Conchetta.*	774	9,000	0,000	1,855
2e *id.* du Lambro	2.211	0,271	0,600	4,655
3e *id.* de Rozzano	5.418	0,166	0,900	3,600
4e *id.* de Moirago. . . .	1.432	0,280	0,400	1,700
5e *id.* de Casarile. . . .	469	0,118	0,760	4,800
6e *id.* de Nivolto	3.644	0,110	0,400	9,500
7e *id.* de la Tour de Mangano.	3.679	0,109	0,400	4,400
8e *id.* du Cassinino . . .	3.173	0.145	0,460	4,800
9e *id.* de la porte Stoppa dans Pavie. . .	4.330	0,111	0,480	4,400
10e *id.* Sas double du Bastion de la Botanica	865	»	»	3,800 3,800
11e *id.* Sas double de la porte de Crémone.	344	»	»	3,800 3,800
12e et dernière écluse. . . .	577	»	»	5,300
Débouché au Tessin	187	»	»	»
	33.103		4,400	52,210
Chute des écluses. . .			52,210	
Chute totale.			56,610	

Ouvrages d'art. — Les principaux ouvrages d'art de ce canal sont d'abord es 12 écluses à sas, destinées à assurer le passage des bateaux. Elles sont construites en maçonnerie de briques et de pierre de taille, avec radier en libages, dalles et cailloux. Leurs dimensions en longueur et en largeur sont indiquées dans le tableau ci-après, les écluses nos 8 et 9, 10 et 11 sont accolées deux à deux et n'ont alors que trois paires de portes busquées, au lieu de quatre. Pour les écluses simples, la longueur du sas, entre les buscs d'amont et d'aval, est toujours de 33 mètres ; pour les écluses accolées, il y a $0^m,20$ de plus dans chaque sas. Toutes les écluses ont deux passages distincts ; l'un, qui forme le sas proprement dit, et qui est destiné à la navigation ; l'autre est un simple pertuis muni, à la tête d'amont, de vannes régulatrices servant, non-seulement à maintenir un niveau convenable dans le bief supérieur, mais surtout à transmettre aux biefs inférieurs l'eau qui doit y être dépensée en arrosages, d'une manière tout à fait indépendante de la manœuvre des portes d'écluses et de celle de leurs buscs ou vantelles ; manœuvre qui doit demeurer exclusivement réservée au service de la navigation. Il existe généralement sur les chutes d'eau, ainsi ménagées à côté de chaque écluse, des moulins qui sont loués au profit de l'État. Pour la facilité des communications de l'une à l'autre rive, un pont en pierre existe toujours un peu au delà des portes d'aval. Les planches XXVI et XXVII donnent la disposition et le détail de ces sortes d'ouvrages.

Tableau des dimensions des douze écluses (1).

NUMÉROS D'ORDRE DES ÉCLUSES.	LONGUEUR totale.	LARGEURS entre les bajoyers.	
		Minimum.	Maximum.
	mèt.	mèt.	mèt.
N°s 1. Sas de la Conchetta.	50,00	5,06	6,26
2.	53,00	5,40	5,40
3.	49,60	5,06	6,26
4.	49,50	5,06	6,26
5.	52,00	5,06	6,26
6.	51,00	5,06	6,26
7.	56,00	5,06	6,26
8. . . . . 9.	104,00	5,20	6,20
10. . . . . 11.	107,00	5,20	6,20
12. Sas du Tessin.	66,80	5,20	6,20

Les plus grandes de ces écluses, même avec la chute maximum de 4m,80, se remplissent en *quatre minutes*, et se vident en *six;* avec l'emploi d'un seul homme, manœuvrant les portes au moyen d'une simple gaffe ou perche à crochet, sans le secours d'aucune machine.

(1) Eu égard aux deux écluses qui sont à double sas, il y a en tout 14 chutes.—La longueur intérieure du sas est uniformément de 33 mètres.

Les chutes, dans le pertuis de transmission, sont utilisées pour des moulins à blé, pilons à riz et autres usines. Les chutes de l'écluse du Lambro sont évaluées à une force de 300 chevaux-vapeur.

Toutes ces écluses, dont l'une est représentée en coupe horizontale, pl. XXVI, fig. 6, sont en maçonnerie de briques et mortier hydraulique; les parements intérieurs du sas, exposée au batillage, sont revêtus de dalles, de marbre ou de granit.

Chaque écluse est terminée, à l'aval, par un pont en maçonnerie. Les écluses à double sas ont également deux ponts de service.

Les biefs, compris entre ces écluses, sont de longueurs inégales; ce qui tient aux diverses sujétions qu'on a rencontrées dans le tracé du canal; d'abord, par suite des inclinaisons, assez prononcées du terrain naturel dont on devait tenir compte pour ne pas trop accroître les déblais et remblais; mais surtout parce qu'à l'époque de la création de ce canal, la campagne qu'il traverse était déjà sillonnée par une quantité considérable de canaux particuliers, au-dessus desquels il fallait passer, sans leur porter dommage.

Le remplissage du sas se fait, dans toutes ces écluses, au moyen de deux petites *buses* ou bouches latérales; et, en outre, par les vantelles des portes d'amont, placées, suivant une disposition particulière à la partie inférieure de chaque vantail.

La vidange s'opère par deux ou trois orifices latéraux, débouchant dans le pertuis de transmission.

Autres ouvrages d'art. — Outre les quinze ponts placés sur les écluses, on distingue encore, sur le naviglio : quatre ponts en pierre et sept maisons d'habitation. Deux de ces maisons servent seulement au logement des gardes éclusiers ; quatre servent au logement des gardes et à celui des fermiers des moulins établis sur les déchargeoirs contigus aux écluses ; la dernière est occupée par le garde et par les employés de la perception.

Les autres principaux ouvrages d'art sont : le pont-canal sur le Lambro, composé de deux arches ayant chacune $6^{m},90$ d'ouverture (1) ; les trois déchargeoirs latéraux, ayant ensemble sept vannes de fond. Enfin 75 aqueducs ou siphons, pour le passage des eaux privées, qui traversent la ligne du canal, soixante-deux de ces ouvrages ayant dû être construits lors de l'établissement du naviglio, qui avait à traverser un pareil nombre de rigoles, ou de dérivations particulières, existant avant sa construction, sont à la charge de l'État. Les treize autres étant au contraire d'une date postérieure, restent à la charge des usagers.

Ces ouvrages d'art sont construits en maçonnerie de briques et de pierre de taille ; leurs longueurs varient de 25 à 30 et 33 mètres, eu égard à la traversée de deux routes, de chacune 6 mètres, qui, actuellement, se trouvent placées de chaque côté du canal, sur presque toute sa longueur. Le nombre des siphons proprement dits est de soixante-cinq ; les différences

---

(1) La rive droite forme déversoir.

de niveau les plus ordinaires qu'ils présentent au-dessus du naviglio, sont entre 1 et 2 mètres, les trois plus fortes sont de 3^{m},80, 3^{m},65, 3^{m},18; leurs largeurs varient de 1 à 4 mètres.

La pl. XXIII donne la disposition des principaux de ces ouvrages. Enfin, dix aqueducs simples traversent la ligne du canal, sans exiger aucune disposition particulière. Ces aqueducs ne conduisent que des colatures; les siphons, au contraire, conduisent tous des eaux d'irrigation.

Hors de l'emplacement des ouvrages d'art, le fond du canal est établi sur le terrain naturel. Quant aux berges ou talus intérieurs, ils sont munis de perrés, ou revêtements, en maçonnerie de briques, ou en pierres sèches, là où le besoin s'en fait le plus sentir. Dans les prairies les plus exposées au choc des bateaux, au batillage des eaux, ou à la poussée des terres, le pied de ces perrés est, en outre, consolidé par des files de pilotis, avec ou sans moises horizontales. La longueur totale de ces revêtements de talus est de 49.106 mètres; sur quoi 294 mètres sont à la charge des riverains; ce qui réduit la longueur, à la charge de l'État, à 48.812 mètres. Les pieux de rive placés le long de ces revêtements, principalement aux abords de Milan et de Pavie, et dont l'emploi est reconnu très-avantageux, occupent aujourd'hui environ 2.000 mètres de longueur; leur espacement varie de 0^{m},60 à 2^{m},50 de milieu en milieu.

Les figures 5, 6, et 7 de la pl. XXV, font connaître le détail de la construction des revêtements.

Depuis une vingtaine d'années, ce canal est accompagné de deux routes de 6 mètres de largeur chacune; car à droite se trouve la route de poste, et à gauche le chemin de halage, qui a été porté à cette même dimension. Ces deux routes sont accompagnées de forts parapets, ou garde-corps, composés de pilastres, ou colonnettes de granit blanc, surmontées d'une architrave en bois de chêne peint. Dans ceux qu'on établit ou que l'on reconstruit actuellement, les supports et l'architrave sont entièrement en granit, ce qui est bien préférable.

Ce système de balustres en granit, qui dessinent les grands alignements du canal de Pavie, n'est point ici un luxe déplacé; car indépendamment de l'avantage qu'ils offrent comme construction impérissable, cette nature de roche est très-commune dans la localité, et la texture lamellaire de cette variété de granit la rend facile à débiter. Ensuite, comme il s'en travaille une très-grande quantité dans le pays, l'habileté des ouvriers a beaucoup réduit la main-d'œuvre. A raison de 8 francs par chaque colonnette, pilastre ou balustre, de $0^{m},80$ de hauteur, outre la culasse, et de 5 à 6 francs pour l'architrave, dont chaque morceau n'a pas moins de $3^{m},50$ à 4 mètres, le mètre courant de ces beaux parapets ne revient qu'à 13 ou 14 francs.

Il n'y a qu'un seul hydromètre sur le canal; il est placé à l'écluse de la Conchetta, qui est la première, et se trouve à quelque 100 mètres des murs de Milan. Celui qui règle l'introduction de l'eau dans le canal, est le dernier hydromètre du Naviglio-Grande, situé au pont du Trophée.

A défaut d'hydromètres gradués, les ouvrages d'art et notamment les seuils, ou buscs des portes d'amont des écluses, peuvent en tenir lieu ; et les gardes chargés de veiller à la distribution des eaux se sont fait, par rapport à ces seuils, des points de repère habituels, dont l'observation leur suffit.

Surveillance, entretien et curages. — La surveillance journalière du canal de Pavie se fait par le moyen de douze gardes, établis dans les maisons éclusières, dont il a été parlé précédemment. Leurs stations sont d'autant moins longues qu'elles sont plus importantes. Elles varient de 3.500 à 5.000 mètres.

Les deux gardes établis aux extrémités supérieure et inférieure du canal, ont à surveiller les dimensions des bateaux qui s'y introduisent, soit en montant, soit en descendant. Ils doivent avoir 32 mètres de longueur, 4 mètres de largeur, $0^m,75$ de tirant d'eau, et $1^m,20$ de hauteur de chargement; cela résulte des dimensions des écluses et des ponts, ainsi que de la hauteur d'eau du canal. Ce contrôle doit être exercé sévèrement, attendu que les bateaux qui naviguent habituellement, soit sur le Tessin, en amont et en aval, soit sur le Naviglio-Grande, ont des dimensions plus considérables que celles qui conviennent au canal de Pavie.

Les chômages du canal ont lieu, deux fois par an ;

comme ceux du canal du Tessin, dont il dérive; la première, du 3 mars au 1er avril; la seconde, du 17 au 24 septembre. Le chômage du printemps, qui est le principal, a pour but un curage complet, pendant lequel on enlève les graviers et la vase qui s'amassent en assez grande quantité, non par le fait des eaux limpides du Tessin, mais par le fait des crues de l'Olone, et même par suite de celles du Lambro et du Seveso; car depuis la jonction du canal de l'Adda avec le Naviglio-Interno, ces vases et graviers se transmettent, peu à peu, dans les biefs supérieurs de ce dernier, jusqu'à l'écluse de Viarenna; et de là dans la nouvelle darse, qui forme le récipient de toutes les eaux artificielles, coulant dans la ville de Milan, ou aux abords.

Il en est de même des immondices provenant des égouts, dont les eaux ne passent pas, en totalité, dans les déchargeoirs de la Vettabia et du Ticinello.

Par ces diverses causes, les curages du canal de Pavie sont fort importants; mais il est une opération analogue plus essentielle encore : c'est le faucardement des herbages, qui y croissent avec une rapidité telle, que malgré les deux chômages dont je viens de parler, on n'a pas encore pu parvenir à empêcher ces herbes de modifier d'une manière très-regrettable la section ou la portée d'eau du canal. Au surplus, cet inconvénient résulte de la bonté même de ses eaux.

En effet, le limon de la rivière d'Olone, et surtout une certaine quantité des immondices de la ville, qui se rassemblent dans le bassin alimentaire du canal de Pavie, contribuent puissamment, avec la température du climat, au renouvellement si rapide de ces herbages, qui modifient graduellement sa section, dans le cours de chaque été; de manière qu'il faut la plus grande attention, de la part des préposés, pour y régler, à peu près uniformément, la hauteur d'eau nécessaire au maintien de la navigation et au service des arrosages; encore bien que ceux-ci aient éprouvé, par ce même motif, une réduction de près de moitié de ce qu'ils auraient dû être, sans cette cause.

Cette circonstance est tellement fâcheuse, pour la régularité du régime des eaux, que l'on avait pensé sérieusement, dans ces dernières années, à paver d'un bout à l'autre, en dalles de granit, les 33 kilomètres du naviglio, entre Milan et Pavie, ce qui eût entraîné une dépense énorme.

L'observation faite, sur l'importance des modules, dans une circonstance analogue, à l'occasion du canal de Bereguardo, décrit au chapitre précédent, se reproduit exactement ici.

Les frais d'entretien ordinaire et de curage, à la charge de l'État, se mettent en adjudication, par baux de neuf années. Le montant habituel de ce bail est de 41.430 livres d'Autriche, ou de 35.945^{fr},10.

Portée d'eau, bouches, irrigations, etc. — Le volume d'eau transmis au canal de Pavie par le Naviglio-Grande n'est, en été, que de 142 onces milanaises, de $5^{mc},964$ par seconde. Dans l'origine, la dotation qui lui avait été assignée était de 150 à 160 onces, quantité encore bien au-dessous de la demande d'eau qui a lieu sur cette ligne. Mais l'expérience eut bientôt démontré que ce volume ne pourrait pas être contenu dans le canal, en été, d'après l'abondance des herbes aquatiques qui y croissent rapidement en cette saison, et y occupent une place considérable, aux dépens de sa section libre; car les faucardements, même répétés deux fois par an, sont impuissants pour combattre efficacement ce préjudice.

Il n'eût donc été ni utile ni prudent de persister à envoyer dans le canal de Pavie une quantité d'eau surabondante, et en conséquence sa portée effective fut réduite, en été, à 142 onces, comme il est dit plus haut.

Ce volume n'est pas rigoureusement limité par des modules; on le règle seulement, par approximation, en raison de la hauteur d'eau qui coule sous l'arche du pont du Trophée, origine de la dérivation. Le garde du dernier bief du Grand-Canal, situé en amont de ce pont, a pour mission d'entretenir au-dessus de son radier, par la manœuvre convenable des dernières vannes, $1^{m},50$ de hauteur d'eau, qui se réduisent ensuite à $1^{m},20$ au-dessus des radiers des écluses et sur le fond du canal.

En hiver, cette hauteur est plus considérable d'environ 6 centimètres, car la quantité d'eau dont il se trouve privé en été, lui est rendue, avec usure, pendant l'autre saison ; et alors, sa consommation est de plus de $8^{m},400$ (200 onces); attendu que, comme je l'ai déjà fait remarquer, les 60 onces que l'on prélève sur le Naviglio-Grande viennent se joindre aux 142 que reçoit déjà celui de Pavie. Cette circonstance tient à ce qu'une demande considérable des eaux d'hiver a eu lieu sur ce dernier canal, avant de se manifester au même degré sur celui qui l'alimente.

Les bouches de prise d'eau sont au nombre de vingt-cinq. Il y en a six à droite et dix-neuf à gauche; leur portée ordinaire est de 2 à 6 onces; elles servent principalement aux irrigations, mais aussi au roulement de plusieurs usines; les deux plus grandes, qui sont les bouches Barinetti, l'une à droite, l'autre à gauche, sont chacune de 12 onces, mais partagées en deux modules de 6 onces chacun, comme cela se pratique toujours actuellement en pareil cas (1). La plus petite, qui est la bocca Calderara, est de 1 once 1/2.

En été, ces bouches débitent environ 92 onces d'eau qui ne rentre plus dans le canal. A l'exception de deux, toutes sont pourvues du module milanais; quatorze, représentant ensemble une dépense de 76 onces 1/2, ont droit à l'eau continue, d'après des contrats définitifs. Les autres ne la reçoivent qu'en vertu de locations annuelles ou temporaires.

Outre l'inconvénient des herbes dont il a été parlé plus haut, le canal de Pavie éprouve encore d'assez fortes filtrations; ce qui tient à l'époque peu ancienne

---

(1) Voir plus loin le chapitre traitant des *Modules*, dans lequel il est donné des explications sur cette restriction insuffisante.

de son achèvement, sur certains points. Le sable fin que charrient les eaux du Tessin doit être de nature à diminuer ce préjudice, avec l'aide du temps, en s'introduisant peu à peu dans les parties les plus perméables du sol, sujet aux pertes d'eau.

Eu égard à ces différentes causes de déchet, les irrigations d'été ne s'effectuent que sur une superficie de 3.600 hectares. Mais le supplément qui a lieu en hiver porte à plus de 6^{m},720 (160 onces) la quantité distribuée en cette saison.

Le prix de l'eau, ou de l'arrosage, est ordinairement moindre que sur le Grand-Canal.

Les droits de péage sur ce naviglio continuent d'être réglés par l'édit de Marie-Thérèse, du 10 juin 1778, ainsi que par les décrets des 5 janvier 1808 et 18 décembre 1820. Les produits, qui étaient, en 1823, d'environ 30.000 francs, dépassent aujourd'hui 48.000 francs.

Sur près des trois quarts de sa longueur, le canal de Pavie est déjà pourvu de perrés et revêtements de berges, dont j'indique le système à la pl. XXV. Il le sera bientôt en totalité, car la nature du sol dans lequel il est ouvert, rend cette précaution nécessaire, contre les éboulements et les filtrations.

CHAPITRE DIXIÈME.

CANAL OU RIVIÈRE DE LA MUZZA.

Dérivé, au commencement du XIIIe siècle, de la rive droite de l'Adda à Cassano; ayant 58.616 mètres de longueur, sur 55 mètres de largeur moyenne, et portant $62^{mc},244$ (1.482 onces) d'eau dans les provinces de Milan et de Lodi. — Canal de simple irrigation (1).

Historique. — Dès le commencement du XIIe siècle, il existait, sous le nom de *Roggia Muzza*, un ancien canal d'irrigation, possédé principalement par un des hôpitaux de Milan, et ayant, de l'ouest au sud, un parcours considérable sur les provinces de Milan et de Lodi. Ce premier canal, d'une ancienneté qui paraît immémoriale, n'était alimenté que par des eaux de source et par les colatures d'autres irrigations, effectuées sur les territoires de Lavagna et des communes voisines. Vers l'an 1200, il reçut des accroissements assez considérables, par l'introduction de nouvelles sources qui permirent d'accroître l'étendue des terrains irrigués; mais leur superficie était néanmoins assez restreinte.

En 1220, les habitants de cette contrée, d'après les grands résultats produits par l'ouverture du Naviglio-Grande, qui venait d'être terminé depuis à peu près soixante ans, conçurent le projet de créer, au

(1) Atlas, Pl. VI.

moyen des eaux de l'Adda, un canal du même genre, mais plus grandiose encore. Ce vaste projet fut immédiatement mis à exécution. L'enthousiasme avec lequel les populations accueillaient l'idée de cette grande entreprise, le concours d'une immense quantité de travailleurs, et une persévérance à toute épreuve en assurèrent l'achèvement, dans un délai très-court; de sorte que le territoire, situé entre l'Adda et Milan, au sud-est de cette ville, se trouva tout à coup en position de jouir du bénéfice de l'irrigation, plus complétement qu'aucune autre partie du Milanais.

Le lit de l'ancienne Roggia-Muzza détermina le tracé à adopter, et ce lit, considérablement agrandi, ou plutôt presque entièrement creusé à neuf, reçut le nouveau canal qui, désigné d'abord sous le nom de *Nouvel Adda*, reprit ensuite celui de canal ou rivière de Muzza, qu'il porte encore aujourd'hui. Mais on s'aperçut bientôt qu'il ne suffisait pas, pour le succès d'une telle entreprise, d'avoir dérivé une énorme masse d'eau, dans un lit artificiel; car, en créant ainsi un véritable fleuve avec de fortes pentes, on lui avait laissé toutes ses imperfections. Les crues de l'Adda étant des plus violentes, rendaient les irrigations difficiles et précaires. Il fallut donc penser au moyen de remédier à cet inconvénient, et c'est ce qui fut fait, très-peu de temps après l'achèvement de la Muzza, par l'ouverture du grand canal de décharge de l'*Addetta*, qui va déboucher dans le Lambro septentrional à Melegnano.

L'Addetta, qui participe à l'abondance extraordinaire des eaux de la Muzza, n'est pas seulement un canal de décharge, il a en outre une double utilité, comme canal d'irrigation, pour une grande étendue des terrains inférieurs, et comme principal colateur, relativement à ceux dont l'arrosage a lieu plus en amont.

A l'époque ancienne à laquelle remonte l'ouverture de ces canaux, on ne fut préoccupé que du seul intérêt de l'agriculture. Il était cependant facile de les rendre navigables ; on ne le fit pas. La Muzza, sinueuse, rapide, et entrecoupée de nombreux barrages, est, probablement pour toujours, hors d'état de recevoir des bateaux. L'Addetta et la rivière du Lambro sont aussi dans le même cas. On voit donc combien cette circonstance est à regretter, d'après l'importante ligne navigable qui eût été créée par ces canaux au centre du vaste territoire situé au sud de Milan.

L'introduction des eaux de l'Adda dans le lit même de l'ancien canal de la Muzza donna lieu, entre les anciens et les nouveaux usagers, à de longues et graves discussions. Ces contestations devinrent telles, que, dans le cours du XVIe siècle, le duc Jean Galéas Visconti fut obligé de s'interposer plusieurs fois, comme conciliateur , entre les intérêts dissidents ; notamment dans les procès qui s'engagèrent entre la ville et l'hôpital de Milan d'une part, contre la ville de Lodi ; procès célèbres qui se perpétuèrent indéfiniment.

Au commencement du XVIe siècle, le canal de la

Muzza était déjà réuni au domaine public, et placé, à ce titre, sous la main de l'administration supérieure; mais une commission spéciale (regia camera) était chargée de pourvoir à sa surveillance et à son entretretien, ainsi que cela avait lieu pour les autres grands canaux du pays. A cette époque, la nécessité de travaux considérables, de conservation et de défense, se fit impérieusement sentir. Il ne s'agissait rien moins que d'empêcher l'Adda d'envahir entièrement le canal, comme il menaçait de le faire, vers le milieu de son trajet, entre Melegnano et Lodi; ce qui eût amené un désastre probablement irréparable. Un système de digues et épis, convenablement disposés, vers la prise d'eau et en aval, prévint une calamité si grande; les réparations intelligentes, exécutées depuis sur ces ouvrages, donnent tout lieu de compter définitivement sur leur efficacité.

Immédiatement après sa création, le canal actuel de la Muzza se trouva pourvu des trois espèces de bouches en usage sur les canaux d'irrigation de l'Italie; savoir : des bouches gratuites, des bouches taxées et des bouches conventionnées. Les plus anciennes étaient grossièrement construites, la plupart en bois ou en mauvaise maçonnerie; de sorte que l'on éprouva de grandes difficultés, lorsqu'il fut question, en 1574, d'établir leur modellation, suivant le système uniforme qui venait d'être appliqué avec tant de succès, sur le Naviglio-Grande.

Les principaux usagers prétendirent avoir sur les eaux des droits de propriété incommutables; qui, selon eux, ne pouvaient être subordonnés aux règlements de l'administration publique. L'hôpital de Milan invoqua ses anciens droits et priviléges, contre toute limitation dans l'usage des eaux.

De telles prétentions n'étaient pas de nature à entraver, pour toujours, l'exécution d'une mesure aussi essentiellement d'intérêt général. Mais les difficultés qu'elles soulevèrent, et les longues contestations qui en furent la suite, retardèrent considérablement la cessation des abus, qu'elle avait pour objet de détruire. De 1586 à 1588, l'administration obtint, en grande partie, le remplacement des anciennes martellières, en bois, par des bouches, en pierre de taille, de dimensions bien arrêtées. Cependant la modellation resta imparfaite, en ce sens que l'on toléra, pour ces bouches, des hauteurs inégales, croissant en raison de leurs largeurs; ensuite les difficultés étant sans cesse renaissantes, l'opération marchait lentement. Au commencement du XVIIe siècle elle était loin d'être terminée, mais elle se continuait, et dans la seule année 1624, les ingénieurs du gouvernement procédèrent à la modellation de quarante-cinq bouches, très-importantes, outre celles qui avaient été réglées à l'amiable, entre les usagers et l'entrepreneur; espèce de fermier général, auquel l'administration avait, dès cette époque, concédé la perception des droits ou redevances sur les eaux de la Muzza. De 1668 à 1700, plusieurs visites et recensements généraux des bouches de ce canal furent encore ordonnés, par le gouvernement, dans le but d'arriver, autant que possible, à la réforme des abus, dont on souffrait toujours; mais l'interprétation, délicate et difficile, des titres sur lesquels s'appuyaient les particuliers récalcitrants, la lenteur des procédures, la diversité des juridictions, sur les territoires de Milan et de Lodi, tout concourait à rendre la chose de plus en plus difficile.

Le renouvellement des baux ayant eu lieu en 1706, le gouvernement, pour trouver un entrepreneur, fut obligé de s'engager à faire procéder, dans un bref délai, à la modellation des bouches, restant à régler, sur la Muzza. De longs délais s'écoulèrent encore, avant qu'on pût en venir à bout; et alors ce fut l'entrepreneur qui attaqua l'administration, en poursuivant contre elle la résiliation de son bail, et une demande en indemnité; attendu qu'il lui était impossible de remplir ses obligations, basées sur les volumes d'eau, légalement concédés, tandis que les usagers, par le manque de régulateurs, trouvaient facilement moyen de s'en attribuer beaucoup plus qu'ils n'en payaient. On fut donc obligé de déléguer des ingénieurs; pour faire procéder, d'office, à cette importante mesure; ce qui souleva des résistances et oppositions presque aussi vives que celles qui s'étaient manifestées sur le canal du Tessin. Cependant la réformation s'effectuait peu à peu et était même avancée, à la fin du siècle précédent; mais 1789 arriva; et ici, comme partout, les travaux de cette nature se virent rejetés bien loin, par suite des préoccupations politiques.

Le XVIIIe siècle s'écoula donc sans que la modellation, depuis si longtemps projetée, eût reçu complétement son exécution, sur les bouches de la Muzza. Pendant le régime impérial, quoique plusieurs règlements aient été rendus sur cette matière, la mesure en question restait toujours en souffrance; elle fut, à la restauration, un des premiers soins dont s'occupa l'administration autrichienne. Une commission, investie de tous les pouvoirs nécessaires, fut instituée le 11 avril 1817, pour statuer sur cet objet, et proposa les mesures que l'administration des finances regardait comme indispensables à l'assiette des redevances et à la régularisation de cette branche des revenus publics. On obtint ainsi encore quelques réformes; mais la régularisation de ces prises d'eau, si importantes, n'a jamais été complétement effectuée.

Description et tracé. — Le canal est dérivé de la rive droite de l'Adda, à Cassano; au moyen d'un grand barrage, d'une construction analogue à celui qui existe sur le Tessin, et dont il a été parlé au chapitre septième. La longueur totale du canal proprement dit, qui est de 38.616 mètres, se trouve partagée en deux portions distinctes; la première, comprise entre Cassano et le pont de Lavagna, sur 10.646 mètres de longueur, est du domaine public, et à ce titre entretenue aux frais de l'État; la seconde partie, comprise entre ce point et le déchargeoir de Massalengo-Lodigiano, est considérée comme propriété des particuliers intéressés, et est entretenue par eux, sous la surveillance de l'administration publique.

Le prolongement de 19.084 mètres qui va de ce dernier déchargeoir jusqu'à l'Adda, ne sert que de canal de fuite et de colateur ; ses eaux sont à un niveau trop bas pour fournir de nouvelles irrigations. En comptant ce prolongement, le parcours total de la Muzza est donc de 57.700 mètres ; et y compris l'Addetta, son développement serait de 70.700 mètres.

A partir de sa dérivation, sur un trajet d'environ 5.350 mètres, la Muzza est placée dans le coteau, et se trouve assez encaissée ; ensuite elle entre dans la plaine, où elle est tracée tantôt en déblai, tantôt en remblai ; mais ordinairement au niveau même du sol naturel, avec de grandes sinuosités. (Pl. VI.)

La ressemblance de ce canal avec un cours d'eau naturel, est encore bien plus grande que cela n'a lieu pour le canal du Tessin, et son nom de ***Fiume Muzza***, est parfaitement justifié par ses caractères extérieurs. Sa section est extrêmement variable ; sa largeur, qui est de 48 mètres au pont de Cassano, n'est plus que de 28 mètres au pont de Saint-Bernard, et de 32 à celui de Trucazzano ; elle est de 40 à celui de Lavagna ; sur d'autres points elle diminue jusqu'à 24 mètre, et s'accroît jusqu'à 52 mètres. Sa largeur moyenne peut être considérée comme étant de 35 mètres ; c'est du moins ainsi que l'admet l'administration des travaux publics de Milan.

La pente totale, sur la première partie du tracé, à la charge de l'État, est de $12^m,24$; la même pente sur la seconde partie, à la charge des particuliers, est de 13^{m},64, ensemble 25^{m},88, ce qui pour le trajet total de 38.616 mètres répond à une pente moyenne très-forte de 0^{m},67 par kilomètre ou de $\frac{1}{1492}$; mais qui, dans le cas actuel, est en partie détruite par des barrages. Ces barrages au nombre de 13, rachètent en effet une pente totale de 19^{m},40 sur les 25^{m},88 qui existent; de sorte que la pente superficielle des 14 biefs, compris entre eux, n'est plus que le quart de la précédente ou d'environ 0^{m},17 à 0^{m},18 par kilomètres Tout aurait donc été parfaitement disposé, sous ce rapport, pour une bonne navigation. Mais il est à remarquer que la Muzza a été créée 225 ans avant la découverte des écluses.

Principaux ouvrages d'art. — Outre les 13 barrages dont je viens de parler, et qui sont établis très-économiquement, en libages, bois et fascines, même en graviers et fascines, les principaux ouvrages d'art du canal sont les suivants: 1° grand déversoir de superficie de 234 mètres de longueur; 2° quatre déchargeoirs de fond, ayant ensemble 42 vannes, accompagnées de canaux de décharge, qui transportent les eaux jusqu'à l'Adda; 3° ponts de Cassano, de Saint-Bernard, de Trucazzano et de Lavagna, les deux derniers ayant ensemble 13 arches ou travées; 4° la martellière régulatrice placée en tête du canal de l'Addetta, composée de neuf grandes vannes, surmontées par un pont, pour le passage de la route communale de Paullo, puis d'un pont-canal pour le passage de la Roggia-Friliana; 5° autre grand empèlement régulateur, dit de Paullo, situé en aval du précédent, et composé de six vannes, servant à la distribution régulière des eaux, dans la partie inférieure du canal, qui est entretenue par les particuliers; 6° déchargeoir spécial, composé d'une seule vanne, et servant, à l'époque de la mise à sec du printemps, à écouler les colatures que reçoit toujours cette partie du canal; 7° neuf repères ou caractères, formés chacun de trois pieux, à tête armée de fer, placés entre deux murs de jouée, pour régler le niveau du lit et la section du canal, à l'époque des curages annuels; 8° enfin, environ 9.000 mètres courants de perrés, ou revêtements des berges, dans les parties où elles sont le plus exposées à être dégradées par les eaux, y compris les 540 mètres existant aux abords du régulateur de Paullo; 9° deux maisons d'habitation, dont il est parlé ci-après; 10° cinq hydromètres, dont le principal se trouve à Saint-Bernard, près Cassano. Ces hydromètres, tels qu'on les reconstruit actuellement, consistent en une colonne ou pilastre, de granit, dans lequel est enchâssée une plaque de marbre, portant l'échelle de graduation. Les hydromètres de la Muzza sont surtout utiles à l'époque de la remise des eaux, après les chômages annuels, afin de ne les introduire que graduellement, et autant que possible au fur et à mesure que les riverains rouvrent successivement les bouches. Sur la première partie du canal, les ouvrages d'art sont à la charge de l'État; sur la seconde, le régulateur de Paullo est le seul qui soit dans cette classe, tous les autres sont à la charge des particuliers.

Surveillance, entretien et curages. — Outre les ingénieurs et employés, deux gardes spéciaux sont attachés à la surveillance journalière des 10.646 mètres du cours de la Muzza, qui sont à la charge du gouvernement. Pour loger ces gardes, ainsi que pour recevoir les ingénieurs dans leurs tournées, l'administration a fait établir deux maisons d'habitation, placées, l'une à Cassano, l'autre à Paullo ; elles sont très-vastes et composées chacune d'au moins 15 ou 16 pièces, outre les aisances et dépendances ordinaires. Diverses portions de terrain sont annexées au canal et servent au besoin, soit comme chantiers pendant les travaux de réparation, soit comme lieu de dépôt, pour les produits des curages. En temps ordinaire, on en abandonne la jouissance aux gardes, ou préposés.

Tous les travaux d'entretien à la charge du gouvernement, sur le canal de la Muzza, sont adjugés jusqu'en 1862, moyennant la somme annuelle de 19.685 livres d'Autriche, ou de 18.126 francs. Dans cette somme ne sont pas compris le salaire des deux gardes, montant ensemble à environ 1.200 francs.

Le canal est mis en chômage tous les ans au mois de mars pendant vingt-cinq jours; c'est à cette époque que s'exécutent, non-seulement les curages et les faucardements, mais tous les travaux, de réparations quelconques; tant aux digues qu'aux ouvrages d'art; sur la partie supérieure du canal; ces travaux sont faits à la diligence de l'entrepreneur du gouvernement. Sur la partie inférieure, ils sont laissés à la disposition des usagers, qui sont tenus seulement de les terminer dans le délai prescrit.

La mise à sec s'opère, par le même moyen que sur le canal du Tessin, avec le batardeau temporaire, construit en chevalets, fascines et toiles, et représenté dans la pl. XXVIII. Chaque année ce barrage mobile se place au pont Saint-Bernard, où il ne coûte que 750 francs. Mais tous les dix ans, il est nécessaire de l'établir à l'embouchure même du canal, pour pouvoir exécuter complétement les travaux de réparation et de curage qui concernent la première partie. Sa dépense s'élève alors à plus de 2.000 francs; d'après sa grande longueur et la difficulté de l'assurer contre le choc des eaux.

Portée d'eau, bouches, prix de l'arrosage, etc. — Il est d'usage, même à Milan, de calculer en onces de Lodi les eaux d'irrigation distribuées par la Muzza. Néanmoins, pour éviter la confusion résultant de cette diversité de mesures, et pour n'admettre ici que des données bien comparables entre elles, j'ai réduit toutes les évaluations ci-dessous en onces de Milan, d'après le rapport connu de ces deux unités, qui est de 1 à 0,52.

Des jaugages faits en 1786, par l'ingénieur Valmagini, ont indiqué que le volume d'eau de la Muzza dépassait 74^{m},250 (1.768 onces mil.) En comparant ce résultat au débit total des bouches, qui est de 1.482 onces, ou de 62^{m},244 par seconde, on trouve une différence de 286 onces, ou de 12^{m},012 par seconde, représentant l'eau absorbée en filtrations, évaporation, pertes par les déchargeoirs, et usages abusifs des bouches non réglées.

Il est vrai de dire que les eaux de la Muzza sont tellement abondantes qu'on regarde à leur conservation de moins près que sur les autres canaux; qu'en second lieu, les grandes variations résultant du régime très-irrégulier de l'Adda, exigent une manœuvre continuelle des déchargeoirs; ce qui ne peut avoir lieu sans dépenser de l'eau.

On voit, par l'inspection des hydromètres, que les eaux d'hiver se tiennent, dans le canal, moyennement à 0^{m},25 au-dessous de celles d'été; mais il y a de temps en temps des variations irrégulières, tout à fait imprévues. Ainsi, par exemple, dans les mois de mars et avril 1825, les eaux, mesurées à l'hydromètre de Saint-Bernard, se trouvaient, exceptionnellement, à 0^{m},71 en contre-bas du signal des eaux d'hiver, et à plus de 1 mètre au-dessous du niveau habituel des eaux d'été. A l'hydromètre de Paullo, cette différence allait jusqu'à 1^{m},32. Ce sont les plus basses eaux connues de la Muzza. Si cet état de choses se fût maintenu quelque temps encore, l'agriculture locale eût éprouvé un immense préjudice, par la réduction obligée des arrosages.

Dans un recensement qui eut lieu, dès 1533, sur les bouches de ce canal, on trouva que le nombre en était de 50; savoir : 27 taxées, et 23, tant gratuites que conventionnées. Elles débitaient ensemble 31^{m},332 (746 onces). Aujourd'hui le nombre des bouches est porté à 75; 8 sont situées à la partie supérieure du canal, entre Cassano et Lavagna, et dérivent 10^{m},238 (258 onces); les 67 autres sont sur la partie inférieure, de Lavagna, au dernier déchargeoir, et dérivent 55^{m},608 (1.224 onces). La quantité totale d'eau distribuée est donc de 1.483 onces milanaises, ou 62^{m},286 par seconde; ce qui met, sous le rapport de ce grand volume, la Muzza au-dessus de tous les canaux d'irrigation, existant jusqu'à ce jour.

Le total des bouches et la quantité d'eau qu'elles débitent se subdivisent ainsi :

				onces.	litres.
Bouches	gratuites......	19,	portant ensemble	318	13.356
Id.	conventionnées	6,	id.	115	4.830
Id.	taxées.........	50,	id.	1.050	44.100
	Totaux......	75		1.483	62.286

La plus petite de ces bouches est la bocca Povera Vistarina, qui n'est que de 0^{m},336^{lit} (0^{onc},18); mais elle est là comme une exception, car la presque totalité des bouches de la Muzza sont très-grandes. Au premier rang on doit citer la bouche gratuite qui dessert le canal de la *Muzetta*, de la portée de 4^{m},032 (96 ouces).

Parmi les plus grandes on doit citer encore les suivantes : *Cavallera-Crivella*, de 78 onces; *Regia Codogna*, de 68 onces; *Turana*, de 61 onces; *Cattanea Comazza*, de 44 onces; *Paduna*, de 40 onces, etc. Aucun autre canal d'arrosage n'alimente d'aussi nombreuses et d'aussi grandes dérivations; elles ont elles-mêmes leurs ouvrages d'art, leur administration particulière, et une distribution d'eau considérable, entre des canaux d'ordre inférieur.

Quelques-unes des bouches de la Muzza sont réglées, suivant le module de Milan; la plus grande partie le sont d'après le module de Lodi. Mais, ainsi que je l'ai dit, il en existe encore plusieurs, qui ne le sont d'après aucun système, et qui ont échappé jusqu'ici, en vertu de titres prétendus, aux mesures réitérées qu'a prises l'administration, pour obtenir, autant que faire se pouvait, cette importante régularisation.

L'étendue des terrains desservis par les eaux de la Muzza peut s'établir ainsi :

	hect.
En été	56.354
En hiver	750

Le prix des eaux, réglé généralement sur la base des anciennes concessions, est excessivement minime; et si les renseignements qui m'ont été fournis à cet égard sont exacts, la location de l'eau nécessaire à l'arrosage d'un hectare de près, reviendrait à peine à 1 franc par an.

Le produit des redevances, quoique loin d'être élevé, relativement à ce qu'il devrait être, n'est point aussi nul que cela a lieu pour le canal du Tessin. Les bouches taxées et conventionnées rendent annuellement 44.692 livres ou 34.412fr,28; de plus, les concessions d'eau d'hiver, pour les usines, au prix minime de 14 livres ou 10fr,78 par roue, donnent, pour 120 roues, 1.293fr,60; total pour le produit perçu pour le gouvernement, 35.705fr,88. Les usines alimentées par les eaux de la Muzza consistent en 62 moulins à blé, 26 huileries, 30 foulons à riz, 1 martinet, une scierie.

Il y a encore à percevoir sur le même canal un faible droit d'environ 450 à 500 francs sur le fermage de la pêche. Par des améliorations qu'il est possible d'obtenir dans l'aménagement des eaux si abondantes de ce canal, sans augmenter ses dimensions, on a porté récemment de 36.200 à 40.000 fr. la faible portion de ses produits qui entre, sous forme de redevance, dans le trésor public.

CHAPITRE ONZIÈME.

CANAL DE LA MARTESANA.

Dérivé, vers le milieu du xve siècle, de la rive droite de l'Adda, sous l'ancien fort de Trezzo, et réuni, peu de temps après, au canal intérieur de Milan ; ayant en tout 45.786 mètres de longueur sur 12 mètres de largeur; et portant 24^{mc},528 (584 onces) d'eau dans la province de Milan. — Canal d'arrosage et de navigation.

Historique. — Deux siècles s'étaient écoulés depuis l'ouverture de la Muzza, source immense de richesse, qui avait totalement changé l'aspect du pays environnant. Néanmoins une grande partie de la plaine, à l'est de Milan, restait privée du bénéfice de l'irrigation. Frappé de cette situation, le duc Françoir Ier Sforce accueillit avec empressement l'idée qui leur fut soumise d'ouvrir, en faveur de cette partie du Milanais, une seconde dérivation de l'Adda, dont les eaux étaient assez abondantes pour que cela eût lieu sans faire aucun tort à l'alimentation de la Muzza, ayant son origine plus en aval.

Cette idée une fois arrêtée, fut immédiatement mise à exécution. Les travaux commencés en 1460, et poussés avec vigueur, furent terminés en moins de quatre ans ; ils eurent cependant à subir de rudes atteintes; et nul autre canal que celui de la Martesana ne supporta probablement d'aussi grandes avaries.

Il fut d'abord nommé canal Ducal, ou Petit-Canal,

pour le distinguer de celui du Tessin, qui échangeait en même temps son ancien nom de Ticinello contre celui de *Grand-Canal;* mais, peu de temps après, cette nouvelle dérivation de l'Adda prit, pour sa désignation définitive, le nom même de la contrée qu'elle traverse, au nord-est de Milan, et qui très-anciennement était appelée *la Martesana.*

Depuis quelques années seulement, la découverte des écluses à sas venait d'être appliquée en Italie, dans les murs mêmes de Milan, sur le canal intérieur de cette ville. On en fit profiter également celui de la Martesana, qui devait être plus tard mis en communication avec lui. Afin de rendre le nouveau canal également commode pour la navigation ascendante et descendante, on y avait d'abord construit deux écluses à sas; l'une fut établie près de Cascina-dei-Pomi, où on la voit encore aujourd'hui; l'autre était située à Gorla; mais j'ignore par quel motif celle-ci a été supprimée, en 1533; d'autant plus que les pentes du canal sont encore très-fortes, en cet endroit.

Le naviglio n'avait d'abord été ouvert que jusqu'aux faubourgs de Milan; une immense amélioration restait donc à obtenir, puisqu'en opérant sa jonction avec le canal intérieur, on mettait ainsi l'Adda en communication avec le Tessin, en créant une grande ligne navigable, du plus haut intérêt, pour le pays. Mais le canal, intérieur, quoiqu'il y existât déjà une écluse, n'était point encore adapté à cet usage. Pour recevoir indistinctement les bateaux provenant des deux grandes rivières qui coulent à l'est et à l'ouest de la ville, il s'agissait d'y exécuter des travaux considérables, de surmonter des difficultés, que l'état, nécessairement fort imparfait, des connaissances hydrauliques à cette époque, semblait rendre insolubles. L'entreprise était difficile; aussi, pendant plus de vingt ans que la question fut agitée, personne ne se présenta pour en courir les risques. Cependant, en 1489, un Florentin, venu à Milan à l'occasion des fêtes du mariage du duc Jean Galéas Visconti, après avoir vu les lieux, déclara sans hésiter qu'il se chargeait de l'entreprise, en répondant de son succès. Cet homme, doué des dons les plus rares, non-seulement était peintre, musicien, sculpteur, architecte, ingénieur et mécanicien; mais il excellait à la fois dans ces divers professions. Cet homme était Léonard de Vinci.

Ayant apaisé les réclamations qui s'étaient d'abord élevées, au sujet du changement de niveau des eaux du canal intérieur, il y fit construire les cinq écluses actuelles, qui opérèrent avec un plein succès la jonction tant désirée. Depuis lors le canal intérieur forma une seule ligne navigable avec celui de la Martesana, dont il est regardé comme le prolongement.

Dès avant le sac de Milan par Frédéric Barberousse, en 1162, cette ville avait, sans doute comme moyen de fortification, un premier canal d'enceinte qui baignait le pied de ses murs. Lorsqu'elle fut réédifiée, en 1172, sur un plan plus vaste, il devint le canal intérieur, qui reçut depuis des perfectionnements successifs; notamment sous le gouvernement d'Azzo Visconti, duc de Milan, vers 1330; époque à laquelle ce canal prit le nom de *Redefosso* ou *Redefossi*, qu'on donne encore à une de ses décharges. Dans l'origine, il paraît qu'il avait 40 bras ou 24 mètres de largeur. Mais depuis l'époque de sa jonction avec le naviglio de la Martesana, par Léonard de Vinci, il fut ramené à peu près à la largeur uniforme de ce dernier, qui est de 18 bras ou de $10^{m},80$ à la cuvette; dimension qu'il a toujours conservée.

Après cette belle entreprise, les derniers ducs de Milan, appréciateurs des grands talents de Léonard, auraient voulu se l'attacher définitivement, comme ingénieur hydraulicien. Louis XII, qui, après sa rapide conquête du Milanais, succéda en 1501 à ces souverains, lui avait même assigné sur les canaux, qu'il avait tant améliorés, une partie du droit de navigation; mais il ne jouit pas longtemps de cette faveur, car les autres souverains, et surtout Léon X, voulant aussi avoir leur part de son génie, le réclamaient avec instance. Il quitta donc Milan peu de temps après les fêtes magnifiques, qu'il avait organisées, pour solenniser l'entrée du roi de France, dans cette capitale.

Dommages, réparations, améliorations diverses, etc. — La relation des dommages causés à diverses époques, par la violence des crues de l'Adda, et celle des améliorations réalisées à la suite, pourraient occuper une très-grande place dans l'histoire du canal de la Martesana; je me bornerai à un simple aperçu.

En 1480, une de ces crues terribles détruisit, en partie, la prise d'eau, et entraîna la rupture des digues voisines, sur environ 120 mètres de longueur. En 1566 et 1568, les mêmes dégâts se renouvelèrent, à la partie supérieure du canal, par les eaux de l'Adda, et à sa partie inférieure, par celles du Lambro et du Seveso, dont les crues ne lui sont pas moins nuisibles. En 1586, l'Adda, déplacé violemment de son cours habituel, se trouva reporté au pied même de la digue du canal, qu'il menaçait d'une ruine prochaine. Il fallut donc se hâter de lui ouvrir, à grands frais, un lit nouveau à travers la prairie de Fara. Enfin, en 1684, une autre crue, plus terrible encore que les précédentes, occasionna d'énormes dégradations, dans les ouvrages en lit de rivière; tant au barrage lui-même qu'aux constructions accessoires.

Ces grands dommages furent successivement réparés; ils furent même l'occasion de quelques améliorations importantes. Déjà, au milieu du XVIe siècle, sous le gouvernement espagnol, on avait exécuté, aux abords de Milan, la grande rectification du Naviglio-Grande, qui, auparavant, était excessivement sinueux, depuis Cascina-dei-Pomi, jusqu'à son entrée dans la ville. Mais une améloration plus essentielle restait encore à obtenir.

Vers 1560, c'est-à-dire environ un siècle après l'achèvement du canal, les bienfaits qu'il avait répandus sur le pays étaient déjà très-marqués, et les populations voisines avaient vu croître rapidement leur richesse et leur bien-être. Il restait cependant encore quelque chose à désirer, et l'on sentait vivement le besoin d'une augmentation notable, dans la quantité d'eau dérivée de l'Adda ; car elle n'était alors que d'environ 20^{mc},328 (484 onces).

Non-seulement tous les terrains, convenablement situés, ne pouvaient point avoir part à l'irrigation; mais, souvent encore la navigation, devenue si importante, depuis la jonction des deux rivières dans les murs de Milan, se trouvait retardée ou interrompue, par suite de l'insuffisance des eaux. Dans ce cas, pour assurer le passage des bateaux, l'administration était obligée de requérir, d'office, la fermeture des bouches, voisines des points où la pénurie se faisait sentir. Cette mesure, qui n'était pas tout à fait exempte d'arbitraire, donnait lieu aux plus vives réclamations, de la part des usagers des eaux d'irrigation; attendu que ce cas n'était pas prévu dans leurs concessions. Il fut donc décidé, en 1572, qu'une quantité supplémentaire de 100 onces d'eau (4^{m},200) serait introduite dans le canal. Mais la chose n'était pas sans difficultés; car la dérivation n'ayant point été destinée originairement à une si grande portée, il s'agissait d'exécuter, sur toute sa longueur, une augmentation de section, qui devenait très-difficile, dans la région supérieure, où son lit était déjà creusé au milieu des roches escarpées de la côte de l'Adda. Il s'agissait de modifier, ou de reconstruire à neuf, la plus grande partie des ouvrages d'art, de subir un chômage long et préjudiciable; il s'agissait enfin de subvenir à tant de dépenses, à une époque où les finances de tous les États de l'Europe se trouvaient plus où moins obérées. Néanmoins, en présence des avantages évidents de cette opération, toutes les difficultés s'aplanirent, et dans la même année où le projet venait d'être arrêté, il se présenta des entrepreneurs, pour le mettre immédiatement à exécution. On décida que le canal aurait 18 bras ou $10^{m},80$ de largeur à la cuvette; ce qui fut fait partout, sans avoir égard aux difficultés du terrain.

La dépense d'exécution s'éleva à 43.520 livres, ou à environ 1.380.000 francs aujourd'hui; mais cette somme était minime, en comparaison des avantages qu'elle produisit immédiatement. On avait évalué par approximation à 924 litres (22 onces) la quantité d'eau à aliéner, pour réaliser de suite les fonds nécessaires à l'exécution de l'entreprise. Or cette quantité d'eau, acquise par neuf particuliers, par bouches de 1 à 5 onces, produisit 68.775 livres, c'est-à-dire 3.126 livres par once, valeur que l'eau d'irrigation n'avait pas encore atteinte jusqu'alors. On voit, en outre que, seulement sur la vente de ces 22 onces, formant moins du quart de l'accroissement total, et que l'on avait présumé devoir à peu près solder les travaux, il restait, toute dépense payée, 25.255 livres, qui purent se capitaliser au profit de l'État. Tout cela s'explique lorsque l'on comprend les grands avantages de l'irrigation. Mais ensuite, il s'agissait ici d'une entreprise sortant des circonstances ordinaires, en ce qu'elle était, au plus haut degré, l'objet de la faveur publique, et qu'elle excitait le patriotisme des hommes de toutes les conditions. De sorte que la conception de l'entreprise, le payement de l'eau, vendue d'avance, l'exécution des ouvrages et le concours des populations, tout cela eut lieu d'enthousiasme. Voici la narration intéressante que fait à ce sujet l'historien Settala (1) :

« Trois cents maîtres maçons attaquèrent simultanément les roches de la côte, sur 20 à 30 bras (12 à 18 mètres) de hauteur, et sur une très-grande longueur. Dans le même temps une multitude de manœuvres, travaillant au déblai des terres, les chargeaient dans des barques et bateaux, qui allaient promptement se vider dans l'Adda. D'autres s'occupaient à faire entraîner ces déblais par les eaux dans la crainte qu'ils n'en arrêtassent le cours. Sur la longueur de 8 à 9 milles (1.500 mètres), où le canal était mis à sec, les ouvriers étaient tellement nombreux, et se livraient avec tant d'ardeur à creuser le sol, à tailler la pierre, à poser des fondations, à élever des maçonneries, etc., qu'on eût cru voir une masse d'industrieuses abeilles occupées à recueillir leur miel. Les travaux se poursuivaient sans aucune interruption, dans la crainte des mauvais temps, de sorte que, pendant la nuit, toute la côte était illuminée par les étincelles qui jaillissaient continuellement

(1) SETTALA, *Rilaz. del. nav. Martesana;* p. 90.

des rochers, sous l'acier des outils. Les magistrats de Milan venaient en corps visiter les ateliers, afin d'encourager les travailleurs. C'est ainsi que, dans le délai prescrit, l'entreprise fut heureusement terminée, et reçue solennellement par le gouverneur en personne. »

L'avantage immédiat réalisé par cette belle opération fut, comme on l'avait désiré, l'introduction nouvelle de 100 onces d'eau dans le canal; 22 étaient à la vérité déjà aliénées à perpétuité, mais à un prix très-élevé; et les 88 onces restant disponibles étaient plus que suffisantes pour assurer en tout temps le service de la navigation, sans avoir désormais à imposer de fâcheuses restrictions aux arrosages. Les bateaux qui, jusqu'alors, n'avaient pu porter que 75 quintaux, furent mis aussitôt en état d'en recevoir 150. Le droit perçu au passage des écluses s'améliora, pour le gouvernement, à peu près dans la même proportion, sans que cela fît aucun tort au commerce. Le nombre des moulins et usines fut aussi beaucoup augmenté. C'est donc réellement de cette époque que date la grande prospérité du canal de la Martesana.

Un des premiers usages que l'administration fit du nouveau volume d'eau dont il venait d'être doté, fut de restituer, pour le nettoiement des égouts de la ville de Milan, les 504 litres (12 onces) dont ils avaient été indûment privés, depuis plusieurs années, par le détournement du Nirone, dans l'intérêt de la citadelle. On avait bien objecté alors, contre cette fâcheuse opération, que les eaux dérivées étaient indispensables, pour l'entraînement des immondices de toute nature, qui tendaient à s'accumuler dans ces égouts d'une manière funeste pour la santé publique; mais des raisons majeures avaient apparemment commandé une telle mesure.

Le canal de la Martesana, déjà si exposé aux ravages des eaux, eut encore à souffrir des désastres de la guerre. En 1658, lorsque l'armée française eut passé l'Adda, sous la conduite de François d'Este, duc de Modène, que Louis XIV avait institué généralissime de ses troupes, en Italie, une mine fit sauter 45 mètres de longueur de la grande digue du canal, en précipitant les matériaux dans la rivière. Une autre mine, disposée à la partie supérieure de la côte, encombra son lit, un peu en avant de la brèche ainsi ouverte; de sorte que, par ce moyen infaillible, les eaux furent complétement détournées, ce qui mit à sec le canal jusque dans l'intérieur de Milan. Les conséquences de cette opération étaient désastreuses; car, indépendamment de ce que l'eau de l'Adda était la seule employée dans toute la partie supérieure de la ville, pour les usages domestiques, les moulins se trouvant ainsi arrêtés, elle était menacée de famine.

Cependant les hostilités ayant promptement cessé sur ce point, l'administration publique se hâta de réparer le désastre. La chose était difficile, et deux inconvénients était également à craindre : d'une part, la privation des eaux devenant intolérable pour la ville de Milan, il fallait à tout prix lui en rendre immédiatement l'usage; d'un autre côté, en réparant, avec précipitation une avarie aussi grave que la rupture d'une digue de plus de 20 mètres de hauteur, on s'exposait à ne faire qu'un ouvrage sans consistance et sans durée.

Voici de quelle manière on opéra, d'après les plans de l'ingénieur Robecco : comme déjà à cette époque il existait sous le canal, en aval de la brèche, une quantité assez considérable de siphons, conduisant des eaux particulières, provenant de plusieurs sources importantes, on exigea, pour cause d'utilité publique, le percement de la partie supérieure de ces siphons ; de sorte que les eaux jaillissant ainsi, sur un grand nombre de points à la fois, dans le lit même du canal, s'y rassemblèrent en quantité notable; et suivant la pente du lit arrivèrent bientôt, comme une manne bienfaisante, au milieu de la ville altérée.

Après qu'il eut été ainsi ingénieusement pourvu à cette première urgence, la partie supérieure du canal, en amont de la brèche, qui s'agrandissait de jour en jour, fut immédiatement mise à sec, au moyen du même batardeau de chômage, qui est encore en usage aujourd'hui (1) ; et l'on put alors procéder, avec le temps et les soins nécessaires, à ce travail important, qui réclamait l'emploi de 14.000 à 15.000 mètres cubes de maçonnerie hydraulique. La brèche réparée, les siphons que l'on avait ouverts

(1) *Voy*. Pl. XXVIII, fig. 1 et 2.

le furent bientôt, à leur tour, et les eaux de l'Adda continuèrent d'arriver régulièrement à la partie supérieure de la ville.

Cet événement, dû aux chances déplorables de la guerre, ne fut pas le dernier de ce genre qui menaça l'existence du canal de la Martesana. Le 24 mars 1711, non plus par la même cause, mais par le seul effet de l'impétuosité des eaux, une autre grande rupture se manifesta encore, et plus de 200 mètres de longueur de la digue, située entre Vaprio et Groppolo, furent entièrement entraînés. Ce désastre ne pouvait pas arriver d'une manière plus funeste, au moment même de l'ouverture de la saison des arrosages. Il fallut donc faire toutes les diligences possibles pour assurer sa prompte réparation. L'ingénieur Pessina, qui fut immédiatement délégué pour visiter les lieux, reconnut la nécessité de reconstruire, en maçonnerie de briques, l'ancienne digue, qui n'était qu'en terre; de fortifier par des revêtements et contre-forts la partie restante, afin de préserver le lit du canal, sur toute la partie en remblai, par un radier en béton, formé de chaux hydraulique, sable et cailloux. Ce système ayant été approuvé par l'administration, il fut procédé, sans délai, à l'exécution de ces ouvrages; et attendu que le gouvernement n'avait pas les fonds nécessaires, ce fut aux usagers des canaux que l'on eut recours, pour subvenir à la dépense; comme cela s'était déjà fait dans une semblable occasion, sur le canal du Tessin, après la grande crue de 1705.

Cette dépense, qui ici s'élevait à plus de 86.000 livres, fut réalisée de même, au moyen d'une imposition extraordinaire de 100 livres par once d'eau continue, et de 80 livres par once d'eau temporaire; soit d'hiver, soit d'été. En outre, l'augmentation du droit de navigation, sur tous les canaux du Milanais, augmentation qui devait cesser en 1713, fut provisoirement prorogée, de manière à pouvoir parfaire, le montant des emprunts, qui furent contractés dans cette circonstance.

De cette manière, on évita les retards et les pertes de temps qui eussent été si préjudiciables. Les travaux, commencés vers le milieu d'avril, furent terminés en moins de six semaines. Un concours immense de personnes de tout rang s'était porté sur le canal, le jour de leur réception. Des applaudissements universels, accordés à l'administration et aux ingénieurs, saluèrent le retour des eaux qui furent immédiatement rendues, tant à la ville de Milan, qu'aux prairies, aux champs et aux rizières; assez à temps pour qu'aucune récolte ne fût compromise.

Quoique présentés d'une manière très-succincte, les détails contenus dans ce paragraphe montrent à combien de vicissitudes fut exposé le canal de la Martesana. Ces détails, et ceux du même genre, donnés dans les chapitres précédents, font faire en outre une réflexion que voici : c'est que, dans toutes les occasions importantes, dans tous les événements graves qui sont venus mettre en question l'existence des canaux du Milanais, le zèle de l'administration, le talent des ingénieurs, et le loyal concours des habitants, dans les sacrifices à supporter, n'ont jamais rien laissé à désirer. Il en serait encore de même aujourd'hui, dans ce pays où chacun apprécie d'une manière si sage les vrais intérêts publics.

Description et tracé. — Le canal de la Martesana, qui, à sa prise d'eau, à environ 10 kilomètres en amont de celle de la Muzza, est dérivé de la rive droite de l'Adda, à Concesa, au pied de l'ancienne forteresse de Trezzo, au moyen d'un grand barrage, dont la disposition et les ouvrages accessoires sont représentés pl. VII. La longueur totale du canal actuel est de 44.985 mètres, savoir : 38.700 mètres depuis la prise d'eau jusqu'à Milan, et 6.285 mètres pour le canal intérieur de cette ville. De Trezzo à Groppolo, le canal est soutenu, pendant un trajet d'environ 9.000 mètres, sur la côte de l'Adda, à une hauteur de 15 à 20 mètres au-dessus du niveau de cette rivière. Dans ce trajet, qui a exigé de grands travaux, il est ouvert, tantôt dans la roche, tantôt dans des graviers, qu'il a fallu étancher, par l'emploi de bétonages. Arrivé à Cassano, il forme un coude considérable, et, prenant une direction presque perpendiculaire à son premier trajet qui longe le cours de l'Adda, il se dirige vers Milan, suivant des directions tantôt rectilignes, tantôt sinueuses, mais généralement subordonnées aux pentes et accidents naturels du terrain. Il traverse, près Gorgonzola, le torrent de la Molgora, sur un pont-canal composé de trois arches, de chacune 19^{m},50 d'ouverture. Cet ouvrage, construit de 1460 à 1462, passe pour avoir été le premier de ce genre qui ait existé en Italie. Aux approches de Milan, il reçoit successivement les eaux du Lambro et du Seveso, qui lui sont extrêmement nuisibles, et aux inconvénients desquelles les déchargeoirs, construits postérieurement, ne remédient que d'une manière très-insuffisante.

Les pentes du naviglio de la Martesana, excédant beaucoup celles qui conviennent à un canal d'arrosage et de navigation, varient de $0^m,36$ à $0^m,58$ par kilomètre. Les principales communes qu'il traverse sont celles de Concesa, Vaprio, Fornaci, Groppolo, Gorgonzola, Colombarolo, Crezenzago et Milan.

Pentes et longueurs du canal.

POINTS PRINCIPAUX DU TRACÉ.	LONGUEURS.	PENTES par kil.	PENTES partielles.	CHUTE des écluses.
	mèt.	mèt.	mèt.	mèt.
Prise d'eau dans la rive droite de l'Adda.	»	»	»	»
Pont de Vaprio	5.602	0,419	1,507	»
— de Groppello.	4.661	0,549	1,625	»
— de Cassano.	1.090	0,294	1,320	»
— d'Inzago.	3.140	0,662	2,080	»
— delle Fornaci	3.254	0,443	1,470	»
— de Gorgonzola.	3.680	0,212	0,770	»
— de Colombarolo	2.830	0,414	1,170	»
— de Cernusco.	3.070	0,578	1,776	»
— de Vimodrone.	3.810	0,499	1,900	»
— de Matalino.	1.356	0,461	0,624	»
— de Crescenzago	2.208	0,410	0,907	»
— de Gorla	2.022	0,377	0,962	»
— de Greco.	1.185	0,396	0,469	»
Écluse de la Cascina	541	0,111	0,460	»
Aqueduc de Saint-Marc, sous les murs de Milan.	2.217	0,778	1,728	1,822
	38.696		17,166	1,822
Chute des écluses. . . .			1,822	
Pente totale.			18,988	

Canal intérieur.

POINTS PRINCIPAUX DU TRACÉ.	LONGUEURS.	PENTES par kil.	PENTES partielles.	CHUTE des écluses.
	mèt.	mèt.	mèt.	mèt.
Aqueducs en arc	»	»	»	»
Écluse de l'*Incoronata*	68	0,778	0,051	1,700
Grande écluse Saint-Marc. . .	704	0,552	0,248	1,793
Écluse du pont Marcelin. . . .	167	1,509	0,252	0,499
— de la Porte-Orientale .	897	0,345	0,310	0,749
Sas de Viarenna	3.254	0,386	1,255	1,493
	5.090		2 116	5,854
Chute des écluses. . . .			5.854	
Pente totale.			7,950	

Principaux ouvrages d'art. — Outre l'écluse et le pont-canal, dont il vient d'être fait mention, voici le détail des ouvrages d'art les plus essentiels existant sur ce naviglio :

1° Grand déversoir de Concesa, de 268 mètres de longueur à l'origine de la dérivation ; au même lieu, trois déchargeoirs ayant ensemble vingt-deux vannes de fond ; 2° à Vaprio, deux déchargeoirs semblables, ayant ensemble sept vannes ; 3° à Gorgonzola, le pont-canal dont il vient d'être fait mention ; 4° à Vimodrone, déchargeoir du Fugone, d'une seule grande vanne ; 5° au confluent du Lambro, deux déchargeoirs ayant ensemble dix-neuf vannes, avec déversoir contigu, de 27 mètres de longueur; 6° à Cascina, l'écluse de navigation; 7° au confluent du Seveso, un déversoir de 11 mètres; 8° à Milan, le grand déchargeoir du Redefosso, composé de douze vannes, et le déversoir du même nom, de 23 mètres de longueur. Les massifs de ces déversoirs, ainsi que les seuils, jouées, ou bajoyers, des empèlements de décharge, sont construits en maçonnerie de briques ou de pierres de taille. Ils furent établis successivement, au fur et à mesure des grandes avaries qui ont été signalées plus haut.

La seule écluse de navigation, qui existe à Cascina-dei-Pomi, a 44^{m},69 de longueur, 5^{m},95 de largeur, et 1^{m},82 de chute. Un moulin est établi sur le canal de fuite contigu, et son entretien est, par cette raison, à la charge de l'usinier.

Les autres ouvrages d'art du canal consistent dans sept ponts et six aqueducs établis pour le passage de routes et chemins, ainsi que pour la conduite d'eaux de sources appartenant à des particuliers.

D'importants ouvrages de défense se trouvent réunis vers l'origine du canal et sur les dix premiers kilomètres, pendant lesquels il côtoie de très-près la rive droite de l'Adda. Ces ouvrages sont les suivants : 1° de Concesa à Vaprio, 1.860 mètres courants de perrés, ou murs de revêtement, en libages et galets, construits tant à sec qu'à mortier, et consolidés par des enrochements; 2° de Vaprio à Groppolo, la digue de la Capellata, de 815 mètres de longueur avec enrochement et pieux d'enceinte; 3° la digue ou l'épi de Fara, de 370 mètres de longueur, construits en libages à sec et consolidée à sa base comme la précédente; 4° grand épi du Morone, long de 590 mètres, présentant aux abords du canal, dans les grandes crues de la rivière, une deuxième ligne de défense très-importante, déjà souvent mise à l'épreuve, et qui même a été en partie détruite, par la violence des eaux. Enfin, plusieurs autres constructions analogues existent dans le même but sur le reste du tracé, mais sont beaucoup moins importantes, attendu qu'elles protégent des parties bien moins menacées.

Les simples revêtements de berges, en maçonnerie de briques, occupent une longueur totale de 44.523 mètres, non compris les 12.570 mètres qui garnissent entièrement les deux rives du canal intérieur, et dont l'entretien est à la charge des riverains.

Les hydromètres sont nombreux sur cette dérivation, et cela s'explique par le besoin de surveiller attentivement l'approche des crues de l'Adda, qui lui ont été si désastreuses. Celui qui forme le principal régulateur est placé à Concesa. Le niveau normal des eaux y est repéré sur une plaque de granit, encadrée dans un massif de maçonnerie ordinaire.

Dans les crues, il sert à montrer à quel degré, ou en quel nombre il faut lever les vannes des déchargeoirs. Dans les très-basses eaux, outre la fermeture exacte de ces vannes, et le placement des hausses dont on les couronne, on est souvent obligé de diminuer l'ouverture de la Roggia dei Molini, dérivation assez considérable située à l'extrémité inférieure du grand barrage. D'autres repères invariables font aussi fonction de régulateurs sur plusieurs points du naviglio, notamment à Vaprio, à Vimodrone, au confluent du Lambro, et à l'aqueduc de Saint-Marc à l'entrée de Milan.

C'est surtout ce dernier repère dont l'observation est importante, parce que, d'après la manœuvre convenable des vannes du déchargeoir qui en est voisin, il sert à régler le niveau d'eau du canal intérieur de manière à y entretenir le volume que réclament la dépense régulière des bouches et le service de la navigation ; sans néanmoins produire d'exhaussements notables, vu le grand nombre de maisons, fabriques et usines, qui ont leur rez-de-chaussée presque aussi bas que le niveau normal des eaux.

Le voisinage du confluent des eaux torrentielles du Lambro et du Seveso, rend cette surveillance de l'hydromètre de Saint-Marc encore bien plus importante. On doit incessamment établir encore quatre nouveaux hydromètres, du modèle uniforme adopté par l'administration, c'est-à-dire formés d'une plaque de granit de $1^{m},60$ de longueur sur $0^{m},60$ de largeur de $0^{m},20$ d'épaisseur, dans laquelle est encastrée une plaque de marbre blanc de dimensions moindres. portant l'échelle de graduation, en mesures milanaises. (Pl. XVI, fig. 6 et 7.)

Les ouvrages d'art existant sur le canal intérieur sont les suivants : 1° 17 ponts en maçonneries de briques et de pierres de taille; à l'exception d'un seul qui a deux voûtes, ils sont tous à une seule arche de même largeur que celle du canal, qui varie de 9 mètres à 10^{m},80; 2° trois maisons et magasins appartenant à l'administration, avec des terrains aux abords, dont la jouissance est laissée aux gardes, sauf le temps où ils peuvent être réclamés comme chantiers ou lieu de dépôt, pour les produits du curage; 3° cinq écluses à sas ayant depuis 0^{m},75 jusqu'à 1^{m},80 de chute; leurs longueurs varient également depuis 31^{m},50 jusqu'à 36^{m},30, et leurs largeurs depuis 5^{m},45 jusqu'à 7 mètres; 4° trois déchargeoirs de chacun deux vannes; ils sont très-anciens; celui qui est située près de l'église Sainte-Apollinaire, et qui donne naissance à la Vettabia, remonte à l'année 1169, et fut réclamé par les habitants de la ville comme moyen d'écoulement pour ses égouts. Dans le chapitre qui précède, j'ai dit pourquoi ce canal de décharge pouvait être regardé comme la première source des irrigations du Milanais.

Surveillance, entretien et curage. — Indépendamment des ingénieurs et des employés sous leurs ordres, la surveillance immédiate du canal est confiée à huit gardes, qui sont logés, comme sur les autres canaux, dans des maisons appartenant à l'administration. Les longueurs de leurs stations varient de 3.200 à 10.000 mètres. Les deux gardes dont les fonctions ont le plus d'importance, sont celui qui surveille à Concesa la prise d'eau proprement dite, ainsi que les travaux d'art qui l'avoisinent, et celui qui règle, aux portes de Milan, l'alimentation du canal intérieur.

Tous les ouvrages dont il vient d'être parlé dans le paragraphe précédent, sont à la charge de l'État, à l'exception des murs de revêtement du canal intérieur, qui, étant considérés comme murs de soutenement des propriétés riveraines, sont à la charge de la ville ou des particuliers.

Les chômages du canal de la Martesana, et, par conséquent, ceux du canal intérieur, qui n'est que son prolongement, ont lieu deux fois par an ; le premier dure dix-sept jours, et a lieu en avril, et le second, qui dure cinq jours, a lieu en septembre. Pendant le chômage principal, qui est celui du printemps, le naviglio doit être complétement mis à sec, et, par conséquent, complétement évacué par les bateaux. Des avis publiés par l'administration, dans le courant de mars de chaque année, renouvellent aux propriétaires, bateliers, et autres intéressés, l'obligation de se mettre en règle sur ce point.

Le deuxième chômage, celui de septembre, n'est nécessité que par l'obligation d'enlever les boues et graviers que déposent la Lambro et le Seveso, par suite de leur communauté avec le canal. On profite, il est vrai, de ce chômage supplémentaire pour exécuter, une seconde fois et très-utilement, le faucardement des herbes, qui croissent avec beaucoup de rapidité.

La mise à sec ordinaire du naviglio s'exécute sans frais, avec beaucoup de facilité, au pont dei Pedoni, près Concesa, au moyen d'une paire de portes qui barrent l'arche gauche, et de deux vannes qui ferment l'arche droite. Mais comme, tous les huit ou dix ans, il devient nécessaire d'effectuer également cette mise à sec entre la prise d'eau et le pont susdit, ou entre Trezzo et Concesa, elle s'obtient au moyen du batardeau de chômage, usité actuellement sur tous les canaux du pays, et dont la description se trouve donnée plus loin. Ce batardeau, lorsqu'il est placé à l'embouchure du canal, dans l'Adda, a 16 mètres de longueur et $2^{m},40$ de hauteur; les frais que réclament sa pose et son enlèvement ne sont que de 350 livres d'Autriche ou de 270 francs. Pendant le chômage du printemps, qui est destiné principalement au nettoyage du canal intérieur, on établit un deuxième barrage temporaire à l'aqueduc Saint-Marc, près la porte neuve de Milan, afin d'obliger les eaux du Seveso et du Lambro à s'écouler par le déchargeoir du Redefosso.

Depuis plusieurs années, il est question de remplacer les barrages temporaires, qui se placent en ces deux points, par des portes busquées dont la manœuvre serait beaucoup plus prompte. Les curages du canal intérieur s'exécutaient d'abord par sa mise à sec et par le dépôt des boues sur les bords. Ces boues, provenant en grande partie des égouts de la ville et se composant des immondices tant des maisons particulières que des établissements publics, hôpitaux, boucheries, etc., répandaient une odeur fétide et des miasmes auxquels on attribua plusieurs fois les maladies épidémiques qui vinrent affliger la ville. De plus, leur enlèvement à l'état presque liquide se faisait avec difficulté, d'une manière à la fois dégoûtante et coûteuse, de sorte que l'opération était mauvaise, de quelque manière qu'on la considérât.

Depuis longtemps ce mode a été abandonné, et actuellement le curage dn Naviglio-Interno s'exécute, d'une manière beaucoup plus habile, par la manœuvre de rabots traînés par des chevaux, et par l'emploi des chasses, que l'on se procure en ouvrant, comme il convient, les portes d'écluses en amont et les déchargeoirs en aval. Les frais de cette opération qui se fait en hiver, et qui est infiniment moins coûteuse que l'ancienne méthode, continuent d'être supportés, moitié par les riverains, moitié par les propriétaires des égouts, ayant leur débouché dans le canal. Le même système avantageux de curage, au moyen des chasses d'eau, se pratique aujourd'hui pour le nettoyage des égouts de la ville par le seul emploi d'une bouche de 6 onces (252 lit.), réservée à cet effet sur le canal de la Martesana.

Pour rendre moins fréquents et moins considérables les curages du Naviglio-Interno, et ceux de la partie inférieure du canal Martesana, il avait été question, depuis très-longtemps, de faire cesser leur principale cause, en opérant le passage du Lambro au moyen d'un pont-canal, comme cela existe sur le torrent de la Molgora.

Vers le milieu du XVIe siècle, un projet avait même été rédigé à cet effet; et la dépense, qui était évaluée à un chiffre assez bas, devait être supportée, les deux tiers par le gouvernement, et l'autre tiers par les particuliers. Mais il s'éleva des doutes sur la bonté du projet qui fut indéfiniment ajourné ; de sorte que le Lambro continue de déposer dans le canal, à chacune de ses crues, de grandes masses de graviers ; inconvénient auquel les déchargeoirs, construits en 1588, ne remédient que très-imparfaitement.

Les curages sont donc ici une opération des plus importantes, surtout dans l'intérieur de Milan. L'exécution de ces curages, ainsi que l'entretien des ouvrages d'art à la charge de l'État, sont adjugés à un entrepreneur, moyennant la somme annuelle de 24.237 francs.

Modellation, portée d'eau, prix de l'arrosage, etc. — Je ne dirai que très-peu de mots sur la modellation des bouches du canal de la Martesana ; cette opération y a subi à peu près les mêmes difficultés que sur les autres canaux du Milanais, et a cependant fini par se réaliser, d'une manière assez complète.

Vers la fin du XVIe siècle, le nombre des bouches était de 60, non compris les deux principales, destinées, l'une pour le service de la ville, l'autre pour le château de Milan. A cette époque, la navigation se trouvant fréquemment gênée, ou même interrompue, notamment sur le canal intérieur, des restrictions furent alors imposées à la dépense des eaux ; des règlements sévères prescrivirent, sans distinction, la fermeture des bouches, pendant deux jours de la semaine ; mais ces précautions furent insuffisantes, et l'on en vint forcément à l'application du module milanais, qui depuis trois siècles a continué de servir de régulateur à tous les canaux du pays.

Quoique son application n'ait eu lieu d'abord qu'incomplétement, 35 ou 40 onces d'eau furent aussitôt restituées au canal; ce qui suffit pour y maintenir en tout temps la navigation, qui était en souffrance. Pendant les XVIIe et XVIIIe siècles, les choses restèrent à peu près dans le même état; car, bien qu'il existât encore beaucoup de prises d'eau sans régulateur, on n'obtint la réformation que d'un certain nombre d'entre elles, et des difficultés réelles, ou des titres positifs s'opposèrent à la modellation des autres.

La portée d'eau du canal, mesurée par la dépense légale des bouches, est de 584 onces ou de $25^{mc},696$ par seconde. 92 onces forment la dotation du canal intérieur, et 492 se distribuent sur le Naviglio-Martesana. La même portée d'eau évaluée *à priori*, d'après un jaugeage fait à Concesa, les eaux étant à leur niveau normal, a été trouvée de 654 onces, ou de $28^{mc},776$ par seconde, ce qui donnerait une différence de 70 onces ou de $3^{m},08$ par seconde, que l'on doit, d'après cela, considérer comme absorbées : 1° par l'évaporation, 2° par les filtrations, 3° par les abus qui ont encore lieu, au moyen d'un certain nombre de bouches non réglées.

Les bouches du canal de la Martesana sont au nombre de 85, non compris les 30 qui se trouvent sur le canal intérieur. Elles sont généralement modellées et servent, tant pour l'irrigation que pour le roulement des usines. Sur ces 85 bouches, 75 sont à gauche et 10 à droite du canal. Les plus petites sont les Bocchetti Balabio et Orrigoni, de chacune 1/4 d'once.

La plus grande est de 27 onces en trois bouches séparées; disposition utile que l'administration exige toujours actuellement, pour éviter des différences fâcheuses dans le débit, par once, des grands et des petits orifices. Les autres grandes bouches du canal sont de 12 à 15 onces; la portée moyenne est de 5 à 6. Les unes sont concédées pour l'eau continue, ou des deux saisons; un assez grand nombre sont temporaires, et restreintes à l'eau d'été, ou à l'eau d'hiver.

Il en est de même qui sont limitées à tant de jours, à tant d'heures. Quelques-unes de ces bouches sont assujetties à rendre les colatures dans la partie inférieure du canal. Parmi celles qui ont été l'objet des plus anciennes concessions, à titre gratuit ou onéreux, il en est certaines qui ne sont pas autrement limitées que par cette désignation : « pour l'irrigation de tel jardin, pour l'irrigation de telle portion de prairie ; » disposition reconnue comme étant des plus fâcheuses, attendu qu'elle prête considérablement à l'arbitraire et aux abus, et devient tôt ou tard une source de contestations.

Les bouches d'été absorbent les 492 onces d'eau, disponibles dans l'état actuel du canal ; les bouches d'hiver, concédées à perpétuité, en absorbent 305. De plus, sur ce canal, comme sur les autres, l'administration accorde aux usagers des bouches d'été, des concessions éventuelles d'eau d'hiver ; jusqu'à concurrence de la quantité disponible. Cette quantité, variable, d'une année à l'autre, suivant la demande plus ou moins grande qui en est faite, est évaluée moyennement à 150 onces, ce qui porte à 455 onces le total de l'eau d'hiver que distribue annuellement le canal de la Martesana.

Sur le canal intérieur, compris depuis l'aqueduc de Saint-Marc jusqu'à l'écluse de Viarenna, il existe 30 bouches qui sont toutes à écoulement continu ; il y en a 23 à gauche et 6 à droite. Une partie seulement est régulièrement modelée. La plus grande est celle de la fabrique d'armes, d'environ 30 onces, mais d'un débit variable, attendu qu'elle est sans module. Une autre grande bouche, aussi dans le même cas, est la bocca Borgognona, du débit d'environ 24 onces. La plus petite bouche (bocchetto Vittoria) n'est que de 1/3 d'once ; la dimension moyenne de ces bouches du Naviglio-Interno est de 3 à 4 onces.

Il est à remarquer que, tandis que le canal de la Martesana ne fournit au canal intérieur que 92 onces d'eau, les bouches de ce dernier en débitent plus de 136 onces, c'est-à-dire plus de moitié en sus, en partie pour l'irrigation, mais principalement pour le roulement des usines, et autres usages industriels ou domestiques, dans l'intérieur de la ville. Cette circonstance est facile à concevoir, car les sept ou huit premières bouches qui absorbent d'abord les 92 onces susdites les rendent, presque en totalité, dans la partie moyenne du canal pour l'usage des bouches situées en aval, dont quelques-unes restituent elles-mêmes leurs eaux, dans les biefs inférieurs, d'où elles sont ensuite distribuées en arrosages.

Ici se vérifie l'observation que j'ai déjà faite sur ce qu'on voit fréquemment, dans la haute Italie, un même volume d'eau devenir plusieurs fois productif, en servant consécutivement aux usines, à la navigation et aux arrosages.

Les prix minima, qui servent de base pour les adjudications des eaux du canal de la Martesana sont fixés ainsi qu'il suit, pour chaque once milanaise :

			Liv. d'Autr.	Francs.
de Cassano à Colombarolo	eau continue	vente	15.000	11.510 00
		location à bail	550	478 50
		id. éventuelle	520	452 40
	eau d'été	vente	11.600	10.092 00
		location à bail	500	435 00
		id. éventuelle	464	405 68
de là à Milan	eau continue	vente	13.500	11.745 00
		location à bail	575	500 25
		id. éventuelle	540	469 80
	eau d'été	vente	12.200	10.614 00
		location à bail	525	456 75
		id. éventuelle	478	424 66
Prix moyen de l'eau d'hiver			77	67
Rapport avec celui de l'eau d'été			1 à 6	

D'après cela, pour les irrigations ordinaires d'été, le prix moyen annuel de la location de l'eau, calculé par hectare, n'est que de 12fr,15; ce qui est extrêmement avantageux pour l'agriculture.

Le nombre des donations et aliénations s'étant successivement accru, sur le canal de Martesana, qui a bientôt quatre cents ans d'existence, les redevances qui y subsistent encore, sont, pour l'État, d'un produit tout à fait minime.

Les irrigations effectuées avec ces eaux s'étendent, en été, sur environ 22.000 hectares, parmi lesquels on remarque quelques rizières; et en hiver, sur 4.600 hectares de *marcite*.

Sur la partie supérieure du canal, il existe environ 60 roues hydrauliques appartenant à des moulins, papeteries, scieries, filatures, foulons à riz et fabriques diverses; 32 autres roues semblables sont encore mises en mouvement, dans l'intérieur de la ville, notamment sur les déchargeoirs du Naviglio-Interno.

Ces diverses roues, qui sont à aubes et d'un système fort ancien, consomment beaucoup trop d'eau; et, quoique ce soient probablement des roues de même forme qui aient, dans l'origine, donné lieu à l'ancienne dénomination de la *ruota*, volume d'eau de 6 onces, réputé être la force motrice d'une roue ordinaire, il n'en est pas une seule, parmi celles que je cite, qui fonctionnerait convenablement avec ce débit normal de 264 litres par seconde.

Ici finit la tâche que j'avais enteprise, en ce qui touche la description détaillée des canaux d'arrosage de l'Italie. Les bords de l'Adda ne sont point cependant les colonnes d'Hercule de l'irrigation. Elle se propage, même encore avec beaucoup de succès, sur une grande étendue des plaines, situées dans les provinces de Mantoue, Vérone, Bergame, Brescia, Crémone, etc. Mais cette industrie n'est plus aussi florissante dans ces provinces que dans de Milanais; en quittant les confins de ce territoire, on la voit décroître sensiblement jusqu'aux bors de l'Adige où elle cesse à peu près totalement. Quoiqu'une grande quantité de dérivations destinées aux arrosages existent dans ces provinces, il ne serait plus maintenant ni instructif, ni intéressant de décrire ces canaux dont la plupart n'ont qu'une portée de 30, 40 ou 60 onces, alimentés d'une manière médiocre, et n'offrant généralement aucun ouvrage remarquable.

Je me borne donc, dans le chapitre suivant, à les indiquer sommairement et à les comprendre dans le résumé général des irrigations de la Lombardie.

CHAPITRE DOUZIÈME.

IRRIGATIONS DES AUTRES PROVINCES DE LA LOMBARDIE. — CANAUX DIVERS.

Irrigations des provinces de Bergame, Crema et Crémone.

En continuant de suivre la marche que j'ai adoptée, dès le commencement des descriptions contenues dans ce volume, je parlerai d'abord des irrigations effectuées à l'est du territoire milanais, par le moyen de divers canaux dérivés de la rive gauche de l'Adda. Elles jouissent de la régularité que procurent la situation avantageuse et le grand volume de cette rivière. Ces dérivations sont au nombre de trois, savoir :

	Litres par seconde.	Onces.
1° Roggia Vajlata, de	3^{m},740	85
2° Naviglio Retorto, de	8^{m},360	190
3° Roggia Rivoltana, de	6^{m},644	151
Ensemble	18^{m},744	426

La première et la troisième desservent les provinces de Bergame et Crema, la seconde le territoire de Crema seulement.

L'Oglio qui sort du lac d'Iseo, avec un volume régulier, fournit aussi de bons arrosages aux terrains situés sur ces deux rives. Les provinces de Bergame et de Crémone, profitent principalement des eaux distribuées sur la rive droite. Les cinq canaux existant sur cette rive, sont les suivants :

	Litres. mc.	Onces mil.
1° Roggia Sale, de la portée de.......	1,012	23
2° Roggia Madama..................	1,760	34
3° Naviglio Civico, ou de Crémone....	18,480	420
4° Naviglio Pallavicino (ancien).......	3,960	90
5° Naviglio Pallavicino (nouveau).....	3,168	72
Ensemble.......	28,380	639

La province de Bergame use également des eaux du Serio, qui alimentent neuf dérivations principales, dont les six premières sont à droite, et les trois dernières à gauche. Voici leurs noms et leurs portées :

	Litres.	Onces.
1° Roggia Serio	1,912	45,50
2° Roggia Morlana.................	1,490	35,50
3° Roggia Guidana.................	0,462	11,00
4° Roggia Vescovana...............	0,336	8,00
5° Roggia Fonte Perduto...........	0,294	7,00
6° Roggia Secchia..................	0,378	9,00
7° Roggia Borgognona..............	1,302	31,00
8° Roggio Bonsaporta..............	0,966	23,00
9° Roggia Cattanea	0,462	11,00
10° Six autres roggie de moindre importance......................	2,940	70,00
Ensemble........	10,542	251,00

Six canaux d'arrosage sont dérivés du Brembo ; le premier, qui est sur la rive droite, dessert le territoire de Bergame, les quatre autres, sur la rive gauche, s'étendent sur celui de Crema, Ils sont disposés ainsi :

	Litres.	Onces.
1° Seriola de Filago	0,966	23
2° Roggia Brambilla	1,428	34
3° Roggia Visconti	1,890	45
4° Roggia Trevigliese	2,856	68
5° Roggia Melzi	0,966	23
6° Soriola Alinina	7,182	171
Ensemble	15,288	364
Dans les trois provinces de Bergame, Crema et Crémone, les dérivations réunies de l'Adda, de l'Oglio, du Serio et du Brembo, représentent donc ensemble	70,770	1.685
Irrigations alimentées par des sources	8,400	200
Total des eaux d'été employées dans ces provinces	79,170	1.885

Arrosant, eu égard aux rizières, environ 62.000 hectares.

Irrigations de la province de Brescia.

Les principales sont celles qui sont effectuées à l'aide des dix canaux de la rive gauche de l'Oglio; plusieurs d'entre eux sont importants, et le lac d'Iseo leur procure une alimentation bien réglée. Voici leurs noms et leurs portées :

	Litres.	Onces.
1° Roggia Fusa	6,363	151,50
2° Seriola di Chiari	8,400	200,00
3° Seriola Castrina	6,048	144,00
4° Seriola Trenzana	4,200	100,00
5° Seriola Bajona	4,284	102,00
6° Seriola Rudiana	2,541	60,50
7° Seriola Castellana	3,402	81,00
8° Seriola Vescovada	3,360	80,00
9° Seriola Rovati	3,570	85,00
10° Seriola di Orci-Nuovi	2,100	50,00
Ensemble	44,268	1.054,00

La première de ces dérivations, la roggia *Fusa* ou *Fosia* prend naissance, tout près du point où la rivière sort du lac, au lieu dit Monte-Fosio, d'où elle a tiré son nom. Elle fut ouverte en 1347, par les soins des comtes d'Iseo, seigneurs de cette contrée dans le moyen âge. Pendant les guerres qui ensanglantèrent l'Italie dans le XVIe siècle, cette propriété changea plusieurs fois de mains; mais depuis longtemps elle appartient à la commune de Novate, qui en retire un très-grand avantage.

Ce canal est un de ceux qui furent compris dans les traités conclus au XVIIIe siècle, entre l'impératrice Marie-Thérèse et la république de Venise, par suite de ce que l'Oglio, d'où il dérive, formait jadis frontière entre les États de ces deux puissances. Le traité qui concerne la roggia Fusa, est celui dit de Vaprio, en date du 17 août 1754.

Avec une largeur réduite d'environ 8 mètres, la roggia depuis son origine jusqu'à Rovate, est navigable sur 30 kilomètres de longueur, pour de petits bateaux qui chargent 1.000 à 1.200 kilogrammes, ce qui est très-utile au pays situé dans le voisinage du lac, au nord de la province de Brescia. Les irrigations qu'il procure ont lieu principalement sur les communes de Erbusco, Rovato et autres territoires voisins.

La même province reçoit aussi les eaux de la Mella, rivière de médiocre importance, dont le régime n'est pas constant. Elles sont distribuées au moyen de six petits canaux, le premier à droite, les cinq autres à gauche; ils sont distribués ainsi :

	Litres.	Onces.
1° Seriola Gambarese	2,436	58
2° Canal Celato	1,260	30
3 Fiume Rova	2,352	56
4° Fiume grande	2,226	53
5° Seriola Capriana	1,890	45
6° Seriola Morica	1,470	35
Ensemble	11,634	277

Enfin, elle profite encore des arrosages plus considérables que lui procure la Chiese; mais ils n'ont pas non plus la régularité désirable. Trois canaux s'alimentent dans cette rivière, le premier, qui est à sa droite, est le plus important.

	Litres.	Onces.
1° Naviglio	9,960	230
2° Seriola Lonata	7,980	190
3° Seriola Calcinata	1,555	37
Ensemble	19,495	457

	Litres.	Onces.
Irrigations alimentées, dans la province de Brescia, par les eaux de l'Oglio, de la Mella et de la Chiese	75,096	1.788
Eaux de source employées	4,704	112
Volume total des eaux d'été consacrées aux irrigations	79,800	1.900

Ce volume d'eau arrose, dans les mêmes circonstances que ci-dessus, environ 62.800 hectares.

Irrigations des provinces de Mantoue et Vérone.

La majeure partie des eaux qui arrosent le territoire de Mantoue, est dérivée du Mincio, par le moyen du canal connu sous le nom de *Fossa di Pozzuolo*, qui remonte à une origine extrêmement ancienne. La prise d'eau et les autres principaux ouvrages de ce canal furent détruits dans la guerre de 1630; de sorte que les eaux débordèrent sur les campagnes, où elles causèrent de grands dommages. Les usagers de cette dérivation empruntèrent alors une somme de plus de 200.000 francs, pour subvenir aux reconstructions et réparations nécessaires. En 1637, il y existait déjà quatorze bouches, distribuant ensemble environ 200 onces d'eau; leur partage entre les usagers se faisait par heures; et en raison de l'étendue des propriétés respectives, mais sans qu'on suivît de règle bien fixe à cet égard. Des règlements dont je parle dans le tome II, sont intervenus ensuite pour régulariser cet usage.

La prise d'eau dans le Mincio est effectuée sur la commune de Pozzuolo, au sud de Mantoue, au moyen d'un grand barrage de 420 mètres de longueur, formé de blocs et libages, revêtus de fortes dalles, la plupart en marbre, maintenues par des pieux de rive. Dans ce barrage, qui est établi très-obliquement sur l'un des bras de la rivière, il y a cinq déchargeoirs ayant ensemble seize vannes de fond. La prise d'eau proprement dite, que l'on nomme l'ouvrage de Pozzuolo (Edifizio di Pozzuolo), consiste en une martellière de huit vannes, ayant chacune, comme dans le Milanais, $0^m,87$ de largeur. Aux abords et en aval de cette embouchure, sur une assez grande longueur, les rives du canal sont revêtues de perrés, les uns avec mortier, les autres à sec. Le canal de Pozzuolo, qui a moyennement 10 à 12 mètres de largeur et un développement considérable, se ramifie en plusieurs branches, au moyen desquelles ses eaux sont presque entièrement épuisées avant d'arriver au Pô, à la droite duquel elles aboutissent cependant.

La pl. IX représente, fig. 1, le plan de la partie supérieure de ce canal avec ses premiers embranchements, et dans la fig. 2 la même planche représente les détails de la prise d'eau au Mincio.

Enfin les fig. 2, 3 et 4 de la pl. XXI représentent les plans et coupes des ouvrages de la prise d'eau avec la maison de garde qui a été récemment construite.

La portée d'eau du canal de Pozzuolo, varie de 16 à 18 mètres cubes par seconde; en moyenne 18 mètres cubes (1).

Les territoires irrigables des provinces de Mantoue et de Vérone, confinent à de vastes marais; dans les années pluvieuses, on n'y pourrait presque rien récolter; mais la culture du riz, qui y a pris, depuis

(1) Le *quadretto*, module de Vérone, étant de 140 litres par seconde, la portée d'eau, exprimée en mesures du pays, est réputée de 128 *quadretti*.

longtemps, une très-grande extension, donne des produits importants et y est extrêmement lucrative.

Outre le canal de Pozzuolo, qui puise ses eaux dans le Mincio, les arrosages des provinces de Mantoue et Vérone s'alimentent de plusieurs rivières, dont les principales sont le Tartaro, le Tartarello, le Piganzo, le Tione, l'Essere, l'Esseretto, la Frasca, l'Osone, etc., auxquelles il faut joindre le lac de Derotta, et plusieurs sources importantes. Soixante-dix bouches, formant l'origine d'un pareil nombre de canaux secondaires, existent depuis une époque très-ancienne pour la distribution de ces eaux, qui a été réglée avec beaucoup de soin, attendu qu'elles se partageaient entre deux États différents, à l'époque où la province de Mantoue, appartenant toujours à l'empire d'Autriche, celle de Vérone était possédée par la république de Venise (1).

Je cite, dans le tome II, les dispositions réglementaires des traités conclus, à cet effet, entre ces deux gouvernements.

Les arrosages dont il s'agit se répandent principalement sur les communes de Castiglione, Medole, Guidizzolo, Ceresara, Goito, Rodigo et Curtatone; les mêmes eaux servent aussi au roulement d'un grand nombre d'usines.

La superficie irriguée dans ces deux provinces est aujourd'hui d'enuiron 43.400 hectares, parmi lesquels on compte plus de 12.000 hectares de rizières.

---

(1) Cette même situation existe de nouveau aujourd'hui, par suite de la constitution du royaume d'Italie.

CHAPITRE TREIZIÈME.

DE L'EMPLOI SPÉCIAL DES EAUX DE SOURCE POUR L'IRRIGATION.

Observations préliminaires.

L'industrie artésienne, qui a déjà acquis une importance réelle, d'après les services qu'elle rend aux manufactures, prend un intérêt plus sérieux encore lorsque l'on considère que c'est l'agriculture qui doit un jour profiter le plus largement des ressources qu'elle présente. En effet, l'application des eaux souterraines aux usages de l'industrie se trouve circonscrite dans un rayon assez restreint autour des centres de population. Loin des lieux habités, la création d'une nouvelle usine n'offrirait pas généralement d'avantages, eût-elle même la force motrice pour rien. L'irrigation, au contraire, est toujours prête à utiliser partout les ressources nouvelles que l'on pourra se procurer.

Les manufactures réclament les eaux de cette espèce, principalement jaillissantes et pouvant donner immédiatement de fortes chutes, tandis que, pour l'amélioration agricole, on trouvera un emploi productif aux eaux de sources artificielles, amenées même à un niveau inférieur à celui du terrain où l'on a creusé; car, à la faveur des pentes naturelles du sol, on conduira toujours ces eaux, par une dérivation plus ou moins directe, sur les terrains qui se trouvent à un niveau convenable pour en pouvoir profiter. Le grand point est d'en obtenir qui soient abondantes et dont le volume se maintienne pendant la saison d'été, la seule pendant laquelle l'eau est véritablement précieuse, pour l'irrigation proprement dite.

Il est donc hors de doute que l'arrosage effectué au moyen des eaux de sources, naturelles ou artificielles, peut rendre de très-grands services à l'agriculture. Leur utilité se manifeste soit dans les positions élevées, où l'on ne pourrait aisément conduire des dérivations, soit dans les positions ordinaires, où cette ressource s'ajoute, comme un supplément quelquefois très-important, à celles qu'on s'est déjà procurées, au moyen des eaux courantes ordinaires. Si l'on se demande quelles sont les contrées assez favorisées pour jouir, à la fois, de ce double avantage, c'est encore la Lombardie, et le Milanais en particulier, que l'on trouve à citer, en première ligne; tant ce pays semble avoir été prédestiné à tirer la plus grande partie de sa richesse de l'immense développement qu'on y donne aux emplois utiles de l'eau.

Il est vrai que, pour les conquêtes de ce genre, la présence des avantages obtenus et réalisés, dans les pays de grande irrigation, est un stimulant bien plus puissant que le simple espoir des mêmes avantages, à obtenir dans les pays qui n'en jouissent pas encore. C'est ce qui explique comment les travaux spéciaux ayant pour objet l'aménagement des eaux de source sont venus se grouper autour du principal centre des travaux de l'irrigation par les rivières. Là on connaissait au plus juste la valeur de l'eau, les ressources qu'elle offrait, et, dès lors on n'a pas regardé à faire des avances pour des recherches qui ont été presque toujours couronnées d'un plein succès.

Ce n'est pas un petit avantage que de se procurer, à peu de frais, de pareilles eaux, dans les lieux où elles se présentent avec abondance, et où leur emploi est aussi avantageux qu'il l'est dans le Milanais. Comme il est admis dans toutes les législations que le propriétaire du sol est également propriétaire des sources qui y naissent, soit naturellement, soit artificiellement; c'est le prix des eaux concédées à perpétuité dans le pays, qu'on doit prendre pour terme de comparaison de la valeur des sources obtenues, soit par des recherches spéciales, soit par le creusement d'un canal de dérivation.

Or le prix courant des eaux de cette espèce, établi par la concurrence, sur les bases des minima fournis par les tarifs du gouvernement de la Lombardie, est 12,000 francs l'once, prix très-modéré, ainsi que le démontrent les développements donnés à ce sujet dans un des chapitres suivants. D'un autre côté obtenir 8 à 10 onces d'eau, par des travaux particuliers exécutés sur les terres d'un seul propriétaire, est une chose qui se voit tous les jours dans le Milanais. C'est donc, dès lors, un capital de

100 à 120,000 francs que l'on peut créer ainsi sur sa propriété, avec un sacrifice minime, consacré aux travaux de recherche ou de conduite des eaux de source; et souvent même sans avoir besoin de recourir à des travaux spéciaux.

Je ne raisonne nullement sur une hypothèse; et les personnes qui ne connaissent pas le Milanais pourraient seules soupçonner ici de l'exagération; car, sur cent canaux particuliers, pris au hasard dans le grand nombre de ceux qui sillonnent cet heureux et riche pays, on en trouverait difficilement dix qui ne tirent pas de l'emploi gratuit des eaux de cette nature une ressource supplémentaire, équivalente au cinquième, au quart ou au tiers de leur dotation principale, acquise à titre onéreux, dans les canaux du gouvernement. Il y en a pour lesquels cette proportion atteint et dépasse la moitié. Ainsi, le canal de la famille Taverna, qui a maintenant 24^{kil},50 de longueur, et qui dérive du Naviglio-Martesana sur le territoire de Milan, dans la commune de Gorla, avait, dans son ancien état, 5 onces d'eau de source, et à peu près autant d'eau dérivée. Depuis son rétablissement sur une plus grande échelle, il dérive 10 onces, mais en même temps il utilise un volume à peu près égal d'eau de sources, obtenue dans l'exécution des nouveaux déblais. Cela porte son débit total à 20 onces, ou à près d'un mètre cube par seconde. Le Cavo Calvi, petit canal de 12 kilomètres de longueur, qui dérive du Naviglio-Grande, est dans le même cas; sa portée totale de 8 onces se compose de

4 onces d'eau de sources et de 4 onces d'eau dérivée. Enfin, on pourrait citer les canaux des familles Litta, Cattaneo, Barinetti, Visconti, Borromeo, Melzi, Belgiojozo, Bolignini, et beaucoup d'autres, qui tirent également un grand parti des eaux de sources.

D'après cela je pense que personne ne trouvera superflu les détails donnés ici, sur les moyens que l'on emploie pour rendre disponibles et pour utiliser les eaux de sources, au point de vue des arrosages.

De la recherche des sources. — On avait accrédité, dans le courant du XVIIe siècle, de vraies fables sur la manière de découvrir les sources. Rien de ce qui touche à cet objet ne pouvait être accueilli avec indifférence, dans l'Italie septentrionale; aussi, ces moyens, tout chimériques qu'ils étaient, ont eu longtemps beaucoup de faveur, dans cette contrée; et l'on s'y occupa très-sérieusement des propriétés de la baguette divinatoire, ainsi que d'autres inventions non moins puériles, dont on peut voir une description complète dans divers écrits du temps; et notamment dans l'*Électrométrie animale* du chevalier Amoretti.

Ceci était l'œuvre du charlatanisme, qui a toujours su recourir aux déguisements profitables à ses intérêts. Mais en dehors de ces préjugés, il est cependant vrai qu'il existe, pour des observateurs exercés, certains indices propres à faire reconnaître l'existence d'une source, là où rien ne semblerait pouvoir mettre sur sa trace. Voici quelques-unes de ces indications :

1° Au printemps, des places où l'herbe se montre d'un vert plus vif, dans la nuance générale d'une prairie; ou bien la couleur plus foncée de la surface du sol, s'il s'agit d'un terrain labouré.

2° Pendant l'été, des moucherons voltigeant en colonne et se tenant dans un même endroit, à peu de distance au-dessus du sol.

3° En toute saison, des vapeurs sensibles, s'élevant le matin et le soir au-dessus des places dans lesquelles la proximité de l'eau suffit pour augmenter l'humidité naturelle de la surface du sol.

C'est pour cela que les fontainiers-experts (profession qui existe encore en Italie) se rendent, dès la pointe du jour, sur les lieux où on leur demande une recherche de sources; puis, en se couchant sur la terre, ils regardent avec attention dans la direction du soleil levant, pour tâcher de découvrir s'il est, dans le voisinage, des points d'où il s'élève des vapeurs plus sensibles que cela n'a lieu sur le reste de l'horizon.

Comme les sources que l'on est dans le cas de rechercher n'existent jamais qu'à une certaine profondeur au-dessous de la surface du sol, les divers indices dont il vient d'être question sont bien souvent insuffisants, et le seul qui soit véritablement efficace est le sondage; mais pour choisir convenablement les lieux où ces sondages peuvent être faits avec quelque chance de succès, il faut des connaissances géologiques, qui ne sont point à la portée de tout le monde et qui ne sont même pas assez répandues parmi les ingénieurs. Il existe néanmoins quelques indices particuliers, consacrés par l'expérience et pouvant servir à connaître, dès le commencement d'une opération de sondage, si l'on a des chances favorables pour rencontrer des eaux de source.

Ainsi, c'est une observation constante, dans la Lombardie, et je crois même dans tout le nord de l'Italie, que partout où l'on rencontre, en creusant au-dessous de la couche végétale, un banc naturel de gravier ou du sable quartzeux, blanc et fin, c'est un signe assuré qu'après avoir percé ce banc on trouvera, au-dessous, une nappe d'eau, qui s'élèvera, par le forage, de manière à couler à un niveau plus élevé que sa couche supérieure.

On a eu recours à des moyens plus ou moins détournés, pour expliquer le jaillissement de l'eau dans les puits forés; mais l'explication la plus satisfaisante est celle que l'on a donnée la première; car il est hors de doute qu'il s'agit d'obtenir un siphon renversé, dont la branche la plus courte est l'ouvrage du sondeur, mais dont la branche la plus longue est celui de la nature.

En Italie comme en France, il est des localités dans lesquelles il suffit de percer le sol à une certaine profondeur pour obtenir des eaux jaillissantes. Cela a lieu sur une partie du territoire situé au pied du revers septentrional de l'Apennin (voir la Carte générale, pl. I); par exemple, dans les environs de

Modène et dans un rayon de 10 ou 12 kilomètres de cette ville. Du moment qu'on y perce un certain banc, qui n'a que 20 à 21 mètres de profondeur, au-dessous du niveau de la campagne, on obtient constamment une eau jaillissante, qui, dans le premier moment de son irruption, entraîne avec elle du sable, des cailloux, des fragments de bois calcinés et autres matières ; puis elle s'éclaircit et coule ensuite assez régulièrement. On a remarqué : 1° que les eaux de la plaine de Modène jaillissent toutes exactement à la même hauteur ; 2° que l'ouverture d'un nouveau forage dans une localité où il en existe déjà amène d'abord un certain ralentissement dans la régularité du débit des fontaines voisines ; mais qu'au bout de quelque temps, celles-ci reprennent leur cours accoutumé. Cela ne peut guère s'expliquer que par l'existence d'une nappe d'eau souterraine, alimentée par un ou plusieurs bassins d'un niveau supérieur. Ces bassins pourraient être ou des réservoirs situés dans les vallées de l'Apennin, ou les eaux mêmes du cours supérieur de la Secchia et du Panaro, qui coulent dans le voisinage.

Dans les cas semblables, on sait toujours à quelle profondeur on devra creuser pour trouver l'eau ; et quant à son volume, il est à peu près proportionnel à la section des orifices. Mais ces considérations s'appliquent entièrement à l'industrie des puits forés proprement dits ; et ainsi que je l'ai déjà remarqué, les eaux jaillissantes qu'ils procurent, généralement à grands frais, sont beaucoup plus intéressantes pour l'industrie manufacturière que pour l'industrie agricole, qui utilise l'eau au moyen de simples dérivations et non au moyen de chutes.

Procédés employés pour canaliser les eaux de sources. — Je me bornerai donc à indiquer ici, sommairement, les moyens qu'on emploie pour utiliser, non pas des eaux jaillissantes, mais des eaux de sources, capables seulement de couler, soit à la surface du sol naturel, soit même à un niveau un peu inférieur. Il importe surtout de connaître ce qui se pratique à cet égard, depuis une époque très-ancienne, dans le Milanais ; car ce territoire, formé de ceux des trois provinces de Milan, de Pavie et Lodi, se trouve peut-être, sous le rapport des eaux suterraines, dans des conditions plus remarquables encore que sous le rapport des eaux courantes ordinaires, dont tout le monde sait qu'il est si admirablement doté.

Les grands déblais exécutés dès les XIIe et XIIIe siècles, pour l'ouverture des plus anciens canaux du pays et pour celle de leurs nombreuses ramifications, firent bientôt constater ce fait. Dès lors, la possibilité de recueillir ces sources, abondantes et nombreuses, et de les employer à la fertilisation du sol devint un nouveau stimulant pour l'agriculture, en créant un supplément très-important aux ressources, déjà si grandes, que les canaux du pays offrent à l'irrigation.

C'est un résultat fort important que de pouvoir

ainsi recueillir, et employer en arrosages, des eaux de sources, qui se présentent souvent dans les lieux où l'on n'aurait pas pu conduire, par simple dérivation, celles des rivières et canaux. Or le sol du Milanais, et, à un degré moins marqué, celui des autres provinces de la haute Italie, présentent constamment, entre la terre végétale et les bancs imperméables de roche ou d'argile, des couches, plus ou moins épaisses de graviers, cailloux et galets. Il résulte de là qu'en creusant, en un point quelconque de la plaine, dans ces bancs de grève, sans même les percer entièrement, on obtient presque toujours de l'eau. Elle s'élève, il est vrai, dans les fouilles, à des hauteurs variables, suivant la position plus ou moins déprimée du point où l'on opère, relativement aux grands réservoirs, qui alimentent les nappes d'eau ou conduites souterraines, auxquelles on fait, par le forage, de véritables saignées. Mais à la faveur de la pente régulière et constante que présente le territoire compris entre le pied des Alpes et le cours du Pô, on peut toujours, au moyen de simples rigoles, en déblai, conduire, sur des terrains d'un niveau convenable, ces eaux, qui sont assez précieuses pour dédommager des frais de l'opération, lors même que la distance est grande et les tranchées profondes.

Voici de quelle manière on procède, dans le Milanais, pour mettre à découvert et pour utiliser les sources dont on a reconnu l'existence sur un point déterminé. On commence par creuser un simple puits, jusqu'à la profondeur nécessaire pour mettre distinctement en évidence les jets des différentes sources, qui se manifestent généralement à un même niveau.

Dans les plaines milanaises, sur les territoires éminemment irrigables de Milan, Pavie et Lodi, cette profondeur ne dépasse guère $1^{m},50$ à 2 mètres; de sorte que l'eau s'y obtient à très-peu de frais. On élargit l'excavation à mesure que l'on découvre de nouvelles sources, et l'on se procure ainsi un bassin, que l'on nomme dans le pays *tête de fontaine.* Sa forme n'est soumise à aucune règle, et peut varier à l'infini, attendu qu'elle doit se prêter à recevoir un nombre illimité de sources distinctes, qui peuvent être distribuées d'une manière très-irrégulière. (Voyez figures 3 et 8, planche XXVIII.)

Il pourrait arriver que, malgré les indices favorables qui l'auraient déterminée, une recherche de ce genre ne dût pas aboutir à un résultat satisfaisant; alors cela doit se reconnaître, d'après la constitution du sol, à un certain degré d'avancement de la fouille, au delà duquel il serait inutile de creuser. La science et l'expérience donnent pour cela des règles, applicables à telle ou telle localité.

On doit remarquer aussi qu'à mesure que l'on est obligé de s'enfoncer davantage, pour rencontrer les sources cherchées, on perd de plus en plus la chance de pouvoir les utiliser pour l'arrosage des terrains situés à proximité; car il faut toujours ménager encore une certaine pente pour faire arriver les eaux sur le lieu où elles peuvent se répandre à la surface du sol. Il y a donc dans cette recherche un point auquel il est nécessaire de s'arrêter, si l'on ne veut pas faire une opération dispendieuse et sans profit.

Quand, par la découverte de plusieurs sources, on a formé une tête de fontaine, d'une capacité plus ou moins grande, ces sources que, dans ce cas, on nomme, en Lombardie, *yeux de fontaine*, étant ainsi mises à nu par des déblais, sont exposées à s'obstruer promptement, soit par l'éboulement des terres de la fouille, soit par la chute de divers corps étrangers, dans le bassin, soit enfin par les matières que l'eau jaillissante charrie assez fréquemment. Il importe dès lors à la conservation des ouvrages que l'on pourvoie à cet inconvénient.

Le moyen que l'on emploie consiste à placer, sur chaque source. une tinelle (*tina* ou *tinella*), espèce de tonneau de forme cylindrique, ou légèrement conique, en bois d'aune ou de chêne, représenté fig. 5. On enfonce ces tinelles dans la terre, de manière à bien encaisser les sources, et, de sorte que leur bord supérieur dépasse un peu la surface de l'eau, dans le bassin (fig. 4). Leur hauteur est variable, suivant celle du niveau que l'on juge devoir maintenir dans ce bassin; leur épaisseur varie de $0^m,03$ à $0^m,05$; elles sont reliées par trois cercles de fer, et mieux par quatre. Leur prix, en bois d'aune de première qualité, varie de 12 à 15 francs. Quant elles sont exposées à l'action de l'air, leur durée n'est que de dix à douze ans. Cette durée est, au contraire, presque illimitée, si elles restent toujours plongées sous l'eau.

On pratique dans le bord supérieur des tinelles (fig. 4 et 6) une échancrure, proportionnée au débit de chaque source; et enfin, si on le juge nécessaire. on les recouvre entièrement, comme cela est représenté fig. 4. Néanmoins, je ne pense pas que cet usage soit généralement suivi; car, dans la plupart des têtes de fontaine, que l'on rencontre en si grand nombre dans les provinces de Milan, Pavie et Lodi, les tinelles sont découvertes.

La fouille qui doit former une tête de fontaine est poussée ordinairement jusqu'à $0^{m},30$ au moins en contre-bas du niveau où les sources jaillissent distinctement. Quant aux talus, leur inclinaison dépend de la nature des terres; mais en général il vaut mieux les faire inclinés que rapides; afin de se mettre à l'abri des éboulements qui peuvent obstruer des sources, et qui, dans tous les cas, donnent lieu à une augmentation de dépense, dans les curages fréquents auxquels ces sortes de bassins sont toujours soumis. Si les terres sont trop mouvantes, comme cela a lieu quand les fouilles sont faites dans des bancs de sable ou de gravier, alors on a recours à un clayonnage ou à un revêtement, en pieux et palplanches moisés, comme cela est indiqué fig. 3 et 4, sur la rive droite de la principale tête de fontaine, représentée dans la planche XXVIII. Le nombre, la grosseur, et le plus ou moins de fiche, de ces pieux, sont déterminés en raison de la poussée des terres qu'ils ont à supporter, et d'après la nature du fond.

Il arrive souvent, dans les recherches de ce genre, qu'une fouille se remplit d'eau, au fur et à mesure qu'on l'approfondit, sans que l'on puisse indiquer l'endroit particulier où naissent les sources qui alimentent ce bassin. Il est alors très-difficile de savoir où placer les tinelles, et l'on a éprouvé que, sans cette précaution, le produit ne peut être regardé comme assuré, attendu qu'il arrive tôt ou tard des intermittences, ou même des interruptions complètes dans le débit des sources non encaissées, qui se trouvent ainsi placées au fond d'un bassin plus ou moins profond. Dans ce cas, l'expérience seule a indiqué, pour les découvrir, un moyen des plus simples et pourtant infaillible. Il consiste à laisser entièrement en repos, pendant quelques mois d'été, le bassin nouvellement découvert; et les endroits où existent les sources s'y trouvent alors naturellement indiqués par la présence du cresson de fontaine, qui ne manque jamais d'y croître, de préférence à toute autre place.

L'action de la source sur les parois plus ou moins molles du conduit souterrain par lequel elle coule, entraîne toujours avec elle des particules terreuses qui se déposent naturellement dans le premier récipient qu'elles rencontrent; et ce récipient est la tinelle elle-même. L'expérience prouve en effet qu'il faut assez souvent recourir à un véritable curage dans l'intérieur de ces tinelles, où l'on rencontre de la vase en plus grande quantité que dans le reste du bassin environnant. Quelquefois aussi il arrive que cette vase liquide, retombant d'elle-même dans les parties les plus basses, finit par engorger les veines de la source, qui devient tout à fait improductive. Le seul parti à prendre, dans ce cas, consiste à tâcher de la faire reparaître, au moyen d'une sonde, introduite dans son ancien emplacement, et si l'on ne réussit pas on n'a plus qu'à enlever la tinelle, devenue inutile, pour la réemployer dans un autre endroit.

Quand on a terminé les déblais d'une tête de fontaine, et que l'on est fixé, au moins par approximation, sur le produit des sources qui doivent définitivement en faire partie, on procède à l'ouverture de la rigole de dérivation. Elle est désignée spécialement, en Lombardie, sous le nom de *asta di fontana;* ce qui est à peu près équivalent de queue de fontaine. Mais il n'y a pas de nécessité à adopter ici une dénomination particulière, puisque cette dérivation, petite ou grande, n'est qu'une rigole ordinaire, ou plutôt, elle est le canal d'amenée qui doit généralement traverser, en déblai, une certaine étendue de terrain, avant d'arriver à celui sur lequel les eaux de source peuvent être répandues, pour l'arrosage.

Par conséquent, en ce qui touche la détermination des pentes et de la section de cette rigole, on doit se reporter au chapitre qui traite exclusivement de cet objet.

On n'a quelquefois qu'une seule source, d'un produit minime, mais néanmoins d'une utilité très-grande, si elle peut être conduite à une certaine distance. Quand en même temps le terrain, où serait ouvert la rigole d'amenée, est assez perméable pour faire craindre une trop grande déperdition du volume d'eau, on emploie de petites conduites en bois, en terre, ou en métal, ayant la forme d'un demi-tuyau, ainsi que le représente la figure 2 de la planche XXVIII. Les eaux souterraines ont, en matière d'irrigation, des avantages particuliers, dont j'aurai occasion de parler dans un autre endroit de cet ouvrage. Ils sont presque toujours assez notables pour couvrir, avec profit, de petites dépenses accessoires, du genre de celle dont il vient d'être question.

En résumé les eaux de source, naturelles ou artificielles, ont un très-grand intérêt pour l'art des arrosages ; d'abord, comme fournissant souvent, aux dérivations ordinaires, ainsi qu'on vient de le voir, une ressource supplémentaire, qui pourra devenir de plus en plus importante ; mais surtout en mettant cette industrie vitale à la portée des plus petits propriétaires, qui peuvent l'exercer d'une manière profitable, pour eux et pour le pays, sans avoir à passer par les lenteurs et les formalités auxquelles il faut s'attendre lorsqu'on veut faire fonctionner des associations.

Quant aux fontaines artésiennes proprement dites, encore bien que l'eau qu'elles fournissent soit généralement obtenue à un prix plus élevé qu'il ne convient pour l'employer en irrigations, il est néanmoins certain que ces eaux ont aussi leur intérêt, au point de vue agricole; surtout à notre époque, puisqu'il est hors de doute que la sonde est destinée à devenir, de plus en plus, un instrument d'une grande puissance.

CHAPITRE QUATORZIÈME.

COLATEURS GÉNÉRAUX OU CANAUX DE SIMPLE ÉCOULEMENT.

Considérations générales sur ce genre de canaux. — Leur importance particulière dans les plaines de la Lombardie. — Colateurs situés entre le Tessin et le Lambro. — *Id.* entre le Lambro et l'Adda. — *Id.* entre l'Adda et l'Oglio. — *Id.* entre l'Oglio et l'Adige. — *Id.* sur la rive droite du Pô.

Notions générales sur cette espèce de canaux. — Pour pouvoir suivre, utilement, les détails donnés dans ce chapitre et reconnaître l'emplacement des canaux spéciaux dont il s'agit, il est indispensable d'avoir sous les yeux la carte générale, pl. I, sur laquelle sont représentés exactement les principaux cours d'eau, dans les vallées desquels ont été ouverts les grands *colateurs*, qui sont le corollaire indispensable des canaux d'irrigation.

La description donnée plus haut des grands et nombreux canaux d'arrosage, qui sont la richesse du pays, resterait incomplète si l'on n'y joignait celle des principaux colateurs qui en sont l'accessoire indispensable.

En effet, sur une grande comme sur une petite échelle, les colateurs sont la conséquence inévitable de l'ouverture des canaux d'irrigation; car répandre artificiellement une masse d'eau considérable sur une superficie donnée amène inévitablement, vers les parties inférieures, la stagnation de celles qui ne sont point absorbées ; et cela donne lieu alors à des dommages souvent plus considérables que le bénéfice obtenu. En un mot, il faut toujours qu'il existe, *préalablement* à toute entreprise d'arrosage, des moyens d'écoulement pour les eaux superflues. Ces moyens sont fournis, assez souvent, par des cours d'eau naturels convenablement situés ; mais dans un grand nombre de cas, il faut recourir à des canalisations artificielles.

Or la localité qui nous occupe est essentiellement dans ce cas. On ne doit donc pas s'étonner, quand on parcourt les parties inférieures des plaines de la Lombardie, de rencontrer une multitude de grands et moyens canaux s'entre-croisant dans tous les sens ; souvent endigués, et pourvus d'ouvrages d'art spéciaux, qui n'ont pour objet ni la navigation ni l'arrosage ; mais creusés dans le seul but d'assurer l'écoulement des eaux qui rendraient le pays marécageux.

Ces canaux, par leurs dimensions, par les difficultés de leur exécution, ne sont pas moins remarquables que ceux de l'autre catégorie ; car leur tracé a dû être étudié, presque toujours en présence de nombreuses sujétions, résultant principalement de ce que les basses plaines, qu'ils doivent traverser, sont toujours endiguées.

Dans la partie moyenne et inférieure de la vallée du Pô, de magnifiques travaux d'endiguement construits et entretenus avec un soin dont on n'a d'exemple nulle part, préservent la plaine de l'invasion des eaux débordées.

Mais il restait à pourvoir aux dommages non moins graves des eaux provenant des écoulements supérieurs, soit par l'effet des grandes pluies, soit par suite des irrigations, des filtrations à travers les digues des canaux, soit par toute autre cause, puisque l'endiguement susdit empêche ces eaux de se rendre dans le thalweg général.

Dans ce cas on peut quelquefois profiter des dépressions naturelles du terrain, où il se constitue facilement une sorte de thalweg art ciel; mais généralement on est obligé de recourir à l'ouverture de canaux spéciaux. Et cela est d'autant plus nécessaire que, dans le cas actuel, les copieuses irrigations effectuées dans la région supérieure, versent sur la basse plaine des écoulements considérables, qui suffiraient seuls pour y causer beaucoup de dommages.

Mais, en dehors de cette cause spéciale, la nécessité des colateurs ou émissaires généraux existe presque toujours dans le voisinage des terrains endigués des grandes vallées; par suite du fait anormal qui résulte de la déformation du profil transversal de la vallée. En effet, par l'effet de la succession des inondations, dans la période antérieure à l'endiguement, et du dépôt plus rapide des limons sur les parties de la plaine voisine des bords du fleuve, le niveau de celle-ci, après s'être abaissé successivement jusqu'à une certaine distance, se relève brusquement au niveau de la haute plaine, qui se trouve au-dessus de la région des inondations.

Cette déformation du profil primitif des plaines endiguées constitue, comme on le conçoit aisément, une grande difficulté pour l'établissement des émissaires généraux qui doivent en assurer l'assainissement complet; mais, à plus forte raison, lorsque l'irrigation des terrains supérieurs vient encore augmenter considérablement, par ses colatures, la surabondance des eaux superflues.

Voilà comment il se fait que dans les basses plaines de la Lombardie l'ouverture des canaux d'écoulement a dû généralement précéder celle des canaux d'irrigation, ou devenir la conséquence immédiate de la création de ces derniers.

Les règles à suivre pour l'ouverture des canaux colateurs sont d'ailleurs les mêmes que celles qui s'observent pour les canaux émissaires, en matière de travaux ordinaires de desséchement (1).

Quand le canal d'écoulement traverse une plaine plus élevée que celle où coule le cours d'eau principal, il est encaissé dans les terres, et peut avoir son débouché libre.

Si même le canal d'écoulement, ayant à traverser une partie de la basse plaine, reçoit des terrains supérieurs des eaux abondantes, arrivent à un niveau toujours assez élevé pour pouvoir être versées dans le fleuve, même en temps de crue, il n'y a que de simples terrassements à exécuter, pour leur assurer un débouché constant, même danns un cours d'eau en-

---

(1) On peut consulter à cet égard les principes exposés dans le tome III de mon *Cours d'hydraulique agricole*. Paris, 1858.

digué; car un endiguement ordinaire d'une longueur généralement restreinte, vient alors se relier avec celui du fleuve principal.

Si, au contraire, les eaux sont peu abondantes et viennent des parties déprimées de la plaine, alors le débouché dans la digue principale, ne peut s'opérer qu'au moyen d'ouvrages éclusés. Ils portent, en Italie, différents noms, selon leur forme et leurs dispositions (1).

Dans les territoires assez nombreux, où les écoulements sont parfaitement réglés, on a soin de séparer les eaux provenant des terrains élevés de celle des terrains bas, en maintenant les premières sur les points élevés de la plaine, de manière à assurer leurs débouchés, autant que possible, sans le secours d'aucune digue latérale. Dans le cas contraire, les eaux des niveaux élevés venant se mêler avec celles des terrains bas, sont, pour ces dernières, une cause de retard et de stagnation.

Les eaux des terrains bas doivent être recueillies, comme cela vient d'être dit, dans un *canal émissaire*, tout à fait analogue à ceux qui sont en usage en matière de desséchement. Ce canal, avec des pentes très-faibles, suit latéralement le cours du fleuve jusqu'à ce qu'il rencontre un niveau assez déprimé pour pouvoir s'y déverser librement. Dans ce trajet, il se rencontre généralement des cours d'eau naturels ou artificiels, coulant à des niveaux plus ou moins éle-

(1) Voir au vocabulaire placé à la fin du tome I.

vés, et alors il est nécessaire qu'il passe par-dessous, dans un aqueduc, ou siphon, en maçonnerie.

Ainsi que cela se fait aussi, dans les opérations de desséchement, l'émissaire principal reçoit tous les canaux secondaires qui viennent s'embrancher avec lui. Mais partout où l'abaissement du sol le réclame, tout ce réseau de canaux doit être pourvu de digues, d'une hauteur suffisante pour pouvoir contenir les crues pendant la fermeture des portes de l'émissaire principal. Et pour que les eaux de la plaine ne s'accumulent pas dans les parties basses, par l'effet du refoulement de celle du canal principal dans les canaux secondaires, ceux-ci doivent être pareillement munis à leur partie inférieure de clapets ou de portes busquées, qui sont tenues closes, jusqu'à ce que l'abaissement de la crue dans le fleuve permette d'ouvrir les portes du canal principal.

Durant les crues, cet aménagement convenable des eaux des différents quartiers, que l'on maintient ainsi, renfermées entre les digues des canaux d'écoulement, sert aussi à modérer la violence des orages qui concourent aussi à accroître le volume des eaux intérieures. Enfin, en cas d'inondation, les digues des canaux émissaires et de leurs affluents servent à modérer et à répartir en diverses directions les eaux débordés; ce qui atténue beaucoup les dommages.

Dans cette situation où les pentes sont généralement insuffisantes il est nécessaire, pour conserver aux canaux d'écoulement la régularité de leur débit, de les maintenir toujours en parfait état de curage; par l'enlèvement régulier des sédiments déposés par le fleuve, dans leur partie inférieure, en aval des ouvrages éclusés; ceux-ci sont toujours suivis d'un petit canal spécial qu'on cherche à rendre le plus court possible, afin de faciliter les curages. Mais, dans beaucoup de cas, ledit canal est muni lui-même de portes busquées, ou clapets; de manière à empêcher, autant que possible, les sables et limons du fleuve de s'y accumuler.

Le curage s'effectue, à la drague ou à la pelle, notamment si l'on a besoin d'en employer les produits à la restauration des parties dégradées des digues. Mais il est bien plus expéditif de l'effectuer par de simples chasses d'eau, effectuées soit à l'aide des ventelles des portes busquées soit par le moyen de petits barrages temporaires, que l'on détruit inopinément. L'opération dans ce dernier cas est encore fortement accélérée et régularisée par le concours d'ouvriers qui facilitent, à l'aide de rabots en fer, l'entraînement des matières à expulser.

Il est bien entendu que le fauchage, l'arrachage ou le faucardement, des herbes aquatiques doit toujours être compris dans cette même opération; car elles sont de nature à produire l'obstruction de la section, plus rapidement encore que les simples dépôts vaseux.

Le seuil des portes ou clapets de l'émissaire principal se pose à un niveau qui doit nécessairement être mis en concordance avec celui des plaines dont il doit écouler les eaux, mais le plus souvent on l'établit au niveau des basses eaux du fleuve.

Colateurs situés entre le Tessin et l'Adda sur les provinces de Milan, Pavie et Lodi. — Le canal connu sous le nom de *Navigliaccio* qui, au couchant, accompagne le *naviglio di Pavia* et se jette dans le Tessin, un peu en amont de cette ville, recueille la majeure partie des eaux d'irrigation et autres qui se rassemblent à sa droite. Celles qui viennent du côté gauche ont leur écoulement dans la *basse Olone* qui se décharge naturellement dans le Pô (1).

Du débouché de l'Olone à celui du Lambro, la basse plaine, contiguë à la rive droite du Pô est traversée par le *Roggione* et par l'ancien lit du *Nirone*, qui, au-dessous du village de Chignolo, prend le nom de *Garriza*. Les deux canaux réunis sous le nom de *Reals* se déchargent d'abord dans un ancien lit du Pô, abandonné en 1708, et de là dans le Lambro, en traversant la digue par un barrage éclusé très-considérable. Près de Santangelo, le Lambro reçoit le *Lambro méridional* qui a reçu lui-même le *Nirone*, et beaucoup d'autres petits colateurs, mais surtout il reçoit les eaux perdues du *Naviglio-Grande*, avant la réunion de celui-ci avec l'Olone, sous les murs de Milan.

Plus loin le Lambro reçoit encore le *Ligone*, cola-

(1) Cette partie inférieure de l'Olone est le cours naturel de cette rivière dont la partie supérieure a été transformée en un canal de main d'homme, aux abords de Milan.

teur des plaines de Carpejano et Videserto ; et près de Meregnagno, il reçoit la *Vestaleia*, principale décharge des eaux du *canal intérieur*. Ces deux colateurs sont des cours d'eau naturels, ils sont assez fortement encaissés. On pense généralement qu'ils occupent l'ancien lit du Seveso.

Depuis l'année 1780, le Lambro reçoit en outre, près Meregnano, le canal *Redefossi* par lequel s'écoulent les eaux de la plaine, arrosée par le canal de la Martesana et par le Seveso, qui autrefois faisaient fréquemment irruption dans la partie basse de la ville, ainsi que dans la zone suburbaine. Le Redefossi coule d'abord sous les murs de la ville; ensuite très-rapproché de la voie romaine, il est profondément encaissé et traversé par de nombreux barrages, ayant pour but de modérer sa trop grande vitesse et de procurer encore des prises d'eau d'irrigation.

Le Lambro reçoit, en outre, sur sa rive droite, au-dessus de Meregnano, l'*Addetta*, déchargeoir du grand canal d'irrigation de la Muzza ; puis au-dessous de Borghetto, il reçoit encore le *Sillero*, coulant près des murs de Lodi-Vecchio (1), et dont le cours sinueux doit être considéré comme un ancien lit naturel, ayant bien plus d'analogie avec le cours de l'Adda qu'avec celui de l'Oglio.

L'Addetta, comme le Sillero, n'ont pas de digues et trouvent leur débouché naturel dans le Pô.

---

(1) C'est l'antique *Laude-Pompeia*.

Enfin, un peu avant de se rendre dans ce fleuve, le Lambro reçoit un dernier colateur qui est la rivière ou canal de *Venera.*

On peut encore citer comme débouchant directement dans le Pô : le *Roggione,* qui a une grande ventellerie, près le bourg de Bollo; le *Brembiolo,* qui passe près Casal-Pusterlengo; et le *Gandiolo,* qui prend naissance dans les environs de Codogno. Ces deux derniers canaux recueillent les colatures d'un vaste territoire. Ils sont endigués à leur partie inférieure, mais débouchent librement dans le fleuve.

Sur sa rive droite, l'Adda reçoit l'excédant des grandes irrigations de la Muzza, par un colateur spécial partant de *Muzza-Piacentina.* Il est encaissé dans les terres et trouve son débouché naturel dans l'Adda, au-dessus de Castiglione-Lodigiano.

Colateurs situés entre l'Adda et l'Oglio. — Entre ces deux rivières coule le Serio qui, descendant des régions montagneuses de la province de Bergame, vient déboucher sur la rive gauche de l'Adda, à peu de distance, en amont, de la ville de Pizzighettone (1). Sur plusieurs points et notamment dans le riche territoire de Crema, cette vallée est très-marécageuse. Ces marais avaient leur débouché naturel, sur la rive droite du Serio, par la petite rivière de *Tormo,* qui se déverse librement dans l'Adda, un peu au-dessous

(1) Voy. pl. I et IV.

de Lodi; et sur la rive gauche, par le *Serio-Morto*, qui se jette également dans l'Adda, à Pizzighettone, mais dont la partie inférieure est endiguée. La partie la plus méridionale des mêmes marais trouvent leur écoulement dans le Serio lui-même, au moyen du canal *Crismero* qui y débouche, en aval de Crema.

Sur la rive gauche du Serio, ou plutôt à partir du débouché de cette rivière dans l'Adda, commence la plaine du Crémonais, qui s'étend sur plus de 1.500 kilomètres carrés entre l'Oglio, l'Adda et le Pô.

La haute plaine, qui s'étend au couchant de Crémone, a deux colateurs naturels qui sont endigués, et dont l'un est pourvu d'une ventellerie, à son débouché au Pô. De l'autre côté, cette plaine a trois colateurs naturels qui ont leur débouché libre dans l'Oglio. Ce sont la *Delma*, l'*Aspia* et le *Laghetto*, qui prennent naissance, respectivement, un peu au-dessous des communes d'Azzananello, d'Ortiano et de Piadena. Le dernier est endigué à sa partie supérieure. Plus en aval, la basse plaine de l'Oglio a deux colateurs artificiels, endigués, qui sont les canaux *Belforti* et *Cavata*, plus un grand colateur naturel, le *Riglio di Gazzolo*. Tous les trois sont endigués.

Au milieu de la haute plaine, dans le sens de la longueur et à peu près à égale distance entre l'Oglio et le Pô, on rencontre un des plus grands colateurs de ce pays; c'est la *Delmona* qui, après avoir reçu de nombreux affluents, arrive, avec un cours sinueux, jusqu'à son débouché dans l'Oglio, un peu au-dessus du confluent de celui-ci avec le Pô. Ce même grand colateur, après avoir recueilli d'autres eaux, pénètre sur la province de Mantoue, dans le canton de Bozzolo, d'où il se prolonge encore, sur une grande longueur, toujours en recevant de nouveaux affluents, qui lui amènent les eaux du haut pays; et c'est ainsi qu'il arrive contenu entre des digues de plus de 5 mètres, jusqu'à l'Oglio, où il se déverse, au moyen de deux grandes ventelleries, munies de barrages à poutrelles ; l'une de deux, l'autre de quatre ouvertures. Ce dernier ouvrage est cité depuis longtemps pour ses grandes dimensions, et sa belle construction.

D'autres canaux de même destination, qu'il serait trop long de nommer, existent encore sur le même point et concourent au même résultat.

A partir de la ville de Crémone, la nécessité des grands colateurs, pour assainir les plaines de la rive gauche du Pô, est toujours la même ; mais les difficultés d'exécution étaient encore plus grandes. Voici en quels termes M. l'ingénieur Lombardini a décrit cette situation :

« Les deux rives du Pô, en aval de Crémone, se réunissent insensiblement à la haute plaine; par suite de ce que toute la partie inférieure est défendue par l'*endiguement continu* du Pô, qui se prolonge le long du cours de l'Oglio jusqu'au confluent du Clisio. Mais la grande affluence des eaux intérieures qui, en temps de crue, ne peuvent plus trouver d'écoulement dans le fleuve, détermina, de temps immémorial, les ingénieurs du pays à en détourner une partie dans des canaux de déviation.

« Ensuite, au commencement du XIVe siècle, on ouvrit le grand colateur de la *Tagliata*, qui côtoie l'ancienne route de Crémone à Mantoue et se rend à l'Oglio, au-dessous de Calvatone; son débouché est libre, mais avec une courte partie endiguée, entre la haute plaine et les digues du Pô (1).

Colateurs situés dans la vallée du Mincio ou entre l'Oglio et l'Adige. — Le mot de *vallée* doit être pris ici dans un sens purement conventionnel; car, plus on avance vers cette extrémité inférieure de la Lombardie, plus les reliefs du terrain deviennent rares, et l'on rencontre bien plus de marais que de coteaux. Les canaux émissaires ou le simple écoulement, sont donc ici d'une nécessité indispensable; aussi sont-ils de plus en plus nombreux, à mesure que l'on avance vers le delta du Pô, où l'on ne rencontre presque que d'immenses marais, non encoredes séchés.

Ici plus de distinction entre la haute et la basse plaine; cette dernière s'élargissant de plus en plus finit par occuper seule tout le périmètre sillonné par es canaux.

Les plaines situées sur la rive gauche de l'Oglio, au delà du confluent de la Mella, sont interrompues

(1) Lombardini, *Sistema idraulico del Po*, p. 16.

par de nombreuses *levées* dépendant des diverses circonscriptions de digues, qui accompagnent soit des cours d'eau naturels, soit des canaux d'écoulement; et l'on conçoit que cette circonstance amène une sujétion considérable dans le mode de construction; souvent même dans la possibilité d'exécution de ces derniers canaux.

Néanmoins, les ressources combinées de la science et de l'art, dans ce pays où les notions pratiques de l'hydraulique sont incontestablement plus avancées qu'en aucune autre contrée du globe, ont triomphé de tous les obstacles; et, sauf des difficultés que l'on peut appeler véritablement insurmontables, l'état de choses, en apparence si compliqué, que nous décrivons, fonctionne d'une manière aussi satisfaisante que possible.

Plus on avance vers le S.-E., dans cette vaste plaine, située principalement sur les provinces de Crémone, Mantoue et Vérone, plus on rencontre de difficultés, à obtenir l'écoulement, sans le secours d'ouvrages d'art, à service intermittent. En effet, on sait que l'endiguement général, ou continu, du cours inférieur du Pô, commence à la hauteur de Crémone, et que ces grandes digues longitudinales, continues, vont sans cesse en augmentant d'élévation jusqu'à l'embouchure du fleuve.

Colateurs existants à la droite du Pô, sur les territoires de Guastalla, de Reggio, Modène, Revere, etc. — La vaste plaine comprise principalement entre le Crostolo et la Secchia et se terminant au sud, au territoire de Bondeno, se trouve dans une situation analogue à celle de la rive gauche ; c'est-à-dire, basse, sans pente, et considérablement encaissée en contre-bas des grandes digues longitudinales du fleuve.

Les principaux colateurs, qui, tous, réclament des empellements, ou autres ouvrages de retenue, sont la *Zara* et le *Pô-Vecchio,* plus deux anciens bras, délaissés par le courant actuel, qui est encore pourvu de très-grandes sinuosités. Ces colateurs viennent déboucher, au moyen de deux vannages, très-rapprochés l'un de l'autre, en amont du bourg de San Benedettto dans un bras du fleuve, abandonné depuis la grande rectification exécutée en 1782 (1).

Ces deux colateurs principaux reçoivent eux-mêmes plusieurs affluents, qui rassemblent les eaux d'écoulement venant de la province de Guastalla.

Les autres colateurs sont les suivants :

Le *Fossa grande*, qui reçoit du territoire de Reggio, un canal secondaire nommé *la Fossa Margonara* et qui, se dirigeant parallèlement au Pô-Vecchio, vient se déverser dans la Secchia, près de San Benedetto.

Ce colateur fut ouvert en 1430, dans l'intérêt des terres appartenant aux religieux de ce monastère.

La Fosetta di Campo lungo se jette aussi dans la Secchia.

---

(1) Lombardini, *Notizie sulla Lombardia,* p. 166.

Ces deux derniers canaux traversent la digue de ce torrent à l'aide d'ouvrages éclusés.

La *Parmigiana*, qui suit la pente presque insensible de la plaine de Bondeno, où elle longe le cours du Crostolo, tandis que celui-ci se rend au Pô, par une rectification ouverte dans le milieu du XVIe siècle, réuni à d'autres eaux venant du côté de Reggio.

Le marquis Bentivoglio-Gualtieri réunit, à cette époque, les eaux de trois petits cours d'eau et les fit passer sous le lit du Crostolo, au moyen d'un double aqueduc-siphon de 77 mètres de longueur et de 2 mètres de largeur pour chaque ouverture. La tête d'amont de cet ouvrage d'art est munie de deux portes tournantes, qui se ferment chaque fois que cela est rendu nécessaire, par l'invasion des eaux provenant de ruptures ou de débordements arrivés dans la partie supérieure.

Ce travail se continue au moyen d'un canal rectiligne d'environ 11 kilomètres. C'est seulement à partir des empilements que ce canal porte le nom de Fossa-Parmigiana.

Finalement il vient, sous le nom de Fossa-Moglia, verser ses eaux, par un lit tortueux, sur le territoire de Mantoue, où il a sa décharge dans la Secchia, près de Bondanello, au moyen d'un grand barrage à poutrelles, construit en vertu des conventions gouvernementales de 1589.

Ce colateur important reçoit beaucoup d'eaux, venant des territoires de Reggio et Guastalla, mais principalement celle du canal de la *Tagliota*, que les habitants de Reggio dérivèrent du Pô, en 1218, dans le but d'obtenir un canal navigable; mais peu de temps après il se trouva réduit à l'état de simple colateur ; muni de barrages, qui assurent son écoulement intermittent dans la Moglia.

Dans cette partie inférieure de la plaine, tous ces canaux d'écoulement sont accompagnés de digues, et en cas de ruptures accidentelles dans la région supérieure, elles servent à circonscrire dans leur périmètre les eaux d'inondation (1).

Mais, au surplus, pour tout ce qui concerne le territoire situé sur la rive droite du Pô, il est essentiel d'observer qu'il ne s'agit plus que de simples canaux de *desséchement*, destinés à l'assainissement d'un territoire qui, sans eux, serait complétement marécageux. Quant aux irrigations proprement dites, il ne s'en fait plus dans cette région, privée d'eaux pérennes et de pentes suffisantes. Les canaux dont il s'agit ne sont donc que des canaux émissaires et n'ont plus le caractère de colateurs.

Pour se faire une idée du grand développement des canaux dont il s'agit, il suffit de remarquer que, dans la seule province de Mantoue, ils occupent, dans les arrondissements de San-Benedetto, Revere, Sermide et Viadana, une longueur de 664.790 mètres. Leur entretien a lieu aux frais de l'État, des associations, et des propriétaires.

---

(1) Lombardini, *Notizie sulla Lombardia*, p. 167.

CHAPITRE QUINZIÈME.

RÉSUMÉ SOMMAIRE DES VOLUMES D'EAU EMPLOYÉS, ET DES SUPERFICIES IRRIGUÉES, DANS LES PROVINCES LOMBARDES. — PLUS-VALUE DU SOL.

Impossibilité d'obtenir ce résultat autrement que d'une manière approximative. — Situation des six rivières desservant les irrigations de la Lombardie. — Volume d'eau distribué ; en été ; en hiver. — Incertitude relative au chiffre exact des surfaces irriguées. — Plus-values approximatives dans les provinces de la Lombardie ; dans celles du Piémont ; dans les deux régions.

Il serait assurément très-désirable de pouvoir obtenir, d'une manière exacte, ce document fort important. Mais cela n'est pas possible, et l'on en comprendra aisément les raisons. A défaut de chiffres rigoureusement exacts, il faut donc se contenter de données approximatives.

C'est ce que j'ai cherché à faire, dans le présent chapitre, en indiquant ici des nombres aussi exacts qu'il m'a été possible de les obtenir, à la suite des vérifications faites lors de mon dernier voyage en Italie, qui date de l'automne de 1858.

Si l'on peut calculer, assez exactement, les volumes d'eau fournis par les rivières de la Lombardie aux canaux dans lesquels ils trouvent leur utilisation, à peu près complète, il n'en est pas de même des *superficies arrosées* qui éprouvent, d'une année à l'autre, d'importantes variations.

La raison en est simple; les cultures arrosées, usuelles dans le pays dont il s'agit, consistent dans les suivantes :

1° Les *prairies naturelles* ayant généralement trois coupes, lesquelles consomment environ 1 litre par seconde, par hectare, durant la saison d'été;

2° Les *rizières* qui consomment plus du double, soit environ 2^{lit},50, pendant la même période ;

3° Les prés milanais, prés d'hiver, ou *Marcite*, qui, exigeant un écoulement continu, de jour et de nuit, consomment infiniment plus, soit habituellement une once milanaise, ou 42 litres par hectare;

4° Enfin, les autres cultures, telles que le maïs, les céréales, pépinières, etc., qui n'ont pas la même importance, reçoivent des quantités d'eau assez variables en proportion de l'abondance ou de la rareté de celle-ci, mais qui généralement ne dépassent guère la moitié de ce qui est l'attribution normale des prairies, soit environ 0^{lit},6 par seconde, pour chaque hectare.

En présence de ces grandes variations dans les quantités d'eau afférentes à chaque espèce de culture, et de la mobilité que la méthode, de plus en plus suivie, des rotations amène journellement dans les étendues relatives aux diverses récoltes ci-dessus désignées, on conçoit aisément qu'il serait impossible de donner, d'une manière rigoureusement exacte, les superficies arrosées en Lombardie.

C'est pourquoi il faut, ainsi que je l'ai dit au commencement de ce chapitre, se contenter d'une approximation.

Voici ce qu'il m'a été possible d'obtenir de plus satisfaisant à cet égard :

Volumes d'eau. — Les six rivières qui alimentent la majeure partie des irrigations de la Lombardie sont les suivants :

Le Tessin, l'Adda, le Brembo, le Serio, l'Oglio, la Mella, le Clisio, et le Mincio.

On peut voir sur la carte générale, pl. I, et sur la carte particulière, pl. IV, la position et les directions de ces rivières, qui décroissent d'importance, quant au volume et à la régularité des eaux, à mesure que l'on s'avance vers l'est, c'est-à-dire à mesure que l'on s'éloigne du territoire milanais, pour s'avancer vers les provinces de Mantoue et Vérone, où les irrigations sont encore importantes; puis vers celles de Padoue, Vicence, Modène, etc., où il n'en existe presque plus.

La cause de ce fait est d'ailleurs facile à saisir, elle provient de ce que les sources de ces cours d'eau s'éloignent de plus en plus de la cime de Grandes-Alpes et des massifs des neiges perpétuelles, dans lesquelles le Tessin d'abord, puis à un moindre degré l'Adda, trouvent cette alimentation exceptionnelle, qui fait la richesse des irrigations du Milanais.

En récapitulant les volumes d'eau, fournis par les six rivières susmentionnées, et dérivés dans les nombreux canaux tant publics que privés dont les principaux ont été précédemment décrits, on arrive au chiffre total de 380 mètres cubes par seconde; à raison de 42 litres l'une, cela représente 9.048 onces milanaises.

Mais ce volume d'eau se distribuant en proportions variables entre les différentes cultures arrosées, qui en consomment des quantités très-différentes, et l'introduction des rotations devenant de plus en plus usuelle, on ne peut avoir que d'une manière approximative les superficies correspondantes à cet arrosage.

Superficies arrosées. — En relevant aussi exactement que possible, à l'aide des matrices cadastrales, l'état des cultures existantes dans les nombreuses communes traversées par les canaux d'arrosage, on pourrait obtenir, pour une année déterminée, l'état très-approximatif des arrosages.

C'est en procédant d'une manière analogue, à partir de 1858, que nous avons pu établir, comme une approximation suffisante, le tableau ci-après, qui donne, par provinces, les superficies arrosées, tant en été qu'en hiver, sur les provinces de la Lombardie.

Le même travail a été fait sous une autre forme, et d'une manière très-détaillée, par M. l'ingénieur Lombardini. Ce travail, qui donne en regard les volumes d'eau distribués par rivières et canaux, ainsi que les superficies arrosées, a été imprimé, en 1844, dans les *Notizie sulla Lombardia*, ouvrage déjà cité.

On peut voir aux notes bibliographiques, placées à la fin du tome II, le tableau général dont il s'agit, et les observations d'après lesquelles on peut établir sa concordance avec le résultat donné par celui ci-après, bien qu'ils soient sous une forme très-différente.

Résumé des navigations de la Lombardie.

DÉSIGNATION DES TERRITOIRES.	SUPERFICIE EN HECTARES en été.		en hiver.
Provinces de Milan, Pavie et Lodi.			
Canal du Tessin.	31.500	220.040	560
— de Bereguardo	3.900		184
— de Pavie.	3.660		260
— de la Muzza	56.300		850
— de la Martesana.	22.000		556
Canaux secondaires dérivés de l'Adda, du Lambro, de l'Olone, etc.	27.280		260
Navigations du haut Milanais	22.800		»
Eaux de sources, employés soit directement, soit dans des canaux déjà existants.	28.600		380
Colatures.	24.000		»
Autres provinces de la Lombardie.			
Provinces de Bergame et Crema. . . .	52.300	144.900	»
— de Brescia et Crémone . . .	28.200		»
— de Mantoue et Vérone. . . .	64.400		»
Ensemble.		364.940	3.050
Soit en nombres ronds. . .		365.000	3.000

Plus-values créées par l'irrigation. — Les

365.000 hectares qui profitent effectivement de l'irrigation d'été, doivent être accrus d'au moins 1/6, d'après l'usage de plus en plus adopté aujourd'hui d'établir des rotations ou d'intercaler des céréales, et autres cultures non arrosées, pendant une durée ordinaire de trois années, entre les récoltes dues exclusivement à l'arrosage.

Ainsi, en Lombardie, les rizières de la région moyenne sont toutes dans ce cas; tandis que celles des régions basses et marécageuses sont seules permanentes. Les prairies elles-mêmes entrent aussi d'une manière très-utile dans ce genre d'assolement.

Au point de vue des plus-values créées par l'irrigation, il faut donc porter la superficie ci-dessus à 420.000 hectares.

L'augmentation sur les seules valeurs locatives doit être calculée au moins à 160 francs par hectare, et cela correspond à 67 millions de francs.

Quant aux 30.000 hectares soumis à l'irrigation d'hiver, les produits nets qui y correspondent, à raison d'environ 200 francs par hectare, peuvent être évalués annuellement à 6.000.000 francs.

Mais cette plus-value immédiate et directe représentée par l'accroissement de la valeur locative des terres arrosées, ou arrosables, n'est pas la seule qui doive être considérée ici, car on n'aurait alors qu'une idée très-incomplète des bénéfices produits par les canaux d'irrigation.

Il faut nécessairement y joindre les profits considérables, mais indirects, résultant pour le pays de l'accroissement considérable des bestiaux, de l'amélioration générale des cultures par la masse des engrais ainsi obtenus ; enfin, par la fabrication du fromage qui est d'une très-grande importance, notamment dans les provinces de Lodi et de Pavie.

Finalement, on peut résumer ainsi qu'il suit l'évaluation approximative des produits spécialement dûs à l'arrosage dans les provinces de la Lombardie :

	francs.
Plus value sur les valeurs locatives, par l'irrigation de l'été....................	67.000.000
Plus value sur les valeurs locatives, par l'irrigation d'hiver....................	6.000.000
Produit résultant de l'élevage, de l'accroissement des engrais, de la fabrication du fromage (au minimum)............	27.000.000
Ensemble............	100.000.000

Si l'on considère maintenant que les canaux des *provinces du Piémont*, décrits dans les chapitres précédents, produisent des bénéfices analogues sur une superficie à peu près égale au tiers de celle qui est desservie par ceux de la Lombardie, on arrivera à reconnaître que les plus-values par eux produites dans cette région sont aussi dans la même proportion, c'est-à-dire d'une importance annuelle d'au moins 30 millions de francs.

On constate donc ainsi que l'ensemble des plus-values créées par l'arrosage dans les seules provinces de la haute Italie, s'élève annuellement à plus de 130 millions de francs.

Mais il faudrait bien se garder de restreindre à cette estimation, la mesure des avantages généraux qui réagissent sur toute l'agriculture locale, et sont dès lors d'une importance beaucoup plus grande.

Ce beau résultat est dû d'abord aux rares avantages dont le pays a été doté par la nature, sous le rapport topographique et hydrographique ; mais aussi, et plus encore, aux grands et beaux travaux exécutés avec autant d'art que de persévérance par ces populations intelligentes, chez lesquelles les connaissances d'hydraulique pratique sont plus avancées qu'en aucun pays du monde.

---

(1) Les données ci-dessus, bien que déduites aussi exactement que possible des descriptions précédentes, ne peuvent être regardées que comme approximatives. — Il faudrait, pour les fournir plus exactes, avoir sous les yeux tous les documents de l'administration publique.

Au surplus, nous avons lieu d'espérer que bientôt cet important travail existera ; puisque nous apprenons qu'en ce moment M. Noe, ingénieur-inspecteur des canaux du gouvernement, s'occupe de la rédaction de la *Statistique des canaux d'irrigation.*

LIVRE TROISIÈME.

ÉTUDE ET ÉTABLISSEMENT DES CANAUX.

RÈGLES SUIVIES DANS LA LOMBARDIE ET LE PIÉMONT,
POUR LA CONSTRUCTION DE CES OUVRAGES.

CHAPITRE SEIZIÈME.

OPÉRATIONS PRÉLIMINAIRES. — FORMULES USUELLES.

Considérations théoriques sur l'écoulement des eaux dans les lits naturels ou artificiels. — Étude successive des expressions destinées à reproduire les lois de cet écoulement. — Premières formules. — Formules usuelles. — Tables. — Applications.

I. — Considérations préliminaires.

Dans le chapitre 3 du tome III du *Cours d'hydraulique agricole*, j'ai développé les principes généraux qui se rattachent à cette matière, en désignant d'abord les quatre espèces de canaux, distincts entre

(1) Paris. Librairie Dalmont, 1858.

eux, qui constituent un système d'arrosage, et qui sont : 1° les canaux principaux ; 2° les canaux secondaires ; 3° les canaux de fuite ou de décharge ; 4° les colateurs ; puis en établissant les règles applicables à l'établissement de chacun d'eux en particulier. Il n'y a pas lieu de revenir ici sur ces mêmes principes généraux, qui se trouvent consignés dans un autre ouvrage. Mais il est utile de faire connaître quelles sont les règles qui ont été observées pour l'établissement des grands canaux du nord de l'Italie ; car ces ouvrages étant les plus considérables et les mieux administrés qui existent, il est permis de les considérer comme des modèles dans ce genre.

J'indiquerai donc succinctement dans les chapitres suivants les règles et les formules dont l'application a servi à l'établissement des plus modernes de ces canaux ; car on vient de voir que les premiers sont antérieurs aux principes théoriques de la science hydraulique.

Si l'eau qui coule, soit dans un lit ordinaire, soit dans un tuyau, se mouvait tout d'une pièce, comme un piston ; dans un corps de pompe, ou comme la moelle que l'on chasse dans une branche de sureau, il n'y aurait pas d'opération plus simple que celle du jaugeage ; car elle se réduirait à multiplier la section du liquide par sa vitesse ; vitesse unique, qu'il serait toujours facile de constater. Mais cela n'a pas lieu ainsi ; et, dans la réalité des choses, il est peu d'opérations aussi compliquées, aussi difficiles à bien faire. Cette assertion pourrait paraître étrange à beaucoup de personnes, qui, habituées à envisager, comme tout ce qu'il y a de plus simple et de plus naturel, le mouvement des eaux courantes, opéré journellement sous leurs yeux, auraient peine à se rendre compte qu'il y ait là un phénomène compliqué. Examinons cependant ce qui se passe.

Une masse de petits corps sphériques, indépendants les uns des autres, abandonnés sur une suite de plans inclinés, se succédant sans interruption, y prendraient un mouvement tendant à s'accélérer sans cesse; car telle est la conséquence du principe fondamental de la gravité. Cependant, cela n'a pas lieu ainsi, pour une masse liquide; encore bien que ses molécules soient douées, en apparence, d'une mobilité parfaite. L'expérience prouve que les eaux naturelles provenant, soit des pluies, soit de la fonte des neiges, quoique coulant effectivement sur une suite de surfaces inclinées, au lieu d'y acquérir une vitesse accélérée, prennent, au contraire, à quelques légères variations près, un mouvement uniforme et réglé; qui, dans les différents états d'un cours d'eau, caractérise ce que l'on a appelé son *régime*.

Quelles sont donc les causes d'après lesquelles un mouvement qui de sa nature devrait être accéléré, se trouve ainsi transformé en un mouvement uniforme? Elles ne peuvent résulter que de certaines résistances, qui sont capables de faire équilibre à la force accélératrice de la pesanteur.

Ces résistances sont de deux espèces : 1° L'une provient de l'affinité de molécules liquides les unes pour les autres, d'une sorte de viscosité, qui les empêche de se désunir, comme feraient, par exemple, des grains de millet. 2° L'autre résistance est produite par le frottement que l'eau courante éprouve contre les parois du lit qui la renferme; et celle-ci peut varier considérablement; suivant que le lit est plus ou moins pourvu d'aspérités, de pierres, de broussailles, d'herbages, ou autres obstacles de la même nature; suivant que sa direction est plus ou moins rectiligne, ou plus ou moins sinueuse. En un mot, les résistances qui rentrent dans cette seconde catégorie sont celles qui modifient presque à elles seules le mouvement des eaux courantes.

Il résulte de là que la masse liquide, loin d'avoir un seul et même mouvement, présente en quelque sorte autant de vitesses distinctes qu'on pourrait imaginer de filets d'eau différents. Ceux qui se trouvent immédiatement en contact avec les parois solides du lit ou du tuyau, y perdent une très-grande partie de leur vitesse naturelle, tandis que ceux qui en sont les plus éloignés doivent éprouver bien moins de résistance.

C'est exactement ce qui se vérifie, dans la pratique, puisqu'il est parfaitement constaté que dans un tuyau la vitesse de l'eau décroît graduellement depuis le centre jusqu'à la circonférence; tandis que dans un lit ordinaire, qui représente une des moitiés d'un tuyau, qu'on aurait partagé suivant son axe, cette vitesse maximum, qui constitue ce que l'on a appelé le fil de l'eau, se trouve effectivement à la même place, c'est-à-dire à la surface même du courant, où elle correspond presque toujours à sa plus grande profondeur, autrement dit à son thalweg.

Ces préliminaires doivent suffire pour faire concevoir le but et les difficultés d'une opération de jaugeage; car, de ce qu'il existe toujours dans une même masse d'eau en mouvement plusieurs vitesses différentes, on doit d'abord en conclure que, quand il s'agit de calculer son volume, on ne doit employer ni la plus forte ni la plus faible; mais un terme moyen entre l'une et l'autre. Or, cette quantité intermédiaire, sur la recherche de laquelle repose toute la solution du problème des jaugeages, est-elle simplement une moyenne arithmétique entre les deux vitesses extrêmes, dont l'une est la vitesse maximum qui s'observe à la surface, et l'autre la vitesse de fond; ou bien doit-elle se calculer d'après l'observation d'un certain nombre de vitesses, prises en divers points du lit?

Rien de bien fixe n'existe à cet égard; et tout ce que l'on peut répondre de certain, c'est que la véritable vitesse moyenne d'un cours d'eau, en un point donné, est celle qui, multipliée par la section, donne pour produit son débit réel. Mais comme de ces trois choses : la section, la vitesse et le débit d'un cours d'eau, la troisième est presque toujours, dans la pratique, celle que l'on cherche à connaître, au moyen des deux autres, la seule manière de résoudre cette difficulté consistait donc à tâcher de réduire en préceptes les résultats d'un certain nombre d'expériences comparatives, faites dans le but de découvrir, au moins approximativement, les relations qui peuvent exister entre la section, la pente et la vitesse moyenne. Tel est le but des formules de jaugeage, ou plutôt du mouvement continu.

II. — Premières formules.

C'est une science encore récente que celle qui conduit à connaître les relations existant entre la section, la pente et la vitesse moyenne d'un cours d'eau. On avait étudié d'abord l'écoulement des liquides à travers des orifices, et il y a deux cents ans que Torricelli découvrit le principe théorique d'après lequel la vitesse de cet écoulement augmente, en raison de la profondeur de l'orifice au-dessous du niveau du réservoir. Pendant longtemps on n'avait cru, en Italie comme ailleurs, que les choses devaient se passer ainsi dans le mouvement des eaux courantes, et que les couches inférieures étant soumises à une plus grande pression devaient avoir plus de vitesse que les couches superficielles. Mais cette opinion était tout à fait inexacte.

C'est seulement vers la fin du siècle dernier que les ingénieurs français Dubuat, de Chezy, Girard et Prony, le premier officier du génie militaire; les trois autres membres du corps des ponts et chaussées, se livrèrent successivement à des recherches et à des expériences, qui conduisirent à des résultats dignes d'attention, sur le mouvement de l'eau courante dans les canaux et les rivières. Ils s'aperçurent bientôt que la théorie seule, déjà très-insuffisante d'ailleurs, sur la question des résistances, ne pourrait jamais conduire à une solution quelconque. Ils prirent donc le parti de se livrer à des observations directes, sur un certain nombre de cours d'eau ; puis de composer des formules, capables de représenter, très-approximativement, les résultats de ces expériences, afin de généraliser autant que possible les relations trouvées entre la section, la pente et la vitesse moyenne ; et de faire connaître ainsi la loi des résistances qui modèrent la marche des eaux courantes, de manière à réduire à l'état d'uniformité un mouvement qui, de sa nature, tendrait à s'accélérer indéfiniment.

C'est ainsi que procédèrent les premiers astronomes, en commençant à dresser, à l'aide d'une longue série d'observations préalables, des tables indicatives du mouvement des corps célestes ; car c'est au moyen de ces précieux recueils que les Kepler et les Newton nous firent ensuite connaître les lois physiques qui président au système du monde.

La circulation des eaux courantes, surtout dans des lits naturels, plus ou moins accidentés, ne se prêtait pas, à beaucoup près, à des appréciations mathématiques aussi précises que celles que l'on a pu faire des mouvements astronomiques ; aussi tandis que leurs lois ont été formulées avec une justesse et une précision telles qu'on explique complétement les grands phénomènes qui semblaient devoir rester pour jamais hors de notre portée, la simple étude de la quantité d'eau que débite une rivière est demeurée dans un état imparfait. Car on peut dire que les formules les plus complètes que l'on pourra donner sur cet objet laisseront toujours beaucoup à désirer, pour la généralité de leurs applications.

Les premières formules, adoptées par les savants dont je viens de parler ont établi des relations déjà précises entre la section, la pente et les diverses vitesses d'une eau courante; elles ont fourni, de plus, une détermination ingénieuse de la résistance totale à laquelle est due l'uniformité du mouvement des rivières.

Cette expression a été composée de deux termes variables; proportionnels, l'un à la vitesse, l'autre au carré de cette même vitesse. Et, en effet, le mouvement de l'eau qui coule sur un lit incliné est d'abord retardé par la cohésion propre des molécules, force que l'on peut supposer proportionnelle à la vitesse qui tendrait à les désunir. Mais quant à la seconde cause de résistance, à celle qui résulte de l'action de la surface solide du lit sur la masse du liquide, soit qu'on l'assimile à un simple frottement, soit qu'on l'envisage comme résultant des chocs successifs, que l'eau éprouve contre une suite d'aspérités, il résulte des recherches de Coulomb, qu'une telle résistance est toujours proportionnelle au carré de la vitesse.

La formule de Prony, qui est déjà un perfectionnement de celles qu'avaient données Dubuat et Girard, est présentée sous cette forme :

$$Ri = au + bu^2$$

Dans cette formule, u représente la vitesse moyenne, I la pente par mètre, et R le rapport de la section au périmètre mouillé.

Prony a donné plusieurs autres formules, représentant le rapport qui existe entre la vitesse à la surface et la vitesse moyenne, dans les canaux et rivières. Il en a déduit, à l'aide d'un assez grand nombre d'expériences des tableaux, montrant que la valeur de ce rapport s'écartait peu de 0,8. De sorte que l'on pourrait considérer, d'après cela, que dans le plus grand nombre de cas la vitesse moyenne, si difficile à observer, peut s'obtenir d'une manière très-approximative, en prenant simplement les 0,8 de la vitesse à la surface. Mais ceci ne peut être regardé comme un principe démontré ; et ainsi que le remarque d'Aubuisson, on est loin d'avoir une telle connaissance ; puisque l'on n'a pas même encore celle du rapport qui peut exister entre ces deux vitesses, pour une même perpendiculaire.

Néanmoins beaucoup d'ingénieurs, et je suis du nombre, ont été à même de reconnaître que la justesse de ce rapport moyen se vérifie fréquemment dans la pratique. J'en cite à la fin du chapitre suivant un exemple remarquable.

Les premières formules de jaugeage n'étant pas basées sur un assez grand nombre d'expériences n'offraient pas les garanties désirables, et ont fait commettre diverses erreurs à ceux qui ont cru pouvoir se fier aux résultats qu'elles donnaient, en dehors du petit cercle d'observations sur lesquelles

elles étaient basées. Aussi elles ont été successivement critiquées et démontrées inexactes.

Prony, dans ses *Recherches physico-mathématiques*, n° 134, reproche à la formule de Dubuat d'être compliquée, et surtout d'être affectée d'une quantité logarithmique, qui semble y avoir été introduite plutôt par la nécessité de satisfaire à des nombres donnés, que par des considérations immédiates sur la nature des phénomènes. — *Ibid.*, n° 206, le même ingénieur dit, en parlant des formules qui doivent représenter le mouvement des eaux, tant dans les tuyaux de conduite que dans les canaux découverts : « Ces rapprochements portent sur des phénomènes hypothétiques, qui sont censés avoir lieu, dans de très-petites vitesses, et qui fournissent des conclusions affectées des erreurs possibles des principes systématiques par lesquels on explique la résistance. » — Il dit plus loin, n° 170, qu'il faut chercher à faire une juste répartition des anomalies ; et elles varierient, selon lui, n° 170, de 0,08 à 0,26 dans la formule de Dubuat, et de 0,16 à 0,18 dans celle de Girard.

Mais Prony lui-même donne lieu, dans ses propres calculs, à des observations analogues. Ainsi il indique, dans son *Mémoire sur les jaugeages*, page 7, une expression de la vitesse, dans laquelle il dit qu'il faut négliger un terme, pour en mettre les résultats d'accord avec ceux de l'expérience. Dans le n° 192 de ses *Recherches*, en traitant de la relation qui existe entre les différentes vitesses, il arrive à une certaine formule qu'il reconnaît être « en pleine contradiction avec les phénomènes observés, tant sur la vitesse que sur la résistance due au frottement et à la cohésion; car si l'on admettait les valeurs qu'elle donne, on serait forcé d'en conclure que dans certains cas la vitesse peut décroître du fond à la surface. »

On pourrait trouver à faire encore d'autres citations analogues, dans les différents écrits publiés par le savant Prony, sur les questions relatives aux eaux courantes. Or, dès que quelque chose pèche dans une théorie, où tout s'enchaîne, on est bien en droit de concevoir des doutes sur l'ensemble du système. C'est précisément ce qui est arrivé, et ce qui a donné lieu de reconnaître que les formules de Dubuat, Girard et Prony, basées sur un trop petit nombre d'expériences, faites exclusivement sur des canaux réguliers, tout en étant présentées sous une forme bien en rapport avec les conditions théoriques de l'écoulement, n'avaient qu'une utilité pratique restreinte; attendu que leurs coefficients se trouvaient inexacts dès qu'on voulait généraliser un peu l'emploi desdites formules.

Je ne suis pas le seul ingénieur qui ait remarqué les imperfections inhérentes à toutes les formules de jaugeage. Voici comment s'exprime à ce sujet M. l'inspecteur Minard, dans son ouvrage sur la navigation des canaux et rivières publié en 1841 :

« Dans ces formules, les coefficients de résistance sont supposés avoir les mêmes valeurs que dans le mouvement uniforme; lesquelles valeurs ont été déduites d'expériences faites sur des cours d'eau à lits réguliers, ou presque réguliers. Mais la résistance, ou pour mieux dire les causes retardatrices, augmentent avec l'irrégularité du lit. Dans ce cas, il y a des remous, des tournoiements, des contre-courants, qui n'existent pas dans le mouvement uniforme, et qui absorbent une certaine quantité d'action. Dès lors, les coefficients ordinaires cessent d'être applicables aux lits réguliers. C'est pour cela qu'en général, si l'on regarde la vitesse comme inconnue, on trouve par les formules une valeur plus grande que celle de l'expérience.

« La formule du mouvement uniforme, quoique dans plusieurs cas d'accord avec l'expérience, est cependant d'une application difficile par les raisons suivantes : 1° Cette formule, comme toutes les autres, suppose le produit constant; or, une rivière n'est presque jamais dans cet état; elle est en crue ou en baisse; ce qui modifie les éléments du calcul. Ainsi, le produit de la Moselle, qui est de 18 mètres à l'étiage, à son entrée dans le département de ce nom, de 20^{m},40 au-dessous de Metz, et de 24^{m},50 à la frontière, devient à peu près quatre fois plus grand à chacun de ces points, quand la rivière a monté seulement de 0^{m},50 au-dessus de l'étiage. En supposant l'accroissement proportionnel à l'exhaussement, le produit augmenterait ou diminuerait de 0,04 à chaque 0^{m},05 de crue ou de baisse. Or, les observations journalières de 1834 apprennent que, pendant les deux tiers de cette année, la Moselle a varié de $0^m,05$ au moins par jour, et l'on n'aurait pu appliquer la formule du mouvement uniforme que du 15 au 17 juillet, et du 20 septembre au 20 octobre ; époques auxquelles la rivière était à l'étiage.

« 2° Cette formule contient deux éléments bien délicats à établir ; à savoir, la pente et le périmètre mouillé. Lorsque la pente d'une rivière varie, elle ne peut être appréciée, pour chaque section, que sur une petite longueur. Et en effet, l'uniformité de pente sur une grande longueur supposerait aussi une grande régularité sur cette même longueur. Si l'on obtient la pente par deux coups de niveau, elle peut être affectée de l'erreur possible dans cette opération ; erreur à laquelle s'ajoutera peut-être celle que l'on fait dans la détermination de la surface de l'eau. Il est donc très-possible de commettre une erreur totale de 4 ou 5 millimètres dans un nivellement de 100 mètres de longueur ; erreur qui aura d'autant plus d'influence que la pente de la rivière sera plus faible. Et d'ailleurs, on détermine la pente sur les bords, tandis que c'est au milieu qu'il serait plus rationnel d'aller la chercher.

« Par exemple, sur la Marne, en admettant une erreur de $0^m,006$ sur 100 mètres de longueur, dans le nivellement, selon qu'elle est commise dans le sens de la pente de la rivière ou dans le sens contraire, le produit donné par la formule augmente d'un quart ou diminue d'un tiers.

« L'autre élément, non moins difficile à déterminer, est le périmètre mouillé. Jusqu'à quel point doit-on prendre le contour des aspérités du fond, celui des pierres, etc.? »

A cette citation des opinions du savant ingénieur qui a professé pendant plusieurs années le cours de navigation intérieure à l'École des ponts et chaussées, j'ajouterai encore quelques réflexions dans le même sens. Et d'abord, je ferai remarquer que la plupart des expériences qui ont servi à établir les anciennes formules de Dubuat, Girard et Prony, ont eu lieu sur des canaux artificiels; de sorte que pour pouvoir les appliquer, dans des circonstances comparables, à l'évaluation de la vitesse d'une rivière, il faut nécessairement qu'une portion considérable de celle-ci soit assez régulière pour pouvoir être assimilée à un canal fait de main d'homme.

Dans son *Traité d'hydraulique*, M. d'Aubuisson estime que cette régularité du lit devrait exister sur 1.000 mètres, au moins, en présentant de plus une pente assez uniforme, pour qu'on pût admettre une section moyenne; il ajoute qu'au-dessus et au-dessous d'une telle longueur, le mouvement ne doit éprouver aucune perturbation notable. On voit dès lors combien il est rare que l'on puisse opérer dans de telles circonstances.

Cependant les jeunes ingénieurs, et d'autres personnes peu expérimentées dans l'hydraulique, se persuadent assez souvent que du moment où il existe des formules, pour cet objet, on peut les employer comme infaillibles, dans tous les cas particuliers.

La seule présence des herbes aquatiques, qui croissent abondamment dans le lit des canaux et de certaines rivières, suffit pour y exercer, sur les différentes vitesses de l'eau, une influence perturbatrice, et les formules ne sont jamais applicables dans ce cas. Les broussailles qui existent souvent sur les rives et plongent en partie dans l'eau, peuvent produire à peu près le même effet.

Si le cours d'une rivière, au lieu d'être entièrement libre comme le supposent les susdites formules, est modifié par des ouvrages d'art, tels que barrages, pertuis, usines, il ne faut plus penser à recourir à leur application.

A une époque où je faisais beaucoup d'opérations sur les cours d'eau, j'ai été à même de remarquer, par exemple, que les relations admises entre la vitesse moyenne et la vitesse à la surface pouvaient être totalement interverties par les causes suivantes : 1° Si l'on observe la marche de l'eau en amont d'un barrage, dans lequel il s'opère un certain écoulement, au moyen d'un pertuis ou déchargeoir de fond, il arrive que, même à une très-grande distance, aux approches de ce barrage, les vitesses intérieures des filets d'eau correspondant à l'orifice ouvert surpassent la vitesse superficielle, observée dans le fil de l'eau, là où dans l'état normal on devrait la trouver à son maximum. 2° Si l'écoulement de part et d'autre du barrage s'opère par le moyen d'un déversoir, alors les vitesses superficielles se trouvent augmentées dans une proportion plus ou moins forte ; tandis que les vitesses intérieures se trouvent au contraire diminuées. De là encore proviennent, dans la valeur respective des vitesses, des modifications très-grandes, ne résultant plus de l'influence naturelle de la pente et du volume d'eau. Dès lors ces vitesses n'ont plus aucun rapport avec celles qui sont envisagées dans les formules.

Cependant il n'est pas rare de voir donner, même par des ingénieurs, comme résultat valable desdites formules, le fruit d'observations ainsi faites aux abords des barrages, martellières, etc.

Enfin, les uns continuent de se servir, dans les opérations de jaugeage, de la formule de Prony; tandis que d'autres emploient pour le même objet la formule d'Eytelwein, qui offre plus de garanties.

Or en jetant les yeux sur ces deux expressions on voit qu'ayant identiquement la même forme, mais des coefficients différents, elles ne peuvent jamais être exactes en même temps.

Faut-il conclure de ces objections que l'on doive renoncer à l'emploi des formules de cette espèce, comme n'étant pas suffisamment précises? Non sans doute, car le temps des ingénieurs, chargés de l'étude ou de la direction de grands travaux hydrauliques, est assez précieux pour qu'il y ait un grand avantage à recourir à leur usage, lors même que l'on devrait se résoudre à n'y chercher que des approximations. La formule à l'examen de laquelle est consacré le paragraphe suivant, est d'ailleurs beaucoup plus satisfaisante que toutes celles qui l'ont précédée.

III. — Formule d'Eytelwein.

Cette formule, publiée pour la première fois en France, en 1815, dans les Mémoires de l'Académie de Berlin, peut être présentée, ainsi que celle de Prony, sous la forme suivante :

$$(A) \ldots\ldots D \cos \varphi = au + bu^2.$$

u représente la vitesse moyenne cherchée, D le rapport que l'on obtient en divisant la section du cours d'eau par son périmètre mouillé ; et enfin cos. φ, le cosinus de l'angle formé par l'inclinaison du lit avec la verticale. Ce cosinus qui se calcule en divisant la pente totale entre deux points du courant par la distance qui les sépare, n'est autre chose que la pente par mètre, ou plus généralement, si l'on veut, il représente la pente sur l'unité de longueur.

En prenant le mètre pour unité, on aura $g = 9{,}8088$ et la formule générale devient

$$(B) \ldots u = -0{,}3319 + \sqrt{(0{,}0011 + 2735{,}66 \, D \cos \varphi)}$$

qui donne, en mètres par seconde, la vitesse moyenne que l'on veut obtenir.

On voit par cette dernière expression que la formule nouvelle a conservé la même disposition que celle de Prony, mais avec des coefficients très-différents.

La formule (A) peut être mise aussi sous cette forme :

$$D \cos \varphi = 0,00717 \frac{u^2}{2g} + 0,000024\, u$$

ou sous celle-ci :

$$(C)\ldots\ldots \cos \varphi = 0,00717 \frac{u^2}{2gD} + 0,000024 \frac{u}{D}.$$

On peut remarquer que cos φ qui représente la pente par mètre, peut être regardé comme la mesure de la force accélératrice, à laquelle la résistance totale provenant du lit et de la cohésion du liquide doit faire équilibre. On retrouve donc exactement ici la loi déjà établie pour cette résistance dans les anciennes formules de Girard et de Prony ; et l'on voit qu'elle a bien pour expression deux termes proportionnels, l'un à la vitesse, l'autre au carré de cette vitesse. Ces deux termes croissent d'ailleurs en raison inverse du rapport D qui s'y trouve en dénominateur ; de sorte que, toutes choses égales d'ailleurs, la résistance du lit est d'autant moins sensible que la section est plus grande, et qu'elle est au contraire d'autant plus forte que le périmètre a plus de développement ; ce qui est exactement vrai.

La formule de Prony, déjà plus précise que celles de Dubuat et de Girard, n'était appuyée que de trente et une expériences, et portait généralement sur de petits cours d'eau dont la section maximum ne dépassait pas 29 mètres carrés ; de sorte que l'on ne pouvait l'appliquer, sans crainte d'erreurs, au jaugeage des grandes rivières.

La formule d'Eytelwein est basée sur plus de cent expériences dont les principales furent faites, en Allemagne, par les ingénieurs Brünings, Funck et Woltmann; sur le Rhin et sur le Weser, ainsi que sur divers canaux. Elle cadre également avec plusieurs des expériences anciennes de Dubuat, et avec les expériences récentes qui furent faites en Italie sur de très-petites, comme sur de très-grandes sections, allant depuis 0m,15 jusqu'à plus de 3.000 mètres carrés.

Les pentes y ont varié depuis 0m,00003 jusqu'à 0m,01 par mètre, et les vitesses depuis 0m,12 jusqu'à 2m,40 par seconde.

Cette formule est donc la plus complète que l'on connaisse aujourd'hui, et celle qui offre le plus de garanties. Je donne ici une table, qui sert à en faciliter les applications.

TABLE CALCULÉE

POUR DONNER, D'APRÈS LA FORMULE D'EYTELWEIN,

LA VITESSE MOYENNE D'UN COURANT DONT ON CONNAIT LA PENTE ET LA SECTION.

Nota. Les nombres compris dans les deuxièmes colonnes, donnant la valeur du produit D cos φ, expriment des dix-millionièmes de mètre.

VITESSE moyenne $= u$	D cos φ.	VITESSE moyenne $= u$	D cos φ.	VITESSE moyenne $= u$	D cos φ.	VITESSE moyenne $= u$	D cos φ.
0,01	3	0,22	230	0,43	780	0,64	1653
0,02	6	0,23	249	0,44	814	0,65	1702
0,03	11	0,24	269	0,45	849	0,66	1753
0,04	16	0,25	289	0,46	885	0,67	1803
0,05	21	0,26	310	0,47	922	0,68	1855
0,06	28	0,27	332	0,48	959	0,69	1908
0,07	35	0,28	354	0,49	997	0,70	1961
0,08	43	0,29	378	0,50	1035	0,71	2015
0,09	51	0,30	402	0,51	1075	0,72	2070
0,10	60	0,31	426	0,52	1115	0,73	2125
0,11	71	0,32	452	0,53	1155	0,74	2181
0,12	82	0,33	478	0,54	1197	0,75	2238
0,13	93	0,34	505	0,55	1239	0,76	2296
0,14	106	0,35	533	0,56	1282	0,77	2354
0,15	119	0,36	561	0,57	1326	0,78	2413
0,16	132	0,37	590	0,58	1370	0,79	2473
0,17	147	0,38	620	6,59	1416	0,80	2534
0,18	162	0,39	651	0,60	1461	0,81	2595
0,19	178	0,40	682	0,61	1508	6,82	2657
0,20	195	0,41	714	0,52	1556	0,83	2720
0,21	212	0,42	747	0,63	1604	0,84	2783

VITESSE moyenne $= u$	D cos φ.	VITESSE moyenne $= u$	D cos φ.	VITESSE moyenne $= u$	D cos φ.	VITESSE moyenne $= u$	D cos φ.
0,85	2847	1,12	4857	1,39	7400	1,66	10476
0,86	2912	1,13	4942	1,40	7504	1,67	10599
0,87	2978	1,14	5027	1,41	7609	1,68	10725
0,88	3044	1,15	5113	1,42	7715	1,69	10850
0,89	3111	1,16	5200	1,43	7822	1,70	10977
0,90	3179	1,17	5288	1,44	7929	1,71	11104
0,91	3248	1,18	6376	1,45	8037	1,72	11231
0,92	3317	1,19	5465	1,46	8146	1,73	11360
0,93	3387	1,20	5555	1,47	8258	1,74	11489
0,94	3458	1,21	5646	1,48	8366	1,75	11620
0,95	3530	1,22	5737	1,49	8477	1,76	11750
0,96	3602	1,23	5829	1,50	8589	1,77	11881
0,97	3675	1,24	5921	1,51	8701	1,78	12014
0,98	3749	1,25	6015	1,52	8814	1,70	12146
0,99	3823	1,26	6109	1,53	8928	1,80	12281
1,00	3898	1,27	6205	1,54	9043	1,81	12414
1,01	3974	1,28	6300	1,55	9158	1,82	12551
1,02	4051	1,29	6396	1,56	9274	1,83	12686
1,03	4128	1,30	6493	1,57	9391	1,84	12822
1,04	4206	1,31	6591	1,58	9509	1,85	12960
1,05	4286	1,32	6680	1,59	9627	1,86	13097
1,06	4364	1,33	6789	1,60	9746	1,87	13237
1,07	4445	1,34	6889	1,61	9866	1,88	13376
1,08	4526	1,35	6990	1,62	9986	1,89	13516
1,09	4607	1,36	7091	1,63	10108	1,90	13657
1,10	4690	1,37	7193	1,64	10230	1,91	13798
1,11	4773	1,38	7296	1,65	10352	1,92	13941

VITESSE moyenne $= u$	D cos φ.	VITESSE moyenne $= u$	D cos φ.	VITESSE moyenne $= u$	D cos φ.	VITESSE moyenne $= u$	D cos φ.
1,93	14084	2,20	18226	2,47	22900	2,74	28108
1,94	14228	2,21	18389	2,48	23084	2,75	28311
1,95	14373	2,22	18554	2,49	23268	2,76	28515
1,96	14519	2,23	18719	2,50	23453	2,77	28720
1,97	14664	2,24	18885	2,51	23638	2,78	28925
1,98	14811	2,25	19052	2,52	23824	2,79	29131
1,99	14959	2,26	19218	2,53	24012	2,80	29338
2,00	15107	2,27	19387	2,54	24199	2,81	29545
2,01	15257	2,28	19555	2,55	24388	2,82	29754
2,02	15405	2,29	19725	2,56	24577	2,83	29963
2,03	15556	2,30	19895	2,57	24768	2,84	30172
2,04	15707	2,31	20067	2,58	24958	2,85	30383
2,05	15859	2,32	20238	2,59	25149	2,86	30594
2,06	16012	2,33	20410	2,60	25340	2,87	30806
2,07	16165	2,34	20584	2,61	25534	2,88	31018
2,08	16320	2,35	20757	2,62	25728	2,89	31232
2,09	16474	2,36	20932	2,63	25922	2,90	31446
2,10	16630	2,37	21107	2,64	26118	2,91	31661
2,11	16786	2,38	21284	2,65	26313	2,92	31876
2,12	16943	2,39	21460	2,66	26509	2,93	32092
2,13	17101	2,40	21637	2,67	26707	2,94	32309
2,14	17257	2,41	21816	2,68	26905	2,95	32527
2,15	17419	2,42	21995	2,69	27104	2,96	32745
2,16	17579	2,43	22175	2,70	27303	2,97	32965
2,17	17740	2,44	22355	2,71	27504	2,98	33185
2,18	17901	2,45	22536	2,72	27704	2,99	33405
2,19	18063	2,46	22718	2,73	27906	3,00	33627

IV. — Applications.

Premier problème. — *Étant donnée la portée d'un canal, la pente et la hauteur de l'eau qui doit y être contenue, déterminer la largeur uniforme à donner à sa section.* — Ce problème est des plus intéressants, et se présente très-fréquemment dans la pratique, en ce qui concerne l'ouverture de toutes les espèces de canaux ; et dans cette voie on ne peut marcher au hasard, sans s'exposer à des erreurs très-regrettables, par l'adoption soit d'une largeur trop grande, entraînant en pure perte des dépenses toujours élevées, soit d'une largeur insuffisante, qui aurait l'inconvénient plus grand encore de constituer un ouvrage incapable de remplir sa destination.

Voici un cas de cette espèce qui s'est présenté dans l'ouverture des canaux d'écoulement des Marais Pontins : Volume d'eau à débiter par seconde, $7^{m},968$; pente par kilomètre, $0^{m},10$, ou par mètre, $0^{m},0001$; hauteur maximum de l'eau dans le canal d'écoulement, pour se trouver en contre-bas du niveau des terres à dessécher, $1^{m},787$.

Soit Q la portée d'eau, $\cos \varphi$ l'expression de la pente, et h la hauteur ou profondeur, qui sont les données du problème, et x la largeur du canal qui en est l'inconnue. On aura pour le rapport de la section au périmètre $D = \frac{hx}{2h+x}$, et pour la vitesse moyenne $u = \frac{Q}{hx}$. Si l'on substitue ces expressions dans la formule du mouvement uniforme $D \cos \varphi = 0,00717 \frac{u^2}{2g} + 0,000024\, u$, et si l'on assigne leurs valeurs numériques aux quantités connues $Q = 7,968$; $\cos \varphi = 0,0001$, $h = 1^m,787$, on aura, pour déterminer x, l'équation numérique du 3e degré

$$(D)\ldots\ldots x^3 - 0,598\, x^3 - 42,792\, x - 145,303 = 0,$$

de laquelle on déduit, par approximation, la largeur cherchée qui est $x = 8^m,10$.

On peut arriver au même but, avec plus de facilité, au moyen de la table; car, au lieu d'employer l'équation du 3e degré qui précède, on peut se servir également de celle-ci :

$$(E)\ldots u - Q\, \frac{h - D}{2Dh^2} = 0.$$

Si dans cette dernière on introduit, d'après une règle connue, deux valeurs différentes de D, comme on connaît cos φ, la table susdite donnera de suite des valeurs correspondantes de u, pour chacune desquelles on cherchera à satisfaire à l'équation précédente; et en rectifiant l'erreur de proche en proche, on arrivera bientôt à la véritable expression du rapport dont il s'agit, et par suite à la valeur de x, qui est, d'après les formules ci-dessus, $x = \frac{2Dh}{h - D}$.

Ainsi, par exemple, dans l'espèce qui nous occupe, si l'on fait successivement $D = 1$ et $D = 1,5$, on a pour les valeurs correspondantes de D cos φ, en dix-millionièmes de mètre, 1.000 et 1.500; d'après quoi la table donne les deux valeurs suivantes : $u = 0,49$, et $u = 0,61$. Ces deux systèmes de données, introduits dans le premier membre de l'équation (E) qui doit être égal à zéro, donnent :

$$1^{\circ} \ldots u - Q\frac{h-D}{2Dh^2} = -0,49 \quad 2^{\circ} \ldots u - Q\frac{h-D}{2Dh^2} = 0,37$$

ce qui prouve que la valeur de D est bien effectivement comprise entre les limites 1 et 1,5. Si, d'après la même méthode, on substitue d'autres valeurs plus rapprochées, on arrive promptement à la véritable expression qui est $D = 1,24$, à laquelle correspond, comme d'après la formule (D), $x = 8^{m},10$.

DEUXIÈME PROBLÈME. — *Étant données les sections et les pentes de deux rivières, trouver l'exhaussement de niveau qu'éprouvera l'une d'elles en recevant l'autre comme affluent.* — Pendant longtemps on a cherché la solution de ce problème, en Italie; et il a donné lieu, entre les hydrauliciens de ce pays, à de très-vives discussions. Il s'agissait principalement de savoir quel exhaussement prendrait le niveau du bras principal du Pô, qui coule au nord de Ferrare, par l'immission du Reno, torrent du Bolognais, envisagés l'un et l'autre en temps de crue.

Selon les mesures relatées par Manfredi, la largeur du Reno est de $52^{m},74$, et la hauteur de l'eau de $4^{m},17$. La largeur du Pô à Lagoscuro est de $288^{m},37$, et sa hauteur en grandes eaux est de $11^{m},38$. D'après les pentes mesurées dans diverses opérations, on a pour le Reno, $\cos\varphi = 0{,}0002458$, et pour le Pô, $\cos\varphi = 0{,}0000996$.

A la rigueur, il faudrait mesurer exactement le périmètre des sections pour en déduire le rapport D; mais comme dans les fleuves ou rivières d'une grande largeur le périmètre mouillé est à très-peu près égal à la largeur, plus le double de la profondeur, on peut considérer ici les périmètres comme étant pour le Reno de 61^{m},08, et pour le Pô de 311^{m},13; de sorte que l'on a pour le Reno $D = 3{,}601$, et pour le Pô, $D = 10{,}547$, ou enfin :

Pour le Reno........$D \cos\varphi = 0{,}0008851$
Pour le Pô...........$D \cos\varphi = 0{,}0010505$.

D'après ces données, on trouve, au moyen de la table précédente, que la vitesse moyenne et les portées correspondantes sont :

Pour le Reno........$u = 1^{m},52$ $Q = 334^{mc},28$
Pour le Pô..........$u = 1^{m},66$ $Q = 5454^{mc},10$.

Le rapport entre les volumes des hauteurs du Reno et de celles du Pô, est donc sensiblement de 1 à 16,32; et la portée d'eau du Pô, accrue de celle du Reno, sera de 5.788^{m},38.

Pour trouver maintenant la hauteur y que représentera cette portée d'eau dans le lit du Pô, il faut, d'après Venturoli (*Éléments de mécanique*, tome II, art. 329), résoudre l'équation du 3e degré que voici :

$$0{,}00717\,\frac{Q^2}{2g} + 0{,}000024\,Q\,ly = \frac{l^3y^3\cos\varphi}{1+2y}.$$

On a

$$Q = 5788,38 \qquad l = 288,37 \qquad \cos \varphi = 0,0000996.$$

Et alors l'équation réduite en nombres avec ces données devient :

$$y^3 - 0,0335\, y^2 - 15,047\, y - 1473,4 = 0\,;$$

d'où l'on tire :

$$y = 11,83.$$

Comme la hauteur d'eau primitive du Pô était de 11m,38, on voit que l'exhaussement cherché serait de 0m,45.

En France, pour les calculs relatifs à l'établissement des canaux à eau courante, soit d'irrigation, soit de desséchement, on est dans l'usage de présenter les formules de Prony et Eytelwein, sous une forme un peu différente de celles qui précèdent.

On les ramène l'une et l'autre à cette forme élémentaire :

(1) $$\ldots\ldots\ Ri = au + bu^2,$$

dans laquelle i représente la pente par mètre; R, le rapport de la section au périmètre mouillé; de manière que l'on a :

(2) $$\ldots\ldots\ R = \frac{s}{p}.$$

u étant la vitesse moyenne de l'écoulement, si l'on désigne par Q le débit par seconde, on a :

(3) $$\ldots\ldots\ Q = Su \qquad \text{ou} \qquad u = \frac{Q}{s}$$

La section S est l'aire superficielle du trapèze correspondant au périmètre mouillé; elle s'exprime en fonction de la hauteur moyenne l et de la hauteur h, de sorte que l'on a $S = lh$.

Le périmètre mouillé p a lui-même son expression au moyen de ces deux éléments.

a et b sont les coefficients numériques ayant les valeurs suivantes :

D'après Prony $\begin{cases} a = 0{,}000044 \\ b = 0{,}000309 \end{cases}$ D'après Eytelwein $\begin{cases} a = 0{,}000024 \\ b = 0{,}000366 \end{cases}$

En appliquant ces dernières formules, il faut avoir soin surtout de ne pas arriver à des équations de degrés supérieurs, dont la solution resterait indéterminée.

Mais, en ayant soin de choisir convenablement les inconnues et d'en restreindre le nombre, on évite cet inconvénient.

En outre, il arrive souvent, que sans même être arrivé à des équations d'un degré trop élevé, on trouve de l'avantage à procéder par tâtonnement, en substituant dans l'expression finale, des valeurs successives pour celle des deux quantités qui sert à la détermination de l'autre.

Voici quelques autres exercices des calculs à faire à l'aide de ces formules.

1°. *Déterminer les dimensions d'un canal principal, dont la portée d'eau serait de 17 mètres cubes par seconde, à ouvrir dans une terre végétale de consistance moyenne.*

D'après cela, on aura les données suivantes :

$$Q = 17^{m},000 \qquad u = 0^{m},95,$$

attendu que cette dernière ne correspond qu'à une vitesse de fond d'environ $0^{m},75$, qui est bien en rapport avec cette nature de terrain.

D'après les proportions convenables à établir entre l et h, on aura :

$$p = l + h\,(2\sqrt{2-1}) = l + 1,82 \times h.$$

Appliquant ces données, on a :

$$Ri = 0,000353 \qquad R = \frac{S}{p} = \frac{0,000353}{i} = 1,36$$

$$s = \frac{Q}{u} = \frac{17^{m},00}{0,95} = 17^{m},90$$

$$p = \frac{S}{R} = \frac{17,90}{1,36}\ 13^{m},16.$$

Si dans la formule (4) on remplace l par sa valeur $\frac{S}{h}$, on obtient :

$$h^2 - \frac{p}{1.82}\,h + \frac{S}{1.82} = 0.$$

Substituant les valeurs de S et de p, on a :

$$h^2 - 7,23\,h + 9,22 = 0; \qquad \text{d'où} \qquad h = 3625 - 182 = 1^{m},80,$$

et par suite :

$$l = \frac{S}{h} = \frac{17,90}{1,80} = 9^{m},94.$$

D'où l'on peut déduire pour la largeur au plafond :

$$l' = 9,94 - 180 = 8^{m},14.$$

2° *Déterminer quelle sera la hauteur de l'eau dans le même canal, lorsqu'il aura distribué par les bouches d'irrigation les trois quarts de son débit.*

Il est avantageux, dans ce cas, d'employer la formule de Tadini :

$$Q = 50\ lh\sqrt{hi}.$$

La largeur moyenne est restée la même que ci-dessus et égale à $9^m,94$; la pente i est restée également de $0^m,26$ par kilomètre. C'est la hauteur h du périmètre mouillé, qui est la seule inconnue.

En employant ces données, on arrive de suite à trouver :

$$h = 0^m,73,$$

et cette hauteur est très-convenable puisqu'elle permet de distribuer encore des eaux d'irrigation sans que les herbes aquatiques puissent y mettre obstacle.

3° *On demande les dimensions à donner à une rigole de distribution, devant fournir un débit de 280 litres par seconde pour l'irrigation d'une propriété, présentant une terre franche de consistance moyenne.*

On remarquera que dans un tel terrain on peut adopter convenablement une vitesse moyenne $U = 0^m,80$, attendu qu'elle ne correspond qu'à une vitesse de fond $W = 0^m,60$. Mais il y aura de l'avantage à adopter une pente assez forte, telle que $i = 0^m,0012$, ou de $1^m,20$ par kilomètre, attendu qu'elle correspondra à une faible section d'écoulement, n'occupant que peu de largeur dans le terrain cultivable.

Le calcul fait ainsi avec la formule d'Eytelwein donne :

(1) .... $Ri = 0{,}000259;$

d'où l'on tire :

(3) .... $R = \frac{0{,}000259}{i} = 0{,}214.$

On a toujours, comme précédemment,

(2) .... $S = lh \quad R = \frac{S}{p}.$

Il s'agit alors de déterminer, par tâtonnement, l et h de manière à satisfaire pour R à la relation (3).

Or les valeurs

$$h = 0{,}50 \quad \text{et} \quad l = 0^{m}{,}70$$

y satisfont, aussi approximativement que possible; ce sont donc ces valeurs qu'il convient d'adopter.

On trouvera, dans les chapitres qui suivent, quelques autres explications des mêmes formules usuelles, à l'aide desquelles on pourra toujours résoudre aisément les problèmes élémentaires qui se présentent le plus souvent dans la pratique pour ces sortes de travaux.

CHAPITRE DIX-SEPTIÈME.

DU JAUGEAGE DES EAUX COURANTES. — MÉTHODES DIRECTES DE JAUGEAGE.

I. — Observations préliminaires.

Notions élémentaires sur l'opération du jaugeage. — Détail des procédés et appareils employés.

Si ce n'était pas une opération presque toujours longue et coûteuse que de mesurer directement soit le volume, soit même la vitesse moyenne d'un courant d'eau, il vaudrait infiniment mieux procéder ainsi, que de recourir à des formules, sur l'exactitude desquelles il est toujours permis d'élever quelques doutes.

Le moyen le plus simple et le plus sûr pour mesurer la vitesse superficielle d'une eau courante consiste à se servir d'un flotteur simple. Ce n'est autre chose qu'un corps d'une pesanteur spécifique un peu moindre que celle de l'eau, qu'on abandonne à la libre impulsion de son courant. Tels sont, par exemple, de petits cubes de bois ou de liége, ou même des sphères creuses en métal, que l'on leste avec de la grenaille de plomb. Je dis qu'il faut que le flotteur soit seulement un peu moins pesant qu'un égal volume d'eau; en effet, il est nécessaire qu'il s'enfonce sensiblement jusqu'à sa surface, afin d'accuser exactement la même vitesse que celle du fluide. Un corps flottant qui, comme un bateau, s'élève d'une quantité notable au-dessus de cette surface, tend toujours à prendre, surtout pour les fortes pentes, une vitesse accélérée, plus grande que celle du courant ; en outre, sa marche pourrait être fortement influencée par l'action du vent. Il est vrai qu'en pareil cas cette action s'exerce aussi, d'une manière nuisible, sur la surface de l'eau elle-même ; de sorte qu'on doit toujours chercher à s'en prémunir, en ne choisissant que des journées très-calmes pour procéder aux opérations de jaugeage. On compte le nombre de secondes employées par le flotteur, pour parcourir une certaine distance exactement mesurée, et en divisant le nombre de mètres par le nombre de secondes, on a exactement la vitesse superficielle du courant d'eau qui a été observé. La vitesse maximum, qui est ordinairement celle que l'on cherche à connaître, peut toujours se déduire d'un petit nombre d'observations semblables. Une remarque essentielle à faire, sur les flotteurs, c'est qu'il faut qu'ils soient abandonnés au courant un peu en amont du point d'où l'on commence à compter le nombre de secondes, afin qu'en y arrivant ils aient déjà acquis la vitesse réelle du fluide. Telles sont les dispositions à observer dans l'emploi des flotteurs simples. En ce qui concerne celui des flotteurs composés, on trouve les détails nécessaires dans les §§ 2 et 3 du présent chapitre.

On a inventé beaucoup d'autres moyens de mesurer soit la vitesse superficielle, soit la vitesse intérieure d'un courant d'eau. Les nombreux écrits publiés sur l'hydraulique en Italie, dans le courant du XVIIe siècle, font mention de plusieurs appareils destinés à cet usage. Venturoli a donné la description du *pendule hydrométrique*, que l'on établit sur le courant, dont on veut avoir la vitesse, et qui, d'après une certaine règle, doit donner cette vitesse en raison de l'inclinaison plus ou moins grande que prend le fil de suspension de la petite boule pesante, qui reçoit l'impulsion de l'eau. Dubuat s'est servi dans ses expériences du *volant à aubes*, petite roue très-légère à huit aubes, tournant sur des tourillons en fer, et que l'on faisait plonger légèrement dans l'eau.

Un moyen ingénieux, employé pour mesurer les vitesses de l'eau au-dessous de la surface, consiste dans le *tube de Pitot*, qui fut essayé pour la première fois, sur la Seine, en 1731. Il se compose d'un tube recourbé, en verre ou en tôle, qui, étant placé dans le courant, l'orifice tourné vers l'amont, devrait indiquer, par l'élévation de l'eau, dans la branche verticale, la hauteur due à la vitesse de la veine fluide soumise à l'expérience.

On a employé aussi, dans le même but, des plaques exposées directement au choc du courant dont on voulait avoir la vitesse, en mesurant cette vitesse par le poids qu'il fallait employer pour les maintenir dans une position verticale. Tel est le système du *tachomètre* de Brünings.

On indique également, comme un procédé avantageux pour la mesure des vitesses, le *moulinet* de

Woltmann, espèce de petit moulin à vent qu'on immerge tout à fait, dont le courant fait tourner les ailes, et dont le nombre de révolutions indique la solution cherchée.

Ces divers procédés sont sans doute très-ingénieux, mais ils ont, ce me semble, et surtout le dernier, un inconvénient réel, qui est de réclamer l'emploi de véritables machines, ayant des frottements et des parties tournantes, dont la mobilité peut être plus ou moins variable et modifier en conséquence, d'une manière indéterminée, les résultats normaux.

II. — Procédés de jaugeage applicables aux petits et aux moyens cours d'eau.

I. **Méthode par les bassins ou récipients.** — Toutes les fois que l'on peut obtenir, sur le cours d'eau à jauger, une chute suffisante, sans s'exposer à perdre de l'eau, en filtrations, la meilleure et, à vrai dire, la seule méthode parfaitement exacte d'en connaître le débit consiste à faire couler en totalité le ruisseau, pendant un certain nombre de secondes, dans un bassin de jaugeage, ou récipient, dont la capacité est connue, soit d'après ses dimensions vérifiées à l'avance, soit d'après une graduation que l'on y établit; puis à diviser le volume trouvé par le nombre de secondes employées à l'écoulement. Des vannes ou même une simple planche mobile contre deux montants suffisent pour intercepter, à un instant donné, l'introduction, dans le récipient, de l'eau à laquelle on procure, en même temps, un autre moyen de dérivation.

La principale précaution que l'on ait à prendre est d'empêcher les filtrations, et l'on n'a aucune observation à faire, ni sur la section ni sur les vitesses. De sorte que c'est là véritablement le moyen le plus vulgaire, mais le plus certain, de mesurer le produit d'un cours d'eau. Cependant ce même procédé ne laisse pas que d'offrir aussi un grand intérêt pour la théorie; car en donnant ainsi, d'une manière infaillible, le débit par seconde, il fait également connaître, avec la même exactitude, la vitesse moyenne du courant, laquelle s'obtient en divisant ce débit par la section. Ce serait donc là la seule manière parfaitement exacte de trouver cette vitesse moyenne. si difficile à observer directement, d'étudier ses rapports avec la vitesse superficielle, et de composer ainsi des tables ou des formules qui seraient parfaitement exactes.

La capacité du récipient doit toujours être aussi vaste que possible, afin qu'on puisse y admettre l'écoulement du ruisseau, pendant un grand nombre de secondes, et qu'en procédant ainsi, par voie de division, on ait la chance d'atténuer presque entièrement les causes d'erreurs, qui auraient pu se glisser dans l'opération. Il est avantageux d'établir ce récipient dans le lit même du ruisseau, convenablement élargi, entre deux barrages, dont le premier forme un déversoir ordinaire, sur lequel on puisse faire passer à volonté le volume total du cours d'eau. Quand ce dernier est un peu considérable (8 à 10 onces), il peut y avoir quelques précautions à prendre, pour qu'on soit sûr que dès les premiers instants de l'écoulement, lors de l'ouverture de la vanne du déversoir, c'est bien le volume total du ruisseau qui tombe dans le récipient; mais on peut toujours faire en sorte que cela soit à peu de chose près ainsi; et, dans tous les cas, cette chance d'erreur, qui ne peut affecter que les premières secondes de l'écoulement, disparaît presque entièrement, dans la division que l'on fait du volume recueilli par le temps employé à l'obtenir.

II. **Méthode par les déversoirs.** — Un des moyens les plus expéditifs et les moins coûteux, pour mesurer le volume d'une eau courante, notamment quand il s'agit des sources, consiste à la faire passer en totalité, sur un déversoir mince, représenté pl. X, fig. 1. La hauteur *ab* de ce barrage-déversoir se calcule de manière qu'il y ait toujours une différence sensible, et au moins de $0^m,10$ entre le niveau *cd*, de l'eau d'amont et le niveau *ef* de l'eau d'aval.

Il y a à observer deux précautions : 1° on devra éviter que l'exhaussement du niveau *cd* ne produise un remous trop considérable, qui soit de nature à faire perdre une partie des eaux par voie d'infiltration; 2° dans tous les cas, la hauteur *ab* du déversoir devra être assez considérable pour que l'eau d'amont forme sensiblement un réservoir à niveau constant, et ne conserve pas de vitesse sensible aux approches de ce barrage. Quand l'écoulement régulier, conforme au débit du ruisseau, peut s'effectuer ainsi, sans inconvénients, sur un simple déversoir, alors le jaugeage ne consiste que dans le seul emploi de la formule, applicable à ce mode d'écoulement. Celle qui est donnée dans le *Traité d'hydraulique* de d'Aubuisson, se présente sous cette forme très-simple :

$$Q = 1{,}80\ lh\sqrt{h},$$

dans laquelle l représente la largeur du déversoir, assimilée à la base d'un orifice rectangulaire, et h, la hauteur de l'eau, au-dessus de ce déversoir, mesurée à une petite distance en arrière.

Si l'on ne peut donner au barrage un exhaussement suffisant, pour atténuer presque entièrement la vitesse, on établit au-dessus de ce déversoir, ainsi que le représente la fig. 2, une vanne, dont on peut toujours calculer l'ouverture, de manière que le niveau *cd* arrive sensiblement à l'état de repos. Mais alors l'écoulement s'opère par une véritable bouche, dont la hauteur est *ga* et sous l'influence d'une pression mesurée par la hauteur *dg*, au-dessus du bord supérieur de cette bouche. On emploie donc, pour mesurer le volume d'eau, les formules en usage pour apprécier l'écoulement qui a lieu à travers des orifices ; formules indiquées plus loin.

La nécessité de tenir compte du coefficient de la contraction, toujours variable d'un cas à un autre, rend ce moyen peu avantageux, comme procédé de jaugeage. On doit en conséquence éviter d'y recourir, quand on peut opérer différemment.

III et IV. **Méthodes indiquées par Prony.** — Dans son mémoire sur le jaugage des eaux courantes, Prony donne une méthode compliquée, exigeant la construction d'un ouvrage d'art, qui est une espèce de sas d'écluse, ayant des conduits latéraux, des vannes et un réservoir au centre, dans lequel l'écoulement s'opère par un pertuis, ou orifice ouvert horizontalement, dans le fond même du plancher, ou radier de cet ouvrage d'art. Indépendamment de la dépense beaucoup trop grande qu'occasionnerait une semblable construction, elle réclame en outre une assez forte chute, qu'il n'est pas toujours commun de rencontrer sur les cours d'eau où l'on doit opérer. L'écoulement qui se fait à travers des parois horizontales, a été beaucoup moins étudié que celui qui a lieu par des orifices verticaux ; enfin, la formule qui correspond à ce procédé, malgré les tables qui y sont jointes, est encore très-longue à calculer.

Une autre formule plus simple, est donnée par le même auteur, dans ses *Recherches sur le système hydraulique de l'Italie;* elle est applicable à l'écoulement de l'eau par un pertuis.

Il indique ensuite la méthode suivante, qui dispense d'avoir égard à la contraction. « On construit deux barrages sur le ruisseau à jauger, l'un desquels, celui d'amont, peut être fermé instantanément par une vanne. Lorsque le régime du courant s'est établi, de manière que la hauteur d'eau ne varie plus, dans l'espèce de sas, compris entre les deux barrages, on ferme subitement le pertuis d'amont. L'eau continue à couler par le pertuis d'aval et sa surface s'abaisse, graduellement, dans le sas qui ne reçoit plus de nouvelle eau. La mesure des abaissements fait connaître les volumes de fluide écoulé qui leur correspondent ; et l'on observe les temps pendant lesquels ces écoulements ont lieu. En donnant, par des revêtements ou autrement, une forme prismatique au sas, les abaissements peuvent se mesurer au moyen de flotteurs, placés devant des tiges graduées. » De là encore, résulte une formule, composée de manière à représenter le volume d'eau évalué par cette méthode.

Je dois avouer ici qu'il m'a été impossible de comprendre les détails de cette méthode, indiquée par le savant Prony, page 40 du mémoire précité. Il me semble même qu'indépendamment des imperfections de la formule, elle serait difficilement exacte ; car puisque l'expérience ne commence que du moment de la fermeture de la vanne supérieure, il est certain qu'on n'observe ainsi rien autre chose que l'écoulement de l'eau par un orifice ouvert dans un réservoir qui se vide, lequel n'a plus de relation avec le débit naturel du cours d'eau qu'on avait pour but de connaître. Tandis que si l'espace compris entre les deux barrages était considéré comme simple récipient, ainsi que cela est expliqué dans la méthode n° 1, il donnerait exactement, et sans calcul, le volume d'eau cherché.

V. **Méthode par les flotteurs simples.** — Une méthode très-expéditive, mais pas toujours parfaitement exacte, consiste à rendre uniforme sur une certaine longueur le lit des cours d'eau que l'on veut jauger, soit en se bornant à l'encaisser régulièrement, dans ses berges naturelles, si elles sont pour cela d'une nature convenable ; soit en construisant, avec des planches, un canal artificiel dont les parois sont élevées à angle droit sur le fond. Il est inutile de faire remarquer que ces précautions sont prises dans le but, 1° d'avoir une section à contours rectilignes, qui puisse toujours s'évaluer exactement, par une opération de géométrie élémentaire ; 2° de faire en sorte que la largeur et la hauteur de cette section se maintiennent constantes sur une certaine longueur de manière qu'aucune variation de vitesse ne puisse être due à leur inégalité.

La vitesse superficielle observée à l'aide d'un simple flotteur, et multipliée par 0,80 pour les petits cours d'eau, par 0,81 ou 0,82 pour les plus grands, donnera, d'une manière très-approximative la vitesse moyenne ; laquelle multipliée par la section fera connaître le débit ou le volume d'eau cherché.

Sans doute, cette règle, basée sur l'existence d'un rapport constant entre les deux vitesses, n'est point exempte de critique, puisque ce rapport, n'étant donné que comme une évaluation moyenne, peut se trouver quelquefois en défaut. Mais enfin, comme je l'ai annoncé dans le chapitre précédent, on reconnaît fréquemment dans la pratique que cette méthode, qui est la plus simple de toutes, donne des résultats suffisamment exacts, pour le plus grand nombre des cas usuels. On y recourt fréquemment dans le Piémont et la Lombardie où, en raison de l'existence d'une multitude des canaux et de rigoles, les vérifications de cette nature sont continuellement nécessaires. On cherche alors à utiliser, toutes les fois qu'on le peut, les aqueducs qui se présentent toujours en plus ou moins grande quantité sur la direction des dérivations que l'on doit jauger; et cela dispense d'y faire aucune construction spéciale. On considère qu'une longueur de 7 à 8 mètres, dans ces ouvrages d'art, est bien suffisante pour garantir convenablement la régularité de la section et de la vitesse que l'on a pour but d'observer pendant cette expérience.

VI. **Méthode par l'emploi d'un module.** — Voici maintenant, mais d'après un ordre de choses tout différent, une des meilleurs méthodes auxquelles on puisse recourir pour reconnaître, avec toute l'exactitude désirable, le volume débité par les petits et les moyens cours d'eau. Elle consiste dans l'emploi d'un module, d'une exactitude bien constatée; ce qui offre le grand avantage de faire connaître la quantité d'eau cherchée, sans recourir à aucune formule ni même à aucun calcul. Le module milanais offrant le plus de garanties, c'est naturellement celui que je choisirai comme exemple pour servir à cette explication. Il est donc nécessaire que l'on se reporte d'abord à la description qui en est donnée dans l'un des chapitres suivants. Et quand sa disposition aura été bien saisie, il sera facile de concevoir aussi comment cet appareil peut être utilisé pour le jaugeage, bien que n'étant pas habituellement employé pour cette destination. Remarquons en effet qu'un module a pour but de prélever sur un volume d'eau plus ou moins considérable une quantité exactement déterminée, tant par les dimensions réelles de la bouche régulatrice que par les parties accessoires de l'édifice. Tandis que dans le cas actuel il s'agit de faire passer la totalité du volume d'eau inconnu que l'on veut jauger par un orifice que l'on modifie graduellement jusqu'à ce qu'il se trouve exactement dans les conditions voulues; de sorte que par la seule inspection de ses dimensions définitives on connaît le débit cherché.

Les fig. 13 et 14 de la pl. X représentent en plan et en élévation les dispositions à adopter pour un appareil de ce genre, auquel il est possible d'apporter quelques légères modifications; par exemple, dans la longueur respective des sas et dans l'inclinaison de la rampe du radier aboutissant à la bouche. Cependant, il vaut mieux, toutes les fois qu'on le peut, conserver les dimensions normales de l'édifice, afin d'avoir toutes les garanties d'exactitude que l'on est en droit d'exiger, lorsque l'on a recours à ce moyen qui, bien que ne réclamant qu'une construction temporaire, ne laisse pas que d'être dispendieux.

On a vu, dans la description du module milanais, que la hauteur de la bouche restant toujours constamment fixée à $0^{m},20$, sous une pression d'eau de $0^{m},10$, c'était la largeur que l'on faisait varier, pour avoir deux ou plusieurs onces. On a donc, pour l'opération dont il s'agit ici, le soin d'adopter d'abord une bouche un peu plus grande que la portée présumée du cours d'eau à jauger, puis avec une planchette mobile, entre deux rainures horizontales, on rétrécit progressivement l'orifice, jusqu'à ce que son débit représente exactement celui du cours d'eau; ce que l'on reconnaît par le maintien du niveau constant, qui doit être établi suivant la ligne *ab*, fig. 3, de manière que la hauteur *eb* soit de $0^{m},10$. Dans tout module bien réglé, on doit connaître exactement le volume débité, non-seulement par la bouche régulatrice, mais aussi par ses divisions et ses multiples. Dès lors, on aura donc ainsi le jaugeage du cours d'eau, par la seule inspection de la largeur définitivement assignée à la bouche.

Afin de conserver leurs proportions relatives aux deux sas différents qui entrent essentiellement dans la construction du module milanais, on établit dans l'édifice, fig. 3, la paroi mobile *i. l. m. n. o. p. q*, afin qu'au fur et à mesure du rétrécissement de la bouche d'essai, on conserve toujours les deux retraites égales de 0,25 et de 0,10 que doivent former le sas d'amont, et le sas d'aval, sur la largeur de ladite bouche.

L'établissement du module milanais exige une chute d'au moins $0^m,50$, ce qui n'est pas difficile à obtenir. Quant aux modifications que l'on croirait devoir faire à ses dispositions normales, pour les simplifier, dans l'opération que je viens de décrire, elles ne pourraient guère porter que sur la diminution de la longueur des sas, dans le sens des lignes *de* et *hg*, fig. 3, ou bien sur la diminution de la rampe du radier *ef*, fig. 4, qui est prescrite de $0^m,40$. Mais, comme je l'ai déjà dit, un bon module ne devant rien avoir de facultatif dans sa construction, si l'on juge devoir recourir à ce moyen pour faire un jaugeage très-exact, on ne doit absolument rien changer aux dispositions consacrées par l'expérience.

CHAPITRE DIX-HUITIÈME.

MÉTHODE DIRECTE DE JAUGEAGE, PAR LES FLOTTEURS COMPOSÉS ; APPLICABLE AUX PLUS GRANDS FLEUVES.

Plus un cours d'eau est faible, plus on peut aisément connaître au juste son volume, par les procédés directs du jaugeage. L'emploi d'un récipient ou celui d'un module remplissent ce but aussi bien que possible. Mais l'une et l'autre de ces méthodes peuvent être regardées comme limitées, à peu près, aux portées de 8 à 10 onces ou de 350 à 400 litres par seconde, au plus. Quand il s'agit de courants plus considérables, l'établissement d'un déversoir paraît être le moyen le plus convenable à adopter ; enfin, quand on arrive aux très-grandes rivières, il faut nécessairement recourir à une méthode qui n'exige aucune construction quelconque. Tel est le but de ce paragraphe.

La méthode dont il s'agit consiste à choisir, sur le cours de la rivière qu'on veut jauger, une portion rectiligne et régulière, autant que possible ; et à observer directement, sur des tranches longitudinales aussi rapprochées qu'on le juge convenable, les vitesses réelles de l'eau, au moyen de flotteurs plongeants (*aste ritrometriche*), disposés de manière à pouvoir bien remplir ce but.

On commence par déterminer la longueur de la partie du cours, sur laquelle on veut opérer; puis on tend sur la section d'amont un cordeau qui doit se trouver à $0^{m},20$ ou à $0^{m},30$ au-dessus du niveau de la rivière; et sur la section d'aval, un cordeau semblable qui doit être presque en contact avec l'eau.

Cela fait, on marque d'une manière apparente, sur le cordeau d'amont, le nombre de divisions que l'on juge convenable d'établir, pour en faire le point de départ des lignes longitudinales sur chacune desquelles on se propose d'observer directement la vitesse réelle de l'eau, au moyen de flotteurs construits comme je vais le dire à l'instant.

On ne peut établir de règle rigoureuse sur la manière d'opérer cette division. Il faut la proportionner à l'état particulier de telle ou telle rivière. Elle doit donc être laissée à l'intelligence de l'ingénieur. D'une part, plus on fera de divisions, plus on aura de chances d'exactitude ; d'un autre côté, en en faisant un trop grand nombre, on compliquerait inutilement l'opération, ainsi que le calcul qui en est la suite. On juge dans chaque localité, d'après le régime du cours d'eau, de l'espacement qu'il est convenable de donner aux lignes d'observation. Dans celle des expériences relatées ci-après, qui a été faite avec beaucoup de soin à Rome, en 1821, pour le jaugeage du Tibre, ayant en cet endroit une largeur de 79 mètres, on a établi 12 lignes d'observation correspondantes à 13 intervalles, ce qui donne environ 6 mètres pour l'espacement moyen de ces lignes, tant entre elles qu'avec celles des berges, qui doivent compter dans l'opération.

Les divisions étant établies en quantités métriques, sur le cordeau d'amont, on abaisse, à partir de ces points, par un simple sondage, des ordonnées verticales, que l'on mesure depuis la surface de l'eau jusqu'au fond du lit, et l'on se procure ainsi un profil transversal de la rivière, ou sa section exacte, divisée en trapèzes qui ont pour côtés parallèles et communs, de deux en deux, lesdites ordonnées verticales, tandis que leurs hauteurs géométriques ne sont autre chose que les espacements déterminés horizontalement sur le cordeau. D'après la divergence qui peut être occasionnée dans les filets liquides, soit par une certaine différence de largeur dans les deux sections de la rivière, soit par quelques irrégularités dans son lit, on ne saurait dire exactement à l'avance quels seront, sur le cordeau inférieur, les points d'arrivée des flotteurs partis des divisions établies, sur le cordeau d'amont. Mais, généralement, ils s'éloignent peu, dans leur trajet, des plans parallèles à la rive la plus voisine, et l'on peut d'ailleurs reconnaître, à peu de chose près, par l'inspection de la surface de l'eau, le trajet que chacun d'eux doit suivre. Cette observation est nécessaire pour faciliter la reconnaissance préalable que l'on doit faire en parcourant plusieurs fois, avec une barque, le trajet présumé de chaque flotteur, afin de reconnaître si les profondeurs observées à l'aplomb des points correspondants des sections extrêmes se maintiennent dans les sections intermédiaires du lit, c'est-à-dire dans tout le parcours que doit faire le flotteur, entre ces deux points. On tient note des diminutions de profondeur qu'on pourrait avoir reconnues sur telles ou telles lignes, et ce n'est qu'après cette précaution observée, que l'on établit, en conséquence, les longueurs respectives des flotteurs à employer sur chacune d'elles. Pour cela faire, on donne à la partie qui doit se trouver immergée une longueur un peu moindre que le minimum de profondeur observée sur la ligne à parcourir. En effet, on conçoit aisément que tout obstacle, résultant même du simple contact entre le fond du lit et les flotteurs, qu'on prend pour mesure des vitesses partielles de l'eau, ayant pour effet nécessaire de retarder leur mouvement de progression, amènerait des erreurs dans le calcul de la vitesse moyenne.

La construction de ces flotteurs plongeants est extrêmement simple. On peut y faire servir tout corps spécifiquement plus léger que l'eau, pourvu qu'il soit équilibré de manière à se mouvoir avec elle, en plongeant à la fois dans les couches superficielles et dans les couches les plus basses. Car c'est seulement d'après cette dernière circonstance que, sans recourir à aucun autre calcul, ni correction, on peut regarder la vitesse du flotteur comme la vitesse effective ou réelle de la tranche longitudinale de la rivière dans laquelle son parcours s'est effectué.

Dans l'expérience sur le Tibre, dont je rapporte ci-après les détails, on a formé ces flotteurs avec de petits faisceaux de baguettes de saule ou de peuplier, ayant en tout 0m,03 à 0m,04 de diamètre et dont la longueur variable se réglait d'après les profondeurs observées sur le fleuve. L'extrémité inférieure était insérée dans des cylindres en fer-blanc dans lesquels on introduisait de petits disques en plomb, en nombre suffisant pour donner à cette culasse un poids proportionné à la longueur des faisceaux, de manière à les faire immerger jusqu'à la profondeur voulue; c'est-à-dire à quelques centimètres seulement en contre-haut des points les moins bas de la section longitudinale dans laquelle ils doivent se mouvoir librement.

Cette espèce d'armature était fixée au faisceau de baguettes par une tige formée de la torsion de quatre fils de fer qui passant au centre des baguettes venait saillir de 0m,04 à 0m,05 au dessus de l'extrémité supérieure du faisceau, en s'y divisant dans la forme d'une petite ancre, ou d'un hameçon à quatre branches, dont on va connaître de suite la destination.

On conçoit maintenant tout le mécanisme de cette opération, qui n'offre aucune difficulté. Trois personnes au moins sont nécessaires pour la pratiquer. La première, placée dans une barque à cinq ou six mètres en amont du cordeau supérieur, est chargée de placer, avec précaution, les flotteurs de manière qu'ils passent librement sous les divisions de ce premier cordeau, tendu comme je l'ai déjà observé, à une hauteur suffisante pour ne point gêner ce passage. Sans doute on pourrait éviter ce soin en faisant partir les flotteurs du cordeau même et en les y abandonnant à la libre impulsion de l'eau. Mais cela ne se fait pas, et l'on a considéré avec raison qu'il valait beaucoup mieux que ces flotteurs fussent plongés à une certaine distance en amont du point où commence l'observation, afin d'avoir pris définitivement, en cet endroit, leur position constante, ainsi que leur mouvement progressif et uniforme. On les place même avec beaucoup de précaution en ayant soin de ne les plonger que peu à peu et de les mettre dans une position légèrement inclinée vers l'aval, car c'est celle qu'ils adoptent constamment; tout cela se fait dans le but d'éviter les oscillations préalables qui seules suffiraient pour nuire à l'exactitude de cette opération délicate.

La seconde personne, placée également dans une barque, un peu au-dessous de la section d'aval, a pour mission de recueillir les flotteurs qui viennent successivement s'arrêter ou s'accrocher au cordeau inférieur, qu'on a eu soin de tendre, dans ce but, presque en contact avec l'eau. Cet observateur prend note exactement des distances respectives des points d'arrivée des flotteurs sur ce cordeau, distances qui ne pouvaient être arrêtées à l'avance, et il mesure en même temps, à l'aplomb de ces mêmes points, les profondeurs du lit; ce qui donne le deuxième profil en travers, ou la section d'aval, de la portion de rivière soumise à l'expérience.

Le troisième opérateur, placé sur la rive, observe à l'aide d'une montre à secondes le temps employé par chaque flotteur pour parcourir le trajet compris entre les deux cordeaux. Une seule personne suffit pour cela, parce qu'elle a toujours le temps de se placer successivement en face de l'un et de l'autre, avant l'arrivée des flotteurs. Comme les trajets parcourus ne sont jamais très-obliques sur l'axe de la rivière, on n'a pas égard aux petites différences de longueurs qui pourraient provenir de cette obliquité, et l'on considère la distance entre les deux sections comme constante pour tous les flotteurs.

Un calcul très-simple conduit au résultat de ces observations. En effet, puisque les flotteurs s'acheminent, d'une section à l'autre, en plongeant à la fois dans les couches superficielles et inférieures de l'eau et en prenant librement une certaine inclinaison sur la verticale, il en résulte que la vitesse de chacun d'eux doit être regardée comme égale à la vitesse moyenne de l'eau dans la perpendiculaire correspondante; c'est-à-dire comme donnant la vitesse réelle de la tranche longitudinale dans laquelle ils plongent. La moyenne arithmétique entre les vitesses de deux flotteurs consécutifs exprime donc aussi la vitesse moyenne ou effective du volume liquide compris entre les plans verticaux parcourus par ces deux flotteurs.

Ces volumes sont généralement des pyramides tronquées comprises entre des bases verticales et parallèles, qui sont des trapèzes, pour toutes les divisions à l'intérieur de la rivière; et des triangles, pour celles qui aboutissent sur chaque rive.

Dans ce dernier cas la vitesse moyenne doit se calculer, comme dans les autres, par la réduite entre les deux vitesses latérales dont l'une, celle qui a lieu le long de la rive, est toujours très-faible, souvent nulle, et même quelquefois négative sous l'influence des remous. Mais il est vrai que l'on ne choisirait pas, pour la soumettre à l'expérience dont il s'agit, une portion de cours d'eau présentant cette dernière circonstance, qui serait très-désavantageuse. On doit même rechercher de préférence les parties bien encaissées, afin que la vitesse des bords soit toujours appréciable.

Après avoir pris la profondeur moyenne de l'eau, sur deux lignes voisines, puis la réduite entre ces deux moyennes, si l'on multiplie cette réduite par la moyenne des distances transversales entre les deux mêmes lignes, distances qui se trouvent marquées sur les cordeaux d'amont et d'aval, on aura ainsi successivement les sections moyennes des volumes liquides dans lesquels on a décomposé le corps de la rivière; et en multipliant ces sections par les vitesses réelles correspondantes, indiquées par les flotteurs, il en résultera le débit par seconde, correspondant à chacun de ces volumes partiels. La réunion des surfaces verticales ainsi calculées, sera exactement l'expression d'une section réduite de la rivière qui serait faite au milieu de la longueur soumise à l'expérience. La somme des volumes d'eau sera la *portée totale*, ou le nombre de mètres cubes par seconde, débités par cette rivière.

Enfin, en divisant cette portée d'eau par la section, on a pour quotient la vitesse moyenne correspondante.

Il n'existe rien de plus précis que cette méthode pour calculer, directement, le volume d'eau que porte une grande rivière. On doit donc y recourir lorsqu'on craint que certaines circonstances ne puissent donner des chances d'erreur, en calculant la vitesse moyenne à l'aide des formules générales. Elle est d'une pratique toujours facile, n'exige aucune application de l'analyse, ne réclame qu'un peu de soin et l'application des règles les plus élémentaires du calcul; elle est donc à la portée de tout le monde.

Je signalerai néanmoins dans ladite méthode une légère imperfection qui est inévitable et qui tend à donner un résultat un peu fort, dans l'évaluation, soit du volume d'eau, soit de la vitesse moyenne qui y correspond. En effet la nécessité de maintenir la culasse des flotteurs à une certaine distance au-dessus des points saillants, dans la coupe longitudinale du sol, suivant les plans qu'ils parcourent, oblige de négliger l'appréciation de la vitesse de la couche liquide la plus voisine du lit. Or cette vitesse de fond, qui a lieu dans le contact même du sol, étant la plus faible de toutes, la vitesse moyenne, calculée sans en tenir compte, se trouve par la même raison un peu plus grande qu'il ne convient. Mais dans chaque cas particulier on peut aisément apprécier, d'après les circonstances locales, quelle influence cela peut avoir sur le résultat et y faire au besoin une légère correction à cet égard.

Application de cette méthode au jaugeage du Pô et à celui du Tibre.

Diverses applications de cette méthode ont été faites en Italie, notamment sur le Pô, aux abords de Ferrare. La principale expérience est celle qui a eu lieu le 19 juin 1821, sur le Tibre, à Rome, en présence d'habiles hydrauliciens, pour l'instruction des jeunes ingénieurs. J'en donne ici la description.

Le niveau du fleuve se trouvait alors à $1^m,17$ en contre-bas du dessus de la dernière marche de l'escalier du port de Ripetta, près la Douane, point qui est lui-même à $7^m,66$ au-dessus du niveau de la Méditerranée. Dès lors, le niveau du Tibre n'était, le jour de cette expérience, qu'à $0^m,73$ au-dessus de ses plus basses eaux, dont le niveau descend à $1^m,90$ du repère précité. La journée fut belle et il n'y eut sensiblement pas de vent, pendant toute la durée de l'opération. L'état du fleuve, observé plusieurs fois, au commencement, dans le cours et à la fin de l'expérience, n'avait subi aucun changement appréciable.

Après avoir choisi sur son cours une portion de 60 mètres de longueur, on établit sur la section transversale d'amont, ayant $70^m,39$ de largeur, un cordeau bien tendu qui fut divisé, par douze points apparents, en treize portions ayant, à partir de la rive gauche, les longueurs suivantes : 5m,11 — 4m,08 — 7m,15 — 3m,06 — 8m,68 — 7m,64 — 5m,11 — 10m,22 — 3m,56 — 1m,01 — 5m,60 — 2m,54 — 6m,63, dont la somme forme bien la largeur totale de 70m,39 qui vient d'être indiquée.

Un cordeau semblable fut établi sur la section d'aval, située à 60 mètres de distance de la première, et ayant au niveau de l'eau, 77m,64 de largeur.

Tous les flotteurs, placés avec les précautions indiquées ci-dessus, cheminèrent régulièrement, avec une faible inclinaison vers l'aval, et ne s'éloignèrent pas beaucoup des plans parallèles à la rive la plus voisine, ainsi qu'on peut le voir, en comparant avec les premières les distances suivantes, qui sont celles des points d'arrivée des flotteurs sur le cordeau d'aval ; car au moyen de ces indications, on peut construire aisément une figure qui représente le détail de l'opération. Voici ces distances, mesurées à partir de la rive gauche sur le cordeau d'aval : 7m,21 — 5m,35 — 3m,83 — 3m,83 — 8m,76 — 7m,12 — 8m,98 — 10m,07 — 2m,30 — 1m,73 — 6m,36, — 1m,73 — 10m,37.

Les flotteurs, dont les longueurs avaient été préalablement combinées avec les diverses profondeurs du fleuve, furent distribués ainsi qu'il suit :

NUMÉROS.	LONGUEUR du flottteur.	DISTANCE du centre de gravité à l'extrémité inférieure.	TEMPS EMPLOYÉ pour parcourir la distance de 60 mètres, entre les deux profils.
	mèt.	mèt.	secondes.
1.	1,71	0,645	108
2.	2,21	0,69	78
3.	»	»	57
4.	»	»	59
5.	»	»	55
6.	»	»	50
7.	3,21	0,93	54
8.	»	»	51
9.	3,81	1,18	54
10.	»	»	54
11.	»	»	61
12.	»	»	71

Voici maintenant le tableau récapitulatif des calculs résultant des données de l'expérience, et au moyen desquels on est arrivé à connaître que la portée du Tibre le jour de l'opération, c'est-à-dire, dans un état voisin de son étiage, était de 244^{mc},055 par seconde.

TABLEAU DE L'EXPÉRIENCE

NUMÉROS des flotteurs et des lignes parcourues.	PROFONDEURS réelles		PROFONDEURS réduites	
	au profil d'amont.	au profil d'aval.	sur chaque ligne.	entre deux lignes voisines.
	m.	m.	m.	m.
Rive gauche. .	0,000	0,00	0,00	
				,285
1	2,24	2,90	2,57	
				2,82
2	3,00	3,14	3,07	
				3,08
3	3,26	3,09	3,09	
				3,135
4	3,32	3,04	3,18	
				3,162
5	3,34	2,95	3,145	
				3,212
6	3,56	3,00	3,28	
				3,422
7	3,68	3,45	3,565	
				3,98
8	4,36	4,43	4,395	
				4,442
9	4,84	4,14	4,49	
				4,46
10	4,80	4,06	4,43	
				4,43
11	4,82	4,04	4,43	
				4,455
12	4,92	4,04	4,48	
				2,24
Rive droite. .	0,00	0,00	0,00	
Vitesse moyenne résultant de la division du volume d'eau par la section.				1,115

SUR LE TIBRE.

DISTANCES moyennes entre deux lignes voisines.	SECTIONS partielles, ou produit des colonnes nos 5 et 6.	VITESSES par seconde des flotteurs dans chaque ligne.	VITESSES moyennes entre deux lignes voisines.	PRODUITS des nombres des colonnes nos 7 et 9.
m.	m. q.		m.	m. c.
		0,555		
6,16	7,916		0,555	4,3954
		0,555		
4,715	13,296		0,662	8,8020
		0,769		
5,49	16,909		0,910	15,3872
		1,052		
3,445	10,800		1,034	11,1672
		1,016		
8,72	27,573		1,053	29,0344
		1,090		
7,38	23,705		1,145	27,1422
		1,200		
7,045	24,108		1,155	27,8447
		1,111		
10,155	40,417		1,143	46,1966
		1,176		
2,93	13,015		1,143	14,8761
		1,111		
1,37	6,110		1,111	6,7882
		1,111		
5,98	26,491		1,047	27,7361
		0,983		
2,135	9,511		0,914	8,6931
		0,845		
8,45	18,928		0,845	15,9942
		0,845		
Sectn moy.	218,779			
Portée d'eau par seconde.				244mc,0554

On peut remarquer qu'on a considéré les vitesses moyennes dans les prismes contigus à chaque rive, comme égales à celles qui ont été observées dans la ligne voisine, ce qui tend à donner un résultat un peu élevé.

Pendant le cours de l'opération sus relatée, il fut fait une expérience accessoire, ayant pour but de bien constater le décroissement successif des vitesses de l'eau, dans une même perpendiculaire, en allant de la surface vers le fond. Ce décroissement était déjà indiqué, dans l'opération elle-même, par l'inclinaison constante que prend toujours vers l'aval, l'extrémité supérieure des flotteurs soumis à l'action naturelle du courant. Mais pour rendre la chose plus palpable, on plaça supplémentairement entre les flotteurs nos 8 et 9, ayant l'un et l'autre 3m,80 de longueur, un faisceau semblable n'ayant que 1 mètre de longueur. Or, tandis que les deux flotteurs latéraux, plongeant jusqu'à une très-petite distance du lit du fleuve, mirent, l'un 51″, l'autre 54″, à parcourir le trajet de 60 mètres, celui-ci n'employa que 45″.

Enfin, pour rendre cette étude tout à fait complète, un flotteur simple formé d'un morceau de liége et destiné à accuser la vitesse superficielle, fut jeté dans le fil de l'eau et parcourut le même trajet en 44″.

Il fut constaté en même temps, à l'aide d'un nivellement très-exact, que le jour de l'opération, la pente à la surface de l'eau, mesurée de part et d'autre de l'emplacement choisi par l'expérience, était de

$0^m,032$ sur 245 mètres de longueur, ce qui correspond à une pente très-faible de 0^m13, par kilomètre.

J'ai dit, dans le paragraphe précédent, que l'approximation qu'on obtient en prenant 0,81 de la vitesse superficielle, calculée au moyen d'un flotteur simple, quoique n'étant basée sur aucune règle fixe, se trouvait cependant très-souvent d'accord avec les opérations les plus exactes. Cette assertion est vérifiée d'une manière complète, par l'expérience qui vient d'être citée.

En effet, la vitesse superficielle et maximum du Tibre, observée comme renseignement accessoire, dans l'opération du jaugeage fait au moyen des vitesses réelles, a été trouvée de $1^m,364$ par seconde, résultant de 60 mètres parcourus en 44 secondes. Les 0,80 de cette vitesse superficielle donneraient, pour la vitesse moyenne, d'après la règle ordinaire, $1^m.091$. Le coefficient de 0,81 donnerait $1^m,104$, chiffre lui-même un peu plus faible que celui de la vitesse réelle, déduite du procédé hydrométrique qui vient d'être décrit, laquelle est de $1^m,115$.

Au contraire, si l'on eût pris seulement les 0,82 au lieu des 0,81 de la vitesse à la surface, on aurait eu une vitesse moyenne de $1^m,118$ et un volume d'eau de $245^{mc},030$; résultat plus élevé que celui de l'expérience précitée ; de sorte que la vitcsse moyenne observée se trouve bien réellement ici, selon la règle énoncée, entre 0,81 et 082 de la vitesse superficielle.

Mais ne perdons pas de vue, comme j'ai eu soin

de le remarquer déjà, que le procédé de jaugeage, fait à l'aide des flotteurs plongeants, donne des résultats un peu élevés ; quand surtout, ainsi que cela a eu lieu sur le Tibre, on a assimilé la vitesse le long des rives à la vitesse, nécessairement plus forte, des filets d'eau qui en étaient éloignés de 6 à 8 mètres. Si donc, dans l'état des choses on a trouvé que la vitesse moyenne de 1^{m},115, fournie par 12 observations partielles, se trouve entre 0,81 et 0,82 de la vitesse superficielle, on peut dire assurément que l'expérience ci-dessus, faite avec beaucoup de soin et d'exactitude, vérifie aussi complétement que possible la méthode approximative dont il a été question.

Ce même procédé du jaugeage direct, à l'aide des flotteurs plongeants, avait déjà été pratiqué plusieurs fois en Italie, notamment sur le bas Pô, à ses divers états. Le 19 décembre 1811, en basses eaux, la largeur du lit, à Lagoscuro, était de 606^{m},26, la profondeur, dans le fil de l'eau, de 3^{m},42, et la section, calculée au moyen d'un profil trapézoïdal de cinq perpendiculaires, de 1617^{m},408. Au moyen de cinq flotteurs plongeants qui parcoururent une longueur de 81 mètres, on constata un volume d'eau de 1110^{mc},400 par seconde, auquel correspondait une vitesse moyenne de 0^{m},687.

Le 30 mai 1812, cette expérience fut répétée, en eaux moyennes, sur le même fleuve aux environs de Ferrare. La largeur étant sensiblement la même que dans le premier cas, on employa un égal nombre de flotteurs ou de lignes d'opération, et l'on arriva aux résultats suivants : section 2299^{m},695, profondeur réduite 3^{m},73, volume d'eau 1699^{mc},120, vitesse moyenne 0^{m},736.

Le 12 juin 1815, pendant une crue, la section, mesurée en face de Francolino, fut trouvée de 3734^{m},561, la profondeur réduite de 7^{m},32, le volume d'eau de 4736^{mc},92 et la vitesse moyenne correspondante de 1^{m},269.

Enfin, le 11 juin 1820, une expérience semblable fut renouvelée sur le Pô, à Fossa-d'Albero, près Ferrare, pour l'instruction des élèves de l'école d'ingénieurs, qui était alors dans cette ville et qui fut depuis transportée à Rome. Le fleuve étant un peu au-dessus de son état moyen, sa largeur fut trouvée de 394^{m},10, sa section de 2011^{m},18 ; le volume d'eau de 2176^{mc},040, et la vitesse moyenne de 1^{m},146. On établit, comme dans les cas précédents, cinq lignes d'opération, parcourues par cinq flotteurs, et la manière de procéder fut la même.

Dans ces diverses expériences faites sur le Pô, aux environs de Ferrare, on adopta, pour les flotteurs plongeants (*aste ritrometriche*) une construction un peu différente de celle qui fut employée dans l'expérience semblable faite sur le Tibre, aux portes de Rome, le 19 juin 1811, et dont j'ai parlé au commencement de ce paragraphe. Ils étaient formés d'un simple bâton en bois de hêtre, peint et verni, pour ne point absorber d'eau. Le cylindre en fer-blanc, renfermant les rondelles de plomb, s'y adaptait au moyen de petites chevilles ou clavettes. Selon les divers états du fleuve les longueurs de ces flotteurs ont varié entre 2^m,70 et 6^m,25. La distance ménagée entre leur extrémité inférieure et le fond du lit était moyennement de 0^m,40.

Ces grandes expériences sont, aussi exactement qu'on pouvait l'espérer, en concordance avec les indications de la formule d'Eytelwein. Les vitesses moyennes trouvées sur le Pô ne diffèrent que de 0,03 à 0,07 de celles qu'on déduit de cette formule.

CHAPITRE DIX-NEUVIÈME.

CALCUL DES PENTES ET DES SECTIONS.

Différence entre les canaux navigables et ceux d'irrigation. — Distinctions à faire sur le choix des pentes propres à ces derniers canaux. — Détermination de la section, en rapport avec le débit et la vitesse moyenne.

I. — Des Pentes.

Distinctions à faire sur les pentes. — La pente d'une eau courante, en un lieu déterminé, s'obtient en mesurant, à l'aide du nivellement, la distance verticale qui existe entre deux points donnés. Pour avoir la pente correspondante à l'unité de longueur, on divise celle que l'on a obtenue, entre deux points, par la distance qui les sépare; et l'on voit dès lors que cette unité de pente a la même expression que le cosinus de l'angle formé par l'inclinaison du cours d'eau avec la verticale. C'est donc avec raison que, dans la formule d'Eytelwein, la pente est désignée par l'expression de *cos*. Les inclinaisons de la surface des cours d'eau étant généralement très-faibles, les pentes par mètre, ou le cosinus dont il s'agit, sont ordinairement exprimés en cent-millièmes de mètre, avec cinq décimales, ce qui peut donner lieu à des erreurs. Il est dès lors préférable de désigner ces pentes par kilomètre; ou, en les rapportant à l'unité, de les exprimer en fractions ordinaires, comme cela se fait généralement en Italie. C'est pourquoi j'ai adopté concurremment ces diverses désignations.

Dans le tracé des canaux de navigation, les pentes étant presque entièrement rachetées par des écluses, celle qui reste, répartie sur le fond des biefs, est sensiblement nulle; et, en fait de pentes, on peut appeler ainsi toutes celles qui sont au-dessous de $0^m,10$ à $0^m,12$ par kilomètre. Une inclinaison plus forte, pour le fond des biefs, serait toujours nuisible sur les canaux de cette espèce; car le remplissage des sas d'écluse s'opère, sous l'influence d'une forte pression, par des buses, ou ventelles, qui ne débiteraient pas beaucoup plus d'eau, dans un temps donné, si le bief d'amont avait une certaine pente, tandis que celle-ci, occasionnant nécessairement un courant assez prononcé, nuirait à la remonte des bateaux.

Les choses ne se passent pas de même lorsqu'il s'agit spécialement de canaux destinés à l'arrosage. En effet, il s'y opère une consommation d'eau beaucoup plus forte que cela n'a lieu généralement sur les voies navigables, et cette consommation exige un débit continu, qui ne peut avoir lieu sans le secours d'une pente et d'une vitesse déterminées.

Il y a beaucoup de distinctions à faire sur le choix des pentes qu'il est le plus convenable d'adopter pour un canal d'arrosage, placé dans des circonstances déterminées; en général il est bon de ménager ces pentes, autant que possible; d'abord afin d'éviter de construire des revêtements coûteux, destinés à prévenir la dégradation des berges, qui est inévitable quand la vitesse est grande, à moins que le terrain ne soit d'une résistance peu commune. Un autre motif, d'après lequel il est important de ménager les pentes, c'est l'utilité de racheter leur excédant par des chutes, qui sont d'autant plus utiles à l'industrie manufacturière que celle-ci profite toujours largement des accroissements de production, d'activité et de richesse que la création d'un canal d'arrosage amène inévitablement dans une localité. Cependant il y a, dans la diminution des pentes non rachetées, des limites au delà desquelles il ne faut pas aller. Ainsi, pour un canal de simple arrosage, l'on ne descendrait pas sans préjudice jusqu'aux pentes très-faibles qui conviennent à un canal de navigation. Si les eaux dont on dispose sont habituellement troubles, la diminution des pentes devient beaucoup plus difficile, par suite du danger de voir doubler ou tripler les dépenses toujours considérables que nécessitent les curages. Ces inconvénients se présentent à un degré très-marqué dans le département de Vaucluse, sur le canal de Crillon, parce qu'on a voulu, à tout prix, y ménager des chutes d'eau, à la vérité très-utiles; mais elles ont porté un véritable préjudice à l'irrigation, qui était sa destination principale.

La première distinction à faire avant de déterminer les pentes qui conviennent à un canal d'arrosage, est donc d'examiner quelle est la nature des eaux qui doivent l'alimenter. Car si elles sont habituellement troubles, on ne pourra combattre efficacement que par la conservation d'une vitesse suffisante la tendance que les eaux troubles ont toujours à déposer les matières étrangères qui y sont suspendues, dès qu'il y a une diminution dans la vitesse, sous l'influence de laquelle elles se sont chargées de ces mêmes matières. Mais on est toujours obligé de tenir compte aussi de la résistance du terrain. On voit donc qu'il y a à faire une appréciation fort délicate, puisqu'il s'agit de trouver le juste milieu entre deux inconvénients opposés, dont l'un consiste dans la grande quantité de dépôts et atterrissements, qui se forment dans le canal, si l'eau y coule trop lentement, et l'autre dans la dégradation des berges, ou bien dans l'établissement des revêtements très-coûteux, qui sont la conséquence d'une vitesse considérable. La résistance du sol doit donc être prise aussi en considération. En un mot, du moment qu'on doit employer des eaux qui sont habituellement ou fréquemment troubles, le problème de la détermination des pentes devient compliqué; il s'agit d'obtenir celle qui correspondra à un véritable *régime*, c'est-à-dire à un état d'équilibre entre la tendance de l'eau à corroder son lit; ce qui est ordinairement très-facile dans les terres fraîchement remuées, et la tendance que, dans le cas contraire, elle a d'y opérer des dépôts. Examiner ce qui se passe dans des canaux de même espèce, est en général ce qu'il y a de mieux à faire pour s'éclairer en pareille circonstance.

II. — Des Sections.

Choix de la section. — Dans sa généralité, le problème est posé en ces termes : Étant données la portée d'eau et la pente d'un canal projeté, déterminer sa section. — Alors la marche à suivre généralement consiste dans l'emploi de la formule d'Eytelwein, dont j'ai déjà démontré, chap. XVI, page 294, l'application à ce même problème. Je dis, le même problème, quoique dans le premier cas il ne fût question que de la largeur, tandis qu'il s'agit ici de la section. Mais les deux recherches se réduisent réellement à une seule, qui est celle de la largeur moyenne du canal projeté. On doit entendre par là la largeur moyenne du trapèze correspondant au périmètre mouillé. Elle offre, sur la largeur au plafond, l'avantage de laisser l'évaluation de la section indépendante de l'inclinaison des talus, et de donner très-simplement cette section, par son produit avec la hauteur.

Cette manière de réduire la recherche de la section à celle de la largeur moyenne, en se donnant préalablement la hauteur, est d'autant plus rationnelle que cette hauteur est effectivement presque toujours fixée. Elle l'est d'abord toutes les fois qu'il s'agit d'un canal d'arrosage et de navigation, d'après la corrélation nécessaire existant entre ladite hauteur et le tirant d'eau des bateaux.

On voit, page 294, que la formule (C), mise sous sa

forme la plus simple, ne pourrait servir directement à la détermination de la section; d'abord, parce qu'elle contient la quantité u qui doit en être éliminée, et en second lieu, parce qu'elle ne donnerait, dans tous les cas, que le rapport D, dans lequel ladite section entre concurremment avec le périmètre, dont on n'a pas besoin. Il faut donc nécessairement procéder d'après la marche suivie dans le problème n° 1, pages 299 et 300, et introduire comme nouvelle donnée la hauteur h de l'eau dans le canal projeté, en ne laissant à trouver que la largeur inconnue x.

La formule (D), qui se trouve à la page 300, étant une application, obtenue par l'introduction de coefficients numériques, n'est point celle qui sert dans le cas général. Voici l'expression de cette dernière, résultant de l'élimination, dans la formule d'Eytelwein, des valeurs

$$D = \frac{hx}{x + 2h} \quad \text{et} \quad u = \frac{Q}{hx}.$$

Elle devient :

$$\text{Cos}\,\varphi\, hx^3 - \frac{bQ}{h^2}x^2 - \left(\frac{aQ^2}{2gh^2} + \frac{16bQ}{h}\right)x - \frac{aQ^2}{gh}\,4bQ = 0.$$

Mais il existe pour l'objet dont il s'agit une formule plus simple, et d'autant plus avantageuse qu'elle est basée sur soixante expériences, spécialement faites sur les principaux canaux d'arrosage du nord de l'Italie. C'est la formule de Tadini. Je l'ai trouvée dans une note de l'ouvrage du savant professeur Co-

concelli, de Parme. Si je la reproduis avec une notation un peu différente, quant à la manière de désigner la pente, c'est pour lui conserver, le plus possible, son analogie avec celle d'Eytelwein, dont elle dérive, et qui reste toujours la formule fondamentale, en ce qui touche le mouvement de l'eau, dans les canaux et rivières. Voici cette nouvelle formule :

$$0{,}0004\,Q^2 = \cos\varphi\, l^2h^3 \quad \text{ou} \quad Q = 50\, lh\sqrt{h\cos\varphi}.$$

Cos φ représente, comme précédemment, la pente par mètre du courant ; l la largeur réduite ; h la hauteur, et Q la portée d'eau. Ce qui distingue ladite formule, c'est que la section y est représentée très-simplement par le produit de ses deux dimensions l, h ; ce n'est nullement inexact, puisque la section des canaux a toujours la forme d'un trapèze.

On a d'après cela :

$$S^n = lh = \frac{Q}{u} = \frac{Q}{50\sqrt{h\cos\varphi}} \quad \text{et} \quad u = 50\sqrt{h\cos\varphi}.$$

Ainsi, connaissant le volume, la pente et la hauteur d'eau d'un canal, on en déduira, d'une manière extrêmement simple, soit sa section, soit sa largeur, ou même sa vitesse moyenne, avec l'emploi de la formule de Tadini, qui est la plus avantageuse à employer dans cette recherche.

Voyons, comme première application de cette méthode qu'elle serait la section, ou la largeur moyenne, d'un canal devant porter 2 mètres cubes par seconde, avec une pente de $0^m,40$ par kilomètre, ou de $0^m,0004$ par mètre, et une hauteur d'eau de $0^m,64$. — En désignant dans la formule précitée, la largeur cherchée par x, on aura

$$x = \frac{Q}{50\, h. \sqrt{h.\cos\varphi}} = \frac{2}{50 \times 0,64 \times 0,8 \times 0,02}$$

d'où :

$$x = 3^m,90.$$

Soit que l'on calcule directement la section d'après l'expression

$$S = lh = \frac{Q}{50 \sqrt{h \cos\varphi}}$$

soit que l'on multiplie la largeur, ainsi obtenue par la hauteur donnée, on trouve que cette section est de $2^m,50$.

Si, avec les mêmes données, on avait une pente plus forte, qui fût par exemple de $0^m,0009$ par mètre, la formule deviendrait :

$$S = \frac{2}{50 \times \frac{8}{10} \times \frac{3}{100}} = 1^m,66.$$

En divisant cette section par la hauteur donnée, on trouverait, pour la longueur cherchée, $x = 2^m,59$, au lieu de $3^m,90$ qui était la valeur correspondante à une pente de $0^m,0004$. Si c'était la hauteur que l'on fît varier, on trouverait avec la même facilité les valeurs correspondantes de ladite largeur. Enfin on pourrait également, quoique le cas soit moins pratique, se donner une largeur, et on trouverait, avec la même facilité, la hauteur d'eau correspondante.

Évaluation approximative des eaux perdues. — Voilà comment on trouvera, dans chaque cas particulier, les largeurs moyennes ou les sections convenables pour un canal d'arrosage dont la pente et le volume d'eau sont déterminés. Mais il est nécessaire d'entrer dans d'autres considérations. En effet, la portée d'un canal ne consiste pas seulement dans le volume d'eau effectivement distribué en arrosages; elle comprend encore une quantité supplémentaire, ordinairement variable, d'un canal à un autre, et qui se compose : 1° de l'eau perdue en filtrations et enlevée par l'évaporation; 2° de celle qui se perd par les interstices des vannes ou déchargeoirs; 3° enfin, de celle qui est consommée par l'excédant de débit des bouches non réglées.

Il a été fait, sur les trois principaux canaux du Milanais, des observations comparatives qui permettent d'avoir une approximation sur ce point important.

On a procédé sur ces canaux à peu près comme quand on veut reconnaître le coefficient de la contraction qui résulte de l'emploi d'un orifice; c'est-à-dire que l'on a fait le jaugeage direct du volume d'eau qui leur est livré à leur embouchure, et, en comparant ce volume avec le débit légal des bouches, on en a déduit le déchet total, correspondant aux différentes causes de déperdition sus-mentionnées. Voici le résultat de ces expériences, qui n'ont encore été faites que dans le Milanais. Les volumes d'eau y sont calculés en onces de ce pays.

1° Naviglio-Grande,

	onces.
Jaugeage direct	1.234
Dépense des bouches	1.075
Différence	159

2° Canal de la Martesana,

Jaugeage direct	654
Dépense des bouches	584
Différence	70

3° Canal de la Muzza,

Jaugeage direct	1.768
Dépense des bouches	1.482
Différence	286

Si, pour chaque cas, on divise les différences par les débits des bouches, on trouve les proportions suivantes :

Pour le Naviglio-Grande	0,15
Pour le canal de la Martesana	0,12
Pour le canal de la Muzza	0,19
Totaux	0,46

Moyenne : 0,15.

Faire la distinction entre ces trois différentes causes des pertes d'eau, et attribuer à chacune d'elles une évaluation particulière, serait une chose presque impossible; surtout si l'on considère que l'évaluation précédente doit se décomposer, d'un cas à un autre, d'une manière différente. Ainsi, le Naviglio-Grande, qui a maintenant plus de six siècles et demi d'existence, doit éprouver peu de filtrations, tandis qu'ayant conservé un assez grand nombre d'anciennes bouches, non réglées, les excédants de débit y sont encore considérables. Sur le canal de Pavie, au contraire, les bouches sont exactement modellées, mais les filtrations importantes.

Dans l'état actuel des choses, on doit donc s'en tenir à cette approximation, sans chercher à la détailler davantage. Il est bien entendu aussi que ce chiffre de 0.15 devra s'appliquer avec d'autant plus de confiance que l'on se trouvera dans une situation plus analogue à celle des canaux du Milanais, ouverts dans des terrains d'alluvion, reposant sur des bancs, plus ou moins épais, de gravier, sable et galets. Dans les terres fortes et argileuses, on aura moins de filtrations; mais les autres causes de pertes pourront être plus influentes. En somme, on peut donc, jusqu'à ce qu'il ait été fait des observations plus complètes, s'en tenir à cette première approximation. En conséquence, étant donné le débit effectif des bouches d'un canal, ou la quantité d'eau qu'il devra distribuer, il conviendra de multiplier ce débit par 1,15, pour en déduire le volume tatal à introduire dans le canal.

Quant aux petits canaux, pour lesquels on n'a pas fait d'observations analogues, je ne sais jusqu'à quel point il serait exact de leur appliquer ce résultat. C'est aux ingénieurs à voir, dans chaque cas particulier, le parti qu'ils jugeront convenable de prendre. Je ferai remarquer au surplus que, pour ces petits canaux, ayant par exemple une portée de 2 à 6 onces, on ne calcule pas aussi rigoureusement leur section, qu'on ne craint pas de prendre un peu forte. La règle, dans le Milanais, est d'établir leur largeur moyenne à raison de 1 pied, ou $0^{m},44$, par once, ce qui est bien dans ce cas; mais ce serait infiniment trop pour de grandes portées, comme celles qui ont fait l'objet des observations précédentes; car on voit que les largeurs moyennes des grandes dérivations, telles que la Muzza, le Naviglio-Grande, etc., ne correspondent qu'à 5 ou 6 centimètres par once.

La formule de Tadini, qui convient bien aux grands et aux moyens canaux, donnerait des sections ou des largeurs un peu trop fortes pour les très-petites dérivations.

Lorsqu'il ne s'agit que de canaux d'arrosage, placés dans des situations analogues et ayant à peu près les mêmes pentes, on peut, comme je l'ai fait remarquer au commencement de ce paragraphe, déduire la section convenable, pour un canal de même espèce, de la seule observation du rapport existant, sur plusieurs d'entre eux, entre l'unité de volume et l'unité de largeur de correspondante.

Par exemple, sur les canaux du Piémont, alimentés par la rive gauche de la Doire, dans les provinces d'Ivrée et de Verceil, on voit que celui d'Ivrée, pour

17 mètres cubes de portée d'eau, a, à son origine, une largeur moyenne de 8m,40; ci, pour chaque mètre cube d'eau. 2m,02

Celui de Cigliano, avec des pentes à peu près égales, a 16 mètres cubes de portée et 8 mètres de largeur; ci, par mètre cube. . . 2m,00

Enfin, celui Del Rotto, pour 15 mètres cubes de portée, a 7m,40 de largeur; ci. . 2m,02

On peut donc conclure de là que, pour les canaux susdits, ayant des pentes moyennes d'environ 0m,80, chaque mètre cube de portée correspond à 2 mètres de largeur de la section; ce qui donnerait une règle bien simple, pour la construction de canaux semblables. Mais du moment que la pente augmente, ce rapport devient moindre. Ainsi, nous voyons que, dans la même contrée, il n'est plus que de 1m,90, sur le canal de la Camera, et de 1m,80 sur celui de Caluso, dont les pentes sont encore plus fortes.

S'il s'agissait de pentes inférieures à celles des canaux de la Doire, alors on aurait, par la même raison, plus de 2 mètres de largeur moyenne, pour chaque mètre cube de volume d'eau.

Plantes aquatiques. — Enfin, cette correction importante étant effectuée, il reste encore à opérer, sur le chiffre que l'on obtient, une autre augmentation, motivée par la nécessité de maintenir à la dérivation sa portée normale, malgré la croissance des plantes aquatiques, qui, dans les régions dont le climat est plus favorable aux arrosages, végètent avec une rapidité désespérante. Malgré l'obligation où l'on est de les faucher deux fois par été, il arrive toujours qu'aux approches des chômages, vers le terme de leur croissance, ces herbages occupent une portion notable de la section des canaux, ou plutôt qu'ils en ralentissent le débit, moins encore par leur volume réel, que par la gêne occasionnée au mouvement de l'eau, dans laquelle ils flottent en longs festons.

Cette diminution de section varie, à son maximum, sur les canaux de la Lombardie, entre le quart et le vingtième de la section réelle. C'est là un inconvénient majeur; car un égal volume d'eau étant généralement livré aux canaux d'arrosage bien organisés, ils subissent alors un exhaussement de niveau, qui peut avoir les plus fâcheuses conséquences. En effet, si les bouches n'étaient pas toutes rigoureusement pourvues de régulateurs, et, de plus, exactement surveillées, elles fonctionneraient alors sous un excédant de pression; ce qui augmenterait irrégulièrement leur dépense, et dérangerait toutes les prévisions que l'on aurait basées sur un débit normal. De sorte que, si le canal devait servir à l'arrosage et à la navigation, les bateaux s'y trouveraient fréquemment à sec, comme cela avait lieu sur le canal de Bereguardo, avant que l'on eût pris les mesures nécessaires pour parer à cet inconvénient, qui s'y est fait vivement sentir.

Quant à indiquer une moyenne pour l'augmentation qu'il convient d'assigner à la section ou à la largeur d'un canal, en vue de la croissance des plantes aquatiques, on ne le peut guère, attendu que cet effet est très-variable, et qu'il dépend du climat, de la nature du sol et de celle des eaux, de leur vitesse, et d'autres circonstances encore.

Dans les localités où certains canaux sont envahis rapidement, par ces plantes nuisibles, on en voit d'autres qui en sont presque entièrement exempts. On est donc obligé, à cet égard, de se guider par analogie, et d'après de simples probabilités, basées sur la nature du terrain et sur celle des eaux.

Pour montrer l'utilité de ces considérations, je vais en faire l'application, en vérifiant, d'après la marche qui vient d'être tracée, la largeur connue d'un des canaux du nord de l'Italie; du canal d'Ivrée, par exemple.

Son volume d'eau total, mesuré à son origine, a été trouvé de 50 roues de Piémont, qui correspondent à $17^{mc},10$. Il s'obtiendrait également, d'après la méthode indiquée ci-dessus, en opérant comme il suit :

	m. c.
Débit des bouches........................	14,50
Eaux perdues, ou déchet total, équivalant à peu près à 1,15 de ce débit..............	2,60
Total pareil..........................	17,10

Pour avoir la largeur, les données à introduire dans la formule de Tadini sont les suivantes :

$$Q = 17^{m},10 \qquad h = 1^{m},30 \qquad \text{et } \cos\varphi = 0^{m},0008$$

on a alors, d'après la table donnée plus loin :

$$\sqrt{h} = 1.14 \qquad h\sqrt{h} = 1.482 \qquad \text{et } \cos\varphi = 0,283.$$

De là résulte, pour la valeur de x, exprimant la largeur moyenne :

$$x = \frac{17.1}{50 \times 1.482 \times 0,0283} \text{ ou } x = 8^{m},15$$

ce qui est bien exactement la largeur moyenne du canal d'Ivrée, à sa partie supérieure; c'est-à-dire avant le point où cette largeur commence à décroître, par suite de la diminution du volume d'eau.

On peut voir, au moyen de cette formule, quelle est l'influence des variations de la hauteur sur celle de la largeur. Ainsi, dans l'hypothèse d'une hauteur d'eau de $1^{m},40$, et avec même pente de $0^{m},80$, on trouverait $x = 6^{m},53$. Dans l'hypothèse de $h = 1^{m},60$, on aurait $x = 5^{m},34$. Enfin, pour $h = 1^{m},20$, on aurait $x = 9^{m},70$, et pour $h = 1$ mètre, $x = 12$ mètres, etc.

On voit d'après cela que, pour une même section, proprement dite, on a toujours le choix de faire varier, comme il convient, ses dimensions. On doit se régler, pour cela, sur les convenances locales. En augmentant trop la largeur on occupe plus de terrain, et la hauteur d'eau étant alors diminuée, pourrait se trouver au-dessous du minimum de $0^{m},90$ à 1 mètre, que réclame l'établissement des régulateurs. En donnant à l'eau trop de profondeur, elle tend davantage à dégrader le fond et les berges. On s'en tient donc, dans le plus grand nombre des cas, à une sorte de profil normal, dans lequel la largeur moyenne varie entre une fois et demie et deux fois la profondeur.

Sources éventuelles. — Enfin, ces diverses corrections opérées, pour arriver à la connaissance de la section réelle d'un canal d'arrosage, il reste encore à tenir compte d'une dernière considération, qui est celle des sources que l'on a la chance de découvrir, soit dans le cours même de l'exécution des travaux, soit à proximité, si l'on en fait la recherche. On a déjà vu par lès détails donnés précédemment, que dans le nord de l'Italie, ces sources éventuelles sont d'une très-grande importance, et peuvent modifier d'une manière notable, soit le volume de l'eau que l'on se proposait de dériver des canaux principaux, soit la section, qu'on aurait d'abord calculée pour ce seul volume.

Mais, sur ce dernier article, plus encore que sur les précédents, les données que l'on peut avoir sont entièrement conjecturales; et ce que l'on doit faire le mieux, c'est de rechercher ce qui a eu lieu dans des circonstances analogues à celle où l'on opère; car il y a des localités où l'on n'a aucune chance de découvrir des sources, comme il y en a d'autres où l'on est à peu près assuré d'en rencontrer en creusant. Je ne puis donc que renvoyer, sur ce point, au chapitre spécial que je viens de citer.

Largeurs décroissantes. — Les calculs et les indications qui précèdent portent sur la mesure de la section, ou de la largeur des canaux, prise à leur origine, ou en amont des premières bouches de distribution. On conçoit bien que, si l'eau n'est introduite dans les canaux de cette espèce que pour y être distribuée, de proche en proche, sur les terres riveraines, ce serait en pure perte qu'on y maintiendrait une largeur constante, tandis que le volume contenu diminuerait graduellement. Il est donc de règle qu'on fasse toujours décroître cette largeur, en raison de la diminution de l'eau restant dans la dérivation. On a vu, dans l'un des chapitres précédents, qu'au canal d'Ivrée, ayant une longueur d'un peu plus de 72 kilomètres, les largeurs successives sont : 1° de $8^m,40$ sur environ 33 kilomètres ; ensuite de $7^m,50$ sur 27 kilomètres ; ensuite de $5^m,40$ sur 12 kilomètres 1/2.

Ce décroissement n'a pour ainsi dire pas de limites; ou plutôt la largeur à l'extrémité d'un canal d'arrosage pourrait être réglée rigoureusement sur le débit des dernières bouches à desservir ; puisque, au moyen d'un simple barrage-déversoir, on peut faire, à volonté, passer dans ces bouches la totalité du volume d'eau dérivé. Mais l'inspection du plus grand nombre de canaux de ce genre prouve que l'on n'a pas calculé aussi juste, ou que toutes les eaux disponibles ne sont pas encore utilisées ; car la plupart d'entre eux versent un résidu assez considérable, soit aux cours d'eau naturels, soit aux canaux inférieurs dans lesquels ils ont leur débouché.

Section des canaux d'arrosage et de navigation. — Pour cette espèce de canaux, la section ne se détermine plus, généralement, de même que pour ceux qui ne doivent servir qu'au seul usage de l'irrigation. Mais il y a encore à faire ici d'importantes distinctions. Supposons, par exemple, que le canal dont il s'agit doive aboutir définitivement, comme font le Naviglio-Grande et celui de la Martesana, à une darse, ou bassin fermé par un barrage, et dans lequel toutes les eaux dépensées par la navigation, sur les biefs supérieurs, trouvent à être distribuées pour les arrosages ou pour les usines. Alors la portée d'eau, basée sur la dépense qui en sera faite pour ces derniers usages, n'a pas besoin d'être modifiée, par la circonstance que la navigation en profitera aussi. Car, dès lors que la largeur et la hauteur d'eau du canal se maintiendront toujours au-dessus d'un minimum voulu, l'adoption de pentes modérées et celles d'un nombre convenable d'écluses à pertuis, seront les seules conditions à remplir, en ce qui touche le service des transports. Et l'on procédera, quant au calcul du volume d'eau et à celui de la section, comme on le ferait pour un canal de simple arrosage.

Voici l'application de ces considérations, au canal de la Martesana, qui se trouve dans ce cas. On a

$$Q = 25^m,70 \text{ et } Q \times (1,15) = 29^m,75;\ \cos\varphi = 0,0005;\ \sqrt{\cos\varphi} = 2,03;$$
$$h = 1^m,60;\ \sqrt{h} = 1,27;\ h\sqrt{h} = 2,03;$$

d'où l'on déduit, avec la formule ordinaire,

$$x = 13^m,08$$

ce qui est bien la largeur moyenne du canal susdit.

Dans le cas, au contraire, où un canal d'arrosage et de navigation n'aboutit point ainsi à un port ou bassin, fermé par un barrage; mais où, faisant partie d'une ligne navigable plus ou moins étendue, son débouché a lieu dans une rivière ou dans un canal inférieur, il arrive presque toujours que l'on continue de dépenser des éclusées, pour le passage des bateaux, montants et descendants, au delà de la limite inférieure des irrigations. Dès lors c'est là un élément de plus, dans le calcul du débit total de la dérivation dont il s'agit; et ce débit spécial devra se calculer d'après l'activité présumée du mouvement des bateaux, comme cela se pratique pour les canaux simplement navigables. La section s'établit en conséquence.

Tel est le cas du canal de Pavie, et dans ses derniers projets on avait bien eu égard à ces diverses circonstances. Si donc il éprouve, au préjudice de l'arrosage, une insuffisance de section qui exclut en été environ 1/14e de sa portée d'eau, ce résultat fâcheux n'est dû qu'à la croissance trop rapide des plantes aquatiques, dont il aurait fallu qu'on pût tenir compte à l'avance.

Section des colateurs. — Les colateurs sont placés dans des conditions diamétralement opposées à celles où se trouvent les canaux d'irrigation proprement dits. Dès lors, les règles qui président, soit à leur tracé, soit au choix de leur section, ne peuvent être les mêmes. Les fossés et canaux de cette dernière espèce reçoivent l'égouttement des terres mouillées par l'arrosage, comme les ruisseaux naturels reçoivent celui des terrains mouillés par la pluie. Leur largeur doit donc aller en croissant à mesure que leur longueur augmente; et lorsqu'ils viennent déboucher dans les cours d'eau inférieurs, ils ne diffèrent en rien de leurs affluents naturels.

En un mot, l'écoulement s'opère ici tout à fait à l'état normal; c'est-à-dire que, dans l'ensemble des ramifications que présente un système de colateurs, aboutissant à un cours d'eau principal, la circulation s'opère des rameaux vers le tronc, comme dans la nature.

Au contraire, dans un système d'arrosage, tout est inverse, puisque la circulation se fait du tronc vers les extrémités, et que, si l'on pouvait s'exprimer ainsi, les canaux d'irrigation seraient appelés, avec raison les effluents du cours d'eau, dont ils dérivent. Dans l'ensemble des mouvements de terrain que réclame l'établissement d'un système d'arrosage, ces derniers canaux sont placés sur des faîtes, tandis que les colateurs occupent nécessairement les thalwegs. En un mot, dans leur situation respective, tout est opposé; de telle sorte que si l'on renversait le relief de la superficie d'un terrain, disposé comme il vient d'être dit, les colateurs deviendraient les canaux et rigoles d'arrosages, et *vice versâ*.

De cette situation naturelle des colateurs des différents ordres, il résulte un fait important, pour la détermination de leur section ; c'est qu'on doit la calculer de manière qu'ils reçoivent non-seulement l'égouttement des irrigations de la contrée, mais encore le produit des eaux pluviales d'une région quelquefois plus étendue encore. On pourrait objecter qu'en temps de pluie on n'arrose pas ; mais cela est indifférent, puisque si les eaux livrées au canal principal, ne trouvent pas leur débouché accoutumé dans les canaux secondaires et les rigoles, il faut bien qu'on le leur procure par les fuyants ou déchargeoirs, qui aboutissent toujours dans les colateurs.

Observations diverses sur les sections. — Les méthodes précédentes ne s'appliquent pas en bloc à toute la ligne d'un canal projeté. Il arrive presque toujours, au contraire, que soit pour les convenances du tracé, soit pour d'autres motifs, on trouve de l'avantage à faire varier les pentes entre certaines limites, et conséquemment aussi les sections ; afin de conserver l'uniformité désirable dans le débit des eaux. Il y a, à cela, un avantage assez grand qui est de pouvoir proportionner ces pentes à la résistance, ordinairement variable, des terrains à traverser. S'il arrive, par exemple, que le canal projeté se trouve avoir une certaine partie de son trajet ouvert dans un déblai de rocher, on ne manque jamais de profiter de cette circonstance pour lui donner, en cet endroit, le maximum de pente et le minimum de section, attendu que celle-ci devient beaucoup moins coûteuse à établir, et cet excédant de pente se trouve racheté par une diminution équivalente, à la traversée des terrains les moins résistants. La pente des aqueducs, ponts-aqueducs et siphons doit aussi se régler d'après cette même considération, puisque le cube des maçonneries diminue ordinairement dans un rapport considérable avec la diminution du débouché, et que l'augmentation de vitesse de l'eau y est au contraire sans inconvénient.

Dès que l'eau est mise en mouvement dans un canal nouvellement ouvert, les sections qui y ont été établies, en rapport avec telle ou telle nature du sol, tendent toujours à se modifier, plus ou moins, par le régime et par la nature de l'eau qui y coule. Avec des eaux claires et beaucoup de vitesse, le lit se dégrade, et cet effet se manifeste principalement sur les parties les moins résistantes ; avec des eaux troubles et peu de vitesse, on n'aurait à attendre que des dépôts, et peu ou point de corrosions. L'un et l'autre de ces inconvénients sont à éviter. Le premier serait encore le plus grave en ce que l'enlèvement continuel des matières provenant des dégradations du lit tendrait à l'élargir indéfiniment ; ce qui pourrait finir par modifier d'une manière notable les conditions de son établissement, relativement aux propriétés riveraines.

C'est dans ce cas surtout qu'il est très-important de conserver, de distance en distance, la section normale de la dérivation, au moyen d'un certain nombre de profils en maçonnerie, plus ou moins rapprochés, et qui étant à l'abri des corrosions, servent à rétablir cette section dans les parties où, lors des curages, on aurait souvent de la peine à en reconnaître les dimensions primitives. Dans les canaux qui ont peu de hauteur d'eau, relativement à leur largeur, ce sont les berges qui se dégradent; dans le cas inverse, c'est principalement le fond. On peut avoir égard à cette circonstance dans la manière de placer les revêtements partiels dont je parlerai plus loin, et dont il n'a été question ici que comme moyen conservateur de la section.

Les considérations contenues dans ce chapitre, relativement au choix des pentes et des sections, sont à la fois ce qu'il y a de plus important, de plus spécial, et de plus difficile, dans l'art d'établir les canaux d'arrosage. J'ai donc dû traiter cet objet fondamental avec les détails qu'il réclamait. Le choix le plus convenable du système de pentes, et celui des sections correspondantes, demande beaucoup de tâtonnements, de comparaisons et d'épreuves successives. L'extraction des racines carrées, que comporte la formule indiquée pour cet usage, exigeant des calculs un peu longs, je donne ici, dans le but d'épargner le temps des ingénieurs, une table des valeurs successives des quantités h, $\sqrt{h}$, et $h\sqrt{h}$, depuis 1 jusqu'à 200, ce qui comprend tous les cas usuels pour les hauteurs d'eau des canaux qui atteignent bien rarement 2 mètres. Quant aux fractions décimales, on observera qu'on ne peut chercher des carrés que parmi celles qui ont un nombre pair de chiffres après la virgule, et c'est surtout ce qui rend utile l'emploi de la table suivante, dans les limites où elle est présentée.

Par exemple, si l'on a $h = 1^m,40$, on observera que $h = \frac{140}{100}$; que $\sqrt{h} = \frac{\sqrt{140}}{10}$; et que $h\sqrt{h} = \frac{140.\sqrt{140}}{1000}$. Dès lors on trouvera immédiatement, sans aucun calcul, à l'aide de la table suivante, $\sqrt{h} = 1,1832$, et $h\sqrt{h} = 1,6565$.

Ladite table servira aussi à trouver, pour le même usage, la valeur de $\sqrt{\cos.\ \varphi}$, qui entre également dans l'expression de la largeur moyenne des canaux, dont on a préalablement fixé la portée d'eau et la pente. La valeur de cos. φ ne peut guère varier qu'entre les limites suivantes :

$$\text{Cos}\,\varphi = 0,0002 \quad \text{et} \quad \cos\varphi = 0,0016.$$

Enfin cette même table aura encore une autre utilité pour les études relatives à la mesure et à la distribution des eaux, puisque le produit $h\sqrt{h}$, qu'elle donne sans calcul, entre aussi, avec l'emploi de coefficients variables, dans l'expression de la dépense théorique, qui a lieu, soit par un orifice, soit par un déversoir.

Voici cette table; elle n'est qu'un abrégé de celle qui a été calculée par De Regi.

h	$\sqrt{h}$	$h.\sqrt{h}$	h	$h\sqrt{}$	$h.\sqrt{h}$
1	1,00000	1,00000	38	6,16441	234,24758
2	1,41421	2,82842	39	6,24500	243,55500
3	1,73205	5,19615	40	6,32455	252,98200
4	2,00000	8,00000	41	6,40312	262,52792
5	2,23607	11,18035	42	6,48074	272,19108
6	2,44949	14,69694	43	6,55744	281,96992
7	2,64575	18,52025	44	6,63325	291,86300
8	2,82843	22,62744	45	6,70820	301,80900
9	3,00000	27,00000	46	6,78233	311,98718
10	3,16228	31,62280	47	6,85565	322,21555
11	3,31662	36,48282	48	6,92820	332,55360
12	3,46410	41,56920	49	7,00000	343,00000
13	3,60555	46,87215	50	7,07107	353,55350
14	3,74166	52,38324	51	7,14143	364,21293
15	3,87298	58,09470	52	7,21110	374,97720
16	4,00000	64,00000	53	7,28011	385,84583
17	4,12310	70,09270	54	7,34847	396,81738
18	4,24264	76,36752	55	7,41620	407,89100
19	4,35890	82,81910	56	7,48331	419,06536
20	4,47213	89,44260	57	7,54983	430,34031
21	4,58257	96,23397	58	7,61577	441,71466
22	4,69041	103,18902	59	7,68114	453,18726
23	4,79583	110,30409	60	7,74597	464,75820
24	4,89898	117,57552	61	7,81025	476,42525
25	5,00000	125,00000	62	7,87401	488,18862
26	5,09902	132,57452	63	7,93725	500,04675
27	5,19615	140,29605	64	8,00000	512,00000
28	5,29150	148,16200	65	8,06226	524,04690
29	5,38516	156,16974	66	8,12404	536,18664
30	5,47722	164,31660	67	8,18535	548,41845
31	5,56776	172,60056	68	8,24621	560,74228
32	5,65685	181,01920	69	8,30662	573,15678
33	5,74456	189,57048	70	8,36660	585,66200
34	5,83095	198,25230	71	8,42615	598,25665
35	5,91608	207,06280	72	8,48528	610,94016
36	6,00000	216,00000	73	8,54400	623,71200
37	6,08276	225,06212	74	8,60232	636,57168

h	$\sqrt{h}$	$h.\sqrt{h}$	h	$\sqrt{h}$	$h.\sqrt{h}$
75	8,66025	649,51875	112	10,58300	1185,29600
76	8,71780	662,55280	113	10,63014	1201,20582
77	8,77496	675,67192	114	10,67708	1217,18712
78	8,83176	688,87728	115	10,72380	1233,23700
79	8,88819	702,16701	116	10,77033	1249,35828
80	8,94427	715,54160	117	10,81665	1265,54805
81	9,00000	729,00000	118	10,86278	1281,80804
82	9,05538	742,54116	119	10,90871	1298,13649
83	9,11043	756,16569	120	10,95445	1314,53400
84	9,16515	769,87260	121	11,00000	1331,00000
85	9,21954	783,66090	122	11,04536	1347,53392
86	9,27362	797,53132	123	11,09054	1364,13642
87	9,32738	811,48206	124	11,13553	1380,80572
88	9,38083	825,51304	125	11,18034	1397,54250
89	9,43398	839,62422	126	11,22497	1414,34622
90	9,48683	853,81470	127	11,26943	1431,21761
91	9,53939	868,08449	128	11,31371	1448,15488
92	9,59166	882,43272	129	11,35782	1465,15878
93	9,64365	896,85945	130	11,40175	1482,22750
94	9,69536	911,36384	131	11,44552	1499,36312
95	9,74679	925,94505	132	11,48912	1516,56384
96	9,79796	940,60416	133	11,53256	1533,83048
97	9,84886	955,33942	134	11,57584	1551,16256
98	9,89949	970,15002	135	11,61895	1568,55825
99	9,94987	985,03713	136	11,66190	1586,01840
100	10,00000	1000,00000	137	11,70470	1603,54390
101	10,04987	1015,03687	138	11,74734	1621,13292
102	10,09950	1030,14900	139	11,78983	1638,78637
103	10,14889	1045,33567	140	11,83216	1656,50240
104	10,19804	1060,59616	141	1,87434	1674,28194
105	10,24695	1075,92975	142	11,91637	1692,12454
106	10,29563	1091,33678	143	11,95826	1710,03118
107	10,34408	1106,81656	144	12,00000	1728,00000
108	10,39230	1122,36840	145	12,04159	1746,03055
109	10,44031	1137,99379	146	12,08305	1764,12530
110	10,48809	1153,68990	147	12,12435	1782,27945
111	10,53565	1169,45715	148	12,16552	1800,49696

h	$\sqrt{h}$	$h.\sqrt{h}$	h	$\sqrt{h}$	$h.\sqrt{h}$
149	12,20655	1818,77595	175	13,22876	2315,03300
150	12,24745	1837,11750	176	13,26650	2334,90400
151	12,28820	1855,51820	177	13,30413	2354,83101
152	12,32883	1873,98216	178	13,34166	2374,81548
153	12,36932	1892,50596	179	13,37909	2394,85711
154	12,40967	1911,08918	180	13,41641	2414,95380
155	12,44990	1929,73450	181	13,45362	2435,10522
156	12,49000	1948,44000	182	13,49074	2455,31468
157	12,52996	1967,20372	183	13,52775	2475,57825
158	12,56980	1986,02840	184	13,56466	2495,89744
159	12,60952	2004,91368	185	13,60147	2516,27195
160	12,64911	2023,85760	186	13,63818	2536,70148
161	12,68058	2042,86158	187	13,67479	2557,18573
162	12,72792	2061,92304	188	13,71131	2577,72628
163	12,76714	2081,04382	189	13,74773	2598,32097
164	12,80625	2100,22500	190	13,78405	2618,96950
165	12,84523	2119,46295	191	13,82027	2639,67157
166	12,88410	2138,76060	192	13,85641	2660,43072
167	12,92285	2158,11595	193	13,89244	2681,24092
168	12,96148	2177,52864	194	13,92839	2702,10766
169	13,00000	2197,00000	195	13,96424	2723,02680
170	13,03840	2216,52800	196	14,00000	2744,00000
171	13,07670	2236,11570	197	14,03567	2765,02699
172	13,11488	2255,75936	198	14,07125	2786,10750
173	13,15295	2275,46035	199	14,10673	2807,25927
174	13,19090	2295,21660	200	14,14213	2828,42600

CHAPITRE VINGTIÈME.

TRACÉ ET PROFIL DU CANAL.

Règles à suivre pour le tracé définitif. — Établissement du profil transversal, en tenant compte des diverses situations topographiques du sol. — Types applicables aux cas les plus usuels.

Tracé définitif. — J'ai cherché à faire ressortir, dans les chapitres précédents, l'importance, ainsi que la difficulté, du choix des pentes et des sections, dans le projet d'un canal d'arrosage. Tout cela n'existe pas pour les canaux de simple navigation, où il n'y a pas de courant proprement dit, et où les volumes d'eau à dépenser, pour le service des bateaux, se puisent dans des biefs à niveau mort. Les seuls points où elle soit en mouvement, dans les canaux de cette espèce, se trouvent dans l'emplacement des écluses, qui sont bien garnies de murs et de radiers; de sorte que l'on n'a à s'occuper ni des difficultés relatives à la résistance du terrain, qui met des limites à la vitesse de l'eau, ni de la détermination correspondante des sections, qui doivent varier ici, soit avec les modifications de la pente, soit d'après la diminution progressive du volume d'eau.

En raison de ces circonstances, le tracé des canaux d'arrosage est, comme je l'ai dit au commencement de ce livre, une des plus difficiles de toutes les opérations qui réclament le concours d'ingénieurs habiles et spéciaux. J'ai donc dû, dans le chapitre précité, traiter cet objet avec les détails nécessaires; et si les bornes de cet ouvrage m'eussent permis de donner quelques développements de plus sur ce sujet important, ils eussent été d'une utilité incontestable.

Le tracé définitif d'un canal d'arrosage, comme les tracés provisoires dont il a été question plus haut, est entièrement gouverné par la détermination préalable et fondamentale des pentes qui peuvent convenir dans une localité donnée; c'est donc sur ces pentes elles-mêmes, ou plutôt sur des inclinaisons un peu plus faibles, que l'on doit baser l'opération du tracé, qui peut se faire, soit au niveau de pente, soit au niveau horizontal, pourvu que l'un et l'autre de ces instruments, parfaitement vérifiés, soient d'une rigoureuse précision.

Quant à la manière de faire ce tracé, on ne saurait indiquer de règle invariable qui puisse convenir à toutes les localités; car suivant la déclivité naturelle et les mouvements du terrain, le mode d'opération varie nécessairement d'un lieu à un autre. Je ne puis donc que me renfermer ici dans quelques préceptes généraux, qui doivent toujours servir de guide dans les opérations de cette espèce, quelles que soient d'ailleurs les circonstances locales.

Encore bien que les opérations, tendant à l'établissement des canaux dont il s'agit, n'aient pas les mêmes règles que celles qui se pratiquent dans le tracé des routes ou des canaux de navigation, quoiqu'il y ait, dans le cas actuel, beaucoup de sujétions nouvelles, quoique l'égalité que l'on a ordinairement pour but d'obtenir entre les déblais et les remblais devienne souvent impossible, il n'est pas moins vrai qu'entre plusieurs tracés admissibles il y en a toujours un plus économique, ou pour mieux dire, plus avantageux que les autres. C'est celui-là que l'on doit trouver et adopter.

Il est d'ailleurs certaines règles applicables au tracé de tous les ouvrages analogues et dont la prudence la plus ordinaire doit conseiller l'observation. Ainsi l'on évitera également de traverser les terrains très-bas, qui exigeraient de trop grands remblais, et les terrains très-élevés, où il faudrait creuser des tranchées d'une grand profondeur. On redoutera plus soigneusement encore les mauvais fonds et les sols éminemment perméables, tels que les bancs de gravier, les anciennes carrières et autres endroits semblables où les eaux ne peuvent être maintenues qu'au moyen de travaux d'étanchement très-coûteux. Toutes les fois que l'on aura le choix entre plusieurs lignes, également bien situées, la plus courte ou la plus directe devra toujours être préférée. Enfin on tâchera de concilier, autant que possible, l'obligation de tenir le canal à la hauteur voulue, au-dessus du niveau des campagnes à arroser, avec l'économie des terrassements, et surtout des emprunts.

Telles sont les seules règles générales sur lesquelles on puisse se guider dans le tracé des canaux d'irrigation. Mais chaque terrain a sa situation caractérisée par des circonstances différentes; et leur observation attentive, basée sur les considérations développées dans cet ouvrage, conduira toujours à l'adoption des règles particulières pouvant faire connaître le meilleur tracé.

Une des plus sûres méthodes pour arriver à l'économie des terrassements et à l'égalité, aussi approximative que possible, entre les déblais et les remblais, consiste à faire d'abord, en se tenant, autant qu'on le peut, à zéro du terrain naturel, un premier tracé avec des pentes un peu inférieures à celles qu'on se propose de conserver; et soit que ce tracé puisse être valable et définitif, soit qu'il doive être en partie abandonné, il jette toujours beaucoup de lumière sur les moyens d'approcher autant que possible de celui qui est plus économique. Mais il arrive, dans un grand nombre de cas, que les tracés faits de cette manière, et qui se tiennent généralement à mi-côte, dans les vallées, sont à la fois les moins coûteuvx et les meilleurs sous tous les rapports.

Si le terrain est un peu accidenté, et surtout entrecoupé de petits vallons ou de contre-forts, alors les nivellements, dans ce système, donnent des directions qui ne pourraient être conservées comme définitives, attendu qu'elles présenteraient beaucoup trop d'angles et de lignes brisées. Ici, plus qu'en toute autre circonstance, il est du plus grand intérêt d'observer que les courbures de l'axe sont assujetties à être presque insensibles, ou du moins extrêmement douces et arrondies ; comme le sont d'ailleurs toujours les contours des eaux courantes naturelles, d'un bon régime. Les coudes et les brusques sinuosités doivent être soigneusement proscrits; car ils équivaudraient à une diminution notable du débouché, ou de la section, qui doit être exactement calculée. Il en résulterait donc le triple inconvénient : 1° de déranger tous les calculs qu'on aurait basés sur l'emploi utile d'un certain volume d'eau; 2° de rendre inutile la dépense faite pour établir le canal, avec sa section effective, dans les portions exemptes de cette fâcheuse influence; 3° de supporter ou des frais de revêtements, ou des frais d'entretien et de curage, très-considérables, par suite des dégradations qui ne manquent jamais de se produire dans les coudes des canaux à eau courante. On comprend donc aisément combien ce défaut serait capital.

J'ai vu des projets de canaux d'arrosage que l'on présentait comme complétement étudiés et comme prêts à être mis à exécution, quoique cette précaution essentielle fût loin d'y avoir été observée. Leur plan, dans certaines portions correspondantes aux terrains accidentés, aurait pu véritablement être pris pour celui des fortifications d'une place de guerre, tant il présentait d'aspérités et de petites portions de lignes droites, se brisant sous des angles aigus.

Mais de ce qu'un tracé de cette espèce est, dans certains cas, inadmissible pour l'axe même d'un canal d'arrosage, il n'est pas moins très-utile comme opération transitoire servant à faire connaître la ligne qui correspondrait au minimum de terrassements; ligne qu'il est toujours très-important de connaître. Et attendu que c'est toujours dans son voisinage que se trouve le tracé le plus avantageux, on se sert de cette première indication du nivellement en y traçant, soit sur le papier, soit sur le terrain, une ligne à contours larges et adoucis, qui laissant à droite et à gauche les principales aspérités de la ligne brisée, résultant de cette première étude, suit néanmoins, dans son ensemble, sensiblement le même trajet. Le parcours primitif est alors toujours raccourci ; et conséquemment les pentes se trouvent un peu augmentées. C'est pourquoi j'ai eu soin de dire qu'on devait, en faisant ce premier nivellement de pente, employer constamment des inclinaisons un peu plus faibles que celles que l'on se propose d'adopter définitivement.

En ce qui touche le développement des courbes, il n'y a rien de fixe; mais plus elles seront ouvertes ou à grand rayon, plus elles seront convenables. On peut regarder 150 à 100 mètres comme un minimum qu'il ne faudrait pas dépasser.

Dès que l'on a ainsi bien arrêté la ligne du tracé qui doit être regardé comme définitif, on procède sur sa direction à un dernier nivellement très-exact qui donne le profil longitudinal du projet sur lequel on établit la ligne d'eau et la ligne du fond du canal. Ce tracé définitif doit être indiqué exactement sur le terrain, tant dans les parties rectilignes que dans courbes, par des bornes solidement établies; et de plus tous les brisements de pente doivent l'être par des repères invariables, que l'on puisse toujours retrouver, même au bout de plusieurs années, si des retards survenaient entre la rédaction du projet et l'exécution des ouvrages. Un sillon de $0^m,20$ à $0^m,30$ de profondeur, tracé à la charrue, indique sur le terrain l'emplacement réel de l'axe du canal, et enfin il est essentiel que deux sillons semblables, un peu moins profonds, puissent indiquer latéralement le périmètre des terrains à occuper pour l'établissement, soit du canal seul, soit du canal accompagné de ses francs-bords.

Telles sont les observations qu'il était utile de faire, sur le tracé des canaux d'arrosage. Si celui dont on fait l'étude doit servir en outre à la navigation, on devra tenir compte, comme je l'ai fait remarquer dans le chapitre précédent, du sens dans lequel aura lieu le principal mouvement des bateaux chargés. Dans le cas général, on observera, quant à cette dernière destination, les conditions d'usage en ce qui touche le minimum de longueur des biefs et l'égalité, qu'il serait désirable d'obtenir dans les chutes des écluses. Je ferai remarquer que ce dernier point, qui est très-essentiel pour l'économie de l'eau sur les canaux de simple navigation, est moins indispensable à remplir sur ceux de navigation et d'arrosage, attendu que, dans ce dernier cas, la présence du pertuis spécial qui accompagne chaque écluse, permet toujours de transmettre, d'un bief à un autre, tel volume d'eau que l'on juge convenable pour en égaliser la répartition.

Établissement du profil. — Je n'ai parlé, dans le chapitre précédent, de la section des canaux d'arrosage que comme capacité strictement nécessaire pour contenir le volume d'eau qu'il s'agit de conduire. Mais cette section, qui est représentée par le trapèze compris entre le plan d'eau et le fond du canal, n'est qu'une partie du profil transversal. Celui-ci comprend encore des berges, et des talus, tant pour les déblais que pour les remblais. C'est sur ce dernier point qu'il me reste à donner quelques renseignements.

La hauteur des berges, qui se mesure entre le niveau normal de l'eau et le couronnement des remblais, ou banquettes, doit être minime dans les canaux d'arrosage, surtout s'ils sont régulièrement alimentés. A la rigueur $0^m,15$ à $0^m,20$ suffiraient; mais ne serait-ce qu'à cause des exhaussements que peut amener périodiquement la croissance des plantes aquatiques, on est obligé d'admettre plus de latitude; et l'on prend, dans les cas les plus favorables, à peu près le double du chiffre ci-dessus, c'est-à-dire de 0,40 à 0,45, comme cela est indiqué dans les figures relatives à cet objet, représentant des profils de divers canaux particuliers de la Lombardie. Si le canal doit être navigable on augmente, d'une certaine quantité, cette hauteur de berge, à cause de l'exhaussement produit par le volume d'eau déplacé par les bateaux, et à cause des mouvements ondulatoires que leur circulation occasionne.

Quant aux talus, soit en déblai, soit en remblai, leur inclinaison varie toujours suivant la nature du terrain sur lequel on opère.

Le double but qu'il s'agit de remplir est de concilier l'économie des frais de terrassements, dans l'exécution du canal, avec l'économie des frais ultérieurs de curage, qui sont excessivement augmentés quand les talus se dégradent.

Il est clair que si une portion de canal est à ouvrir dans le rocher on doit lui donner la section correspondante au minimum de déblai; elle est d'une forme rectangulaire; c'est-à-dire avec des talus nuls.

Dans les cas ordinaires, si l'on creuse dans des terrains solides, on adopte, pour les talus en déblai, des inclinaisons variables depuis 1/2 jusqu'à 1 de base pour 1 de hauteur. Tout dépend, en un mot, du plus ou moins de stabilité du terrain, qui doit se dégrader le moins posible, sous les influences combinées de l'humidité et de la sécheresse, des pluies, de la gelée, etc.

Quand le plafond du canal ne se trouve qu'à une profondeur de 4 à 5 mètres au-dessous du niveau du sol, les talus en déblai se dressent toujours en un seul plan, sous l'inclinaison convenable à la nature du terrain, comme cela est représenté par les profils que donnent les fig. 8....12 de la pl. XI, où ces inclinaisons ont pour base environ 0^{m},75 de la hauteur. Au delà de cette profondeur, les déblais deviennent de véritables tranchées, et leur profil, tout en conservant le même talus, se dispose par retraites successives, ou avec des banquettes, ainsi que le représentent les fig. 13, 14, pl. XI; 13, 15 et 16, pl. XII.

Quelle que soit la destination du canal, il est utile d'établir inférieurement ces banquettes, avec une largeur convenable, à une très-petite distance au dessus du plan d'eau, ainsi qu'on le voit dans les profils de la pl. XII, sauf à les reproduire dans la partie moyenne de la tranchée (fig. 13 et 15). S'il y a une navigation, ces banquettes inférieures sont indispensables pour le halage; s'il n'y en a pas, elles sont presque aussi utiles, comme franc-bord, notamment dans le temps des curages. Ce système, qui donne à la section des canaux, dans les tranchées, la figure résultant de la superposition de plusieurs trapèzes, a surtout l'avantage qu'on doit le plus rechercher ici, celui de recevoir sur les banquettes, où on les enlève facilement, les terres provenant de la dégradation des talus supérieurs; car sans cela elles tomberaient dans le canal.

Les remblais que l'on peut avoir à former avec des déblais de roche prennent le talus qu'on veut leur donner, attendu que ces mêmes remblais approchent plus ou moins d'une maçonnerie grossière; on peut donc dresser leurs talus sous des inclinaisons inférieures à 45°, ce qui n'est pas possible avec toute autre nature de terrain. Pour les terres ordinaires, on presque toujours au delà de ce chiffre ; et si, pour économiser l'espace, on juge convenable d'adopter moins de 1 1/2, on ne peut guère rester au-dessous de 1 1/2.

Les grands remblais sont assez communs sur les canaux d'arrosage; et j'en ai dit les raisons. On leur donne ordinairement pour profil un seul trapèze (fig. 14, pl. XII). La disposition par retraites (fig. 12) a été quelquefois adoptée, mais on ne s'y est pas arrêté, et l'on conçoit bien qu'elle n'a plus la même utilité que dans les tranchées.

Le cas où il y aurait, au pied du talus extérieur, un contre-fossé habituellement plein d'eau, est donc à peu près le seul dans lequel on puisse recommander cette disposition.

Pour avoir une idée des différents cas particuliers qui peuvent se présenter dans le tracé et l'établissement du projet transversal d'un canal d'irrigation, placé dans des situations topographiques très-différentes, on peut consulter les diverses figures réunies dans les pl. XI et XII, lesquelles retracent ces diverses situations, relevées sur des canaux du nord de l'Italie et comprenant des spécimens de tous les cas usuels, depuis des coteaux très-escarpés et des passages en galerie, jusqu'à des terrains entièrement en plaine.

LIVRE QUATRIÈME.

CHAPITRE VINGT ET UNIÈME.

OUVRAGES D'ART ORDINAIRES.

Détails des ouvrages ordinaires qui trouvent leur application dans la construction des canaux à eau courante. — Étanchements. — Murs de soutènement. — Souterrains. — Radiers et revêtements. — Martellières, clapets, etc. — Prises d'eau ou embouchures.

Les ouvrages d'art ordinaires relatifs aux canaux d'irrigation peuvent être divisés en dix classes, ainsi qu'il suit : 1° fondations en général ; — 2° étanchements ; — 3° murs de soutenement et canaux en maçonnerie ; — 4° radiers et revêtements de berges ; — 5° vannes, clapets et déversoirs ; — 6° prises d'eau ; — 7° barrages ; — 8° ponts ; — 9° aqueducs, ponts-aqueducs, siphons ; — 10° écluses.

Je ne donnerai, sur chacune de ces diverses espèces d'ouvrages, que des détails succincts, attendu que les documents les plus essentiels à cet égard se trouvent dans les planches de mon atlas, qui sont toutes des planches d'exécution, en ce sens que les dessins qu'elles présentent sont pris sur les meilleurs ouvrages d'art des canaux, domaniaux ou particuliers, existant dans la Lombardie et le Piémont. Ils ont, de plus, été choisis de manière à donner l'exemple des cas particuliers qui se présentent, dans les pays de grandes irrigations, par suite du croisement, sur un même point, ou sur des points voisins, de plusieurs dérivations existant à des niveaux différents.

En jetant les yeux sur l'ensemble des ouvrages d'art représentés dans l'atlas ci-joint, notamment sur ceux qui font le sujet des pl. XV, XVI, XVII, XXII, XXV, XXVI et XXVII, on voit que le système des pilotis y domine presque exclusivement. Il est vrai que parmi ces ouvrages il en est quelques-uns qui datent d'une époque ancienne, mais la plupart d'entre eux sont très-modernes, puisque leur construction ne remonte qu'à dix, quinze ou vingt ans.

Cependant, aujourd'hui, dans la Lombardie, comme dans la plupart des pays d'une situation analogue, les bois sont devenus fort rares, et un pilot de chêne, mis en place, qui, il y a seulement cinquante ans, ne serait revenue, en ancienne monnaie, qu'à un prix équivalant au plus à 3f,50 ou 4 francs, y coûte aujourd'hui trois ou quatre fois autant.

Il faut bien admettre qu'il y a un avantage réel dans l'emploi de ce mode de fondations, puisque la plupart des ouvrages précités ont été construits sur les projets d'ingénieurs habiles et expérimentés. Néanmoins j'ai peine à croire que les belles dalles granitiques que l'on exploite aujourd'hui à très-bas prix, et qui sont un objet de commerce important pour le Milanais, ne rempliraient pas le même but, d'une manière plus économique, surtout en considérant que ces fondations ont lieu, presque sans exception, sur un terrain de gravier naturellement incompressible. On pourrait objecter peut-être que les terrains de cette nature ont besoin d'un encaissement, afin d'être préservés des dégradations que l'eau pourrait y occasionner latéralement; mais dans tous les cas il résulterait de là que l'emploi des bois, en fondations, devrait être restreint à des enceintes jointives de pieux et palplanches, qui sont infiniment plus économiques qu'un pilotis complet. Des ponts et autres ouvrages hydrauliques, que j'ai eu l'occasion de fonder dans ce dernier système, soit à nu sur le gravier et la glaise, soit sur ces mêmes terrains, avec addition d'une plate-forme de béton, ont parfaitement réussi et jouissent d'une stabilité parfaite. Il est à présumer qu'à mesure qu'on s'éclairera davantage sur les systèmes modernes de fondations sans épuisements, on restreindra de plus en plus l'emploi dispendieux des pilotis. Par suite de l'adoption des anciens modes de fondation, et sans doute aussi d'après l'abondance des sources que l'on rencontre en ouvrant des canaux dans le territoire milanais, les ingénieurs de ce pays sont dans l'usage de comprendre dans leurs devis des sommes élevées pour épuisements; et, après l'exécution, cette nature de travaux s'élève souvent au dixième de la dépense totale. Ce chiffre a été atteint, au nouveau canal de la famille Taverna, qui s'achève en ce moment sur les projets et sous la direction de M. Brioschi, ingénieur milanais de beaucoup de mérite.

Étanchements. — C'est particulièrement dans les parties en remblais que les canaux artificiels sont exposés aux filtrations et aux pertes d'eau. Ceux qui ne servent qu'à la navigation, et qui peuvent être placés dans des terrains bas, où ils avoisinent, et même où ils rencontrent quelquefois, les nappes d'eau souterraines existant alors à peu de profondeur, ne sont que faiblement exposés à cet inconvénient, en comparaison des canaux d'arrosage, qui doivent occuper une situation élevée au-dessus des terrains environnants, et qui, de plus, sont à eau courante. On peut encore ajouter que les filtrations y sont plus défavorables que partout ailleurs, puisque l'eau que renferment ces canaux a une valeur vénale fort élevée ; on doit donc chercher à les en préserver avec le plus grand soin. Si les travaux étaient toujours exécutés avec les précautions voulues, si les digues, construites exclusivement en terres de qualité convenable, étaient exactement damées, si l'on était pas souvent obligé d'y introduire l'eau un peu plus tôt qu'il ne conviendrait, les chances de filtration pourraient être bien diminuées. L'expérience prouve cependant qu'on ne peut jamais les éviter complétement, et j'ai donné, dans le chapitre XXI, d'après l'observation faite sur les grands canaux du Milanais, une évaluation du chiffre auquel s'arrête, en moyenne, l'effet des filtrations et autres pertes d'eau, sur ces canaux d'une construction ancienne. Celles-là ne pourraient pas être facilement combattues par des moyens de précaution, parce qu'étant ordinairement disséminées sur toute la ligne d'un canal, on ignore le point précis sur lequel elles ont lieu.

Au contraire, dans les premiers temps qui suivent l'achèvement d'un ouvrage de cette nature, il y a toujours des veines perméables de terrain qui se trouvent mises à nu, toujours quelque remblai imparfaitement comprimé, et alors on éprouve, lors de la mise en eau, et souvent pendant un temps plus ou moins long, au delà de cette époque, des pertes ou filtrations temporaires, occasionnées par des imperfections locales, dans l'exécution des terrassements ou dans celle des maçonneries. Ces pertes-là sont souvent très-considérables, ou, pour mieux dire, elles n'ont pas de limites. Lorsqu'on aperçoit, à la base d'une digue ou remblai d'un canal nouveau, un simple suintement, par lequel l'eau commence à se faire jour, si l'on n'y porte pas immédiatement remède, le mal s'accroîtra avec rapidité, et il aboutira inévitablement à une brèche, dont la réparation sera toujours grave. C'est donc surtout ici qu'on doit prendre pour règle cette sage maxime : *principiis obsta.*

Murs de soutenement et canaux en maçonnerie. — Quand le terrain sur lequel doit être établi un canal d'arrosage, surtout d'une dimension médiocre, est trop incliné, ou trop perméable, on ne doit pas hésiter à remplacer, par des murs en maçonnerie hydraulique, les terres rapportées qui seraient exposées à glisser sur les plans inclinés du sol naturel. Alors on forme toute la section du canal en maçonnerie, avec un rejointoiement intérieur en ciment hydraulique de la meilleure qualité. Quand ces ciments sont excellents, comme ceux que donne la pouzzolane, leur emploi dans les maçonneries de briques ou de moellons suffit souvent pour empêcher toute perte d'eau, sans le secours d'aucun rejointoiement.

Les planches XI et XII, représentant les principaux profils en travers d'un canal d'arrosage, projeté en Piémont, par M. l'ingénieur Calvi, dans des terrains de gravier, de schiste, et de rochers fendillés, indiquent les situations dans lesquelles ce système doit toujours être adopté.

Souterrains. — Les canaux de navigation à point de partage ont généralement un souterrain d'une longueur notable. L'inconvénient de la dépense qu'il nécessite est compensé par plusieurs avantages, dont les principaux sont : 1° de diminuer la hauteur du seuil ou du col à franchir, en réduisant le nombre des écluses; 2° de pouvoir placer les réservoirs alimentaires de ces sortes de canaux dans une situation plus basse, où ils reçoivent l'eau d'une superficie plus étendue, et où ils la retiennent plus facilement.

Sur les canaux d'arrosage, les souterrains n'existent qu'accidentellement; cependant il y a des cas où ils y sont indispensables. On ne pourrait prendre pour règle la situation exceptionnelle du canal de Marseille, qui, sur une longueur totale de 92 kilomètres, compte 41 souterrains, dont deux ont 3.500 mètres, et dont les longueurs réunies sont de plus de 16 kilomètres.

Il est inutile de remarquer que ce canal, destiné principalement à satisfaire, au point de vue de la salubrité et de l'agrément, les besoins d'une opulente cité, ne serait pas un emploi de fonds avantageux, pour une entreprise qui n'aurait que l'arrosage pour objet; et s'il eût été ouvert pour cette seule destination, son tracé aurait dû être différent.

Je n'en connais point sur les canaux de la Lombardie; mais en Piémont, on remarque, sur le canal de Caluso, les deux galeries de Saint-Georges, ayant ensemble 1416 mètres de longueur, sur un peu plus de 3 mètres d'ouverture. J'en ai déjà parlé en donnant précédemment la description de ce canal; leur section se trouve représentée pl. XII, fig. 17. La fig. 7 indique une galerie à ouvrir dans le rocher, sur un canal projeté dans la province d'Alexandrie. L'emploi de la maçonnerie y est restreint à la cuvette du canal.

Les plus petits souterrains, ceux de 2^{m},50 à 3 mètres de largeur, ne peuvent guère coûter moins de 150 à 200 francs le mètre courant; les plus grands, ceux qui ont de 8 à 9 mètres d'ouverture, comme cela a lieu aux points de partage des canaux de navigation, coûtent, dans des circonstances ordinaires, de 1200 à 1500 francs le mètre courant. Mais il y a des souterrains de cette dimension dont le prix dépasse 2000 francs; pour d'autres il va bien au delà.

Radiers et revêtements. — Les revêtements en usage sur les canaux du nord de l'Italie, sont de différentes espèces. On y voit quelques perrés, à sec, ou à mortier. Dans le voisinage des embouchures, là où les pentes et la vitesse sont considérables, ces revêtements sont ordinairement formés en blocs, dalles ou libages, d'un gros volume; mais dans le plus grand nombre de cas ils sont de véritables murs en brique et à mortier, ayant une épaisseur suffisante pour être murs de soutenement. La face antérieure de ces revêtements est en outre ordinairement garantie contre le choc des bateaux par des pieux de rive, couronnés de moises horizontales, et dont l'espacement varie de 1m,50 à 2 mètres au plus. Leur parement extérieur présente un fruit ou inclinaison assez considérable, tandis que le parement du côté des terres est vertical, et accompagné d'éperons, ou contre-forts intérieurs, qui pénètrent, plus ou moins, avant dans les terres. L'épaisseur et l'espacement de ces contre-forts sont variables, suivant la nature et la hauteur des terres à soutenir. Quand le fond est mauvais, ces murs sont fondés sur pilotis. La fig. 15, pl. XII, et les fig. 5, 6, 7, pl. XXV, représentent ces diverses dispositions.

On conçoit que c'est là un accessoire assez dispendieux dans la construction des canaux. Il est très à désirer que les dépenses de cette nature soient prévues et évaluées dans les projets, plutôt que d'être faites ultérieurement à titre d'augmentations; d'autant plus que quand les ouvrages de cette espèce deviennent nécessaires, c'est ordinairement sur de grandes longueurs, à cause du développement des deux rives. Sur les principaux canaux du Milanais, l'étendue de ces revêtements, dont la nécessité est bien reconnue, a été continuellement augmentée et s'accroîtra encore. Pour trois seulement de ces canaux, la longueur des revêtements dans ce système est aujourd'hui répartie ainsi :

	kil.
Naviglio-Interno........................	64.200
Naviglio-Martesana (y compris le canal intérieur)........................	58.000
Canal de Pavie........................	49.800
Ensemble....................	172.000

Un aperçu de la dépense de cet ouvrage accessoire donnera l'idée de son importance.

Supposons que l'épaisseur des revêtements dont il s'agit ne soit que de $0^m,70$, eu égard aux contreforts, et leur hauteur de $1^m,50$, y compris fondations; le cube, par 2 mètres courants, sera de $2^m,10$. Dans le pays, le mètre cube de maçonnerie de briques, revient à 15 ou 16 francs, dans les cas ordinaires, et à 24 francs, pour peu qu'il y ait d'épuisements; adoptant le prix minimum de 16 francs, on trouve pour la dépense de cette maçonnerie $33^f,60$; et en supposant qu'il n'y ait que de 2 en 2 mètres, un pieu, coûtant, mis en place et moisé, le prix minime de $10^f,40$, on trouve que la dépense des revêtements dont il s'agit revient moyennement à 44 francs les 2 mètres, ou à 22 francs le mètre courant. Ci pour 172.000 mètres. . . 3.784.000 fr.

Dans les pays où l'on aura un mètre cube de maçonuerie, de qualité convenable, pour moins de

16 francs, et un pilot, mis en place et moisé, pour moins de 10f,40, on pourra peut-être n'estimer cette dépense qu'à 20.000 francs par kilomètre, ou à 80.000 francs par lieue. Mais, dans tous les cas, c'est là un des éléments notables de la dépense des canaux de navigation et d'arrosage.

Martellières; vannes; clapets; déversoirs. — J'ai déjà parlé précédemment d'un système de vannes à clapet qui peuvent se placer à l'extrémité des colateurs ou des canaux de décharge quand ceux-ci aboutissent à un cours d'eau sujet à de grandes crues, et pourvu de digues. Il existe un système de vannes analogues, ayant aussi leurs tourillons placés dans un axe horizontal, et que l'on a employées quelquefois aux embouchures des canaux d'arrosage, en les disposant de manière que, tout en laissant passer les eaux jusqu'à un niveau moyen, elles s'opposent à leur entrée lorsqu'il arrive une crue subite ayant l'inconvénient de les rendre troubles ou chargées de graviers. Sans doute ces moyens sont ingénieux, mais ils sont peu pratiques, et l'on fera toujours mieux d'adopter, pour le même objet, de simples vannes ou martellières, surveillées et manœuvrées par des eygadiers bien soigneux.

Les vannes qui servent à l'établissement des déchargeoirs sont faites, dans le système connu de tout le monde, avec seuil, jouées, potilles et chapeau; et, quand on en a la facilité, ces parties fixes s'établissent tout en pierre, préférablement au bois, qui est périssable. La seule observation que j'aie à faire ici porte sur leur dimension et sur leur manœuvre.

Les vannes de fond sont le principal et pour ainsi dire le seul ouvrage régulateur du niveau des eaux dans les canaux; car l'écoulement spontané qui s'opère superficiellement par les déversoirs est réservé pour les moments des crues, dans le but surtout d'éviter des dommages. Plus les eaux sont précieuses, plus leur distribution et leur partage demandent à être faits avec exactitude; plus par conséquent les vannes, servant à opérer cette répartition, ont besoin d'être manœuvrées avec célérité. Cette observation est tout à fait confirmée par la pratique du Milanais, où l'on remarque que les vannes des déchargeoirs ont une disposition normale constamment observée.

Dans les autres pays les vannes de cette espèce ont des largeurs variables, qui vont quelquefois jusqu'à 1^{m},50, ou même 2 mètres, et plus. Leur manœuvre s'effectue au moyen d'engrenages, ou au moyen de grands leviers, entrant dans des trous pratiqués le long du montant des vannes; ou enfin, à l'aide de vis à écrous, soit en fer (fig. 12, pl. VIII), soit en bois (fig. 14). Dans le Milanais, les vannes de distribution ou de décharge, établies sur les canaux d'irrigation, ont, pour les hauteurs d'eau habituelles de 1^{m},50 à 1^{m},80, une largeur à peu près uniforme, qui n'excède jamais 0^{m},87. Quand il y a plus de profondeur, leur partie supérieure, sur une hauteur qui varie de 0^{m},35 à 0^{m},44, est mobile séparément, et s'enlève tout à fait, à l'aide de deux petits montants verticaux (fig. 14). Par cette manœuvre très-expéditive, les martellières fonctionnent à volonté comme des déversoirs, et quand elle est suffisante on n'a pas besoin de recourir à celle des vannes elles-mêmes. Mais dans les localités où les divers usages de l'eau ont atteint un extrême développement, comme cela se voit au sud de Milan, où il se fait un échange continuel entre les eaux de sept ou huit canaux différents, le déversement superficiel ne suffit pas, et les vannes elles-mêmes sont presque constamment en mouvement.

C'est sur ces points-là que l'on peut être certain de rencontrer les dispositions que l'expérience a consacrées comme les plus avantageuses, pour obtenir la manœuvre, à la fois simple et facile, des ouvrages servant à la transmission des eaux; c'est en effet ce que j'ai remarqué sur les canaux du Milanais.

Les vannes de fond, réduites toujours, comme on vient de le voir, à une largeur limitée de $0^{m},87$, ont leur queue pourvue d'une crémaillère en fer, qui y est incrustée et fixée; et c'est avec un levier court, également en fer, du poids de 15 à 20 kilogrammes, appuyé, soit sur un morceau de bois, soit sur une saillie quelconque, que l'eygadier obtient, avec toute la célérité désirable, la manœuvre des vannes, qu'il n'opère que d'après l'inspection des hydromètres.

Entre les mains d'un homme robuste, comme doivent toujours l'être les agents de cette classe, trois secondes et trois coups de levier suffisent pour procurer à l'eau, par ces vannes de fond, un débouché de $0^m,50$ de hauteur, qui, sous l'influence de la pression supérieure, agit immédiatement avec une grande puissance sur le volume d'eau. Cette promptitude, qui, dans le cas actuel, constitue la perfection des appareils de distribution, sera jugée également nécessaire partout où l'eau courante sera devenue, comme dans le Milanais, une marchandise précieuse.

Quant aux déversoirs, qui complètent le système des ouvrages régulateurs des eaux dans les canaux d'arrosage, il n'y a rien de particulier à en dire, attendu qu'ils ne diffèrent en rien de ceux que l'on établit sur les biefs d'usines, ou partout ailleurs. Je me bornerai donc à remarquer qu'ils sont un des plus sûrs moyens de remédier aux dommages que les crues d'eau occasionnent toujours dans les canaux artificiels, quand ils n'ont pu en être entièrement préservés. Avant l'établissement des six grands déversoirs qui existent aujourd'hui sur le Naviglio-Grande, cet important canal éprouvait à chaque crue du Tessin de véritables désastres. Depuis leur construction, il est presque entièrement à l'abri de ce danger. On ne doit donc jamais épargner ce genre d'ouvrage sur les nouveaux canaux, pour peu que l'utilité s'en fasse sentir.

Prises d'eau ou embouchures des canaux. — Les prises d'eau des canaux secondaires dans un canal principal doivent toujours se faire au moyen de modules régulateurs, parce qu'il s'agit d'obtenir une distribution en quantité exactement déterminée. Mais les embouchures des canaux principaux dans les fleuves et rivières ne sont pas assujetties à une limitation aussi rigoureuse. Vu la nécessité où l'on est partout d'encourager l'agriculture, c'est ordinairement par concession gratuite que la faculté de dériver l'eau nécessaire, des rivières, même domaniales, est attribuée aux fondateurs de canaux d'irrigation. D'un autre côté, comme l'administration publique, chargée de cette importante attribution, ne pourrait, sans les plus graves inconvénients, accorder des concessions illimitées, ainsi que cela se faisait autrefois, c'est par les procédés ordinaires de jaugeage qu'on détermine les dérivations de cette espèce.

Cette formule, et l'expression plus générale de l'écoulement par un orifice, au lieu d'indiquer un débit exactement proportionnel à la largeur du pertuis ou du déversoir, devraient donc être complétées, d'après une expérience spéciale, par une certaine fonction de l, qui pût accuser ces excédants de débit, sur lesquels j'ai donné précédemment des explications suffisantes. J'ajouterai encore que rien n'est plus incertain que la justesse de la même formule, pour le cas où il faut tenir compte d'une vitesse préalable de l'eau arrivant sur le déversoir, et donner comme équivalant de cette vitesse une certaine hauteur génératrice, qui s'ajoute à la hauteur représentative de la vitesse d'écoulement, quand le liquide, en amont du déversoir, est à l'état de repos.

Par tous ces motifs il est donc préférable de régler la section, ou la portée d'eau, des canaux de dérivation au moyen de la formule de Tadini, basée sur soixante expériences spéciales, faites sur ce mode particulier d'écoulement. Son emploi est d'ailleurs tout aussi simple que celui de la formule des déversoirs dont je viens de signaler les imperfections.

Les dispositions à adopter pour la nature, l'emplacement et la direction des ouvrages accessoires que réclame toujours l'établissement d'une dérivation, ne peuvent être l'objet d'aucune règle générale; parce que tout, à cet égard, est subordonné au régime de la rivière, à ses pentes, à l'état habituel de ses eaux, suivant qu'elles sont claires ou troubles, aux modifications qui peuvent être à craindre dans sa direction, etc.

A moins de rares exceptions, fondées sur la nature torrentielle, et surtout sur l'instabilité du lit du cours d'eau dans lequel on établit l'embouchure d'un canal, le système à préférer pour les prises d'eau est celui qui est à peu près universellement adopté, sur les canaux du nord de l'Italie, tant dans la Lombardie que dans le Piémont. Les pl. VI, VII et VIII, et l'explication qui y est jointe, donnent d'une manière complète le détail des ouvrages de cette catégorie.

On voit d'après cela que les prises d'eau sont toujours établies à l'aide d'un barrage-déversoir, qui est généralement d'une grande longueur, et placé dans une direction très-oblique au courant. Celui qui est situé en tête du Naviglio-Grande (pl. VI, fig. 1), ne forme qu'un barrage incomplet, d'après l'existence, à son extrémité d'amont, de la grande ouverture de 65 mètres de largeur, qu'on nomme *la bouche de Pavie;* ou plutôt d'après la direction de ce barrage, dans le bras principal du Tessin, on pourrait dire qu'il fait principalement fonction d'un simple partiteur entre le canal et le cours inférieur de la rivière.

Au canal de la Martesana, dont la prise d'eau est représentée pl. VII, fig. 2, le barrage-déversoir s'étend depuis l'origine de la dérivation jusqu'à la rive opposée. Mais il est muni de quatre grands pertuis toujours ouverts, qui offrent un puissant moyen de décharge aux eaux de l'Adda, dont elles régularisent le niveau, aux abords de cette embouchure.

Une semblable précaution n'a point été observée au barrage de prise d'eau du canal de Paderno (fig. 1). Ce barrage, quoiqu'il aille comme le précédent d'une rive à l'autre, n'offre cependant, aux grandes eaux de l'impétueux Adda, qu'un débouché superficiel. Il est hors de doute que cet état de choses contribue beaucoup à la violence des crues que ce canal éprouve dans toute leur force, et qui mettent fréquemment son existence en question. Les nombreux déchargeoirs que l'on a établis successivement sur sa rive gauche, ne remédient que très-incomplétement à cet inconvénient; tandis que deux ou trois pertuis de grande dimension, ouverts dans le massif du déversoir, atténueraient beaucoup l'effet funeste de ces crues.

Un déversoir semblable sert à la vérité à l'établissement de la nouvelle prise d'eau du canal de Parella (fig. 3), dérivé du torrent de Chiuselle, dans la province d'Ivrée, en Piémont ; mais on peut remarquer qu'il ne barre ainsi qu'un des bras de ce torrent, et que la prise d'eau, placée presque d'équerre sur le bras principal, s'opère par un aqueduc ou pertuis couvert, dans lequel l'introduction de l'eau est toujours très-limitée ; tandis que ce déversoir lui-même, placé dans une direction peu oblique sur le courant, est franchi très-facilement par les grandes eaux.

Même en conservant le barrage tel qu'il est, l'établissement d'une semblable embouchure couverte, faite en matériaux suffisamment résistants, serait peut-être un des moyens de conjurer les dangers qui menacent le canal de Paderno.

Sauf un très-petit nombre d'exceptions, tous les canaux de la Lombardie, dérivés du Sério, de l'Oglio, de la Mella, de la Chiese, etc., et tous les canaux du Piémont, dérivés de la Doire-Baltée, de l'Orco, de la Chiusella, de la Sesia et du Tessin, ont leurs prises d'eau établies dans ce système ; c'est-à-dire ont pour ouvrage principal un barrage-déversoir plus ou moins oblique à la direction de la rivière ou du torrent dont ils dérivent, et des ouvrages accessoires, tels que murs de jouée, déchargeoirs, revêtements et défenses de rives, pilotis et pieux d'enceinte, grillages en charpente avec enrochements, etc.

Dans la plupart des anciens canaux ces embouchures sont libres, et il faut des batardeaux temporaires pour les mettre en chômage. Dans ceux que l'on établit actuellement, il est toujours utile que lesdites embouchures soient pourvues de portes ou martellières, qui permettent, 1° de régler, comme cela est convenable, l'introduction du volume d'eau qui doit rester, autant que possible, invariable en tout temps ; 2° d'isoler entièrement le canal de la rivière, pour le temps des réparations et des curages annuels.

CHAPITRE VINGT-DEUXIÈME.

SUITE DES OUVRAGES D'ART.

Barrages. — Ponts et ponceaux. — Aqueducs. — Ponts-aqueducs. — Siphons. Écluses de navigation. — Ouvrages divers.

Barrages. — A très-peu d'exceptions près, tous les cours d'eau du nord de l'Italie qui alimentent des canaux d'arrosage n'ont leurs basses eaux qu'en hiver, et conservent en été le maximum de leur débit; de sorte que si les embouchures des canaux de cette espèce pouvaient exister convenablement sans le secours de barrages, c'est là qu'on devrait les rencontrer. Cependant nous venons de voir que cette construction est regardée comme indispensable, et même comme fondamentale, parmi les ouvrages constitutifs des prises d'eau.

Cela est facile à concevoir, puisqu'il faut nécessairement un ouvrage de main d'homme pour assurer la continuité de l'écoulement de l'eau, dans une direction qui n'est jamais aussi favorablement placée pour la recevoir que le lit naturel.

Cependant, lorsqu'il s'agit de rivières torrentielles et à fond très-mobile, comme cela a lieu pour la Durance, il est presque impossible d'opérer dans ce système; car tout barrage fixe y détermine de suite d'énormes ensablements, dont les conséquences ne peuvent être que funestes aux abords d'une prise d'eau. Cela est doublement regrettable sur cette rivière qui, placée de manière à alimenter toutes les irrigations de la Provence, est encore sujette au grave inconvénient des étiages d'automne. Ces deux circonstances, qui s'aggravent l'une par l'autre, font que l'alimentation des canaux de ce pays manque de régularité, et que dès lors ils ne rendent qu'une partie des services que l'on aurait pu en attendre, s'ils avaient fonctionné comme les canaux de l'Italie, sous l'utile influence de barrages fixes, qui améliorent toujours d'une manière notable le régime des dérivations.

Le choix du système de barrage qui convient le mieux dans telle ou telle contrée, exige une étude approfondie des ressources locales en fait de matériaux, de la nature du fond, et du régime particulier de la rivière que l'on doit barrer. Les matériaux les plus économiques sont souvent ceux qui résistent le mieux à l'action continuelle des eaux; mais l'expérience est, dans tous les cas, le meilleur guide à suivre.

Sur des rivières impétueuses et d'un grand volume, comme sont le Tessin et l'Adda, aux abords desquels on se procure aisément des blocs et libages, le système des barrages, représentés dans les planches V, VI et VII, est toujours celui qui offre le plus de garanties.

Dans d'autres localités on recourt avec avantage

aux barrages construits seulement en bois et fascines, rarement aux barrages en terre et gazon, qui ne conviennent que sur les eaux sans vitesse, ce qui n'est jamais le cas près des embouchures de canaux d'arrosage.

Les ouvrages de ce genre les plus remarquables que j'aie vus dans la Lombardie, d'après leur durée et la grande économie de leur construction, sont des barrages construits en pieux, palplanches, graviers et fascines. C'est-à-dire que le corps de ces barrages est tout en graviers, qui sont seulement encaissés, par gradins, entre des pieux, et maintenus par des fascinages. Leur pesanteur spécifique suffit pour leur donner une forte résistance contre l'eau. Ces barrages sont en usage sur plusieurs des nombreuses dérivations de la Muzza, dans les provinces de Milan et de Lodi. Je crois même que le grand canal de l'Addetta est barré plusieurs fois dans ce système.

Quel que soit le mode de construction que l'on adopte pour un barrage, ses fondations, et la nécessité de les préserver des affouillements, sont toujours la chose principale. On ne doit jamais perdre de vue que l'action perpétuelle d'un courant d'eau a une influence bien destructive.

Je pense qu'on doit attribuer à l'intention de ménager les radiers et fondations, à l'aval des barrages, la direction, généralement très-oblique, de tous ceux de ces ouvrages qui existent aux abords des prises d'eau des canaux d'arrosage, dans le nord de l'Italie. Car, indépendamment de ce que le choc du courant a moins d'effet sur eux, dans cette situation, la nappe d'eau qui déverse par-dessus a d'autant moins de hauteur et d'action, sur le fond en aval, qu'elle est répartie sur une plus grande longueur. Sans cela il y aurait de l'économie à établir les barrages suivant la ligne la plus courte, qui est la direction normale.

Ponts et Ponceaux. — Les ponts et ponceaux destinés au rétablissement des communications interrompues par les canaux d'irrigation et leurs dépendances, n'ont rien qui leur soit particulier. Dans les pays où l'arrosage a acquis un grand développement, ces ponts finissent par exister en très-grand nombre, sur les voies de communication de toute espèce, et comme les réparations qu'ils exigent tendent toujours à gêner la circulation, il est d'une bonne police d'obliger les propriétaires de canaux à établir ces ponts en maçonnerie, et non en bois. C'est ce qui a lieu en Piémont; et quant aux anciens ponts dans ce système, on les tolère jusqu'à l'époque où leur reconstruction devient nécessaire; alors ils rentrent dans la prescription générale.

La planche XVIII, fig. 1 et 2, et les diverses figures de la planche XIX, donnent le détail de divers ponts et ponceaux de cette espèce, établis sur des routes de différentes largeurs. On voit par plusieurs de ces dessins qu'on ne craint pas en Italie d'établir ces ponts biais, toutes les fois que cette disposition est réclamée par la situation naturelle des abords de la voie de communication qui se trouve interrompue par le canal. Un très-grand nombre de ponts, existant sur les canaux d'arrosage, domaniaux ou particuliers, dans le Piémont et le Milanais, se trouvent dans ce cas.

Quand le canal d'arrosage doit servir aussi à la navigation, on rentre, sous ce rapport, dans l'observation des conditions d'usage, en ce qui concerne la hauteur sous clef, ou aux naissances, les banquettes de halage, les ponts à tablier mobile, etc.

Aqueducs; ponts-aqueducs; siphons. — Il y a des aqueducs couverts en dalles et des aqueducs voûtés. On doit faire sur ces derniers une observation qui leur est commune avec les ponts en maçonnerie, savoir que l'eau courante éprouve généralement une forte contraction en s'introduisant dans un ouvrage d'art de cette espèce, et que par conséquent on doit prendre, si cela est possible, des précautions pour atténuer cet inconvénient, soit en arrondissant les arêtes, soit en adoptant, pour le cintre des voûtes, les courbes, et la position, qui correspondent à la moindre contraction.

Dans une contrée où l'irrigation est très-active, les aqueducs conduisant des canaux et rigoles de tous les ordres, se traversent sur un grand nombre de points. Il est à remarquer que leurs directions dans ces croisements sont biaises, plus souvent encore que cela ne se remarque dans les ponts. Cela résulte de l'importance que l'on attache à ménager à ces dérivations toute leur vitesse, tout leur débit, qui pourraient être altérés par les contours qu'on serait obligé de leur faire suivre, pour obtenir dans leur croisement des directions normales.

La plupart de ces observations s'appliquent également aux siphons, dont j'ai donné la définition au chap. 27. Ils appartiennent à la classe des aqueducs souterrains; seulement leur construction et le mode d'écoulement de l'eau sont plus compliqués. L'utilité d'y atténuer autant que possible les effets de la contraction, ne s'y fait pas moins sentir que pour les simples aqueducs.

Mais ce but est beaucoup plus difficile à remplir; car, indépendamment des circonstances accessoires, indiquées plus loin, la seule nécessité d'obliger une eau courante à descendre et à remonter, sous l'effet de sa propre pression, et à s'infléchir, dans ce mouvement anormal, suivant les différents contours d'un ouvrage d'art, suffit toujours pour faire naître des frottements et des causes retardatrices assez puissantes. On peut même remarquer, par la seule inspection des coupes longitudinales de ces ouvrages, représentés en assez grand nombre, planches XXIII-XXV, qu'avec les formes actuellement en usage, l'effet nuisible, dû particulièrement à la contraction au passage des siphons, doit être extrêmement notable. Pour l'atténuer, il faudrait pouvoir adopter des formes curvilignes, qui s'obtiennent facilement dans les ouvrages en fonte ou en fer. Mais jusqu'à présent, malgré leurs avantages incontestables, on a dû renoncer à ces formes, qui entraîneraient de trop grandes difficultés dans l'appareil des voûtes en maçonnerie, ou des défauts de liaison qui seraient plus fâcheux encore.

Si l'on projette des siphons, avec les plans inclinés et les arêtes saillantes qui s'y remarquent jusqu'à présent, on doit donc tenir un compte suffisant des diverses circonstances qui viennent d'être mentionnées. Aucune expérience, à cet égard, ne permet d'établir, comme indication préalable, un chiffre quelconque. C'est aux ingénieurs, d'après leurs connaissances en hydraulique, à bien apprécier, dans chaque cas particulier, par quelles modifications de la pente ou de la section ils pourront compenser l'influence des siphons.

Il y a encore une autre observation bien essentielle à faire: c'est que si la résistance des voûtes est très-grande pour supporter une pression extérieure, elle est généralement faible contre une poussée intérieure; et c'est le cas des siphons. Il est vrai que souvent la charge extérieure qu'ils supportent est souvent considérable, et fait compensation à la poussée verticale exercée dans l'intérieur de ces ouvrages d'art. Mais cela n'a pas toujours lieu ainsi, et alors on ne doit pas hésiter de recourir à un système de liens ou armatures en fer, comme cela a été fait pour plusieurs des siphons traversant le canal de Pavie, notamment dans celui qui est représenté planche XXV, fig. 1.

Les ouvrages d'art de cette espèce sont, plus encore

que les ponts-canaux, exposés à de graves avaries. On doit donc n'y employer que les meilleurs matériaux, les meilleurs ciments, et ne rien épargner pour que la mise en œuvre en soit aussi parfaite que possible.

Les simples aqueducs ayant pour objet de faire passer une conduite d'eau sous le remblai d'une route ou d'un canal, sont toujours d'une longueur restreinte. Il n'en est pas de même des ponts-aqueducs ou ponts-canaux, qui, tout en n'étant établis que pour le service d'une médiocre, ou même d'une petite dérivation, sont souvent assujettis, par l'obligation de traverser une grande rivière ou un vallon, à atteindre de très-grandes dimensions, entraînant des dépenses proportionnées. Ces ouvrages sont donc principalement ceux dont les dépenses doivent avoir été prises en ligne de compte, dans les avant-projets, ainsi que dans les mémoires où l'on développe les avantages d'un canal projeté.

Les constructions de cette espèce ont besoin d'être établies avec d'excellents matériaux, et avec les plus grands soins; car, dans le cas général, celui où ils franchissent une rivière, ils ont à la fois leur base et leur sommet exposés à l'action de l'eau courante. L'existence de la masse liquide, souvent considérable, qu'ils supportent, augmente dans une très-grande proportion, sur les voûtes et les pieds-droits, les efforts de pression, qui agissent dans les ponts ordinaires.

Il existe sur les canaux royaux et particuliers du

nord de l'Italie un assez grand nombre de ponts-aqueducs et de ponts-canaux, dont plusieurs sont des ouvrages importants. Ceux qui sont représentés planches XXI et XXII, peuvent donner une idée du genre de construction qui est généralement adopté dans ce pays.

Écluses. — Les écluses des canaux de navigation et d'arrosage sont caractérisées par le double passage qui y est indispensable, 1° pour le service des bateaux; 2° pour le service de l'irrigation. Le premier est un sas d'écluse ordinaire, dont on établit, dans le système le plus convenable, les dimensions en longueur et en largeur, la chute, etc. En un mot, il n'y a, pour cette partie de l'écluse, aucune sujétion qui soit relative à l'arrosage. Au contraire, le deuxième passage, ou le pertuis, n'a d'autre usage que de transmettre régulièrement, aux biefs inférieurs, les volumes d'eau nécessaire à la distribution qui se fait par les régulateurs. Ce service est confié exclusivement aux eygadiers, et s'opère au moyen des vannes, placées en tête de ces pertuis.

Comme il existe toujours en ce point une chute considérable, et que, du moins dans les parties supérieures et moyennes du canal, le volume d'eau à transmettre constitue un courant continu, il est d'usage d'y placer des usines. Quand même d'ailleurs le courant ne serait pas continu, ce ne serait point pour celles-ci un motif d'exclusion, puisque plusieurs de celles qui concernent les arts agricoles supportent, sans inconvénient, des interruptions de travail; telles sont les machines à battre les graines, les pilons à blanchir le riz, etc. Les moulins eux-mêmes ne doivent pas éprouver, par cette raison, d'autre inconvénient que celui qui est attaché à l'interruption momentanée du travail. En un mot, les usines étant toujours avantageuses dans cette situation, où elles profitent de l'eau, sur une chute existante, et sans en consommer aucune partie, sont un accessoire important, que l'on ne doit pas négliger de comprendre dans les projets de canaux.

La figure 6 de la planche XXVI, et toutes les figures de la planche XXVII donnent, en plan, coupes et élévation, les dispositions d'une écluse dans ce système. Elle est prise sur le canal de Pavie, dont les ouvrages d'art sont remarquables par leur bonne exécution.

On voit par ces figures que l'on profite de l'existence du pertuis de transmission, dans lequel l'eau n'est jamais qu'à peu près au niveau du bief inférieur, pour faciliter l'écoulement de celle du sas rempli, au moyen de buses ou aqueducs, qui sont en nombre variable, depuis deux (pl. XXVI, fig. 6) jusqu'à cinq (pl. XXVII, fig. 2 et 3). Par leur moyen, le vidage des sas de la plus grande dimension, dans les écluses de ce système, s'opère dans un temps extrêmement court, relativement aux écluses ordinaires, qui n'ont que la ressource des vantelles. Dans les ouvrages de ce genre que j'ai visités en Italie, je n'ai jamais vu ce même système adapté également au remplissage du sas, au moyen de buses ou aqueducs communiquant avec le bief supérieur. Quant à ceux d'aval, qui débouchent dans le pertuis, qu'ils soient biais ou d'équerre, on doit toujours avoir soin d'établir, soit pour le radier, soit pour les bajoyers, des maçonneries très-solides, pouvant résister au choc et à l'agitation considérable de l'eau qui en sort.

Sur les canaux du Milanais, les vantelles ont une construction qui rend leur manœuvre des plus expéditives; mobile, sur un axe vertical, partageant leur surface en deux portions un peu inégales, un très-léger effort de traction suffit pour les ouvrir instantanément, c'est-à-dire pour les placer d'équerre sur le plan de la porte, où les feuillures sont pratiquées, moitié en amont, moitié en aval. L'éclusier ou eygadier se sert pour ouvrir et fermer ces vantelles d'une simple gaffe, semblable à celle des bateliers; et il n'emploie pas d'autre instrument pour la manœuvre des portes elles-mêmes. Ainsi qu'on le voit (pl. XXVI, fig. 9), elles n'ont pas de balancier; pour les ouvrir, l'éclusier les tire avec une simple chaîne qui y est fixée; pour les fermer, il les repousse avec la gaffe. Cela se fait ainsi d'une manière extrêmement simple, que l'on doit regarder comme préférable au système des engrenages, auxquels on a recours ordinairement pour la manœuvre des portes d'écluse dans lesquelles on supprime les balanciers.

Les ferrements des portes busquées des canaux du nord de l'Italie étaient anciennement établis d'après le système imparfait qui est représenté pl. XXVI, fig. 8. Actuellement on établit toujours ces ferrements dans le système de la fig. 7; et c'est celui qui est en usage sur la presque totalité des canaux de l'Europe.

On peut remarquer dans la coupe de l'écluse représentée pl. XXVII, fig. 1, un système de poutrelles horizontales formant une espèce d'estacade, à quelque distance en avant du mur de chute. Cette disposition, qui a été fort en usage sur les canaux du Milanais, n'y est plus guère observée aujourd'hui. Elle a pour but d'empêcher les bateaux montants de s'approcher jusqu'au pied de la chute, car le remous les attire naturellement vers cette position, de sorte que, par défaut de surveillance, il est arrivé que plusieurs ont été remplis d'eau, et submergés, par celle que lancent les vantelles des portes d'amont. Il faut, quand on veut employer ce moyen, que la longueur du sas soit calculée d'après celle des bateaux, indépendamment de l'espace supplémentaire compris entre cette estacade et le mur de chute.

On voit au chap. IX, page 167, par le tableau des écluses du canal de Pavie, que sept ont une chute uniforme de 3 mètres, tandis que les cinq autres en ont de variables, depuis $1^m,70$ jusqu'à $4^m,80$. J'ai déjà fait remarquer que l'inconvénient des chutes inégales, qui est très-réel sur les canaux de seule navigation, est moins grand avec l'emploi des écluses des canaux qui ont aussi l'irrigation pour objet; car le pertuis, indépendamment de la manœuvre des portes, permet toujours de rétablir la répartition régulière des eaux, qui aurait été momentanément interrompue.

Ouvrages divers; observations. — Il existe sur les canaux d'arrosage du nord de l'Italie quelques ouvrages spéciaux qui ne rentrent dans aucune des douze classes que je viens d'examiner. On voit, par exemple, dans la pl. XVIII, fig. 1 et 2, le plan et l'élévation d'une construction en maçonnerie, assez considérable, établie à l'endroit où le canal de Cigliano, dans la province d'Ivrée, en Piémont, tombe dans le torrent de l'Elvo, en formant une chute d'environ 6 mètres. Les murs en aile qui étaient autrefois établis dans une situation défectueuse, suivant les lignes *ac*, ont dû être récemment reconstruits suivant la direction *ab*.

On pourrait mentionner aussi, parmi les ouvrages divers qui sont un utile accessoire des canaux les parapets en pierre dure, tels que ceux dont j'ai donné la description en parlant des dérivations qui aboutissent dans la ville de Milan. Ces parapets en granit, qui sont d'un bel effet, sans être coûteux, sont d'une incontestable utilité, dans les villes populeuses, pour éviter les accidents. On pourrait se demander à ce sujet, si à Paris nous ne pensons pas au confortable avant d'avoir pourvu au nécessaire, en employant journellement, en faveur de la circulation des piétons, de grandes et belles dalles, pour former ou border de nouveaux trottoirs, tandis qu'on laisse sans parapets les bords du canal Saint-Martin, qui, par cette raison, occasionne à lui seul presque autant d'accidents graves qu'il en arrive sur toutes les voies publiques de la capitale.

Il est certaines observations communes aux divers ouvrages d'art détaillés dans ce chapitre. Quant à leur mode de construction, la pierre de taille et surtout le moellon de bonne qualité étant très-rares dans le nord de l'Italie, le corps des ouvrages d'art est généralement en maçonnerie de briques. Toutes les coupes qui, dans les dessins ci-joints, ne sont désignées que par des hachures, indiquent des maçonneries de cette espèce. Les têtes des angles et les parements principaux sont généralement revêtus en pierre de taille, que l'on reconnaît à la hauteur des assises et à son appareil. Souvent quand on a besoin d'avoir des parements très-résistants, on continue d'employer la brique pour le massif des ouvrages, et ces parements sont revêtus de dalles en granit, cramponnées ou gougeonnées. Cela se fait généralement dans l'intérieur des modules, dans les siphons, etc.

Sur les différentes figures de l'atlas ci-joint on a indiqué par des pointillés les portions d'ouvrages dans lesquelles on emploie, convenablement débitées, des dalles de granit ou de schiste micacé, qui s'exploitent sur une grande échelle dans les montagnes voisines de Milan. Indépendamment des parapets le long des canaux, elles servent principalement encore à faire des jouées, chapeaux et potilles pour les empèlements, des revêtements, bouches régulatrices, etc.

CHAPITRE VINGT-TROISIÈME.

OUVRAGES D'ART SPÉCIAUX. — PARTITEURS.

Leur destination spéciale. — En quoi ils diffèrent des modules ou régulateurs.

Partiteurs. — Le seul moyen bien exact de partager un volume d'eau courante, suivant des proportions données, entre deux ou plusieurs intéressés, consiste à le jauger d'abord, notamment au moyen d'un module, ainsi que cela est indiqué par la méthode n° VI, relatée ci-dessus, page 318; puis à opérer, dans les proportions voulues, entre les copartageants, une distribution exacte du même volume d'eau, au moyen des subdivisions de ce module, que je suppose avoir été amené à une précision rigoureuse. Mais il faut, pour cela, pouvoir disposer d'une chute d'environ un mètre, ce qui n'est pas toujours facile, et établir en outre plusieurs appareils régulateurs. La fig. 5, pl. XIX, qui représente un double module dans le système piémontais, peut donner l'idée de cette disposition.

Cependant, dans le plus grand nombre de cas les usagers sont disposés à se contenter d'une répartition approximative du volume d'eau total, auquel ils avaient droit en commun. C'est alors que l'on renonce à l'emploi des modules pour recourir à l'usage plus simple d'un partiteur, qui n'exige aucune manœuvre et presque pas de surveillance.

Les partiteurs ont donc pour objet de diviser entre divers usagers et dans des proportions définies, tout le volume d'eau courante que fournit un canal, sans recourir à l'emploi des modules; c'est-à-dire sans que l'on ait besoin de se rendre compte de la quantité d'eau effectivement débitée par ce canal. En Italie, le cas général des partiteurs est celui où ils sont établis sur le courant à partager, sans le secours d'un barrage.

Si, comme je l'ai déjà supposé dans les considérations élémentaires placées au commencement de ce volume, un courant d'eau, placé dans les meilleures conditions de régularité, pouvait n'admettre qu'un seule vitesse, en d'autres termes, si la vitesse était constante, soit au milieu, soit aux bords du canal, rien ne serait plus simple que de partager son débit dans des rapports quelconques; car tous les filets d'eau étant animés de cette vitesse unique, la figure qui représenterait l'ensemble de leurs produits, pendant un temps donné, aurait la forme d'un rectangle, dont la largeur serait celle du courant à partager, et dont la longueur serait proportionnelle au temps pendant lequel on voudrait en mesurer l'écoulement.

Il est certain qu'alors les produits partiels seraient exactement dans le même rapport que les subdivisions de la largeur, en quelque nombre qu'elles fussent. Mais cette hypothèse ne saurait se réaliser, puisque l'on ne pourra jamais empêcher que la vitesse des tranches longitudinales du liquide à partager ne soit à son maximum au milieu, et à son minimum vers les bords du courant. Dès lors, la figure représentative des produits partiels de ces tranches, tout en restant comprise, comme il vient d'être dit, entre deux lignes parallèles, espacées selon la largeur du canal, sera terminée, vers l'aval, par une ligne brisée, dont la description particulière pourrait se faire d'une manière très-approximative, à l'aide d'un nombre suffisant de flotteurs du système de ceux que j'ai précédemment décrits en traitant des jaugeages. Mais la seule chose essentielle à remarquer ici, c'est que cette courbe approchera toujours plus ou moins d'un angle saillant ordinaire.

Cette assimilation géométrique me semble devoir faciliter beaucoup les moyens d'apprécier, tout à la fois, les ressources et l'insuffisance des partiteurs. En effet, puisque par leur emploi on se trouve à peu près dans le même cas que s'il s'agissait de partager un angle, on voit d'abord que si le partage doit avoir lieu en deux portions égales, la difficulté ne sera pas réelle, puisqu'un angle se partage très-exactement ainsi, au moyen de la perpendiculaire abaissée sur la base du triangle isocèle dont il est le sommet. Il s'agira donc simplement, dans ce cas, d'établir le plan de séparation exactement au milieu de la largeur du courant, qui, bien entendu, aura été convenablement encaissé et régularisé, entre des plans bien parallèles, sur une longueur suffisante, de manière que le fil de l'eau, ou la ligne de plus grande vitesse, qui est ici la chose essentielle, occupe nécessairement le milieu du courant. Dans la pratique, cette ligne de séparation est formée par l'arête d'une pile aiguë en pierre de taille, ainsi qu'on le voit par les fig. 3 et 5, pl. XVII. Seulement, le partiteur proprement dit n'est pas réduit à cette seule construction; il se compose encore des ouvrages accessoires dont il va être parlé plus loin, et qui ont pour but de régulariser l'écoulement de l'eau, en amont et en aval.

Dans le cas d'égalité dont il s'agit, le partage peut être réputé parfait, attendu que les deux branches du partiteur, placées dans des conditions identiques relativement à la vitesse maximum, recevront symétriquement un pareil nombre de filets fluides, ayant des vitesses égales. En un mot, l'opération faite de cette manière échappe entièrement à la critique. Et, comme rien n'empêche de subdiviser elles-mêmes les premières branches ainsi établies, on peut regarder qu'on est en possession d'obtenir exactement, par ce procédé, la moitié, le quart, le huitième, etc., du volume d'eau coulant dans un canal.

Mais du moment que l'on demande à partager la portée d'un canal, soit en deux branches inégales, soit en trois ou plusieurs branches, égales ou non, alors si l'on n'a pas recours aux modules, on ne peut plus avoir aucune certitude, et l'on rentre dans la classe des approximations obtenues par voie de simple tâtonnement. Si, par exemple, pour partager un volume d'eau dans le rapport de 1 à 2, on se contentait de prendre, sans autre précaution, les largeurs respectives des deux branches du partiteur dans ce même rapport, le fil de l'eau ou la vitesse maximum du courant se trouvant naturellement dans la plus grande, y donnerait un excédant notable de débit au préjudice de la plus petite. Si le partage devait avoir lieu en trois portions égales, cet excédant de débit aurait toujours lieu au profit de la branche du milieu ; enfin, tous les autres cas que l'on pourrait citer rentreraient plus ou moins dans les deux précédents.

Cet inconvénient grave, inhérent à la nature même des partiteurs, n'a point suffi pour en faire abandonner l'emploi. Car ce genre d'édifice étant simple et d'un usage extrêmement commode, on a cherché divers moyens d'en corriger l'inexactitude, afin de pouvoir toujours y chercher les résultats approximatifs, qui suffisent dans le plus grand nombre de cas.

Avant d'indiquer ces moyens, je dirai d'abord que l'inconvénient dont il s'agit n'existe dans toute son étendue que pour les partiteurs simples, c'est-à-dire établis dans l'eau courante, sans emploi d'aucun barrage. Car, du moment que l'on peut établir 1° une retenue avec déversoir ; 2° un évasement considérable du canal aux abords de ce déversoir, les chances d'inexactitude d'un partage quelconque se trouvent considérablement atténuées ; mais comme je l'ai déjà remarqué, on ne peut pas établir partout des partiteurs avec déversoir.

Quant à ceux qui sont établis dans l'eau courante, le but des précautions à prendre est de faire en sorte que la vitesse moyenne de l'eau reste sensiblement la même dans les différentes branches, de manière que les produits puissent être regardés comme proportionnels aux largeurs. Pour arriver à ce but, les moyens varient avec les circonstances locales ; tantôt on se contente de placer les branches les plus larges dans une direction plus oblique sur la direction du canal principal ; tantôt on obtient le même effet en faisant varier la hauteur des seuils qu'il est de règle d'établir à l'origine de chaque branche et à une certaine distance en aval du point de partage, pour régler les pentes de l'eau dans la longueur de l'édifice ; tantôt on établit, en amont et en face des branches centrales qui seraient trop favorablement situées, une petite pile avancée, ayant pour objet de diviser le fil de l'eau au profit des branches latérales. Enfin, il y a encore plusieurs autres moyens de remplir le même but. C'est à la sagacité de l'ingénieur à savoir, dans telle ou telle situation, choisir les plus convenables.

Soit pour le cas de la division en deux parties égales, dans lequel on peut prétendre à une exactitude complète ; soit pour les cas d'un partage inégal, ou multiple, dans lesquels on ne peut plus obtenir qu'une approximation, les précautions d'usage que l'on observe dans la construction des partiteurs sont : 1° de ne les établir jamais que sur des portions rectilignes des canaux; 2° de régulariser la section de ceux-ci, entre des plans bien parallèles, sur une longueur de 140 à 150 mètres au moins, et dans un profil tout en maçonnerie, sur au moins 12 à 15 mètres en amont du point de partage; 3° d'éviter soigneusement les arêtes saillantes des murs, voûtes, etc., qui donneraient lieu à des contractions inégales de l'eau introduite dans les diverses branches; 4° d'éviter également pour ces branches l'emploi des aqueducs couverts et tuyaux de conduite, dans lesquels l'écoulement ne s'opère plus dans les mêmes circonstances que dans les canaux et aqueducs découverts.

Si les partiteurs ordinaires sont inférieurs, sur certains points, à ceux qui empruntent le secours d'un barrage, ils ont aussi leurs avantages particuliers; notamment, s'il s'agit d'un canal recevant des eaux troubles ou sujettes à des dépôts et atterrissements. Car on n'évite cet inconvénient, qui est des plus graves dans le cas dont il s'agit, qu'en conservant soigneusement, tant en amont qu'en aval de l'édifice, une pente notable et continue, qui ne peut guère être au-dessous de $0^m,0008$ à $0^m,001$ par mètre.

Il est arrivé, pour les piles de partiteurs, le contraire de ce qui a eu lieu pour les piles de pont. Autrefois celles-ci se faisaient prismatiques et très-aiguës et actuellement on a adopté la forme circulaire, qui est effectivement préférable. Pour les partiteurs, on avait commencé par établir les piles suivant le contour arrondi, indiqué en *b*, fig. 6; mais comme on a reconnu qu'il s'y arrêtait des herbes et autres corps flottants, on a renoncé tout à fait à cette forme, pour adopter celle qui a pour base un angle très-aigu, indiqué au point *a* de la même figure.

Les partiteurs sont des ouvrages d'une origine extrêmement ancienne, ou du moins cette origine semble coïncider avec celle de l'irrigation elle-même. Il y en a en France qui peuvent justifier cette opinion. Ainsi, des titres, remontant jusqu'à 1204, établissent que les eaux de Vaucluse doivent, en sortant de la branche de Védennes, se partager *également* entre celles d'Avignon et de Sorgues, et un partiteur a été établi en cet endroit. Sur divers points, les eaux de Craponne et de Boisgelin se partagent, entre les communes de Miramas et de Saint-Chamas, dans la proportion de 1 à 2; et c'est encore à l'aide de partiteurs que cette division est opérée.

En Italie, les partiteurs sont d'un usage très-fréquent. Ils se construisent non-seulement sur les canaux nouveaux entre les usagers ayant des intérêts déterminés; mais ils s'établissent encore journellement sur les canaux privés, en cas de partage de grands domaines qui entraînent des partages proportionnels des eaux, auxquelles leur fertilité est due.

C'est pourquoi, dans la Lombardie, les ingénieurs

et experts sont fréquemment appelés à intervenir pour l'établissement des partiteurs.

Les diverses figures de la pl. XVII indiquent les dispositions les plus habituelles de ce genre d'ouvrage, dans le nord de l'Italie.

CHAPITRE VINGT-QUATRIÈME.

OUVRAGES SPÉCIAUX. — MODULES, OU MESURES EXACTES DU VOLUME DES EAUX COURANTES.

Distinction entre les partiteurs et les modules. — Principe sur lequel reposent ceux qui sont établis en Italie. — Considérations théoriques et pratiques.

I. Nécessité de ces sortes d'ouvrages.

Partout, aujourd'hui, l'on sent le besoin de recourir à l'emploi d'appareils capables d'opérer une exacte distribution des eaux, en quantités convenables pour les besoins, soit de l'agriculture, soit de l'industrie manufacturière. Cette nécessité sera d'autant plus sentie que ces eaux devenant plus précieuses, leur usage sera recherché davantage.

Remarquons bien qu'il ne s'agit pas seulement ici de partager un volume d'eau donné, en parties aliquotes, entre un égal nombre d'intéressés. Cette dernière opération, dont j'ai parlé, avec les détails nécessaires, dans le chapitre précédent, en traitant des *partiteurs*, est toujours simple, attendu que, pour l'effectuer convenablement, il n'est pas nécessaire de connaître le produit du volume d'eau soumis au partage, et qu'il ne s'agit que de le diviser dans des proportions connues.

Les modules sont des ouvrages beaucoup plus

complexes que les partiteurs, en ce qu'ils ont pour objet de distribuer, aussi exactement que possible, des volumes déterminés d'une eau courante qui doit être employée aux usages, soit agricoles, soit industriels. Je réunis ces deux destinations, parce qu'elles ne sont point distinctes l'une de l'autre, dans les pays qui, comme l'Italie septentrionale, sont en possession de ces appareils régulateurs. Néanmoins, dans la réalité, les modules appartiennent beaucoup plus aux arrosages qu'aux usines, par la raison que l'eau attribuée à l'irrigation est censée consommée, puisque, dans tous les cas, elle ne peut jamais être rendue qu'en très-petite quantité, et généralement à de grandes distances de la prise d'eau; tandis qu'en matière d'usines, il est de règle, au contraire, que les eaux doivent être restituées à leur cours ordinaire, presque aussitôt après qu'elles ont produit leur effet utile. Dans ce dernier mode d'emploi des eaux, et c'est un de ses plus grands avantages, une même force motrice, une même puissance productive, peut donc ainsi se transmettre consécutivement, sans diminution sensible, de manière à être utilisée sur plusieurs points voisins les uns des autres.

En un mot, les usines utilisent l'eau sans l'user, tandis que l'irrigation la dépense effectivement. C'est pour cela que les régulateurs destinés à en limiter rigoureusement le débit, ont été inventés et mis en pratique exclusivement dans les contrées jouissant, depuis longtemps et sur une grande échelle, des avantages de l'irrigation.

Dans la plupart des anciennes concessions, dues à la munificence des souverains, on remarque des dispositions vagues et indéterminées, telles que celles-ci, par exemple : « Le sieur.... est autorisé à dériver de la rivière de.... l'eau qui sera nécessaire à l'irrigation de son domaine; ou à faire les travaux que réclame l'ouverture d'un canal d'arrosage qui sera dérivé de tel fleuve, etc. » De semblables clauses ont toujours eu les plus grands inconvénients; et tôt ou tard, il en est né des contestations sans fin, notamment lorsqu'il a été nécessaire d'étendre à d'autres individus les avantages que procure l'usage des eaux.

Les dispositions de ce genre ne peuvent s'expliquer que par un état excessivement arriéré de l'industrie, là où, sentant le besoin pressant de mettre à profit des richesses naturelles, restées jusqu'alors inertes et sans emploi, les gouvernements sont obligés d'encourager à tout prix les entreprises des particuliers qui sont disposés à mettre en valeur ces richesses. Il n'y a pas encore bien des siècles que les forêts de l'Europe se trouvant surabondantes, relativement à sa population, étaient rangées dans la classe des choses communes, dont l'autorité publique n'a besoin que de régulariser l'usage. On y faisait alors d'immenses concessions, qui étaient presque toujours conçues dans les termes incomplets que j'ai pris pour texte de ces réflexions. Si, au lieu de franchir des siècles, nous nous reportons seulement à un intervalle de quelque vingt ans, nous voyons les forêts domaniales, déjà restreintes, moins par leur superficie que par la quantité effective de leurs produits, être encore l'objet de concessions très-susceptibles d'extension. Les simples adjudicataires des coupes annuelles, sans bien connaître leur affaire, sans se donner même aucune peine, étaient presque certains de réaliser de grands bénéfices. Dans bien d'autres industries encore, il était admis que cela devait se passer ainsi. En un mot, on n'y regardait pas de près.

Tel était l'état des choses, en Europe, il y a moins d'un demi-siècle; actuellement, il est très-différent. L'accroissement rapide de la population, par l'effet de plusieurs circonstances heureuses, entre lesquelles on doit signaler trente ans de paix, la division des fortunes et des capitaux, les progrès rapides de l'instruction et de l'aisance, dans les classes inférieures, tout cela a fait surgir des besoins d'activité et de travail, qui mettent aujourd'hui en présence de toute opération productive un grand nombre de compétiteurs. Une des premières conséquences de cet état de choses est la diminution des profits. Par une autre conséquence également immédiate, l'autorité administrative, qui doit veiller avant tout à la légalité et à la moralité de ses propres actes, est tenue de faire tous ses efforts pour mettre les instruments de travail, les moyens de production à la portée du plus grand nombre d'individus possible, en évitant qu'ils ne deviennent, pour quelques-uns, un objet de monopole.

Les eaux courantes recèlent en elles-mêmes de véritables richesses par les ressources constantes qu'elles offrent, soit aux travaux de l'industrie, qui ne saurait employer des moteurs plus économiques, soit à ceux de l'agriculture, qui ne peut s'appuyer sur un meilleur auxiliaire. Elles sont donc au premier rang des choses dont la bonne ou mauvaise administration influe beaucoup sur le développement des avantages naturels, qui sont propres à tel ou tel pays.

Une distribution parfaitement équitable des eaux courantes entre les divers individus qui sont en droit d'y prétendre, a toujours été regardée comme une des choses les plus difficiles à obtenir. Mais avec les progrès de la science et le secours de quelques expériences spéciales, on viendra à reconnaître que ces eaux, aussi bien que toute autre matière, sont susceptibles d'une attribution rigoureusement exacte, et dès lors on n'aura plus le choix de procéder autrement.

Est-il juste, en effet, que le particulier éclairé et intelligent qui fait fonctionner son usine au moyen d'une bonne roue, avec une très-petite quantité d'eau, soit obligé de restreindre son industrie parce que son voisin, routinier ou ignorant, s'obstinera à continuer de perdre ou de consommer cette force motrice, sans profit pour personne, dans un appareil mal construit? Est-il juste que les riverains qui auraient pu vivifier leurs terres avec cette eau perdue, par suite du mécanisme vicieux de quelques usines, soient à jamais privés, eux et le pays, des avantages dont la nature des lieux les avait cependant appelés à profiter aussi?

Personne assurément ne soutiendra l'affirmative; car cette manière de voir, quoique non profitable aux particuliers, serait essentiellement contraire à l'intérêt public. La doctrine opposée peut, d'ailleurs, s'appliquer graduellement et peu à peu, sans porter préjudice à personne et sans qu'on cesse de respecter les droits acquis.

Tant qu'on n'a pas connu le moyen de distribuer des eaux en quantités ou en volumes déterminés, on était bien obligé de recourir, pour les concessions, à des méthodes approximatives. C'est ce qui s'est fait, en Italie comme ailleurs, jusqu'à la mise en usage du très-petit nombre de modules exacts dont on verra plus loin la description. Aujourd'hui que la connaissance de ces appareils ne s'est point encore popularisée, la plupart des États d'Europe sont restés sur ce point, au degré le plus arriéré; c'est-à-dire, qu'on y concède encore l'usage des eaux courantes, exactement comme cela se faisait dans le Milanais, il y a cinq ou six siècles. On va plus loin encore; on attribue à un particulier sans autre limitation, l'eau nécessaire à l'arrosage d'une certaine superficie de terrain. Examinons combien ce mode offre d'inconvénients, pris du moins dans sa généralité.

Dans tous les pays où l'irrigation a quelque importance, l'usage a consacré son emploi pour plusieurs natures de récoltes souvent très-différentes entre elles, tant par les moyens de culture, que par les quantités d'eau qu'elles réclament. Dans le Milanais, qui est par excellence le pays des arrosages, les trois classes de ces cultures usuelles sont : 1° les prairies d'été; 2° les rizières; 3° les prairies d'hiver, du système des *marcite*. Or, la même quantité d'eau, représentée par le débit continu d'une once ou d'environ 42 litres par seconde, arrosera moyennement 38 hectares de prés d'été, 20 hectares de rizières et seulement 1 hectare de marcite.

Il résulte de là, que le prix le plus habituel de l'arrosage étant, comme je l'ai calculé dans les descriptions précédentes, d'environ 12 francs pour les prés ordinaires, ce prix se trouve porté à environ 22fr·63c· pour les rizières; et eu égard à la moindre valeur de l'eau d'hiver, à 70 francs seulement pour les marcite. Comment pourrait-on faire alors, si à défaut d'un moyen de vendre les eaux au volume, on était obligé, dans le pays, de leur attribuer un prix unique ou même un prix moyen à tant par hectare? Il faudrait nécessairement qu'il y eût préjudice pour quelqu'un, ou bien que l'on abandonnât tout à fait la prescription légale, pour rentrer sous le régime des conventions privées.

Dans le midi de la France, les cultures usuelles qui consomment des quantités d'eau très-différentes, sont encore en plus grand nombre, car il faut distinguer sous ce rapport, entre les céréales, les prairies naturelles, les prairies artificielles, les pépinières et les jardins maraîchers. Or, pour chacune de ces différentes cultures, la dépense de l'eau par hectare est nécessairement différente. On voit donc que pour pouvoir procéder d'après cette dernière méthode, il faut,

1° que l'usage ait permis de désigner toutes les cultures arrosables d'une contrée; 2° que l'on applique un prix différent pour la location de l'eau sur une égale superficie de terrain, suivant qu'il est consacré à telle ou telle de ces différentes cultures. Cela se fait effectivement ainsi dans plusieurs localités, soit dans le midi de la France, soit au delà des Alpes. Mais il vaut infiniment mieux, dès que l'on en a les moyens, que l'eau soit vendue au volume. De cette manière, le contrat entre l'acheteur et le vendeur est toujours simple. L'un peut faire de son eau tout ce qu'il veut, sans que personne ait à s'en enquérir; l'autre est certain que cette eau lui sera toujours payée au prix auquel elle doit l'être; ce qui n'aurait pas lieu ainsi, dans le cas où, devant la livrer à tant l'hectare, il serait obligé de subir toutes les modifications de culture, les expériences ou les mauvaises combinaisons que pourraient imaginer les usagers. Fournir de l'eau de cette manière et sans distinction de culture, c'est donc la donner à discrétion, puisque celui qui l'achète ainsi est en droit de prétendre à toute celle qui peut être consommée sur son terrain, et il est évident qu'il y a là une grande source d'abus.

En résumé, la distribution de l'eau d'après des prix réglés à tant par hectare, doit être regardée comme mauvaise, si elle était la seule règle adoptée en principe, surtout dans un pays où la pratique des arrosages est encore nouvelle. Néanmoins, cette méthode est d'un usage commode dans quelques cas, notamment pour les concessions éventuelles comme il s'en fait sur les canaux du gouvernement, dans le Milanais et le Piémont. Mais on doit bien remarquer que, dans ces deux pays, ladite méthode ne s'applique qu'à des récoltes usuelles dont on connaît parfaitement la consommation et qu'elle ne concerne d'ailleurs que des intérêts minimes, relativement à ceux que représente la masse des eaux d'arrosage qui s'y distribuent, dans les concessions durables, exclusivement au volume. On doit conclure de ce qui précède, qu'il est indispensable de pouvoir mesurer les eaux courantes de cette dernière manière, c'est-à-dire au *mètre cube* et au *litre*, comme cela se fait pour tous les autres liquides ayant un emploi dans les arts utiles.

Le premier moyen que l'on a employé et que l'on emploie encore aujourd'hui pour arriver à ce but, consiste à faire usage de bouches non modellées; c'est-à-dire, à concéder, moyennant un prix convenu, l'usage des eaux qui coulent, soit continuellement, soit pendant un temps déterminé, par des orifices ou de simples vannes, placées sans intermédiaire, sur les bords mêmes du canal dispensateur.

Ce système, quoique déjà plus limitatif, et conséquemment meilleur, que celui qui consiste à établir le prix de l'eau en raison des superficies irriguées, est lui-même des plus imparfaits.

Il n'est pas nécessaire d'entrer dans beaucoup de détails, pour faire concevoir que de simples vannes, ou orifices verticaux, établis sur les bords des canaux, doivent se trouver bien rarement dans les conditions voulues, pour pouvoir servir à une évaluation rigoureuse des eaux qu'ils débitent dans un temps donné. En effet, les canaux éprouvent dans leur niveau, des variations inévitables, qui y sont occasionnées soit par la relation existant toujours entre leur volume et celui de la rivière où ils s'alimentent, soit par le service même de l'irrigation ; d'après le nombre plus ou moins grand de bouches qui se trouvent ouvertes en même temps sur un point déterminé. Or, il y a longtemps qu'on le sait, le volume d'eau débité par une vanne ou un orifice ouvert dans un réservoir, ne dépend pas seulement de sa section, mais encore de la hauteur d'eau sous laquelle s'effectue l'écoulement, de sorte que toute variation de niveau dans le canal alimentaire se traduit en une variation correspondante du débit de l'orifice. Il s'ajoute à cela mille autres causes qui tendent encore au même but. Ainsi, tantôt de semblables prises d'eau sont placées dans une eau dormante, tantôt dans une eau animée d'une certaine vitesse; cette vitesse a une direction plus ou moins oblique sur l'axe de la vanne et du canal de dérivation. De plus, l'écoulement de l'eau à la sortie de cette vanne, s'effectue encore dans des conditions différentes, suivant la pente plus ou moins prononcée du canal qui la reçoit, suivant qu'il y a une chute ou un remous, etc., etc.

On conçoit donc aisément, et sans recourir à aucune autre considération, que l'écoulement de l'eau qui se fait à l'aide de simples vannes, ne peut jamais y être exactement réglé. C'est cependant ainsi que les eaux d'arrosage se distribuent encore, non-seulement dans le midi de la France, mais dans beaucoup d'autres localités, où ces eaux ont cependant un très-grand prix.

Un autre inconvénient de ce système, celui des bouches non réglées, est de favoriser extrêmement les abus qui ont pour objet d'altérer le débit des eaux au profit des usagers. Comme les arrosages de nuit sont généralement plus avantageux que ceux de jour, ils se pratiquent de préférence; et alors, à la faveur de l'obscurité, les délinquants, soit par eux-mêmes, soit par d'autres mains, trouvent moyen de se livrer impunément à toute sorte de fraudes.

Quand les propriétaires de canaux d'arrosage tolèrent pour les prises d'eau de simples vannes ou martelières en bois, il est fréquent d'y découvrir des parties mobiles habilement enchâssées dans les pièces fixes du vannage; de sorte qu'un seuil qu'on croit réglé à une certaine hauteur se trouve, à volonté, abaissé de $0^m,30$, $0^m,40$ ou $0^m,50$ jusqu'au niveau du fond du canal. Quand les prises d'eau au moyen de bouches non réglées, ont, comme cela se fait généralement aujourd'hui, des seuils et des jouées en pierre, cette fraude n'est plus possible, mais alors on y supplée en plaçant clandestinement dans le canal alimentaire des cordons, épis ou barrages mobiles, pour faciliter l'introduction d'une plus grande quantité d'eau dans la dérivation.

Je puis rendre cela sensible par un exemple : une simple poutre chargée de pierres, ou maintenue à son extrémité par un piquet, étant placée obliquement à l'entrée d'une bouche de prise d'eau de $0^m,20$ de hauteur sur $0^m,30$ de largeur, peut augmenter son débit de plus d'un tiers. Ce débit dans son état normal, calculé pour une pareille bouche modelée, c'est-à-dire puisant dans l'eau dormante, suffit moyennement à l'irrigation alternative de plus de 80 hectares de prairies. La fraude dont il s'agit, si elle peut rester inaperçue, procurera donc au délinquant une irrigation d'environ 27 hectares. En mettant l'eau au prix moyen de 25 francs, qu'elle a dans le midi de la France, cela représente, au préjudice du propriétaire du canal, un véritable vol de 675 francs, par chaque saison d'arrosage, par le fait d'un seul usager, et par l'altération d'une seule petite bouche de deux onces.

Si l'eau est livrée à raison de tant par hectare, les moyens de fraude sont encore plus nombreux ; la principale s'exerce par l'intervention des fermiers, qui spéculent très-fréquemment sur des eaux soi-disant perdues, mais dont ils se font très-bien payer l'usage par des propriétaires inférieurs. Cet abus est commun en Provence et notamment dans le département de Vaucluse.

Enfin, la nécessité des régulateurs se fait encore sentir dans une foule de circonstances, et lors même qu'il n'y a aucune fraude de la part des particuliers. Je ne citerai plus qu'un fait, mais il est à lui seul une démonstration des plus concluantes. Dans les régions du midi, là où les canaux d'arrosage sont le plus avantageux, la saison d'été ne se passe jamais sans qu'il faille, à deux fois au moins, procéder au faucardement des herbes aquatiques qui croissent avec une rapidité telle qu'elles finissent par obstruer une partie notable de la section. Comme un même volume d'eau y est toujours introduit, il arrive nécessairement qu'aux approches des curages le niveau normal se trouve plus ou moins exhaussé. Sans la présence des régulateurs, toutes les bouches recevraient donc, par cette circonstance, une augmentation de pression très-notable. Or, veut-on savoir quelle est l'influence de cette augmentation de pression sur le débit réel des bouches? Cette influence est si grande que pour celles du système milanais, par exemple, ayant $0^{m},20$ de hauteur, on s'est assuré, par expérience, qu'une variation seulement de $0^{m},10$ dans la pression suffit pour modifier des 0,24, c'est-à-dire de *près d'un quart*, le débit normal. Voilà donc, sans qu'on ait rien à reprocher aux usagers, le quart de la portée d'eau d'un canal exposé à être enlevé, dans le seul excédant de débit de bouches, par le seul fait d'un exhaussement de $0^{m},10$ dans le niveau de ce canal. Et qu'est-ce qu'un exhaussement de $0^{m},10$ quand la croissance rapide des herbes est littéralement capable d'envahir, dans un seul été, la presque totalité de la section du canal! Cependant je n'exagère rien, ne m'appuyant que de la seule autorité des faits.

On pourrait croire que l'utilité des modules régulateurs est exclusivement réservée à l'emploi des bouches taxées, c'est-à-dire aux cas où les eaux se vendent; et que partout où l'on peut les avoir sous d'autres conventions l'usage desdits appareils serait superflu. Mais en raisonnant ainsi on serait dans l'erreur. Car lors même qu'un arrosant prendrait les eaux dans un canal qui serait sa propriété, lors même qu'il pourrait en disposer d'une manière illimitée, il serait encore de son intérêt, non-seulement comme administrateur du canal, mais comme propriétaire foncier, de ne se livrer des eaux qu'en quantités bien déterminées, et cela pour le succès seulement de ses cultures. Car pour que les arrosages agissent d'une manière salutaire, il est indispensable qu'ils soient distribués avec la plus grande régularité. Ne pas se rendre un compte exact de l'eau que l'on consomme, c'est s'exposer fréquemment à des irrigations surabondantes qui sont ce qu'il y a de plus nuisible à la terre.

Tout concourt donc à prouver combien il est essentiel dans un pays bien administré d'avoir, pour la distribution exacte des eaux, un appareil d'une justesse éprouvée, qui ne laisse rien à la fraude, rien à l'arbitraire, et dont l'usage offre une égale sécurité aux vendeurs comme aux acquéreurs de l'eau destinée aux arrosages.

Les *modules* ont essentiellement pour but de régler les distributions de détail entre divers particuliers, usagers d'un même canal. Quant aux prises d'eau des canaux eux-mêmes, dans les fleuves et rivières, on les limite ordinairement par d'autres procédés. Du moment qu'une telle prise d'eau atteint 32 à 33 onces, ou 1^{mc},60 par seconde, elle est déjà trop considérable pour être réglée commodément par un module du système de ceux qui vont être décrits. A plus forte raison lorsqu'il s'agit de l'embouchure d'un canal portant 8, 10, 12 mètres cubes par seconde, comme cela se voit fréquemment.

Les grandes prises d'eau de cette espèce restent plus particulièrement que les autres sous la surveillance de l'administration supérieure, qui en fixe la disposition et les dimensions, sur le rapport des ingénieurs compétents, d'après les principes du jaugeage ou de l'écoulement par des orifices. En parlant plus loin de ce qui concerne ces prises d'eau, j'indique les procédés qu'il est d'usage de suivre, en pareil cas, d'après les diverses circonstances locales.

II. Principes sur l'écoulement des liquides, effectué par des orifices. — Conditions essentielles à la perfection d'un appareil propre à opérer une exacte distribution des eaux.

L'écoulement effectué par des orifices, ouverts dans les parois d'un vase, ou d'un réservoir plein d'eau, est un phénomène soumis à des lois remarquables. Ces lois n'étaient point à la portée des connaissances restreintes de l'antiquité et leur découverte exigeait des lumières, qui ne se sont manifestées que dans les dernières années du XVIe siècle.

Ce fut vers 1583, que l'immortel Galilée, appelé par son génie vers les sciences mathématiques et physiques, auxquelles on ne l'avait pas destiné, découvrit les premières notions du principe qui régit la chute des corps pesants. Il paraît que la seule inspection des mouvements oscillatoires réguliers d'une lampe, suspendue dans la cathédrale de Pise, suffit pour lui révéler ce grand principe. Quelques années plus tard, il démontra que tous les corps, quels qu'ils soient, sont également sollicités par la pesanteur, et que s'il y a des différences entre les espaces qu'ils parcourent, en tombant dans un temps donné, cela tient à l'inégale résistance que l'air oppose à leur chute, selon les rapports différents qui existent entre leur volume et leur densité. Il posa donc ainsi les bases de la théorie du mouvement accéléré. Galilée étant mort en 1642, ses disciples perfectionnèrent ses découvertes. Parmi ceux-ci, Bénédict Castelli, qui fut longtemps l'objet de sa prédilection, et Torricelli, qu'il n'avait appelé à lui que dans les derniers mois de sa vie, contribuèrent beaucoup aux progrès de la science hydraulique, le premier par ses recherches sur le mouvement des eaux courantes, publiées pour la première fois à Rome en 1638 ; le second, par la découverte du principe relatif à l'écoulement qui se fait par des orifices, principe établi et publié en 1643 et qui est resté connu de nos jours sous le nom de théorème de Torricelli. En voici l'énoncé : *Abstraction faite de toute cause de perturbation, la vitesse d'un fluide, à sa sortie d'un orifice pratiqué dans les parois d'un réservoir, est celle qu'aurait acquise un corps grave, en tombant librement de la hauteur comprise entre le niveau de la surface fluide dans le réservoir et le centre de cet orifice.*

Ce fait, qu'on peut regarder comme un corollaire du principe plus général de l'égalité de pression en tous sens, qui caractérise les liquides, se vérifie par une expérience facile à reproduire. Elle consiste à entretenir plein d'eau, un vase ayant la forme d'un gradin et à percer des orifices sur les parois horizontales. On voit alors l'eau, en sortant de ces orifices, former des jets verticaux qui atteignent presque le niveau supérieur et qui y arriveraient exactement, si diverses causes, dont il va être parlé plus loin, ne tendaient à s'y opposer. Cette expérience vérifie entièrement le théorème de Torricelli, car il résulte des principes élémentaires de la dynamique, que pour qu'un corps lancé verticalement atteigne une certaine hauteur, il faut qu'au point de départ, il ait une impulsion égale à la vitesse qu'il aurait acquise s'il fût tombé librement de cette même hauteur.

Le principe se maintient, quelle que soit la direction que prenne l'eau à la sortie du réservoir. Que l'orifice soit pratiqué dans une paroi horizontale ou verticale, la vitesse du fluide qui en sort est toujours celle qui est due à la hauteur comprise entre la surface du réservoir et le centre dudit orifice.

D'après les principes fondamentaux du mouvement accéléré, les vitesses sont proportionnelles aux temps employés à les acquérir, et les espaces parcourus ou les hauteurs de chute, sont proportionnels aux carrés de ces temps. C'est de là que l'on a déduit ces deux expressions très-simples :

$$v = \sqrt{2gh} \qquad h = \frac{v^2}{2g}$$

dans lesquelles v représente la vitesse du liquide à la sortie de l'orifice, h la hauteur correspondante à cette vitesse et g, l'expression constante de la gravité, que des expériences très-exactes faites à l'Observatoire de Paris, ont fixée à $9^{m},8088$. Ce nombre qui est d'un emploi fréquent dans toutes les formules hydrauliques, exprime donc, pour le lieu où a été faite l'expérience, l'intensité de la pesanteur considérée comme force accélératrice; ou la vitesse qu'elle imprime à un corps grave, tombant dans le vide, pendant une seconde, prise pour unité de temps.

Des deux principes exposés ci-dessus, établissant la relation qui existe entre les vitesses et les hauteurs correspondantes, il résulte qu'étant donné un vase ou réservoir d'une certaine hauteur, si l'on ouvre dans une de ses parois sur une même verticale, depuis le niveau jusqu'au fond, une série de petits orifices, la courbe qui serait construite en prenant les hauteurs pour abscisses, et pour ordonnées les vitesses dues à ces hauteurs, aurait ces abscisses proportionnelles au carré des ordonnées. Or, la seule courbe qui jouisse de cette propriété, est la parabole, ayant pour équation, $y^2 = 2\,g\,x$.

Cette remarque a donné le moyen de calculer, d'après les propriétés connues de cette courbe, la série des vitesses correspondantes à des hauteurs données; et la *Table parabolique* publiée en 1764, par le mathématicien milanais De Regi, jouit d'une assez grande confiance près des hydrauliciens, en Italie.

Ayant la vitesse réelle avec laquelle l'eau sort d'un

orifice sous une hauteur donnée, il semble qu'il suffirait pour avoir son débit par seconde, de multiplier l'aire ou la section dudit orifice par cette vitesse réelle. Mais l'on n'obtient ainsi que des résultats ne concordant point avec ceux que donne l'expérience.

Remarquons bien que toutes les considérations qui précèdent, sont purement théoriques. En effet, 1° le coefficient de la gravité g, n'est pas une quantité constante, puisqu'il augmente avec la latitude et diminue avec l'élévation du sol. Il faudrait donc déjà que l'on eût soin, en faisant usage de tables, de n'employer que le chiffre exactement applicable à la localité où l'on se trouve; 2° l'assimilation faite avec la chute d'un corps tombant dans le vide est encore ici une abstraction, puisque, dans tous les cas usuels, l'écoulement de l'eau, sortant d'un orifice, est plus ou moins modifié par la résistance de l'air; sans parler des cas où il l'est bien davantage encore par la résistance d'un liquide, 3° mais la principale cause d'après laquelle la dépense réelle d'un orifice est toujours inférieure à celle qui serait donnée par la théorie, consiste dans la contraction que l'eau éprouve à sa sortie de cet orifice.

Par son influence, qui est inévitable avec l'emploi des orifices pratiqués dans des parois ordinaires, il y a toujours une correction plus ou moins grande à faire sur les résultats indiqués par la théorie; c'est-à-dire, qu'il faut multiplier la dépense théorique des orifices, par un certain coefficient qui est toujours au-dessous de l'unité. Des observations faites dans diverses circonstances, ont prouvé que, pour des orifices moins grands que des vannes ordinaires, ses expressions se tiennent généralement entre 0^{m},60 et 0^{m},70. La difficulté consiste à savoir choisir celle qui est applicable à telle ou telle dimension, à telle ou telle épaisseur des parois d'un orifice donné.

Pour faire la détermination directe du coefficient de la contraction, c'est-à-dire pour trouver le chiffre de réduction de la dépense théorique à la dépense réelle, on jauge avec soin le débit effectué pendant un certain temps et essentiellement sous une charge constante; on en déduit le débit par seconde, puis en divisant cette dépense réelle par la dépense théorique, correspondante au même orifice sous la même pression, on a pour quotient le coefficient cherché.

On appelle orifice en mince paroi, ou orifice ordinaire, celui dont l'épaisseur n'a qu'environ 1/10 de sa dimension moyenne. Les orifices en mince paroi sont les seuls qui donnent lieu à la contraction. Celle-ci provient de la forme conique du jet, due elle-même à la continuation, au delà de l'orifice, de la convergence qu'ont prise les filets fluides en se dirigeant de l'intérieur du réservoir vers un centre commun. Quand il y a un prolongement ou ajutage, la contraction n'a plus lieu, ou du moins elle s'opère d'une manière toute différente; mais, dans tous les cas, le frottement qui a lieu, contre les parois intérieures du tube, opère une résistance analogue; seulement les coefficients sont différents.

On trouve, dans les ouvrages d'hydraulique, des

tables indicatives des expériences qui ont été faites, dans différentes circonstances, pour déterminer, par la méthode simple que je viens d'indiquer, les coefficients de contraction applicables à des écoulements effectués par des orifices, différents de grandeur et de forme, ainsi que sous des pressions très-variables entre elles. Les plus complètes comme les plus récentes de ces expériences sont celles de MM. Poncelet et Lesbros tendant à établir en moyenne un coefficient de 0^{m},62 à 0^{m},63 qui semblerait devoir convenir aux dimensions les plus ordinaires des bouches de prise d'eau. Mais néanmoins il est certain que l'effet de la contraction est d'autant plus sensible que la charge d'eau est plus forte, relativement aux proportions de l'orifice ; il serait donc nécessaire qu'une expérience spéciale fût faite à cet égard, avant que l'on dût se fier à une règle qui pourrait occasionner beaucoup d'erreurs.

Quand le débit par un orifice, au lieu de s'effectuer simplement dans l'air, s'opère en totalité ou en partie dans l'eau, la question devient beaucoup plus compliquée. Il faut distinguer le cas où l'eau d'aval est dormante de celui où elle est animée d'une certaine vitesse, et tenir compte de plusieurs autres circonstances encore. Ce problème, qui est très-usuel dans les pays d'irrigation, paraît dans son état actuel laisser beaucoup à désirer ; et j'ai lieu de douter de l'exactitude pratique des formules que l'on m'a indiquées en Italie comme devant servir à sa solution.

Les détails que je viens de donner m'ont paru être

ici à leur place, parce qu'ils font bien concevoir le but et les difficultés du mesurage des eaux par des orifices. Il est bon toutefois de remarquer, en ce qui touche l'objet spécial du présent livre, que l'invention des régulateurs usités dans le nord de l'Italie et notamment celle du plus exact d'entre eux, qui est le module milanais, remonte à plus d'un demi-siècle avant l'époque de la découverte des principes d'hydrodynamique, sur lesquels je viens d'appeler quelques instants l'attention des lecteurs.

Pour donner, comme il convient de le faire, l'historique et la description de ces divers appareils, il faut donc nécessairement rentrer dans le cercle des considérations purement pratiques et expérimentales, sans trop s'attacher à en expliquer le mécanisme, à l'aide de principes que leurs inventeurs ne connaissaient pas.

Dès la première moitié du XVIe siècle, on s'était posé le problème d'obtenir un égal débit au moyen de deux orifices, pratiqués dans de simples parois, adaptées soit à un même réservoir d'eau, soit à des réservoirs différents, que l'on suppose toujours pleins; et l'on était arrivé à conclure qu'il faut pour cela, satisfaire à toutes les conditions suivantes :

1° Que les orifices aient exactement la même section, la même forme, et surtout le même contour ou périmètre ;

2° Qu'ils soient placés à une même profondeur au-dessous de la surface de l'eau ;

3° Que les parois aient la même épaisseur ;

4° Que l'eau soit également calme, ou également agitée dans les deux réservoirs, à proximité des orifices, tant à l'intérieur qu'à la surface ;

5° Que cette eau, si elle n'est pas dormante, arrive aux deux orifices avec une même direction et une égale vitesse ;

6° Que le dégorgement soit également libre à la sortie des deux orifices ; c'est-à-dire que s'il a lieu dans des canaux, ils doivent, sur une certaine longueur, être eux-mêmes dans des situations identiques, quant à leur pente et à leur section ;

7° Que si l'écoulement se fait dans l'eau, le refoulement que celle-ci opère soit absolument le même pour les deux orifices.

La théorie la plus rigoureuse n'eût rien indiqué de plus précis ; car toutes les circonstances énumérées ci-dessus sont susceptibles de modifier, d'une manière plus ou moins notable, le produit de l'écoulement ; et l'on ne voit pas qu'il y ait lieu d'en mentionner aucun autre.

Aujourd'hui on poserait peut-être le même problème avec plus de généralité en se demandant à quelles conditions l'on pourrait obtenir un même écoulement au moyen d'orifices différents. Car il est certain qu'avec la liberté de faire varier d'une manière convenable, les divers éléments qui influent sur la valeur du débit, il y aurait toujours moyen d'arriver, tant à l'aide des indications théoriques que par voie d'expérience et de tâtonnement, à la solution cherchée. Mais autant est grand l'intérêt pratique de la première partie du problème énoncée plus haut, autant cet intérêt serait nul pour la seconde partie, qui ne doit être regardée que comme une recherche curieuse mais peu utile.

Nous allons voir d'ailleurs que la condition désirée est déjà assez difficile à remplir en la rendant la plus simple possible, sans qu'on vienne compliquer bénévolement une question qu'il est si important de bien résoudre.

Enfin, si de ces considérations, qui sont encore théoriques, on passe à celles qui intéressent directement la pratique des irrigations, on reconnaît qu'un bon module régulateur destiné à la distribution des eaux courantes puisées, soit directement dans les fleuves et rivières, soit dans des canaux principaux de dérivation, doit remplir, le plus exactement possible, les sept conditions suivantes :

1° Sur quelques cours d'eau et dans quelque situation que soit placées des bouches d'une égale portée, elles doivent toujours fournir exactement, dans un temps donné, les mêmes quantités d'eau ;

2° Il importe que le débit puisse rester sensiblement le même, quelles que soit les variations de niveau qui aient lieu dans le canal alimentaire ;

3° L'édifice, ou appareil régulateur, doit être construit de manière qu'il y ait impossibilité, pour les usagers, ou pour telle personne que ce soit, d'altérer son débit, d'une manière quelconque, sans que cette voie de fait ne laisse des traces et dégradations toujours faciles à reconnaître ;

4° La manière de manœuvrer ou de régler cet appareil doit être assez simple pour ne réclamer qu'un degré ordinaire d'intelligence, dans les agents ou préposés, qui sont chargés de sa manœuvre, sans que l'on ait à craindre de le voir détériorer par leur inhabileté ;

5° On ne doit avoir besoin de recourir au calcul, ni pour régler les dimensions des modules de différentes portées, ni pour rechercher leur débit ;

6° Leur construction ne doit occuper qu'un petit espace, de manière à être facilement praticable dans toute localité où se fait sentir le besoin de distribuer les eaux en quantités connues ;

7° Le débit normal choisi pour unité, une fois obtenu et fixé, on doit faire en sorte qu'il se maintienne constant, pour les grandes comme pour les petites bouches.

Tout module qui sera capable de bien remplir l'ensemble des sept conditions précédentes pourra être réputé parfait ; mais dans la réalité cela n'existe pas encore. On doit donc, quant à présent, se borner à regarder comme le meilleur, parmi les appareils de ce genre, celui qui, à défaut de toutes, pourra réaliser le plus grand nombre desdites conditions.

CHAPITRE VINGT-CINQUIÈME.

DISPOSITIONS FONDAMENTALES DANS LA CONSTRUCTION DES MODULES. — RÉGULATEURS USITÉS EN ITALIE.

Principe sur lequel repose l'emploi de la vanne hydrométrique. — Sa double utilité pour établir la pression normale, et pour atténuer les variations accidentelles qui surviennent dans le canal alimentaire. — Autres dispositions spéciales des modules.

Afin de faciliter l'intelligence des descriptions qui concernent les appareils adoptés dans le nord de l'Italie, pour opérer la distribution exacte des eaux employées aux arrosages, je dirai ici quelques mots d'une disposition fondamentale qui paraît indispensable à la perfection des ouvrages de ce genre.

L'usage des grandes irrigations en Italie ayant devancé de plusieurs siècles les premières découvertes essentielles faites sur les lois du mouvement des liquides, le besoin d'une méthode exacte pour mesurer les eaux se faisait vivement sentir, sans qu'on pût arriver à la connaissance d'un procédé pratique qui pût remplir ce but; de sorte que les conditions indiquées dans le paragraphe précédent, restèrent longtemps à l'état de problème.

Après avoir recherché quelles étaient les circonstances dans lesquelles il y a identité de débit par deux orifices, pratiqués dans les parois de vases prismatiques, tels que celui qui est représenté pl. X, fig. 6, on imagina d'observer l'écoulement de l'eau dans des vases analogues à celui qui est représenté dans la fig. 7, lequel ne diffère du précédent qu'en ce qu'il est partagé verticalement, dans sa largeur, par une cloison ou diaphragme, pouvant se placer à une hauteur variable au-dessous du fond. On reconnut ainsi :

1° Qu'il s'établissait toujours, entre les deux compartiments du vase ou réservoir, une différence de niveau constante, et que cette différence était d'autant plus prononcée, que l'ouverture du diaphragme était moindre, relativement à celle de l'orifice;

2° Que si, au lieu d'entretenir dans le réservoir un niveau invariable, on opérait dans ce niveau des exhaussements ou des abaissements, les variations correspondantes se maintenaient toujours proportionnelles avec les hauteurs respectives du liquide primitivement établies dans l'un et l'autre compartiment, pour un état donné des orifices de sortie et de communication; c'est-à-dire, que si, le niveau étant constant, ces hauteurs étaient par exemple, dans le rapport de 3 à 1, un exhaussement de $8^{m},30$ dans le premier vase n'en amènerait qu'un de $0^{m},10$ dans le deuxième; $0^{m},15$ en produiraient 0,05; ainsi de suite;

3° Que ce principe n'était point modifié par l'emploi de deux ou plusieurs diaphragmes, ainsi que cela est représenté dans la fig. 8; c'est-à-dire, que la même proportionnalité était maintenue entre les variations de niveau et les hauteurs primitives de l'eau, dans le premier et le dernier compartiment, nonobstant l'addition d'un nombre quelconque de diaphragmes intermédiaires, qui ne comptent toujours que pour un.

Ceci donne la clef de la théorie des modules; car nous allons voir dans les chapitres suivants que, soit en France, soit en Italie, dans les nombreuses circonstances où l'on a vivement senti le besoin de régler rigoureusement la distribution des eaux d'arrosage, si exposées aux abus, on a toujours été conduit à conclure que la condition la plus importante, mais la plus difficile à remplir, était le maintien d'une pression constante, au-dessus des bouches de distribution. Or, le problème est pratiquement résolu par le mécanisme que je viens d'indiquer. Supposons que le premier vase ou réservoir d'eau soit un canal, que le diaphragme mobile soit une vanne et que l'orifice soit une bouche de distribution, on voit que l'on pourra toujours obtenir au-dessus de ladite bouche, la pression constante nécessaire à la régularité de l'écoulement; et cela quelle que soit la hauteur de l'eau dans le canal alimentaire, au moment de l'opération.

Si l'on jette les yeux sur la fig. 11 qui représente la coupe d'un module piémontais, l'on reconnaîtra que pour obtenir, dans la pratique, l'avantage cherché, il a suffi d'établir la bouche de distribution *n p*, à une certaine distance en arrière du bord du canal alimentaire, dont le niveau est *a b*, et de placer sur ce bord même, une vanne destinée uniquement à obtenir et à régler dans un espace déterminé, le niveau m' n' correspondant à la pression constante mesurée par la hauteur n n', au-dessus du bord supérieur de l'orifice p n. Cette vanne, représentée également dans la fig. 13, est, dans la construction des modules, la partie fondamentale. Elle a véritablement le caractère de *vanne hydrométrique*, en ce qu'elle règle l'introduction de l'eau dans l'appareil, de manière à y donner toujours la pression constante. qu'il est nécessaire de maintenir au-dessus de la bouche d'écoulement durant la saison d'arrosage; c'est-à-dire pour un état donné du plan d'eau dans le canal.

Sans doute, on ne pourrait pas, dans la pratique des grandes irrigations, manœuvrer cette vanne régulatrice, au fur et à mesure des variations accidentelles qui pourraient survenir dans le canal. Mais il est à remarquer que d'après la régularité et la périodicité de l'emploi des eaux concédées, le niveau du canal alimentaire se trouve toujours à peu près à un même état aux mêmes heures du jour. Et c'est en le prenant ainsi à un état quelconque du plan d'eau que la vanne hydrométrique opère, avec la plus grande simplicité, la réduction nécessaire pour ne donner que juste la pression normale, ou légale, au-dessus de l'orifice supérieur de la bouche de concession.

Si le niveau du canal était sujet à de fréquentes variations, il faudrait nécessairement admettre une légère tolérance, pour des variations analogues dans le niveau, sous l'influence duquel s'effectue l'écoulement. Mais il y a ici une remarque importante à faire, c'est que, indépendamment des facilités qu'offre toujours la vanne hydrométrique, pour faire cesser, dès qu'on le jugerait convenable, une différence notable de niveau, qui se manifesterait dans l'intérieur de l'appareil, elle agit déjà utilement par sa seule présence, c'est-à-dire, d'une manière permanente, et sans aucune manœuvre, en atténuant, dans une forte proportion, d'après le principe qui vient d'être énoncé plus haut, les modifications qui peuvent se manifester accidentellement dans le niveau extérieur. Plus il y a de différence entre les hauteurs de l'eau, de part et d'autre de la vanne, plus cette atténuation est grande; ainsi, dans le module milanais, pour $2^m,12$ de hauteur, $0^m,10$ à $0^m,12$ d'exhaussement se réduisent à $0^m,025$ au plus, dans l'intérieur du sas régulateur.

La vanne hydrométrique n'est cependant pas la seule chose dont il faille s'occuper dans la construction des modules. Car il y a lieu d'examiner encore la distance et la position de la bouche, relativement au niveau du canal alimentaire, le mode d'écoulement des eaux à la sortie même de cette bouche, etc., etc.

En résumé, il y a donc deux choses distinctes à remarquer dans le système des modules, usités en Italie; 1° une disposition uniforme et fondamentale, consistant dans la vanne hydrométrique, qui a pour objet de procurer l'égalité de pression sur l'orifice, pour un état déterminé des eaux du canal; 2° des dispositions diverses, et variables d'un module à un autre, ayant pour but de régler le mouvement de l'eau dans l'intérieur de l'appareil, tant en amont qu'en aval de la bouche proprement dite.

On peut remarquer que les modules ou édifices qui n'auraient pour garantie d'exactitude que la vanne hydrométrique, fonctionneraient d'une manière plus juste que ceux qui, dépourvus de ce moyen de limitation, réuniraient d'ailleurs toutes les autres précautions accessoires dont il sera parlé plus loin.

Cela s'est manifesté d'une manière très-sensible dans le Milanais où, pendant près de quatre siècles, on s'est servi des eaux d'irrigation distribuées par bouches non réglées, comme cela se fait encore en France, c'est-à-dire au moyen de simples vannes, et où l'on ne s'est acheminé que très-lentement vers la mise en usage du module exact que l'on possède aujourd'hui. Il se passa alors quelque chose d'analogue à ce qui est si bien exprimé dans notre fable de l'*Alouette et de ses petits*. La question était entre l'administration publique et les usagers des eaux du Grand-Canal, car ceux-ci avaient usé largement de la faculté qu'on a toujours d'altérer le volume des eaux, distribuées par de simples bouches. Néanmoins, les premières mesures qui furent prises contre ces abus, devenus criants, ne les émurent point du tout; parce qu'ils comprirent parfaitement qu'elles seraient inefficaces et, dans tous les cas, de peu d'importance pour eux; en un mot, ils ne craignirent rien, tant qu'ils sentirent l'administration impuissante et restreinte à des demi-mesures. Ainsi, l'on prescrivit bien l'adoption d'une hauteur constante des bouches, au-dessus du fond du Grand-Canal et de l'Olone, avec d'autres dispositions relatives à l'écoulement de l'eau en aval de ces bouches. Tout cela fut accueilli avec une entière indifférence. Mais quand on vit paraître, en 1570, l'appareil complet, pourvu surtout de la vanne hydrométrique, véritable et sérieux obstacle à l'altération du débit des eaux, alors il fut évident pour tout le monde, que le régime de l'ordre allait succéder au régime des abus; et c'est alors que la classe nombreuse des usagers contrevenants s'éleva tout à coup contre une innovation qu'elle redoutait à juste titre. Ce fut là la seule cause des résistances et des collisions qui eurent lieu, chaque fois qu'il s'est agi sérieusement de substituer une limitation exacte au régime de tolérance qui avait eu lieu dans l'origine de l'établissement des canaux.

La manœuvre de la vanne hydrométrique n'est point laissée à la disposition des particuliers, qui jouissent des prises d'eau; elle est au contraire essentiellement confiée aux gardes ou préposés qui sont chargés, sous la surveillance de l'autorité publique, de la police des arrosages. Une fois fixée, pour un état déterminé des eaux, au point qui donne exactement la pression voulue sur la bouche d'écoulement, la vanne est cadenassée à cette hauteur, de manière à ne plus varier qu'avec le concours du même agent, et dans le cas seulement où il en reconnaît la nécessité.

Les dispositions accessoires qui garantissent l'efficacité des modules, sont celles qui ont pour but de régulariser, le plus possible, l'écoulement de l'eau au moyen des ouvrages construits, 1° entre la vanne de prise d'eau et la bouche proprement dite; 2° en aval de cette bouche, sur une certaine longueur, qui s'étend jusqu'à l'origine libre du canal de dérivation.

Mais il est inutile d'entrer ici dans de plus grands détails, car ces notions générales vont s'éclaircir par la description des édifices ou appareils de distribution des eaux, en usage dans les diverses provinces du Piémont et de la Lombardie.

Le seul point principal qu'il convienne de faire ressortir ici, c'est que la vanne hydrométrique a une double utilité pratique : 1° en permettant de ramener, pour toute la durée de la saison d'arrosage, les eaux au niveau légal au-dessus du bord supérieur de la bouche de concession; 2° en atténuant, d'après le principe des vases communicants, même les variations accidentelles, qui surviennent dans les hauteurs des eaux alimentaires, pendant la durée de ladite saison.

CHAPITRE VINGT-SIXIÈME.

DESCRIPTION DU MODULE MILANAIS.

État de choses antérieur à l'invention de ce module. — Nombreux abus qui avaient lieu dans l'usage des eaux concédées. — Premières restrictions insuffisantes. — Conditions à remplir. — Description de l'appareil complet.

Historique. — Dès le commencement du XIIe siècle, l'Olone et la Vestabia fournissaient au territoire de Milan des irrigations dont il retirait sa principale richesse. L'achèvement du Naviglio-Grande, qui date de 1180, vint accroître ces ressources, dans des proportions extraordinaires; et, dès lors, la valeur des eaux d'arrosage devenait déjà de plus en plus grande. On sentait parfaitement dès cette époque, la nécessité d'arriver d'une manière ou de l'autre, à un moyen efficace de limiter le débit des bouches de prises d'eau, sans lequel les abus devenaient d'autant plus grands que les profits à en retirer étaient plus considérables.

Les anciennes concessions étaient vagues et mal définies, ce qui prêtait beaucoup à la fraude. On avait soin, il est vrai, d'insérer dans les règlements locaux que les peines les plus sévères seraient appliquées à ceux qui dériveraient des eaux, en contravention à leurs titres. Mais cela restait sans application. Les abus se multiplièrent bientôt à un tel point qu'il fallut arriver absolument à des mesures efficaces.

Les premières dispositions qui vinrent sensiblement améliorer la distribution des eaux d'arrosage dans le Milanais, remontent à l'année 1503, époque où la domination française était établie dans ce pays. Ces instructions, datées du règne de Louis XII, et conservées dans les archives du Gouvernement, prescrivirent : 1° que toutes les bouches seraient désormais pratiquées dans des dalles de marbre ou de granit, et qu'elles auraient une hauteur uniforme de 4 onces (0^m,20) ; 2° qu'elles seraient disposées sur le bord des canaux, sans barrage, ni éperon, ni aucune saillie quelconque ; 3° que la bouche proprement dite serait suivie d'une chambre, ou sas, en maçonnerie, de la longueur de 9 bras (5^m,40), dont les murs latéraux, parallèles entre eux, formeraient de chaque côté une retraite de 3 onces (0^m,15) en sus de la largeur de la bouche ; 4° enfin, que les seuils ou bords inférieurs desdites bouches seraient établis, au-dessus du fonds des canaux, à une hauteur constante, déterminée, pour chaque canal, par des règlements particuliers. Cette hauteur était fixée à 8 onces (0^m,40) pour les bouches du Grand-Canal, et à 4 onces (0^m,20) pour celles de l'Olone, qui avait une moindre hauteur d'eau.

Ces mêmes instructions, qui datent du commencement du XVIe siècle, sont remarquables en ce qu'on y trouve les premiers rudiments du régulateur complet, qui, soixante-dix ans plus tard, fut définitivement adopté dans le même pays. On peut remarquer qu'elles pourvoyaient déjà à des dispositions essentielles ; notamment pour régulariser l'écoulement de l'eau, en aval des bouches. Mais un but principal de ces premières instructions paraît avoir été de prescrire le rétablissement en pierre, des anciennes prises d'eau, ou martellières, en bois, qui donnaient lieu à toutes sortes d'abus. Cette disposition se trouve consignée, d'une manière générale, dans le passage suivant du chapitre XXIX des Statuts du Milanais, publiés vers la même époque :

« Et quod dictus lapis ita tagliatus seu perforatus debeat claudi ad bucam seu spondam lecti Oloni, de bono muro facto de lapidibus et cemento, taliter quod dictum foramen seu spatium foraminis, remaneat altum a fundo dicti Oloni per tertiam onciam, unius brachii. »

La même clause était insérée dans toutes les anciennes concessions, datant de la première moitié du XVIe siècle. Les autres instructions, édits, ou règlements, du règne de Louis XII, pour la surveillance des bouches de prise d'eau dans le Milanais, furent reproduits de 1516 à 1522 par diverses lettres patentes de François Ier, roi de France, et publiées plusieurs fois, à la diligence des magistrats du pays. Les mêmes prescriptions furent encore renouvelées, en 1537, époque à laquelle le Milanais était passé sous la domination espagnole. Mais chaque fois qu'il était fait de nouvelles vérifications, on découvrait toujours de nouveaux empiétements, de nouveaux délits.

Ainsi, quoiqu'il y eût déjà dans le mode de distribution des eaux un acheminement sensible vers le système actuel, qui fut définitivement appliqué en 1572, on n'obtenait cependant encore qu'une limitation très-imparfaite; et cela fut ainsi jusqu'à ce que l'on ait eu recours à la *vanne hydrométrique*, qui seule peut garantir, pour un état donné du canal alimentaire, le maintien d'une pression constante audessus de l'orifice d'écoulement. Par l'absence de cette disposition fondamentale, tout ce que l'on avait imaginé précédemment, en fait d'autres dispositions accessoires, était resté frappé d'impuissance.

Nous verrons, par les descriptions qui suivent, que l'on ne peut pas contester la priorité d'emploi de cette vanne dans le Module milanais; mais, par une étrange bizarrerie, on trouve ce puissant moyen de régularisation adapté, dès 1561, au module de Crémone, dans lequel, d'un autre côté, on semble avoir pris à tâche de réunir toutes les causes possibles d'imperfection. De sorte que, sous le rapport de l'efficacité, l'on est toujours en droit d'admettre que cette ingénieuse découverte n'a véritablement été mise à profit, d'une manière complète, qu'en 1572, dans le module du Milanais.

A partir de la deuxième moitié du XVIe siècle, tout avait préparé dans ce pays la découverte d'un bon régulateur. Il est vrai que les premiers progrès de l'hydraulique, en Italie, s'étaient à peine déjà manifestés par quelques résultats. Les belles découvertes de Galilée, de Castelli, de Torricelli et autres savants, n'existaient point encore. Mais le besoin de plus en plus senti, de mettre de l'ordre dans la distribution des eaux, suppléa à l'insuffisance de la science; et l'appareil milanais fut découvert, soixante-dix ans avant les principes qui peuvent en expliquer le mécanisme.

Je donne ici le programme des conditions qui, dès le milieu du XVIe siècle, avaient été posées, par les magistrats de Milan, pour appeler l'attention des ingénieurs sur cet important problème :

1° Indiquer l'unité qui doit être regardée comme la meilleure, pour la mesure des eaux d'irrigation; et un mode de distribution qui ne soit préjudiciable, ni au trésor public, ni à la navigation, ni aux usagers;

2° Trouver un appareil disposé de telle manière qu'il puisse, avec des bouches de dimensions déterminées, débiter, dans un temps donné, un volume d'eau constant, quels que soient les exhaussements ou abaissements qui surviennent dans le niveau du canal alimentaire; c'est-à-dire que ce débit, une fois réglé sous une pression déterminée, soit rendu tout à fait indépendant des variations qui peuvent avoir lieu, soit dans le niveau d'eau, soit dans la forme ou la direction du canal;

3° Faire en sorte que l'appareil en question se trouve à l'abri de toute fraude ou altération; qui aurait pour résultat de lui faire débiter une quantité d'eau plus grande que la quantité effectivement concédée.

D'autres conditions accessoires étaient encore demandées à l'inventeur du module, destiné à régler les eaux du Milanais. Je n'ai cité que les précédentes, parce qu'elles sont fondamentales; et qu'elles prouvent qu'il y a trois cents ans, on comprenait tout aussi bien que nous le comprenons aujourd'hui, le but que doit remplir un régulateur.

Tel était l'état des choses lorsque fut appliqué, en 1572, l'appareil inventé par Soldati, et connu depuis sous le nom de *module magistral* du Milanais. En parlant, précédemment, de la régularisation des anciennes bouches du Naviglio-Grande, j'ai fait connaître les difficultés que l'on a eu à vaincre pour parvenir à une application générale de ce module. Il est inutile de remarquer que la véritable cause de la résistance persistante opposée, par les usagers, était l'efficacité réelle de cet appareil, contre les abus dont on avait eu si longtemps à souffrir.

Description de l'appareil.

L'once d'eau, telle qu'elle est donnée par le module du Milanais, est la quantité de liquide qui coule librement, c'est-à-dire sous l'influence de la seule pression, par une bouche rectangulaire, ayant 4 onces ($0^m,20$) de hauteur uniforme, et 3 onces ($0^m,15$) de largeur; avec une pression constante de 2 onces ($0^m,10$) sur le bord supérieur de l'orifice.

La bouche d'une once, dans le système milanais, a donc la dimension et la disposition indiquées fig. 8, pl. XVIII. Toutes les conditions essentielles de ce module doivent être soigneusement observées. Une des principales est le maintien de la hauteur constante de l'orifice régulateur, fixée à $0^m,20$. Ainsi, pour les orifices d'une portée de plusieurs onces, au lieu de donner seulement à la bouche, comme nous avons vu que cela se faisait ailleurs, une section convenable, sans s'occuper de ses dimensions, on a toujours soin que ce soit la largeur seule qui varie; et l'on donne alors à cette largeur autant de fois 3 onces linéaires, ou $0^m,15$, que l'on veut avoir d'onces d'eau dans le module, en maintenant toujours la hauteur constante de $0^m,20$, ainsi que la pression de $0^m,10$ sur le bord supérieur de la bouche.

La fig. 9 représente une bouche de 6 onces, dont la largeur totale est de $0^m,90$. J'expliquerai dans le paragraphe par quels motifs les bouches d'une plus grande portée, telles que celles qui sont représentées fig. 10 et fig. 11, se font toujours en plusieurs orifices.

Les bouches de ce système sont taillées au ciseau, dans une dalle en pierre dure, dont la nature varie, dans le Milanais, entre le marbre, le granit, le schiste micacé, et autres espèces de roche, que l'on a l'avantage de trouver, dans la localité, avec une structure lamellaire, qui en facilite beaucoup l'exploitation et le travail. De plus, dans les modules construits avec tout le soin désirable, le périmètre de ces bouches est encore déterminé par un cadre de fer ou de fonte qui s'y enchâsse exactement. Les bouches sont toujours percées dans de simples parois planes de $0^m,06$ à $0^m,03$ d'épaisseur, qui ne comportent aucun ajutage ni autre accessoire quelconque, destiné à y faciliter l'écoulement. Quant à l'épaisseur de ces parois, il n'y a pas de prescriptions à cet égard. Dans la pratique, les épaisseurs varient avec la longueur des dalles, c'est-à-dire avec la portée des bouches. Il importe néanmoins à l'entière exactitude d'un module que cette dimension soit déterminée comme toutes les autres.

Tels sont les principes établis, en ce qui concerne les bouches. Je vais maintenant expliquer, à l'aide des figures 13 et 14, pl. X, les dispositions de l'appareil, qui ont pour objet de placer l'écoulement de l'eau dans des situations aussi identiques que possible pour les différentes prises d'eau, tant en amont qu'en aval.

Sur la rive du canal alimentaire, la prise proprement dite, *ab*, fig. 14, est toujours formée par deux murs latéraux, ou jouées, en bonne maçonnerie, soit de briques, soit de pierre de taille. Le seuil de cette prise d'eau se place généralement au niveau même du fond du canal susdit ; et, pour peu que la nature du sol réclame cette précaution, on a soin de le munir d'un pavé, ou radier, en blocages ou en dalles, sur toute l'étendue qui pourrait être menacée d'affouillements. L'ouverture *ab* de la prise d'eau se fait ordinairement égale en largeur à celle de la bouche proprement dite, qui est placée en *pq*. Quant à sa hauteur, elle n'est pas limitée à l'extérieur de l'édifice.

La partie fondamentale de l'appareil consiste dans la vanne hydrométrique, placée à l'origine même de la prise d'eau. Les explications que j'ai précédemment données, sur les fonctions de cette vanne, me dispensent d'en parler de nouveau ici. Elle a pour but de procurer toujours, au-dessus du bord supérieur de la bouche *gh* (fig. 13), la pression normale de 2 onces, ou de $0^{m},10$, qui se règle ainsi, une fois par an, pour la durée de la saison d'arrosage.

D'autres dispositions accessoires, qui sont particulières à l'appareil milanais, viennent concourir, avec la vanne hydrométrique, à assurer, autant que possible, l'uniformité du débit des bouches régulatrices. Ces dispositions sont les suivantes :

De part et d'autre de la bouche, le canal de dérivation, toujours construit en maçonnerie, présente deux sas (*trombe*), distincts par leur forme et leurs dimensions. Le premier sas, qui se nomme sas couvert (*tromba coperta*), est situé entre la vanne de prise d'eau et le module. Il a dans son état normal 10 bras ou 6 mètres de longueur. Quant à sa largeur rectangulaire, qui est nécessairement variable avec la portée plus ou moins grande des bouches, elle s'obtient en formant, de chaque côté, une retraite de 5 onces, ou de $0^{m},25$, en sus de la largeur de la bouche. D'où il résulte que le sas couvert, d'une longueur fixe de 6 mètres, a toujours, pour largeur, $0^{m},50$ en sus de celle de ladite bouche.

Une des dispositions caractéristiques du sas couvert consiste en ce que le fond, ou radier, est disposé en rampe, suivant une inclinaison totale de 8 onces ou de $0^{m},40$, à partir du seuil de la vanne de prise d'eau, ou du fond du canal alimentaire, jusqu'au bord inférieur de la bouche. Une autre disposition accessoire qui appartient à la même partie de l'appareil, est le plan *cd*, nommé, dans le Milanais, *piano morto*, qu'on peut rendre en français par l'expression de plancher amortisseur. Étant établi horizontalement, à la hauteur même du niveau constant, qui doit donner $0^{m},10$ de pression sur le bord supérieur de la bouche ce plancher a pour objet, non-seulement de limiter les exhaussements que pourrait accidentellement recevoir cette pression, mais encore de supprimer, autant que possible, le mouvement ou l'agitation que l'eau, introduite dans le sas couvert, y éprouve quand sa surface est libre. Ce plan sert donc à amortir, et, suivant l'expression du pays, à étouffer (*soffocare*) les mouvements que l'eau, arrivant par le dessous de la vanne, tend toujours à prendre aux abords de la bouche (1).

L'entrée du sas couvert, derrière la vanne de prise d'eau, est formée, supérieurement, par une dalle, d'épaisseur convenable, ayant sa face inférieure arasée au même niveau que le bord supérieur de la bouche; c'est-à-dire que cette dalle, dont on voit la section représentée fig. 13, plonge de $0^{m},10$ dans

(1) Dans la pratique, cette disposition est depuis longtemps inappliquée.

l'eau, dont le niveau vient affleurer le dessous du plancher amortisseur. La hauteur constante des bouches, dans ce système, étant de $0^m,20$, et l'inclinaison du radier du sas couvert de $0^m,40$, il en résulte que le dessous de la dalle de tête sus-mentionnée est lui-même placé à une hauteur constante de $0^m,60$ au-dessus du seuil de la vanne de prise d'eau, ou du fond naturel du canal alimentaire.

Afin de pouvoir vérifier l'existence et le maintien de la pression constante de $0^m,10$, soit au-dessus du bord supérieur de l'orifice régulateur, soit au-dessous de la face inférieure de la dalle, on ménage entre la vanne hydrométrique et le parement antérieur de cette dalle, formant la tête d'amont du pontceau qui recouvre le sas, un petit espace vide, à l'aide duquel on peut, au moyen d'une simple règle ou baguette, reconnaître aisément si la hauteur d'eau est bien de $0^m,70$ au-dessus du radier, derrière la vanne.

Immédiatement en aval de la bouche commence le sas découvert (*tromba scoperta*). Sa largeur, à son origine, est, de chaque côté, de 2 onces ou de $0^m,10$ en sus de celle de cet orifice ; sa longueur ordinaire est de 9 bras ou de $5^m,40$; et, avec cette dimension, sa largeur, à l'extrémité d'aval, est de $0^m,30$ plus considérable que celle d'amont ; ce qui représente un évasement de 3 onces ou de $0^m,15$, pour chacun des bajoyers, qui sont verticaux comme ceux du sas couvert. La largeur du sas découvert, à l'extrémité inférieure, est donc de $0^m,50$, en sus de celle de la bouche régulatrice, comme cela a lieu uniformément dans le sas d'amont. Le fond ou radier du sas découvert commence avec une petite chute de 1 once, ou de $0^m,05$, en contre-bas du bord, ou de la lèvre inférieure de la bouche ; puis une autre chute pareille est répartie, suivant une pente uniforme, sur la longueur susdite de $5^m,40$. Enfin, à partir de cette extrémité inférieure du sas découvert, l'origine du canal de dérivation qui lui succède n'est plus assujettie à aucune règle, et reste entièrement à la disposition des usagers. En effet, sans que cela ait d'influence appréciable sur son débit, l'eau, conduite comme on vient de le voir, jusqu'à l'extrémité de l'édifice régulateur, peut couler ensuite sur le fond du canal, ou tout à fait de niveau avec la partie inférieure du radier du sas découvert, ainsi que cela se voit fréquemment, ou avec une chute plus ou moins considérable, comme cela se remarque dans les modules représentés pl. XV, fig. 1, et pl. XVI, fig. 4.

Indépendamment de l'influence de la vanne hydrométrique, dont le mécanisme a été suffisamment expliqué, l'action de la rampe du fond du sas couvert est évidemment très-puissante, sinon pour détruire entièrement, au moins pour atténuer beaucoup les mouvements irréguliers, et surtout l'agitation superficielle, que l'eau tend à prendre en entrant dans le premier sas, sous l'influence du niveau plus élevé de celle du canal alimentaire. Par cet artifice, le liquide, en arrivant au module, ne conserve plus que le simple mouvement progressif, qui est nécessaire pour maintenir la continuité de l'écoulement.

D'après les détails donnés ci-dessus, on voit que l'édifice régulateur usité dans le Milanais a une longueur fixe, qui est d'environ 11^{m},50, et une largeur variable, proportionnée à celle de la bouche à régler. Pour une bouche d'une once, par exemple, la largeur intérieure du sas couvert est de 0^{m},65, tandis que la largeur du sas découvert est de 0^{m},35, à son extrémité supérieure, et de 0^{m},65 à son extrémité d'aval, eu égard à l'évasement.

Pour assurer, d'une manière efficace, la manœuvre de la vanne hydrométrique, il faut une différence d'au moins 0^{m},20 entre le niveau d'eau dans le canal alimentaire et le niveau constant, à obtenir dans l'intérieur de l'appareil, derrière ladite vanne. Cela suppose alors une hauteur d'eau minimum de 0^{m},90 dans le canal susdit, et dans cette hypothèse, les niveaux ou hauteurs des diverses parties de l'édifice, tel qu'il vient d'être décrit, étant rapportés au-dessus du fond du canal dispensateur, auront entre eux les relations suivantes :

	mètres.
Fond du canal..............................	0,00
Niveau d'eau extérieur......................	0,90
Niveau d'eau intérieur, donnant la pression constante..............................	0,70
Dessous de la dalle de tête du sas couvert, et bord supérieur de la bouche..............	0,60
Bord inférieur de cette bouche, à l'extrémité de la rampe du radier du sas couvert..........	0,40
Niveau du radier à l'origine du sas découvert...	0,35
Niveau à son extrémité d'aval................	0,30

Finalement, en ce qui touche les divers niveaux du fond de l'appareil, on voit que le mécanisme du module milanais fait franchir à l'eau, dans un trajet de $1^{m},50$ de longueur, une rampe totale de $0^{m},40$, qui se trouve réduite à $0^{m},30$ à la sortie dudit module; et qu'en ce dernier point elle est entièrement abandonnée à la libre disposition des usagers.

Dans la pratique, on s'écarte plus ou moins de celles des dispositions précédentes qui ne paraissent pas rigoureusement obligatoires. Ainsi, tout en observant soigneusement les dimensions prescrites pour les retraites qui fixent la largeur des sas, en rapport avec celle de la bouche, on ne tient pas autant au maintien des longueurs. Sur le grand nombre d'édifices régulateurs que j'ai eu occasion de visiter, j'en ai peu vu dont les sas eussent exactement les longueurs normales. On peut remarquer que les deux ouvrages de ce genre qui sont représentés pl. XV et XVI, se trouvent dans ce cas. Cependant ils sont d'une date récente, et appartiennent, l'un au canal Marocco, l'autre au canal Taverna, situés tous deux dans la province de Milan ; et les bouches qu'ils comportent, l'une de six onces, l'autre de dix onces, sont réputées être exactement modellées.

Le plancher, constituant le sas couvert, manque dans un grand nombre des modules qui fonctionnent dans les provinces de Milan et de Pavie. Enfin, la rampe de $0^{m},40$ que doit former le radier du premier sas, depuis le seuil de la vanne jusqu'au bord inférieur de la bouche, est encore une disposition qu'on trouve fréquemment négligée; c'est-à-dire qu'au lieu d'être en rampe, ce radier est horizontal; mais alors le bord susdit de l'orifice se trouve toujours exactement à $0^{m},40$ au-dessus, car autrement il y aurait une altération notable dans tout le système, tandis que cette hauteur étant bien maintenue, la différence peut ne pas être très-sensible. Néanmoins il est certain que, du moment qu'on adopte un appareil régulateur, destiné à fournir une unité invariable, dans l'importante distribution des eaux d'arrosage, il est indispensable qu'il soit d'une justesse aussi rigoureuse que possible, et que, dès lors, rien de facultatif n'existe dans sa construction. Mais si les petites modifications dont il s'agit ici ne peuvent avoir une influence bien grande sur le débit normal du module milanais, il n'en est pas de même d'une imperfection notable qui y existait, et dont il est question, spécialement, dans le chapitre suivant.

CHAPITRE VINGT-SEPTIÈME.

VARIATIONS DU DÉBIT RÉEL DES BOUCHES DE DIVERSES PORTÉES, DANS LE SYSTÈME MILANAIS.

Précautions insuffisantes contre cette cause de variations. — Moyen d'y remédier entièrement.

Le module milanais passe avec raison pour le plus exact de tous ceux qui sont connus jusqu'à ce jour. Les détails qui viennent d'être donnés sur sa construction ne peuvent que justifier cette manière de voir. Cependant il est facile de reconnaître que ce module, dans son état actuel, comporte encore une imperfection grave, donnant lieu dans le débit des eaux, par les bouches qu'on regarde comme réglées, à des différences trop notables pour pouvoir être passées sous silence. Une circonstance me frappa dès les premières études que j'ai faites sur les eaux du Milanais : en m'informant, près des praticiens les plus expérimentés, de l'évaluation qu'il était convenable d'admettre pour le produit effectif du volume d'eau correspondant à l'once magistrale, je ne trouvai point de concordance dans leurs indications. Quelques ingénieurs m'ont parlé de $2^{mc},16$ à $2^{mc},28$ par minute, c'est-à-dire de 36 à 38 litres d'eau par seconde ; d'autres m'ont donné, comme exacte et officielle, l'évaluation de $2^{mc},76$ à $2^{mc},88$ par minute, c'est-à-dire de 46 à 48 litres par seconde.

Le fait est que les experts ou ingénieurs des particuliers n'évaluent généralement, dans leurs rapports et estimations, le débit de l'once milanaise que de 36 à 40 litres par seconde, tandis que les ingénieurs du gouvernement estiment ce débit à un chiffre bien plus élevé. L'évaluation consignée dans la dernière statistique, dressée par l'administration des travaux publics à Milan, est de $2^{m},80$ par minute, ou de 47 litres par seconde. En recherchant les causes de cette différence, j'ai reconnu qu'elle n'était fondée sur aucune erreur matérielle, mais qu'elle était due à la différence réelle qui, malgré toutes les garanties du module milanais, existe entre le débit des petites et des grandes bouches.

Les experts, appelés à prononcer dans des contestations entre particuliers, ont généralement à opérer sur de petits volumes d'eau, et comme la plupart des expériences spéciales, faites dans le but d'évaluer le produit en question, ont porté sur des bouches d'une ou deux onces, c'est une tradition admise chez le plus grand nombre d'ingénieurs hydrauliciens de ce pays, que le débit normal d'une once d'eau ne doit pas être évalué au delà de 36 à 38 litres par seconde.

Cependant l'administration publique, chargée de la gestion des grands canaux de navigation et d'arrosage du Milanais, n'a pas tardé à s'apercevoir que ce chiffre était trop faible, et que si on l'adoptait comme règle, sur le Naviglio-Grande, par exemple, il y aurait une différence de plus d'un tiers, au préjudice de l'État; attendu que les volumes d'eau débités par les bouches, même réglées, ne concorderaient plus nullement avec la portée, d'ailleurs parfaitement connue, de ce canal.

Ceci peut s'expliquer par une cause simple : le Naviglio-Grande dessert principalement des bouches d'une grande portée ; il en a de 30 à 36 onces, et leur portée moyenne n'est pas au-dessous de 8 à 10 onces. Or, toutes circonstances égales, d'ailleurs, quant à la hauteur des orifices, et à celle du niveau de l'eau qui s'en écoule, il n'y a pas évidemment identité parfaite entre le produit d'une once d'eau mesurée dans un seul petit orifice de $0^m,20$ de hauteur, sur $0^m,15$ de largeur, et le produit d'une once d'eau, considérée comme fraction du débit d'un orifice de même hauteur, mais ayant cinq, six, ou huit fois autant de largeur. Car, en augmentant ainsi la largeur des bouches, comme cela est de règle, pour la distribution de plusieurs onces d'eau, le rapport entre les périmètres et les sections ne reste pas le même ; et l'influence de ce périmètre, qui détermine la contraction de l'eau modifie celle-ci en diminuant graduellement, à mesure que l'orifice augmente. Cela explique comment le produit correspondant à l'unité de section doit augmenter lui-même dans une proportion assez rapide. Le tableau suivant rend cette observation parfaitement sensible.

PORTÉES des bouches en onces mil.	DIMENSIONS.	SECTIONS.	PÉRIMÈTRES.	RAPPORTS du périmètre à la section.
1 onc.	0m,20—0m,15	0m,03	0m,70	23,33
2	0m,20—0m,30	0m,06	1m,00	16,66
3	0m,20—0m,45	0m,09	1m,30	14,44
4	0m,20—0m,60	0m,12	1m,60	13,33
5	0m,20—0m,75	0m,15	1m,90	12,66
6	0m,20—0m,90	0m,18	2m,20	12,22
7	0m,20—1m,05	0m,21	2m,50	12,09
8	0m,20—1m,20	0m,24	2m,80	11,66
9	0m,20—1m,35	0m,27	3m,10	11,48
10	0m,20—1m,50	0m,30	3m,40	11,33

On voit, d'après ce tableau, qu'au fur et à mesure de l'augmentation de la portée des bouches, il y a une diminution progressive du rapport existant entre le périmètre et la section, et que, si l'on passe seulement d'une bouche d'une once à une bouche de huit onces, ce rapport est déjà réduit à moitié de sa valeur primitive. Enfin, si l'on continuait cette série, on trouverait que, pour une bouche de 20 onces, le rapport n'est plus que de 10,66 ; pour 30 onces, de 10,04 ; pour 50 onces, de 10,27, et ainsi de suite.

Je me suis, au surplus, assuré, par des observations directes, que la différence qui vient d'être signalée existe, bien réellement, entre le débit des grandes et celui des petites bouches.

C'est là à la fois un grand inconvénient pratique, et un signe d'imperfection réelle, dans le plus complet des régulateurs connus jusqu'à ce jour. Car cela prouve que le module milanais est en défaut sur la troisième des conditions fondamentales, énoncées p. 459 au chapitre XXVI, qui précède.

Cette imperfection est fâcheuse, en ce qu'elle établit, en faveur des grandes bouches, un avantage notable et non motivé ; qu'elle nuit à l'uniformité des concessions ; et qu'elle peut donner lieu à des abus. En voici un exemple très-simple : Six riverains, propriétaires de chacun une trentaine d'hectares, le long d'un canal d'irrigation, ont besoin d'acquérir individuellement, du propriétaire de ce canal, la jouissance d'une once d'eau pour l'amélioration de leur héritage. Cette quantité d'eau, débitée par des bouches séparées, sera, pour chaque bouche d'une once, d'après l'estimation moyenne des experts milanais, de 37 litres par seconde ; total pour les six onces, 222 litres. Supposons que ces riverains se réunissent pour demander une prise d'eau commune, en une seule bouche, ce qu'on ne pourra pas leur refuser ; alors ils auront droit, pour le même prix total, à une bouche, dont le débit par seconde sera, d'après les estimations de l'administration milanaise, de 47 litres par once, ou en tout 282 litres. Différence en plus, 60 litres, ou environ une once et demie d'eau. Dans le Milanais, cette eau, sur le pied de 12.000 francs l'once, en capital, ou de 558 francs en location annuelle, représente, au préjudice du vendeur, une perte de 18,000 francs, ou de 825 francs de rente. Dans bien d'autres pays, où l'eau d'irrigation a une valeur plus élevée, la différence serait encore plus notable.

L'imperfection que je viens de signaler existe, au même degré, dans tous les modules connus jusqu'à ce jour. Dans le Piémont et dans les provinces lombardes, où l'on fait de louables efforts pour assurer le mieux possible la bonne distribution des eaux, on cherche à suppléer à cet inconvénient, de l'augmentation relative du débit des grandes bouches, en limitant leurs dimensions. Ainsi, aujourd'hui, sur les canaux domaniaux des provinces de Milan et de Pavie, on fixe, dans toutes les concessions nouvelles, à 6 onces la portée maximum des bouches de prise d'eau, d'un seul volume. Une disposition analogue est aussi adoptée dans le Piémont, où l'administration royale des finances ne concède plus de bouches dépassant une portée équivalente à 6 ou 7 onces de Milan.

D'après cela, une bouche de 12 onces milanaises se dispose en deux orifices pareils, de chacun 6 onces, comme cela est représenté pl. XVIII, fig. 10. La planche XVI, fig. 3, 4 et 5, représente une bouche de 6 onces, pourvue d'un régulateur complet, sur le canal Marocco, situé dans les provinces de Milan et de Pavie. La planche XV, fig. 1, 2 et 6, représente une bouche semblable, également modellée dans le système milanais. Quoique l'établissement de cette bouche, qui est une des principales prises d'eau du Cavo-Taverna, dans le canal de la Martesana, ne date que de quelques années ; elle a été tolérée exceptionnellement avec une portée de 10 onces, d'un seul volume ; il est probable qu'aujourd'hui, si elle était à faire, on la prescrirait en deux ouvertures.

Très-anciennement on avait reconnu la différence existant entre le débit relatif des grandes et des petites bouches ; car je fais remarquer plus loin, en parlant du module de Crémone, que, dès son invention, vers le milieu du XVIe siècle, on avait jugé prudent de fixer la limite des bouches de ce système à une dimension de 0[m],40 de hauteur, sur 0[m],97 de largeur ; ce qui équivalait à peu près à un débit de 12 à 13 onces du Milanais. Dans ce dernier pays, la plupart des concessions faites depuis la fin du XVe siècle jusqu'à nos jours, comportent une limitation qui va ordinairement de 9 à 12 onces. On en voit un exemple sur la prise d'eau de 27 onces représentée pl. XVIII, fig. 11. C'est la plus considérable des quatre-vingt-cinq bouches du canal de la Martesana, dont le Naviglio-Interno forme le prolongement dans la ville de Milan. Elle est divisée en trois bouches égales, d'une portée de chacune 9 onces. Il en était à peu près de même dans le Piémont. Mais, depuis une époque assez ancienne, on y a limité les bouches d'un seul volume à 6 ou 7 onces du pays, ce qui est bien au-dessous du débit de 6 onces milanaises. On voit dans la planche XIX, fig. 2, un régulateur, pour une prise d'eau, d'une roue, ou de 12 onces de Piémont, sur le canal de Saluggia. Cette prise d'eau est disposée en deux bouches égales, de 6 onces chacune.

En somme, on voit donc que, dans les États du nord de l'Italie les mieux administrés, sous le rapport de la distribution et de l'usage des eaux, c'est seulement en restreignant à 6 onces, ou à environ 250 litres par seconde, la portée des bouches d'un seul volume, que l'on a cherché jusqu'à présent à se prémunir contre les conséquences fâcheuses résultant de l'inégalité du débit des grandes et des petites bouches. Et cependant, dans les limites de 1 à 6 onces, l'inégalité est encore très-notable, puisqu'elle atteint le débit primitif d'une once et demie, et, qu'à l'aide de cet exemple même, je viens de démontrer que, seulement sur ce volume minime, le préjudice, pour le propriétaire du canal, peut être de 18,000 francs, sur l'aliénation définitive de ce volume d'eau, ou de 825 francs sur sa location annuelle.

Si cette imperfection était sans remède, il n'y aurait qu'un seul moyen d'arriver à la régularité désirée; ce serait de dresser, d'après des expériences directes, des tables, donnant le débit exact des bouches de différentes dimensions, dans la limite des concessions autorisées. Mais il n'est pas nécessaire de recourir à ce moyen, d'après lequel on n'aurait plus de module d'eau, ou d'unité proprement dite. Car je crois qu'un très-léger perfectionnement dans la disposition des bouches, actuellement en usage, suffirait pour garantir le module proprement dit de toute variation.

Il consiste à établir dans la largeur des bouches, excédant une once, des divisions verticales, correspondantes à la dimension de celle-ci ; c'est-à-dire de petits barreaux distants entre eux de $0^m,05$. — De cette manière on conçoit de suite que le débit correspondant à une once ne sera pas plus fort dans les grandes bouches que dans les petites. La seule précaution à observer sera de régler l'épaisseur ou la forme des barreaux, de telle sorte que la contraction de l'eau y soit la même que contre les parois latérales.

Avec cet emploi des *bouches cloisonnées*, tout rentre par le fait dans l'adoption d'une bouche unique ; et les distributions d'eau, pourvues d'ailleurs des dispositions ci-dessus décrites, deviennent alors parfaitement exactes.

CHAPITRE VINGT-HUITIÈME.

MODULES DU PIÉMONT ET DU NOVARAIS.

Situation des choses au XVe et au XVIe siècle. Roue et once de Piémont. — Roue et once du Novarais. — Nouveau module du Piémont.

Pendant plusieurs siècles, la distribution des eaux, dans les provinces du Piémont et du Novarais, où l'irrigation est extrêmement ancienne, s'est faite sans règles fixes et sans aucune précision. C'est seulement au milieu du XVe siècle, qu'on s'occupa de rechercher, pour les eaux du canal d'Ivrée, une unité de mesure, aussi exacte que le comportaient les connaissances de cette époque. Une ouverture d'un pied carré formant un peu plus d'un quart de mètre superficiel, paraît avoir été la première unité de ce genre adoptée en Piémont. Mais comme on n'avait pas le soin de ne régler l'écoulement de l'eau que sous une pression constante, on ne peut attacher beaucoup d'intérêt à cette première régularisation des arrosages.

Au contraire, il est constant et établi, par des titres authentiques, qu'au milieu du XVIe siècle, dans la même contrée, et notamment sur le canal de Caluso, l'eau d'irrigation se distribuait au pied carré, sous une pression déterminée. Cette unité de mesure prit le nom de *Roue d'eau*, qui est encore en usage aujourd'hui. La roue se divise en douze parties, appelées *onces*; mais ici, l'once n'a pas d'appareil particulier, qui corresponde à son débit. Elle est seulement le 12e de la roue dont il est question ci-après. Plus tard, les provinces dont il s'agit s'empressèrent d'utiliser la grande application, faite dans le Milanais, d'un module complet, c'est-à-dire, d'un moyen propre à obtenir toujours cette pression constante qui est la règle fondamentale du débit régulier des bouches de prises d'eau.

Roue de Piémont. — La roue de Piémont est la quantité d'eau qui passe dans une ouverture carrée dont chaque côté a un pied, valant $0^{m},514$. Ce pied, qui est le pied *liprando*, mesure de Piémont, est divisé en 12 onces, de sorte que la roue de Piémont correspond effectivement à une superficie de 144 onces carrées. (Voy. pl. XVIII, fig. 6.) Je crois d'ailleurs inutile de dire qu'on doit bien se garder de confondre les onces linéaires ou superficielles avec les onces d'eau ; car ce sont des choses très-hétérogènes.

Le produit cubique de ce module d'eau est évalué, par les ingénieurs piémontais, à $0^{m.c.},341^{lit.},18$ par seconde ; mais on ne peut chercher une entière précision dans cette mesure, qui n'est pas dans les conditions voulues pour l'obtenir. Je regarde cette évaluation comme trop élevée ; j'en dirai tout à l'heure le motif. D'abord, une imperfection capitale dans la roue d'eau en Piémont ; c'est qu'elle est appliquée sur les anciens canaux, comme mesure régulatrice, en raison seulement de sa superficie et sans conservation rigoureuse d'aucune forme normale. Or le produit de 12 par 12 ou 144, qui est remarquable par le grand nombre de ses facteurs, permet d'obtenir avec onze dimensions différentes, la surface qu'il exprime. Ces dimensions sont les suivantes : 12 sur 12. — 16 sur 9. — 18 sur 8. — 36 sur 4. — 48 sur 3. — 72 sur 2, plus les cinq autres cas résultant du renversement des dimensions ci-dessus.

D'après une transaction passée en 1579, entre les ducs de Savoie et le duc de Mantoue, relativement à une prise d'eau sur la roggia de Crescentino, il est dit formellement que, par roue d'eau, on entend le volume transmis par une bouche ayant 9 onces de hauteur sur 16 de largeur, ou 144 onces superficielles. Une autre concession de trois roues d'eau, faite en 1764, en faveur du comte de Masin, sur le canal de Caluso, assigne à la bouche unique qui doit débiter ce volume, les dimensions suivantes : 12 onces de hauteur et 36 onces de largeur. On pourrait, d'après les constructions existantes, citer une foule d'autres exemples établissant qu'il n'y a jamais eu rien de bien fixe dans la disposition, ni dans les dimensions de la bouche correspondant à une roue de Piémont. Dès lors, le débit doit nécessairement se ressentir de ces variations ; et cela, par deux principaux motifs ; car des bouches qui n'ont d'autre similitude que celle d'avoir une égale section, mais avec des dimensions différentes, ont leurs centres placés à des hauteurs inégales au-dessous du niveau de l'eau alimentaire, et l'écoulement s'y opère sous des pressions différentes. De plus, l'inégalité des périmètres correspondants aux dimensions inégales, modifie aussi la contraction. Un autre inconvénient majeur est attaché à la distribution des eaux en *roues* de Piémont. Ainsi, bien qu'il soit admis que l'écoulement doit avoir lieu sous une pression constante, on a choisi zéro pour le chiffre de cette pression, en déclarant que le bord supérieur de l'orifice serait placé à fleur d'eau. Or, tout le monde conçoit que quand le débit par un certain orifice est réglé, au moyen d'une pression ou hauteur d'eau constante de $0^m,10$, $0^m,15$, $0^m,20$ au-dessus du bord supérieur, ce débit est exposé à bien moins d'altérations et surtout à des diminutions bien moins notables que si le niveau d'eau, dans le réservoir, ne fait qu'affleurer ce bord supérieur de l'orifice. Les autres modules connus en Italie, ont, pour caractère distinctif, une certaine pression d'eau, qui varie dans les limites que je viens de citer; la roue de Piémont est à peu près la seule mesure de ce genre qui présente cette grande imperfection. Il est vrai que, depuis très-longtemps, les usagers, à qui cette disposition était très-défavorable, ont réclamé contre elle et l'ont généralement transgressée. C'est pour cela que, sur les canaux du Vercellais, par exemple, où les eaux sont censées distribuées en roues de Piémont, on peut remarquer des modules disposés avec une certaine pression, plus qu'il n'y en a à fleur d'eau.

Tout cela prouve que la roue de Piémont est une mesure défectueuse, et on s'explique aisément que le gouvernement ait récemment sanctionné, pour l'avenir, l'emploi exclusif d'un nouveau module, exempt de ces divers inconvénients.

On commença à distribuer les eaux d'irrigation par *roues* dans ce pays, dès l'année 1474 ; c'est-à-dire, un siècle juste avant l'application du module milanais. Tant que l'on ne connut pas bien les conditions que devait remplir un appareil de ce genre, on se contenta, dans les provinces arrosées du Piémont, de l'usage imparfait de ce premier modérateur. Mais lorsque après une autre période de cent ans, environ, on eut constaté quel immense avantage présentait l'adoption d'un module plus exact, on voulut en profiter. Seulement, au lieu d'adopter le module milanais, avec ses véritables dimensions, déjà sanctionnées par un long usage, on créa, d'après la mesure du pied et de l'once linéaire du pays, un module nouveau, fait à l'instar de celui de Milan.

Onces de Piémont. — Ce fut donc au commencement du XVIIe siècle, que l'on commença à appliquer ce nouveau module. En 1730, il fut déclaré, par lettres-patentes de Charles-Emmanuel, duc de Savoie, que désormais l'unité légale, pour la distribution des eaux en Piémont, serait l'*once*, et que le volume d'eau, ainsi désigné, serait obtenu par un orifice rectangulaire ayant 4 onces linéaires de hauteur constante, sur 3 onces de largeur, avec une pression de 2 onces, sur le bord supérieur. On voit que, sauf la différence des mesures des deux pays, c'est tout à fait là la disposition de l'édifice milanais. La figure 5 de la pl. XIX, représente, avec des cotes en mesures métriques, le mode d'écoulement de l'once d'eau, qui paraît avoir été proposée, en Piémont, par l'ingénieur Contini, dont elle a conservé le nom. Dans ce système, l'once d'eau correspond bien à une surface ou section de 12 onces carrées, comme cela a lieu pour celle du système de Michelotti, dont il vient d'être parlé ; mais la 12e partie de la roue Michelotti donne une once d'eau plus forte que celle qui est constituée directement, comme je viens de le dire, à l'instar du système milanais. C'est pourquoi cette dernière once, usitée comme régulateur, principalement sur le canal de Caluso, est désignée sous le nom de petite once ou once de Contini.

La pression qui devrait être de 2 onces ou de 0m,86, au-dessus du bord supérieur de la bouche, donnant l'once de Contini, n'est nullement observée. Dans la pratique, elle est généralement plus forte, et aucune précaution n'est prise pour empêcher cet abus. Ainsi, dans le Piémont, la distribution des eaux, faite par onces, n'est pas, par le fait, beaucoup plus satisfaisante que l'ancienne distribution par roues, qu'on vient de reconnaître comme très-vicieuse.

Les dispositions adoptées pour les régulateurs dans lesquels l'eau se distribue en onces, dans ce système, sont retracées fig. 11. La *paratora*, ou vanne hydrométrique, qui est la première partie de tous les appareils de ce genre, se place, si l'on en a le choix, dans l'endroit le plus favorablement disposé pour y faciliter l'introduction de l'eau. Son seuil est tantôt au même niveau, tantôt plus haut, tantôt plus bas que le fond du lit naturel de la rivière ou du canal alimentaire; selon la disposition des lieux, ou selon le caprice des constructeurs. Dans le plus grand nombre de cas l'eau est attirée vers ladite vanne par une pente ou dépression plus ou moins prononcée, ainsi que cela est représenté sur la coupe indiquée dans la fig. 11, et le seuil de cette vanne n'y forme aucune saillie.

A partir de la vanne de prise d'eau, et sur une longueur qui varie de 12 à 15 mètres, le plafond du canal de dérivation est dressé horizontalement et pourvu d'un radier, ou d'un pavé en dalles, dont le dessus est de niveau avec le seuil de ladite vanne. A une distance de l'embouchure, qui varie également entre 5 et 10 mètres, se place la cloison ou dalle, dans laquelle est taillée l'ouverture régulatrice dont la hauteur fixe est de 4 onces de Piémont, ou de $0^{m},17$, et dont la largeur variable se compose d'autant de fois 3 onces linéaires, ou $0^{m},13$, que le module doit fournir d'onces d'eau. La lèvre ou bord inférieur de la bouche régulatrice est ordinairement placée à un demi-pied, c'est-à-dire à environ $0^{m},25$ au-dessus du radier horizontal du sas qui la précède. Une petite retraite, taillée dans la face intérieure de la dalle verticale, à 2 onces ou à $0^{m},086$ au-dessus de la lèvre supérieure, a pour but d'indiquer la position que doit occuper le niveau d'eau, dans l'intérieur du sas, pour donner toujours la pression constante de 2 onces. La vanne se hausse et se baisse de la quantité voulue, pour obtenir ce niveau constant.

J'ai dit que la longueur du sas compris entre la vanne et la bouche régulatrice n'avait ni longueur ni forme déterminées. On en trouve en effet sur les canaux du Piémont depuis $4^{m},60$ ou 5 mètres, jusqu'à 8, 9 et 10 mètres de longueur. On y remarque presque constamment, aux abords de la bouche ou du module proprement dit, des évasements curvilignes, tels qu'on les voit représentés par les figures 1 et 4 de la planche XIII, par la fig. 4 de la pl. XVII, et par la fig. 5 de la pl. XIX. Cette disposition est bonne en ce qu'elle a pour effet d'atténuer la vitesse du courant qui s'établit dans l'intérieur du sas, et qui tend à exagérer le débit des bouches modelées, lequel est toujours censé s'opérer dans un réservoir d'eau sensiblement dormante.

Il n'y a aucune disposition fixe en ce qui touche soit la largeur du sas qui précède les bouches, soit l'ouverture de la vanne de prise d'eau, relativement à la largeur de ladite bouche. Mais bien d'autres dispositions plus essentielles encore se trouvent négligées. On peut même s'étonner de voir reproduites, dans la plupart des édifices de cette espèce, les mêmes imperfections qu'on avait reconnues dans le mode de distribution par roues, le plus ancien qui ait été usité dans le pays. Les principales de ces imperfections consistent dans l'inobservation de la hauteur fixe que doivent avoir les bouches, dont plusieurs n'ont encore leur débit basé que sur la section effective, et dans le manque de fixité de la pression. Ainsi l'on voit au canal de Cigliano une prise d'eau de 14 onces, divisée en deux bouches de 7 onces, dont chacune a 28 onces linéaires de base, sur 3 de hauteur, tandis que l'on n'aurait pas dû s'écarter des dimensions normales qui eussent exigé, pour une bouche de cette portée, 21 onces de base et 4 onces de hauteur. Dans cette même prise d'eau, la pression est de 4 onces au lieu de 2.

La plupart des autres prises d'eau existant sur les canaux du Piémont, et notamment celles que représentent les fig. 1 et 4 de la pl. XIII, 3 et 4 de la pl. XVIII, 4 et 5 de la pl. XIX, sont à peu près dans le même cas. On voit donc que les anciens modules, adoptés dans ce pays, n'offrent que très-peu de garanties.

Roue et once du Novarais. — Les provinces du Novarais et de la Lumelline, situées sur la rive droite du Tessin et ayant pour chefs-lieux, les villes de Novarre et de Mortara, possèdent de grandes dérivations, ouvertes dès les XIVe et XVe siècles. Ces provinces furent, aussi anciennement que celles de Verceil et d'Ivrée, dans la nécessité d'adopter une règle fixe pour la distribution des eaux d'arrosage, et les choses s'y passèrent absolument de la même manière. C'est-à-dire que jusqu'à la fin du XVIe siècle, époque de la découverte de l'appareil milanais, les concessions d'eau d'irrigation, bien que calculées en onces, se faisaient au moyen de bouches non réglées.

On voit dans les anciens statuts du Novarais, que par une transaction du 30 juillet 1487, des concessions, exprimées en onces d'eau, furent faites en faveur de divers canaux secondaires, dérivés de la Roggia Mora, qui appartenait alors au duc de Milan, Ludovic Sforce.

A cette époque, l'once du Novarais n'était limitée que par la seule condition d'être fournie par une ouverture de 12 onces carrées; chaque once linéaire étant la douzième partie d'un bras, à peu de chose près égal à celui de Milan.

L'ancienne roue du Novarais étant composée de 12 onces, réclamait un orifice de 144 onces superficielles; mais, ici comme dans les provinces de Verceil et d'Ivrée, on regardait comme débitant une roue d'eau, toute section ayant 144 onces, quelles que fussent d'ailleurs les différences de forme et de position qui eussent lieu dans la situation des bouches; ce qui était loin d'être indifférent. Elles se trouvaient établies tantôt à fleur d'eau, tantôt à une profondeur assez grande, au-dessous du niveau du canal alimentaire. A partir même de la fin du XVIe siècle, époque à laquelle on fut bien fixé, par l'expérience des provinces de Milan et de Pavie, sur l'importance d'avoir toujours au-dessus des bouches, une seule et même pression, on continua, dans les provinces de Novare et de Mortara, notamment sur les canaux Mora, Busca, Rizza-Biragua, à admettre des pressions variables depuis $0^m,10$ jusqu'à plus de $0^m,40$.

Sur le canal de Sartirana, dernière dérivation de la Sesia (rive gauche), ouverte également à la fin du xve siècle, dans la province de Mortara, et sur divers canaux secondaires de la même contrée, une autre unité de mesure était en usage. Il résulte de plusieurs cartulaires que dès l'année 1387, c'est-à-dire très-peu de temps après l'ouverture de la Roggia Sartirana, des concessions d'eau exprimées en *onces*, furent faites à des particuliers et à des communes, notamment à celles de Mede, Villa, Torturolo, Semignana, etc. Mais cette once, qui est encore en usage dans quelques localités de la province de Mortara, consiste en une ouverture ayant pour hauteur invariable 10 onces du pied de Pavie, de chacune $0^m,0397$ ou sensiblement $0^m,04$, et pour largeur seulement une once, de sorte que ce module coïncide, à quelques millimètres près, avec celui de la province de Crémone (royaume Lombard-Vénitien), représenté également dans la pl. XVI.

En résumé, ces diverses mesures d'eau, anciennement adoptées à une époque où l'on ignorait les notions fondamentales de l'hydrostatique, et où l'on ne qui se préoccupait nullement de la pression constante, peut seule garantir le débit régulier des bouches, ne pouvaient point offrir les garanties d'ordre que l'on cherche dans l'emploi d'un régulateur. C'est ce qui explique pourquoi le gouvernement piémontais, dans le but de favoriser l'extension des arrosages, a prescrit récemment qu'à l'avenir un nouveau module, uniforme pour tout le royaume, serait seul adopté pour toutes les concessions d'eau.

Nouveau module de Piémont. — C'est dans le Code civil des États sardes, promulgué en 1837, que se trouve consacrée la disposition qui a pour but de rendre désormais obligatoire, dans ce pays, une seule mesure uniforme des eaux. L'article qui consacre cette nouvelle disposition est ainsi conçu :

ART. 643. — « *En ce qui concerne les nouvelles concessions, où une quantité constante d'eau courante aura été convenue et déterminée, autrement dites concessions à orifice réglé* (a bocca tassata), *cette quantité devra toujours être indiquée dans les actes publics, par relation au module d'eau. — Le module est la quantité d'eau qui, ayant une libre chute à sa sortie, s'écoule par l'effet de la seule pression, à travers un orifice de forme rectangulaire. Cet orifice, établi de manière que deux de ses côtés soient verticaux, doit avoir deux décimètres de largeur et autant de hauteur. Il est pratiqué dans une mince paroi, servant d'appui à l'eau qui, toujours libre à sa surface supérieure, est maintenue contre cette même paroi à la hauteur de quatre décimètres au-dessus de la base inférieure de l'orifice.* »

La disposition de ce nouveau module est représentée pl. XVIII, fig. 3 ; son débit est estimé à raison de 59 lit. 88 par seconde. Voir également la pl. XIV.

qui représente des ouvrages de ce genre récemment construits dans les provinces de Verceil et d'Ivrée.

Le Piémont est jusqu'à présent le seul pays dont le gouvernement ait jugé convenable d'intervenir en cette matière importante, en déterminant en mesures décimales une unité uniforme et légale, pour servir dans les concessions d'eau.

CHAPITRE VINGT-NEUVIÈME.

MODULES USITÉS DANS LES AUTRES PROVINCES DE LA LOMBARDIE.

Dispositions adoptées dans les provinces de Lodi, Crémone, Créma, Bergame, Brescia, Mantoue, Vérone, etc.

Province de Lodi. — L'existence du vaste canal de la Muzza donne une grande importance aux distributions d'eau qui procurent au territoire lodigian son étonnante richesse. Une partie des bouches de la Muzza, surtout dans sa partie supérieure, sont réglées d'après le module milanais, mais en général elles le sont d'après celui de Lodi.

L'once de Lodi est la quantité d'eau qui passe par une bouche rectangulaire ayant pour hauteur invariable 9 onces du bras du pays, de chacune $0^m,0379$, et pour largeur une once, avec une pression constante de deux onces linéaires de Milan, c'est-à-dire de $0^m,10$. On voit dans la planche XVIII la disposition de cette bouche régulatrice, qui a la plus grande analogie avec celle de Crémone. Elle est une des plus anciennes qui aient été employées dans le nord de l'Italie, et s'est maintenue avec ses dimensions primitives, en passant successivement par les trois périodes distinctes qui ont marqué dans ce pays les progrès de la distribution des eaux. D'abord, simple orifice, établi directement et à une hauteur arbitraire sur le canal dispensateur, elle fut ensuite rendue mobile, dans le but d'obtenir, au moins à peu près, l'égalité de pression ; puis enfin pourvue, à partir de la fin du XVIe siècle, de la vanne hydrométrique qui garantit cette égale pression. C'est seulement à dater de cette époque que l'on a pu assigner un débit connu à l'once de Lodi, et dans la pratique on estime que cette once vaut 0,52 de celle de Milan, ce qui lui donnerait alors un produit d'environ 22 litres par seconde.

Provinces de Crémone et de Crema. — Dans ces deux provinces, la mesure usuelle de l'eau est l'once de Crémone, où la quantité de liquide passant par une bouche rectangulaire qui a pour hauteur constante 10 onces du bras du pays, dont chacune vaut 0m,0403 ; et pour largeur seulement, une once, avec une pression d'eau également d'une once, sur le bord supérieur de l'orifice.

D'après le système admis pour tous les modules, la hauteur de la bouche restant invariable, on donne ici pour largeur, aux orifices, autant d'onces linéaires qu'ils doivent débiter d'onces d'eau. La limite fixée par d'anciens règlements, pour la portée des bouches d'un seul volume, est de 24 onces, ce qui correspond à un rectangle de 0m,40 de hauteur sur 0m,97 de largeur.

Les dispositions, principales et accessoires, du module de Crémone, me paraissent être compliquées sans utilité. Elles sont indiquées par les fig. 9 et 10 de la pl. IX. Sur la rive du canal alimentaire est placée la vanne hydrométrique, ayant son seuil établi suivant *a b*. A partir de ce point, qui est l'origine de la dérivation, le fond de celle-ci est disposée horizontalement, sur une longueur variable, mais qui est rarement au-dessous de 20 à 25 mètres. A l'embouchure proprement dite, les murs de jouée de la vanne de prise d'eau sont prolongés longitudinalement, et en retour, sur une longueur de 4 à 5 mètres. Quant à la largeur de cette embouchure, ainsi délimitée, elle n'est dans aucun rapport fixe avec le module qui est placé sur la ligne *c n o d*, ordinairement à une distance de 8 à 10 mètres de la vanne susdite. Ce qui distingue essentiellement ce module de tous les autres, c'est que l'eau y est mesurée, non pas suivant l'usage général, par un certain orifice pratiqué dans une dalle ou paroi ordinaire, mais par un véritable aqueduc, ou sas couvert, qui remplace la bouche régulatrice. Au moyen de la manœuvre de la vanne d'embouchure, on assure le maintien d'une pression constante, qui est fixée à une once, ou à $0^m,04$ au-dessus de la face intérieure de la dalle de recouvrement de cet aqueduc. Et comme le radier est disposé suivant un niveau horizontal, la hauteur d'eau dans la première partie du module, comprise entre la vanne et l'aqueduc, doit être de 11 onces ou de $0^m,44$ au-dessus de ce radier.

L'édifice Crémonais comporte encore deux doubles éperons en maçonnerie, dont les ouvertures sont représentées suivant les lignes *e f*, *g h*, fig. 10. Le principal, qui est désigné sous le nom de *briglia*, se place en aval de l'aqueduc régulateur, à une distance qui fut d'abord fixée à 25 trabucchi, ou à $7^m,20$, mais qui est demeurée variable. Sa largeur était déterminée aussi, dans l'origine, sur le pied d'une fois et demie celle de l'aqueduc. Nous allons voir plus loin qu'on a également dérogé à cette condition. Le seuil de la briglia doit être établi à une once ou à $0^m,04$ plus bas que le fond de l'aqueduc. L'autre éperon *e f* désigné sous le nom de *scagno*, se place dans le lit même du canal dispensateur. Il porte un seuil en bois ou en pierre, qui doit régler la hauteur du fond de ce canal, exactement au même niveau que celui de l'origine de la dérivation. Ces deux ouvrages détachés se réduisent donc à deux pertuis qui accompagnent le module proprement dit, sans avoir toutefois aucune liaison avec lui.

On peut voir, au premier coup d'œil, que ce système présente les plus grands inconvénients. D'abord, parce que les frottements considérables qui ont lieu sur les quatre faces de cet aqueduc, dont la longueur n'est pas dans un rapport voulu avec son débouché, introduisent ici un élément tout à fait superflu, qui vient compliquer l'appréciation des volumes d'eau, qu'il est déjà si difficile de bien régler, à travers de simples orifices. Cet inconvénient d'un module qui n'est pas à minces parois s'aggrave encore par le manque de liaison qu'on peut remarquer entre les différentes parties de cet édifice et d'où il résulte que lorsque l'axe de l'embouchure, prise entre les jouées de la vanne et l'axe de l'aqueduc, ne sont pas dans une seule et même ligne droite, les frottements, dont je viens de parler, se modifient d'une manière très-notable, mais dont il est impossible d'apprécier exactement l'influence. Enfin, ce qui est pis encore, les éperons en maçonnerie placés, l'un dans le canal alimentaire, en aval de la prise d'eau, l'autre dans le canal de dérivation, en aval du module, sont évidemment plus nuisibles qu'utiles, en ce que rien n'a été prescrit pour qu'ils puissent agir toujours d'une manière uniforme. Ainsi, la *briglia gh* qui était, dans l'origine, d'une largeur plus grande que celle du pertuis, en aval duquel elle est placée, a fini par être établie avec une largeur moindre, comme cela est représenté dans la fig. 10, et par devenir conséquemment la véritable bouche modératrice de cet appareil, qui se prête, comme on le voit, à toutes sortes de variations.

On a cependant prétendu, mais à tort, je le crois, que c'était là le type et le modèle de tous les autres régulateurs inventés en Italie, dans la seconde moitié du XVIe siècle. Il est vrai que dans un décret qui remonte au 22 décembre de l'année 1551, le Sénat de Milan avait sanctionné l'unité de mesure adoptée pour la distribution des eaux du canal de Crémone; mais l'appareil qui devait la fournir n'était pas à beaucoup près aussi compliqué qu'il l'est devenu depuis. La bouche régulatrice ayant, comme il est dit plus haut, 10 onces de hauteur sur une once de largeur, ou 0^m,40 sur 0^m,04, était alors pratiquée dans une simple dalle, comme cela s'est fait toujours ailleurs. Elle devait avoir une pression d'une once sur le bord supérieur; mais il faut bien remarquer que cette pression n'était garantie par aucune disposition ou manœuvre, particulière à l'appareil connu à cette époque. Le décret précité porte seulement que la bouche sera placée dans la berge même du canal, parallèlement au courant et suffisamment élevée au-dessus du fond, pour que la hauteur d'eau sur le seuil ou sur le bord inférieur de cette bouche ne soit jamais que de 11 onces.

En 1559, le Podestà de Crémone, délégué par le Sénat de Milan, ordonna au contraire, sur la proposition d'un ingénieur crémonais nommé Donieni, que les bouches régulatrices seraient établies de niveau avec le fond du canal; c'est alors que fut prescrit l'emploi du pertuis, comme régulateur; ainsi que celui des deux éperons triangulaires désignés sous les noms de *briglia* et de *scagno*.

En 1561, ce système fut adapté, par ledit ingénieur, non-seulement aux principales bouches de distribution du canal de Crémone, mais à celle du canal du marquis Pallavicini, existant dans la même localité. C'est à cette époque que l'ouverture régulatrice fut mesurée, non plus d'après celle du pertuis ou aqueduc, mais d'après celle de la briglia, qui n'est autre chose qu'un pertuis découvert. Cependant, quelques années après cet essai, l'on revient à la première méthode, qui paraît toujours avoir été conservée depuis, dans la localité; ainsi du moins qu'on peut le conclure des anciens règlements du canal Pallavicini, rédigés en 1584 et approuvés par le Sénat de Milan en 1588.

Cet appareil, tant de fois modifié et demeure si imparfait, a-t-il donné l'idée élémentaire du module de Milan, c'est-à-dire celle d'une bouche régulatrice précédée d'un sas couvert et d'une vanne hydrométrique? Il est permis de le supposer, puisque l'édifice milanais est postérieur, d'au moins dix ans, à celui de Crémone; néanmoins si l'on remarque qu'il n'y a aucune similitude entre eux, et surtout que l'un présente autant de garanties d'exactitude que l'autre en présente peu, il est aussi permis de croire que ces deux inventions ont été isolées, et que celles de Soldati conserve tout son mérite.

Dans la province de Crema, le module est sensiblement le même que celui de Crémone, qui vient d'être décrit; avec cette différence que le bras de Crema n'étant que de $0^m,46978$, tandis que celui de Crémone a pour expression $0^m,48353$, l'once de Crema ne vaut qu'un peu plus de $0^m,039$, de sorte que la bouche régulatrice des eaux d'irrigation, dans cette dernière province, a $0^m,39$ de hauteur, sur $0^m,039$ de largeur. De plus, la pression y est de 2 onces ou de $0^m,078$, au lieu d'être seulement d'une once de $0^m,04$, comme on vient de le voir dans l'édifice de Crémone. Du reste, la régularité de son débit n'est pas mieux garantie.

Province de Bergame. — Dans cette province, l'*once d'eau* est la quantité de liquide coulant librement, par un orifice circulaire d'une once, ou de $0^m,044$ de diamètre. On s'explique la préférence donnée à cette forme par la facilité de la décrire ; mais la mesure qui en résulte manque tout à fait de justesse, en ce que rien ne limite la pression sous laquelle doit s'effectuer l'écoulement ; et que dès lors, suivant que ce petit orifice est placé près de la surface ou près du fond du canal, son débit est très-différent. On avait cependant dressé des tables destinées à faire connaître les débits correspondant à diverses positions de cet orifice, mais on n'en a pas fait usage, et ce mode de distribution est resté au nombre des moins exacts. Si la pression était fixée, un orifice circulaire n'aurait rien de moins avantageux qu'un édifice à contours rectilignes ; car pour obtenir des bouches ayant deux, trois et quatre fois la surface de celle qui serait prise pour unité, il suffirait de multiplier le rayon primitif par la racine carrée de ces mêmes nombres. Le véritable défaut de cette mesure est donc l'absence de toute détermination, pour la pression à admettre au-dessus des bouches.

Province de Brescia. — L'eau s'y mesure au *quadretto ;* et l'on entend, par là, le volume débité par une section carrée, ayant pour côté le bras, mesure du pays, qui est de $0^{m},471$. Il paraît que, dans l'origine, il était entendu que cette mesure régulatrice conserverait une hauteur constante, et que son centre serait toujours placé au milieu de la hauteur d'eau du canal alimentaire. Mais, dans la pratique, on n'a pas tardé à s'écarter de ce précepte. En effet, d'après le système duodécimal, qui sert encore de base à toutes les anciennes mesures, usitées en Italie, il arrive toujours qu'une même section, exprimée en bras, pieds et onces, peut s'obtenir par différentes formes rectangulaires, ainsi que je l'ai déjà remarqué, en parlant de la roue d'eau de Piémont et de celle de Novare. Il résulta de là, que le quadretto de Brescia, composé superficiellement de 144 onces, subit, presque aussitôt après son adoption, suivant le caprice ou l'intérêt des usagers, des altérations de forme, qui ne permirent plus de suivre une règle fixe dans la situation des bouches. Ainsi, en dehors de la forme primitive et normale de 12 onces sur 12, on en établit de 6 onces sur 24, de 4 sur 36, et même de 3 sur 48.

Les bouches d'une portée de plusieurs *quadretti*, furent encore, plus que les autres, exposées à ces modifications, et le but que l'on avait voulu atteindre fut manqué. Cependant, on cherchait par tous les moyens possibles, à obtenir quelque régularité dans le débit des eaux ; et longtemps même après l'application qui fut faite de la vanne hydrométrique, dans les provinces de Crémone et de Milan, on avait recours, sur le territoire de Brescia, à des moyens tout à fait illusoires, tels que le suivant. A partir de la bouche proprement dite, établie directement sur le bord du canal alimentaire, on dressait, sur une longueur de 600 bras, ou de 282 mètres, le fond du canal de dérivation suivant une pente régulière de 4 onces ; ce qui correspond à $\frac{1}{1800}$, ou $0^{m},55$ par kilomètre. Puis, sur cette longueur de 282 mètres, on répartissait, à des intervalles égaux, trois autres bouches régulatrices pareilles à la première. Or, cela se réduisait à créer un mode d'écoulement compliqué, sans améliorer en rien le résultat, qu'on ne devait jamais connaître avec justesse.

Provinces de Mantoue et de Vérone. — Jusque vers la fin du XVIIIe siècle, le territoire de Vérone continua d'appartenir à la ci-devant république de Venise, tandis que celui de Mantoue dépendait, comme aujourd'hui, de la monarchie autrichienne. Le Tartaro, qui ne sépare aujourd'hui que deux provinces, mais qui formait alors la frontière de deux états limitrophes, fournissait depuis une époque très-reculée, des irrigations à ces deux territoires. On pourrait donc présumer qu'il existe dans ces mêmes provinces, une méthode sinon rigoureuse, au moins très-satisfaisante pour la distribution des eaux; par suite de la diversité d'intérêts qui doit être aussi grande que possible, quand les usagers d'un même cours d'eau se trouvent placés sous des gouvernements différents. Cependant il n'en est point aiasi, et encore bien que la situation particulière des territoires du Mantouan et du Véronais, ait donné lieu à beaucoup de négociations, d'enquêtes et de règlements, dont j'ai occasion de parler plus loin, dans le volume suivant, la distribution proprement dite des eaux d'arrosage, qui était la chose principale à régler, est restée, sur ces territoires, dans un état très-arriéré. On peut le reconnaître par le détail qui suit.

L'eau se mesure au *quadretto* de Vérone ; et l'on entend par là, la quantité qui coule, sous la seule influence de la pression, par un orifice d'un pied carré pratiqué dans une dalle de $0^m,10$ à $0^m,20$ d'épaisseur ; avec deux onces de pression, sur le bord supérieur de cet orifice. Le pied véronais dont il s'agit ici, est de $0^m,465$, et l'on ne doit pas le confondre avec l'autre pied, plus usité dans la même province, valant seulement $0^m,343$. Le module d'eau désigné sous le nom de *quadretto de Vérone*, a donc pour section un carré de $0^m,465$ de côté avec une pression de $0^m,078$ sur le bord supérieur. D'après les règlements, la hauteur de ce module aurait dû rester constante, de sorte que, pour avoir une bouche de plusieurs quadretti, c'est la largeur seule qui devrait augmenter. Mais cela n'a pas été observé, et, quant à la pression, rien n'en garantit le maintien, attendu que, dans les provinces dont il s'agit, on a toléré la conservation d'un très-grand nombre de bouches non réglées.

Provinces de Vicence, Trévise, Padoue et Venise. — Dans ces diverses provinces, l'irrigation est peu en usage, et l'on n'a pas besoin de modules. Les deux premières jouissent cependant de quelques dérivations assez importantes et surtout d'une assez grande quantité d'eaux de sources, abondantes et régulières, mais elles sont principalement réservées à des usages privés.

NOTE

CONCERNANT QUELQUES APPAREILS IMPARFAITS

EMPLOYÉS A LA MESURE DES EAUX D'IRRIGATION

DANS LE MIDI DE L'ITALIE.

A partir de la rive droite du Pô, l'irrigation, si florissante dans le Piémont et la Lombardie, n'est plus que d'un intérêt secondaire dans les états et provinces qui s'étendent depuis ce fleuve jusqu'à la frontière méridionale de l'Italie. On ne doit donc pas s'étonner de ne rencontrer dans ces divers pays que des procédés imparfaits et inexacts, pour la distribution des eaux.

États de Parme et de Plaisance. — Je ne sais si l'on peut regarder comme une mesure des eaux la méthode qui paraît être particulière à cette contrée. En effet, toutes les recherches auxquelles on peut se livrer sur ce point, aboutissent à cette seule indication : que l'on regarde comme unité de cette espèce, le volume coulant, à pleins bords, dans un canal ayant pour section 108 onces d'un certain bras, qui est, je crois, de $0^{m},587$. Il paraît en outre que les dimensions les plus ordinaires de ce canal étaient une largeur effective, ou moyenne, de 12 onces, sur une profondeur de 9 onces;

c'est-à-dire de $0^m,59$ sur $0^m,44$. Mais ces dimensions n'étaient point obligatoires, et une section exprimée par 108 s'obtient de dix manières différentes, avec les dimensions variables qui suivent : 1° 54 sur 2 ; — 2° 39 sur 3 ; — 3° 27 sur 4 ; — 4° 18 sur 6 ; — 5° 12 sur 9 ; plus les cinq autre cas résultant de l'emploi inverse des dimensions sus-relatées. Or, dans ces différents cas, l'écoulement de l'eau ne peut s'opérer d'une manière identique. Indépendamment de ce premier inconvénient, rien n'indique, pour cette prétendue mesure, sous quelle pression l'eau devait sortir du canal alimentaire, de sorte que tout reste dans le vague le plus complet. Il n'est donc pas étonnant que si, dans les provinces dont il s'agit, on a besoin d'une distribution d'eau, opérée d'une manière exacte, ce soit au module milanais qu'on ait recours pour l'obtenir.

État de Modène. — Sur les territoires de Modène et de Reggio, où il se fait quelques irrigations, à l'aide des cours d'eau qui descendent du revers septentrional de l'Apennin, le module très-imparfait, qui paraît avoir été adopté depuis longtemps, est désigné sous le nom de *macina*, nouveau synonyme du moulan, ou de la roue d'eau ; et l'on entend effectivement par là le volume suffisant pour la mise en jeu d'un tournant de moulin ; mais rien n'est plus vague que cette désignation. On admet cependant dans ce pays que le volume en question est fourni par une ouverture carrée, dont le côté est un bras de $0^m,523$, lequel diffère par conséquent du bras usuel, mesure du pays, qui est de $0^m,633$. Du reste aucune disposition ne paraît avoir été prise pour obtenir ce volume d'eau sous une pression constante ; de sorte que, d'après la grandeur de l'ouverture, son débit peut être excessivement variable.

La section susdite a la plus grande similitude avec celle de la roue de Piémont, laquelle, quoique ayant son débit réglé à fleur d'eau, c'est-à-dire avec une pression nulle, donne cependant, par seconde, un produit de 342 litres, plus considérable que le débit normal correspondant à la roue milanaise et au moulan de Provence. Dès lors, pour conserver à ce module quelque rapport avec ceux de la même espèce, il serait présumable que l'écoulement doit s'y effectuer aussi sous une pression nulle, sans quoi son produit, trop fort, serait disproportionné avec toutes les autres évaluations de la roue d'eau. Cependant il n'en est point ainsi, et il résulte au contraire d'anciens règlements que cette pression, sur le bord supérieur de l'orifice, peut aller jusqu'à 10 onces, ou à $0^{m},435$. Voici donc encore un régulateur des plus variables et sans aucune précision.

Une autre mesure plus petite que l'on considère dans la pratique comme étant la neuvième partie de la *macina* ou roue d'eau du Modenais, s'obtient par une vanne, à ouverture quadrangulaire, dont le côté n'a que le tiers de celui du module précédent, c'est-à-dire $0^{m},174$; ce qui donne une dimension intermédiaire entre celles qui correspondent à l'once de Piémont et à l'once du Milanais, représentées dans la pl. XV. Mais par une autre bizarrerie, également inexplicable, cette dernière mesure ne comporte pas de pression.

Le peu d'eau d'irrigation employée dans la province de Reggio, se distribue par de simples vannes ou martellières; l'ouverture qui est réputée servir d'unité, ou de module, est un carré ayant pour côté le bras du pays, qui est de $0^{m},530$.

Romagnes. — Dans le Ferrarais et la Romagne, on fait très-peu d'usage des eaux pour l'agriculture, parce que ces eaux ne se trouvent qu'à un niveau trop bas, comme celles du Pô, ou sont d'un régime torrentiel et irrégulier, comme la plupart des affluents de la rive droite de ce fleuve.

Dans la province de Bologne, il y a un canal assez important qui est destiné principalement à la navigation, et très-accessoirement à l'arrosage; mais, comme sa portée ne se maintient pas régulièrement pendant l'été, les ressources qu'il offre à ce dernier usage, sont essentiellement limitées et précaires. Le Reno, qui est le cours d'eau le plus important de ce territoire, et les autres torrents qui le sillonnent, dans la direction du nord au sud, en partant du revers septentrional de l'Apennin, ont un régime irrégulier et manquent même tout à fait d'eau pendant l'été. C'est ce qui fait que les cultures arrosées, qui eussent été si profitables sur ce sol remarquablement riche, n'ont pas pu y être introduites, et qu'en conséquence, on n'a point eu à s'occuper de la recherche d'un mode usuel de distribution des eaux ; sans cela, la ville de Bologne, qui est la cité savante par excellence, et qui fut le berceau des plus célèbres hydrauliciens de l'Italie, aurait assurément payé, dans cette recherche, son contingent de lumières.

Ici, comme en France, on supplée, autant que possible, au manque de module, par des mesures réglementaires et de police, ayant pour but de prévenir les abus dans l'usage des eaux.

Quand il est formé des demandes en concession, l'administration locale délègue des ingénieurs qui prescrivent, suivant les circonstances locales, telles dispositions qu'ils jugent convenables dans le but de concilier la destination publique des eaux avec les usages privés que l'on demande à en faire, soit pour l'irrigation, soit pour des établissements industriels. Sur le Naviglio ou canal principal qui a sa direction entre Ferrare et Bologne, il se fait annuellement quelques concessions d'eau pour l'arrosage, mais elles sont, comme je l'ai dit, tout à fait éventuelles et subordonnées aux besoins de la navigation. Les prises d'eau s'opèrent, sans aucune construction accessoire, à l'aide de simples vannes ; néanmoins, dans l'intérêt de la navigation, elles sont assujetties à ce que leur seuil, qui doit être en pierre dure, se trouve toujours placé à 3 pieds bolagnais ou à 1^{m},14 au-dessus du fond du canal, dont la profondeur, d'après la rareté des eaux pendant l'été, a été portée à 2 mètres et plus. En cas de grande pénurie, les vannes de dérivation, manœuvrés par les seuls gardes ou eygadiers, doivent être, au besoin, entièrement fermées. En général, leur manœuvre doit s'opérer de telle manière que la diminution de volume soit répartie proportionnellement entre les divers usagers. Ces dispositions réglementaires ont beaucoup d'analogie avec ce qui se pratique en Provence; elles remontent, dans la légation de Bologne, à l'administration du cardinal Farnèse, en 1658. Elles y furent reproduites ultérieurement en 1749, 1757 et 1793 ; et enfin, sous le gouvernement français, en 1805.

En 1811, sous ce même gouvernement, il y eut un assez grand nombre de demandes en concession d'eau, sur le canal principal et sur d'autres petits canaux du ci-devant département du Reno. Comme il n'y avait eu jusqu'alors aucune règle fixe pour les concessions, dont la plupart avaient lieu sans limitation régulière, soit par de simples coupures, pratiquées dans la berge des canaux, soit par des bouches, de dimensions variables, les unes circulaires, les autres rectangulaires, il fut établi que l'on adopterait pour unité, une bouche quadrangulaire ayant pour côté 4 onces du pied de Modène, ou $0^{m},172$. Mais à défaut d'aucune autre régularisation, cela ne peut pas s'appeler un module de distribution des eaux.

Dans la partie montagneuse des États pontificaux, surtout vers la frontière de Toscane, et dans les environs de Rome, du côté de Tivoli, il existe quelques belles irrigations, qui donnent d'excellents produits, en fourrages et autres récoltes. Mais ces irrigations sont partielles, et attendu qu'elles s'effectuent en grande partie avec des eaux de source, on n'apporte point de limites dans leur distribution. Il en est à peu près de même des arrosages, par voie de dérivation, que l'on rencontre en plusieurs endroits dans les marais Pontins.

Il y aurait peut-être lieu de faire ici quelques remarques intéressantes sur la distribution des eaux des fontaines de Rome, qui continue de s'effectuer, sous la surveillance de l'administration publique, à peu de chose près encore selon les traditions de l'antiquité. Mais il n'y a rien là qui puisse trouver d'application utile dans l'emploi des eaux en faveur de l'agriculture.

Royaume de Naples et Toscane. — Aucune pratique régulière n'existe pour la distribution des eaux courantes dans les provinces de l'Italie méridionale ; encore bien qu'on y connaisse parfaitement les lois physiques et théoriques du mouvement des eaux courantes, et que ces eaux soient appliquées partiellement aux besoins de l'agriculture, partout où les localités le permettent.

La raison en est, principalement, dans la situation topographique de ces contrées qui n'ont pas, comme le nord de l'Italie, de vastes plaines, en pente douce, au pied d'une chaîne de montagnes d'où coulent en abondance des eaux conservant un volume régulier pendant la saison des chaleurs.

D'autres cultures très-lucratives, mais non arrosées, au premier rang desquelles on doit compter la vigne, l'oranger et l'olivier, absorbent d'ailleurs, ici, la majeure partie du travai de la classe agricole.

VOCABULAIRE

DES TERMES TECHNIQUES PROPRES A L'INDUSTRIE DES IRRIGATIONS ET A L'ARCHITECTURE HYDRAULIQUE QUI S'Y RATTACHE.

A

Abonnement (*affitto*). — Convention ou marché amiable pour payer à prix fixe et à des époques déterminées une chose dont l'usage peut être variable ou la jouissance facultative. En matière d'irrigations, les propriétaires de canaux consentent souvent à des réductions sur le prix usuel de l'eau, en faveur des propriétaires qui s'abonnent à long terme.

Affuents (*influenti*). — Cours d'eau secondaires qui se réunissent à un cours d'eau principal.

Affouillement (*scavazione*). — Excavation qui s'opère par le choc ou le frottement de l'eau courante, sous une digue ou sous un ouvrage hydraulique quelconque.

Ailes (*ale*). — Terme usité dans le Milanais pour caractériser la forme d'un terrain cultivé en *Marcita,* ou prairie d'hiver. Cette disposition, qui répond à celle que dans l'agriculture française on désigne par *billons* ou *ados,* est, par le fait, celle que réclame toute irrigation ; mais celle dont il s'agit, qui est d'une nature à part, exige cette disposition d'une manière toute particulière.

Alluvion (*alluvione*). — C'est l'accroissement qui se forme lentement et imperceptiblement aux fonds riverains. On doit bien distinguer les alluvions ainsi formées, par le travail successif des eaux livrées à elles-mêmes, d'avec celles dont les propriétaires ou fermiers provoquent la formation par des travaux, ordinairement très-nuisibles au libre cours des eaux.

Amarres (*legacci*). — Les amarres sont les chaînes, câbles ou cordages qui servent à fixer, à amarrer, les bateaux à la berge d'un canal ou d'une rivière. Dans l'intérêt des usagers, on doit éviter de placer les prises d'eau d'irrigation dans les endroits consacrés au stationnement des bateaux, ou d'amarrer des bateaux contre les bouches existantes ; car, d'après leur tirant d'eau plus ou moins grand, ces bateaux tendent toujours à masquer la section libre de ces bouches, et par conséquent à y gêner l'introduction de l'eau ; ce qui ne peut avoir lieu sans amener une diminution sensible dans leur débit.

Amendement (*amendamento*). — En agriculture, les mots engrais et amendement sont encore aujourd'hui confondus par beaucoup de personnes ; ils ont cependant des acceptions très-différentes. On doit réserver le mot amendement pour l'emploi des matières, dont les propriétés consistent moins à fournir directement à la terre des principes nouveaux de végétation, qu'à stimuler convenablement ceux qu'elle renfermait déjà, mais qui ne se trouvaient pas dans des conditions favorables. C'est dans ce sens que, dans les mélanges de terre de natures différentes, ces terres agissent presque toujours comme amendement l'une pour l'autre. — Voyez Engrais.

Amont. Aval (*l'insù, l'ingiù*). — *Ad montem, ad vallem.* — Termes d'un usage très-fréquent, dans l'architecture hydraulique, et qui, relativement à un point donné, pris sur un cours d'eau ou à proximité, signifient : l'un *en remontant*, l'autre *en descendant* ce cours d'eau. Ainsi, en suivant le cours de l'Adda, la commune de Vaprio est en amont de celle de Cassano ; et le débouché de la même rivière, dans le Pô, a lieu en aval de la ville de Lodi.

Appareil (*apparaglio*). — C'est la coupe et le mode d'assemblage des pierres de taille qui composent une construction. L'appareilleur est celui qui, dans les chantiers, trace sur les blocs les lits et joints, les parements, et généralement toutes les dimensions des pierres d'après les épures, ou dessins en vraie grandeur, qui doivent être exécutés par les conducteurs de travaux.

Aqueduc (*acquidotto, tomba*). — Ouvrage d'art, ordinairement en maçonnerie, établi sous une route, sous un canal ou sous un remblai quelconque, pour y effectuer le passage d'une eau courante. La plupart des villes d'Italie ont leurs rues établies sur de grands aqueducs, dans lesquels courent les eaux vives destinées à emporter toutes les immondices qui y tombent.

Les aqueducs souterrains sont plus simples. Il en est d'autres qui sont placés hors de terre et servent à maintenir la dérivation qu'ils reçoivent à un niveau supérieur à celui d'autres cours d'eau qu'ils doivent traverser. — Voyez Pont-Aqueduc, Siphon.

Aqueduc (droit d'). — C'est le droit en vertu duquel le propriétaire qui établit un canal de dérivation peut, sous certaines conditions, continuer ce canal sur l'héritage de son voisin, s'il forme enclave sur la direction de ce canal. Cette disposition, consacrée dans la loi romaine et maintenue dans la plupart des législations modernes, est une des conditions essentielles au progrès des irrigations.

Arceau. — Voyez Arche.

Arche (*arco*). — Espace voûté compris entre les piles ou culées d'un pont. L'arche est en plein cintre si la courbure de la voûte représente une demi-circonférence de cercle. Une arche est surhaussée ou surbaissée, suivant que son sommet est plus haut ou plus bas que celui de l'arche en plein cintre de même ouverture. Sur les canaux fort anciens, comme ceux du Milanais, les règlements de la navigation subordonnent les dimensions et le chargement des bateaux à la hauteur des ponts existants. Sur les canaux nouveaux que l'on projette, on base au contraire souvent les débouchés des ponts sur les dimensions usuelles des bateaux fréquentant les rivières que l'on a pour but de réunir.

Architecture hydraulique (*architettura idraulica*). — C'est l'art de construire avec solidité et économie les ouvrages qui se trouvent exposés à l'action des eaux, soit dans le lit, soit au bord des canaux et rivières.

L'architecture hydraulique est une science très-vaste. Elle comprend à la fois des ouvrages de terrassements, pour le creusement des canaux, la construction des digues, etc., et des ouvrages de maçonnerie, réclamant des précautions particulières. Elle exige une connaissance exacte : des chaux, ciments et bétons, qui ont la propriété de durcir sous l'eau; des machines à épuiser, à draguer, à battre ou à recéper les pieux, etc. Enfin les principes les plus élevés de l'analyse et du calcul doivent être familiers à l'ingénieur hydraulicien.

Arête (*canto*). — Ligne de jonction de deux faces contiguës d'une pierre de taille, d'une pièce de bois, d'un talus, etc. Dans toute bonne construction, on exige que les pierres ainsi que les bois soient taillés à vive arête.

Araser (*agguagliare*). C'est mettre de niveau, à un même plan de hauteur, un cours d'assises en maçonnerie de pierres de taille, briques, ou moellons, en élevant les points les plus bas jusqu'à la hauteur de celui qui est le plus élevé, et qui règle le niveau de l'arasement. En architecture hydraulique ce terme s'emploie le plus souvent d'une manière relative à un niveau déterminé; et alors si ce niveau est inférieur à celui de la partie la plus élevée de l'ouvrage dont il s'agit, on se sert de l'expression *déraser*. Ainsi l'administration prescrit fréquemment de déraser le couronnement d'un déversoir ou le dessus d'un vannage jusqu'au niveau légalement prescrit pour une retenue d'eau, qui se trouvait primitivement trop élevée.

Arrosage (*adacquamento, inaffiamento*). — Mot employé comme à peu près synonyme du mot irrigation; mais qui cependant ne désigne pas d'une manière aussi spéciale l'emploi des eaux, par simple dérivation et sans secours de machines.

Arrosants (*irriganti*). Nom que portent, dans le midi de la France, les sociétés de propriétaires réunis en associations syndicales, pour effectuer à frais communs l'irrigation de leurs héritages situés à proximité des fleuves, rivières ou canaux.

Assise (*filata*). — Rangée de pierres de taille, de briques ou de moellons, faisant partie d'une construction en maçonnerie.

Assolement (*ruotazione agraria, coltivazione a vicenda*). — On appelle ainsi la succession des cultures adoptée sur tel ou tel terrain. En ce sens le mot *sole* usité dans l'agriculture française est à peu près synonyme de *saison*. Ainsi l'on dit la sole du blé, du maïs, etc., pour désigner la période pendant laquelle ces cultures sont adoptées, à leur tour, sur un terrain déterminé. Par la même raison, l'on se sert du mot *dessaisonner* pour indiquer un changement apporté dans l'ordre de succession des cultures; comme, par exemple, lorsqu'on remplace l'assolement triennal par l'assolement quinquennal, etc. Un des caractères distinctifs de l'irrigation, là surtout où elle est portée à sa plus grande perfection, comme dans le Milanais, c'est qu'elle permet l'adoption d'assolements particuliers infiniment plus avantageux que ceux qui peuvent être obtenus dans le système des cultures non arrosées.

Attachement (travaux par). — Voyez Économie.

Atterrissement (*deposito*). — Atterrissement est à peu près synonyme d'alluvion : cependant il convient de réserver à ce dernier mot son acception définie, non-seulement comme terrain formé lentement et imperceptiblement par le travail des eaux, mais comme suffisamment accru pour s'élever, au moins en temps ordinaire, au-dessus de leur surface, et pour donner ainsi naissance à des questions de propriété. La vase et les sédiments terreux qui se forment dans le lit des rivières et canaux, sans atteindre jusqu'à la surface des eaux, donnent lieu, surtout dans la matière dont on traite ici, à des considérations non moins importantes que les alluvions proprement dites. Ce sont ces amas de vases ou de graviers, toujours très-nuisibles aux canaux d'irrigation, que je désigne par le nom de dépôts ou atterrissements.

Avant-bec, arrière-bec (*le pigne*). — Ce sont les extrémités saillantes des piles des ponts. On les disposait anciennement en forme de pointe ou de coin; aujourd'hui on leur donne, de préférence, un contour arrondi et en conséquence une forme cylindrique. Ces appendices en saillie sur le plan des têtes des ponts servent non-seulement de contre-forts aux piles et culées, mais ils ont encore chacun une destination spéciale : l'avant-bec, qui a pour effet de fendre le courant, préserve le corps de la pile des dégradations que le choc de l'eau et surtout que le choc des glaces ne manqueraient pas d'y occasionner. L'arrière-bec sert, par son obliquité inverse, à ramener peu à peu dans leur direction normale les filets d'eau déviés par l'obstacle des piles, et qui sans cela ne reviendraient à cette direction qu'après des tournoiements irréguliers, capables d'amener des affouillements en aval des piles et sous leurs fondations.

B

Bajoyers (*spalle*). — Murs latéraux d'une écluse de navigation. Par analogie on donne le nom de bajoyers ou de *jouées* aux murs et massifs de maçonnerie entre lesquels sont établis un empèlement ou un déversoir.

Barrage (*traversa, travata*). — Les barrages d'irrigation sont des constructions établies transversalement sur une rivière dans le but d'en élever les eaux, de manière à pouvoir les dériver en totalité ou en partie sur un terrain d'un niveau inférieur à celui de la retenue opérée par le barrage. Ces ouvrages sont établis dans le système de toutes les autres constructions en lit de rivière, en maçonnerie, pieux, fascines, etc.

Basses eaux, Hautes eaux (*la magra, la piena*). — La *maigreur* et la *plénitude*, assurément voilà deux termes très-expressifs, par lesquels on désigne, en Italie, les deux états opposés d'un cours d'eau, sous le rapport de son volume. Notre mot *étiage*, employé en matière de constructions hydrauliques, pour désigner les plus basses eaux d'une rivière, a l'inconvénient de dériver évidemment du mot *été*; de sorte qu'il est quelquefois un non-sens dans les contrées voisines des hautes chaînes de montagnes, là où les basses eaux n'ont lieu qu'en hiver et où les hautes eaux arrivent régulièrement en été, en suivant les accroissements successifs de la température. Ces contrées sont celles que la nature a particulièrement destinées à recevoir la féconde influence des grandes irrigations. Le contraire a lieu dans les pays dont les eaux courantes ne coulent à pleins bords que pendant les mois d'hiver, tandis qu'en été leur volume appauvri ne présente plus que d'insuffisantes ressources, souvent même pour l'industrie manufacturière, qui ne fait cependant qu'user des eaux à leur passage, sans en consommer une quantité appréciable.

Batardeau (*chiusa*). — Digue ou barrage temporaire construit en terre, pieux, fascines, etc., pour barrer et détourner l'eau d'une rivière, ou d'un canal, en un point déterminé. La construction des batardeaux est importante, dans l'industrie des irrigations, car, indépendamment de l'usage que l'on peut en faire, pour les constructions ou réparations d'ouvrages hydrauliques, ils servent régulièrement, plusieurs fois par an, à mettre à sec les diverses portions de canaux dont on doit effectuer le curage. Souvent aussi on en établit, temporairement, dans les rivières sujettes à étiage, aux abords des prises d'eau des canaux d'irrigation, dans le but d'assurer leur alimentation régulière, malgré l'abaissement du niveau de la rivière, dans la saison des arrosages.

Berges (*sponde*). — Partie des terres riveraines d'un cours d'eau formant, de chaque côté, un talus plus ou moins incliné, depuis le niveau du sol jusqu'à celui des eaux moyennes. On donne aussi quelquefois le nom de berges aux terrains formant les pentes latérales d'une vallée étroite.

Béton (*lastrico*). — Mélange de graviers ou pierrailles avec du mortier hydraulique, ayant la faculté de durcir en peu de temps sous l'eau, et destiné à former des empatements, ou massifs, pour les fondations des ouvrages en lit de rivière.

Bief (*canale, bealera*). — On nomme bief une portion de canal, ou de rivière, comprise entre deux écluses ou entre deux barrages consécutifs. En matière d'usines le bief comprend, en amont, toute la longueur sur laquelle la vitesse ou le régime primitif du cours d'eau se trouvent modifiés, par l'effet de la retenue. En principe le curage des biefs est à la charge de ceux qui profitent de la retenue des eaux.

Quelquefois le mot bief n'est qu'un terme d'hydrographie et sert à désigner les portions d'une rivière qui sont séparées les unes des autres par des chutes naturelles ou seulement par des pentes plus rapides que sur le reste de leurs cours.

Bonification (*bonificazione*). — Ce nom convient à toute amélioration d'un terrain, opérée à l'aide des eaux, qui y étaient nuisibles; soit par excès, soit par défaut. Ainsi, dans la Basse-Égypte, la bonification s'opère par la voie de submersion. Dans les marais Pontins, le val de Chiana, et autres localités semblables, en Italie, les bonifications s'opèrent au contraire par voie de dessèchement.

Bord (*riva, margine*). — Le bord est en général l'extrémité des propriétés riveraines qui confinent à une rivière ou à un canal, et sous ce rapport on la confond quelquefois avec la berge. — Voyez Franc-Bord.

Bouche de prise d'eau (*bocca d'estrazione*). — Les bouches sont les ouvertures ou orifices par lesquels l'eau passe, directement, d'un canal ou d'une rivière dans les canaux particuliers ou rigoles, pour y être employée en irrigations. En Italie les bouches sont partagées en plusieurs catégories. On y distingue les bouches *libres, modellées* ou *réglées, gratuites, taxées* et *conventionnées.*

Les bouches libres sont celles dont le débit n'est limité que par leurs dimensions effectives et qui ne sont astreintes à aucune autre restriction quelconque. Les bouches modellées ou réglées sont pourvues du *module* ou régulateur, en usage dans la localité. Les bouches gratuites reçoivent l'eau sans que l'usager soit assujetti à payer aucune redevance. Les bouches taxées donnent lieu au contraire au payement intégral des redevances telles qu'elles résultent des tarifs en vigueur. Enfin les bouches conventionnées fournissent de l'eau, à des prix réglés par abonnement, ou à l'amiable, et inférieurs aux tarifs.

On conçoit que sous le rapport de la bonne administration des eaux, la seule distinction essentielle à faire est celle qui a lieu entre les bouches modellées et entre les bouches libres, ou non réglées.

Boutisses. — Voyez Carreaux et Boutisses.

Brise-glace (*frangi-ghiaccia*). — Espèce d'estacade ou files de pieux moisés et garnis de barres de fer, présentant au cours de l'eau des surfaces obliques, dont l'effet est de diviser et de rompre les glaces qui, par leur choc, pourraient dégrader ou même renverser certaines constructions hydrauliques que l'on a intérêt à défendre de la sorte.

Busc (*armadura*). — Assemblage en charpente, composé de deux heurtoirs ayant la forme d'un chevron brisé, contre lequel s'appuie le bas des portes d'écluses, lorsquelles sont fermées, et ont à supporter la pression des eaux. Les buscs, dont le sommet est toujours tourné vers l'amont, peuvent être construits en bois, en fonte, en pierre de taille ou autre maçonnerie; leurs conditions essentielles sont d'offrir à la poussée des eaux d'amont une résistance suffisante, et de joindre exactement contre les portes, de manière à atténuer le plus possible les pertes, qui ont toujours lieu vers ces parties inférieures.

C

Cadastre (*catàstrà*). — C'est l'ensemble des plans terriers rapportés sur une échelle uniforme et indiquant exactement, pour toutes les communes d'une contrée déterminée, la situation, les dimensions et la superficie des divers héritages. Ce grand et beau travail, d'origine moderne, a pour principal but d'établir, sur des bases aussi exactes que possible, la répartition de la contribution foncière proportionnellement à la valeur et au revenu des immeubles qui y sont compris.

Dans la Lombardie, sous le règne de Marie-Thérèse, un grand travail analogue à celui du cadastre fut ordonné, et en partie exécuté dès cette époque; principalement dans le but de régulariser les opérations relatives à l'extension des canaux d'irrigation, et à la distribution de leurs eaux, par des rigoles, devant traverser plusieurs héritages.

Caisson (*cassone*). — Espèce de coffre ou de plate-forme flottante, sur laquelle on construit les fondations ou les parties inférieures des ouvrages hydrauliques, que l'on ne pourrait établir par épuisement et que l'on fait échouer, tout d'une pièce, avec les précautions nécessaires, dans l'emplacement qu'ils doivent occuper. Aujourd'hui que l'emploi des bétons et ciments hydrauliques a fait de grands progrès, on ne recourt que rarement à ce mode de fondation qui est toujours dispendieux.

Camparo. — Terme usité en Lombardie pour désigner les gardes, ou préposés, qui sont immédiatement chargés de la surveillance et de la police des canaux d'irrigation, tant publics que particuliers; notamment en ce qui concerne la distribution des eaux. Voyez ci-après Eygadier, Préposé.

Canal (*canale*). — Cours d'eau artificiel, creusé de mains d'homme, suivant des dimensions et des pentes déterminées, pour servir, soit à l'irrigation des terres, soit à la navigation intérieure, soit à ces deux usages à la fois.

En Italie le mot *canale*, qui est l'acceptation générale, est à peine usité; au contraire les acceptations spécifiques sont extrêmement multipliées. Un grand nombre de noms différents, quoique de significations presque équivalentes, s'emploient, selon la nature et les dimensions de la conduite d'eau dont il s'agit; mais leur choix dépend surtout des usages locaux.

Les canaux de la plus grande dimension portent le nom de *Naviglio;* or, la filiation évidente de ce terme relativement aux mots *navis* ou *nave*, pourrait faire croire qu'il ne convient exclusivement qu'à un canal navigable; mais s'il en fut ainsi autrefois, cela n'a plus lieu aujourd'hui, et l'on applique le nom de naviglio aux principaux canaux d'une contrée, qu'ils soient ou ne soient pas navigables. Ainsi dans le Piémont et le Novarais, les canaux d'*Ivrée*, *Langosco* et *Sforzesca*, qui ne reçoivent pas de bateaux, portent le nom de naviglio, aussi bien que les grands canaux du Milanais qui servent en même temps à la navigation et aux arrosages.

Les mots *Fossa* et *Cavo* s'appliquent aussi à de grands canaux, mais sont plus particulièrement réservés à la désignation des canaux particuliers. Ex. : *Fossa di Bianzé*, *Fossa di Pozzuolo*, *F. Parmigiana*, etc.; *Cavo Marocco*, *C. Barinetti*, etc.

Le mot *Roggia* est, dans les mêmes circonstances, d'un usage extrêmement répandu. Ex : dans le Milanais, *Roggia Belgiojoso*,: dans le Piémont, *Roggia Molinara*, *R. Camera*, etc; dans le Novarais, *R. Gattinara*, *Sartirana*, etc.

Enfin les mots *Seriola*, *Adacquatrice*, *Naviletto*, *Cavetto*, *Roggetta*, dont les trois derniers sont les diminutifs des précédents, s'appliquent encore aux dérivations les moins considérables, et même aux simples rigoles. Ex : en Piémont, *Seriola Vistarina*, *Naviletto della Mandria*; *N. d'Aziliano*, etc.; *Cavetto della Stella*; *C. delle Lucre*, etc.

Dans les provinces de la Lombardie, un usage très-ancien, qui remonte aux XIIe et XIIIe siècles, était de donner aux canaux d'irrigation un nom qui dérivait de celui de la rivière où ils s'alimentaient. C'est ainsi que pendant longtemps les grands canaux du Tessin et de la Muzza ont été désignés sous les noms de *Ticinello* et *Addetta* (petit Tessin, petit Adda).

Quelquefois un canal, envisagé principalement comme *canal d'amenée*, est désigné sous le nom de *Portatore*.

Certains canaux, qui jouent un rôle spécial dans le système des travaux relatifs à l'irrigation, portent encore des noms particuliers. — Voyez ci-après: Colateur, Emissaire.

En France, les mots *canal* et *rigole* remplacent presque seuls cette longue nomenclature. Il y a néanmoins, pour le même objet, dans le midi de la France, quelques termes spéciaux dont plusieurs ont une analogie marquée avec ceux qui viennent d'être mentionnés. Au pied des Pyrénées, dans le voisinage du bassin de l'Adour, les canaux d'irrigation, même très-petits, sont désignés par le nom de *Rivière* ; dans le département des Pyrénées-Orientales, ils le sont par le nom de *Ruisseau*. En Provence, les rigoles de distribution sont désignées par le nom de *Filliolcs*, et par celui d'*Agouilles* dans quelques départements des Pyrénées.

Les diminutifs, tels que ceux d'*Addetta* et de *Ticinello*, longtemps usités en Italie, l'ont été aussi en France, vers la même époque et dans le même but; ainsi les premiers canaux dérivés de la rive droite de la Durance, dans les environs d'Avignon, portèrent d'abord, presque tous, le nom de *Durançole*: l'un d'eux le conserve encore aujourd'hui. Jusque vers l'époque de la révolution, le canal de Craponc a été connu dans le pays sous le nom de *Fosse Crapone*, désignation identique avec celle qu'il aurait conservée s'il eût été créé en Italie. Dans le département de Vaucluse, quelques canaux sont même désignés sous le nom de *Fossé*. Ex : les fossés de l'évêché de la Fougue, des Isclos et autres dans les environs d'Avignon. Enfin, le nom de *porteur d'eau*, qui est la traduction la plus littérale du *portatore* des Italiens, est également employé dans plusieurs localités du midi de la France.

Il était utile de donner ces détails sur les nombreuses désignations locales qui précèdent, parce que l'on ne peut se dispenser d'en conserver l'usage dans une description complète des canaux d'Italie ; mais encore parce qu'il n'est pas sans intérêt de constater ainsi ces habitudes communes, qui sont propres à différentes régions navigables.

Caractères ou Seuils (*radici*). — Dalles ou tablettes en pierre, scellées d'une manière invariable dans le lit d'un canal dont on veut maintenir le fond à un niveau bien déterminé. On conçoit que cette disposition est utile partout où la pente et le volume des eaux courantes ont une grande importance ; aussi la trouve-t-on également en usage dans la Normandie pour les usines, et dans le Milanais pour les irrigations ; c'est-à-dire là où chacun de ces deux emplois des eaux a atteint toute l'extension qu'il est possible de lui donner.

Carreaux et Boutisses. — Dans les constructions en maçonnerie, de pierre de taille, moellons ou briques, on donne le nom de boutisses aux pierres dont on ne voit que le bout, parce que leur plus grande longueur est placée perpendiculairement au parement du mur; les carreaux ont plus de surface en parement, mais ils ont moins de queue. On voit donc que la prescription habituelle, faite aux ouvriers, de disposer toujours les matériaux par carreaux et boutisses, n'est autre chose que celle de poser ces matériaux en bonne liaison; ce qui est toujours indispensable.

Cavo. Voyez Canal.

Chapeau (*cappello*). — Pièce de bois horizontale servant à relier et à recouvrir les têtes des pieux ou pilotis, et désignant aussi la pièce de couronnement d'un vannage.

Chaine de montagnes (*gruppo di montagne*). — Les chaînes ou groupes de hautes montagnes exercent une grande influence sur la situation hydrographique des contrées voisines, et par conséquent sur le succès des irrigations qui peuvent y être pratiquées. On distingue principalement dans un groupe de montagnes les lignes de faîte et de thalweg: les unes sont la région des points les plus hauts, les autres la région des points les plus bas de la contrée. Les faîtes sont ordinairement disposés suivant des lignes plus ou moins ondulées ou accidentées, dont les points culminants se nomment cimes, et dont les points de dépression se nomment cols.

Mais au contraire, les thalwegs, qui occupent le fond des vallées, étant formés et entretenus par l'effet actuel des eaux courantes, suivent généralement des lignes à courbures continues. D'après cette observation, il n'est pas tout à fait juste de dire, comme l'ont avancé plusieurs géographes, que si l'on pouvait renverser la surface du sol, les faîtes deviendraient les thalwegs, et réciproquement.

Sous le rapport de l'irrigation, les chaînes de montagnes ont une très-grande importance; non-seulement parce qu'elles renferment les sources de tous les cours d'eau considérables, mais surtout parce que leurs cimes et leurs vallées les plus hautes ont la faculté de conserver, au milieu des chaleurs de l'été, des neiges et des glaces dont la fonte régulière vient admirablement en aide à la diminution, ou même à la cessation totale des pluies, pour fournir à la terre altérée des moyens d'arrosage.

Chaine en pierre (*Commessura*). — Pierres de taille disposées verticalement, par carreaux et boutisses, et incorporées ainsi à une maçonnerie de moellons ou de briques, pour lui donner de la solidité, ou pour offrir une surface plus résistante, dans certains endroits exposés aux chocs et aux dégradations; comme par exemple dans les avant et arrière-becs des ponts, dans les murs de jouée d'un empèlement, etc.

Chambre d'emprunt. Voyez Emprunt.

Chaux hydraulique (*Calce idraulica*). — Chaux très-précieuse, pour l'usage des constructions sous l'eau, par la facutté qu'elle a de former, soit seule, soit mélangée aux diverses matières, des mortiers qui durcissent aussi bien, et quelquefois mieux, qu'à l'air. Les chaux hydrauliques appartiennent exclusivement à la classe des chaux maigres, foisonnant peu, et résultant d'une calcination généralement modérée, de pierres calcaires impures, de couleur grise ou jaune sale, qui renferment naturellement, dans des proportions variables, la chaux proprement dite et des matières siliceuses ou alumineuses, dont la présence est nécessaire pour constituer la qualité hydraulique.

Chemin de halage (*strada d'alzaja*). — C'est le parcours réservé sur les francs bords des canaux et le long des rivières, aux chevaux de trait et aux hommes qui effectuent le tirage des bateaux. Les lois et règlements d'administration publique fixent dans chaque pays la largeur de ces chemins qui, le long des rivières, constituent, pour la propriété riveraine, non pas une cession de terrain, mais seulement une servitude, imposée pour cause d'utilité publique. Sur les canaux qui sont destinés à la fois à la navigation et à l'irrigation, les prises d'eau ou dérivations doivent toujours être pourvues, à leur origine, de ponts ou aqueducs, destinés à maintenir en tout temps le parcours des chemins de halage.

Chomage (*impedimento*). — C'est l'interruption du service des canaux, soit pour la navigation, soit pour les arrosages, aux époques où ces canaux exigent des travaux d'entretien et de réparation. Le curage et le faucardement, qui généralement deviennent nécessaires deux fois par an sur les canaux d'irrigation, sont des opérations qui entraînent régulièrement le chômage de ces canaux. Leur durée doit toujours être réduite au moins de temps qu'il est possible.

Chute d'eau (*caduta*). — Différence de hauteur entre le niveau des eaux retenues en amont d'un barrage et celui des eaux restées libres en aval; ou plus simplement, différence de niveau des eaux dans deux biefs consécutifs.

Dans les écluses de navigation on nomme mur de chute celui qui se trouve placé un peu en avant des petites portes, ou portes d'amont.

Cimes (*sommità*).—Ce sont les points culminants qui s'élèvent sur les faîtes des chaînes de montagnes, par opposition avec les *cols* formant au contraire les dépressions sur les lignes du faîte. Le Mont-Blanc, le Mont-Rosa, le Mont-Cervin, sont les plus hautes cimes de la chaîne des Alpes, comme le Mont-Perdu et la Maladetta le sont également dans celle des Pyrénées. On conçoit que c'est autour de ces points culminants que se rassemblent et se conservent les plus grandes masses de neiges et de glaces, qui fournissent à l'alimentation régulière des cours d'eau des vallées inférieures. Les rivières ayant leurs principales sources au pied de ces sommités principales sont donc les plus favorables de toutes pour l'usage des irrigations.

Ciment (*calcistruzzo*). — Briques ou tuiles pilées, servant à faire, avec la chaux ordinaire, des mortiers résistant mieux à l'humidité que ceux où entre le sable.

Clayonnage (*palafitta*). — Ouvrage fait à l'aide de pieux ou piquets et de branches vertes entrelacées, disposées en forme de claie, soit pour soutenir les terres mouvantes d'une rive, ou berge, soit pour protéger cette rive contre le choc des eaux.

Clapet (*clapetto*). — Espèce de soupape disposée de manière à s'ouvrir et à se fermer par l'action des eaux. Dans la pratique des irrigations on aurait souvent un grand intérêt à ne laisser introduire dans les canaux ou rigoles, qu'un volume d'eau déterminé et à se prémunir ainsi du préjudice des grandes eaux.

Col (*gole*). — Dépression plus ou moins prononcée existant sur un faîte de montagne, entre deux cimes voisines. C'est dans le voisinage des cols que s'effectue naturellement le partage des eaux qui coulent sur les versants opposés des chaînes de montagnes. — Voyez Chaînes de montagnes.

Colateur (*colatore*). — Parmi les différentes espèces de canaux ou rigoles servant aux irrigations, ceux-ci ont pour destination spéciale de recevoir et de faire écouler, dans une direction convenable, les eaux superflues; c'est-à-dire celles qui coulent à la surface du terrain irrigué, quand ce terrain est suffisamment imbibé. Dans les pays où les eaux sont abondantes et où l'on tire tout le parti désirable des irrigations, les colateurs deviennent, à leur tour, pour les terrains inférieurs, de véritables canaux d'irrigation, dans lesquels, à une certaine distance, on puise, à l'aide de saignées nouvelles, les mêmes éléments de fertilité pour le sol.

Partout où l'on verra le superflu des irrigations soigneusement recueilli dans des colateurs, et ces colatures servir elles-mêmes encore à un ou plusieurs arrosages, on peut être assuré que l'art de bien employer les eaux est parvenu dans cette contrée à une grande perfection. Cela se fait très-exactement dans le Milanais; mais je n'ai pas vu observer ailleurs la même précaution.

Colatures (*scoli*, *colatizie*). — Ce sont les eaux qui, se trouvant superflues quand un terrain est suffisamment irrigué, s'écoulent le long des pentes ou inclinaisons ménagées à cet effet, et se rassemblent dans les canaux d'écoulement qu'on nomme les *colateurs*. Ces mêmes eaux sont désignées par le nom d'*écoulages* dans le midi de la France où, faute d'écoulement ultérieur, elles sont généralement très-nuisibles aux terrains environnants.

Colmatage (*colmata*). — Mot dérivé du verbe italien *colmare*, combler, remplir, et qui s'applique à l'opération par laquelle on effectue le comblement ou l'exhaussement de terrains bas et marécageux, en y faisant séjourner, pendant un temps plus ou moins long, des eaux limoneuses ou troubles, que l'on fait écouler ensuite, quand elles ont suffisamment produit leur effet.

Commission syndicale. Voyez Syndicat.

Conduite d'eau. Voyez Canal, Aqueduc.

Confluent (*influente*). — Ce mot, le seul qui soit régulièrement en usage en France pour désigner la jonction de deux cours d'eau, n'est presque pas usité en Italie. Le mot confluent, qui signifie couler ensemble, convient bien pour désigner le point où deux cours d'eau, à peu près de même volume, opèrent leur réunion. Mais ce cas ne se présente, pour ainsi dire, jamais, car dans la réalité, on voit toujours un cours d'eau plus faible qui se jette dans un plus grand. C'est en conséquence exclusivement par le mot *débouché* (*sbocco*) que l'on désigne en Italie la réunion de deux cours d'eau. — Voyez EMBOUCHURE.

CONTRACTION (*contrazione*). — Lorsqu'un liquide contenu dans un canal ou réservoir s'échappe par un orifice pratiqué dans une de ses parois, les molécules fluides se dirigent de toutes parts vers cet orifice, ou plutôt s'y précipitent comme vers un centre d'attraction. Dès lors la convergence des directions que prennent les divers filets d'eau dans l'intérieur du réservoir, se continue encore à l'extérieur; et il est facile de remarquer que l'eau, dès sa sortie de l'orifice, se resserre ou se *contracte* graduellement, en formant une espèce de pyramide tronquée, dont la grande base est l'orifice d'où elle sort, et dont la petite base qui correspond au maximum de contraction est ce que l'on nomme *section contractée*.

L'effet de la contraction est donc de réduire la section effective de l'orifice, ou de donner une section moindre, pour celle qui doit entrer dans l'expression de la dépense réelle, car l'écoulement a lieu comme si à cet orifice réel on en eût substitué un autre d'un diamètre égal à celui de la section contractée, et que le même fait ne se fût pas reproduit.

Le phénomène dont il s'agit est très-sensible au passage d'un pont, d'un aqueduc, d'un déversoir, d'un vannage. Et, dans ces diverses circonstances, la contraction de la veine fluide amène toujours une réduction assez notable dans le produit que l'on obtiendrait en calculant théoriquement le volume d'eau qui doit passer, dans l'unité de temps, par une section déterminée. Dans mon ouvrage sur les usines hydrauliques, t. I, p. 187, j'ai évalué le coefficient de la construction à 0,80 pour les ouvertures ordinaires de vannes qui varient de $0^m,8$ à 1 mètre superficiels, ce qui correspond, pour ces dimensions moyennes, à une réduction de 1/5 dans la dépense théorique de l'orifice. Mais le même phénomène a une influence bien plus importante dans la distribution, et dans le partage des eaux d'irrigation; soit parce qu'il s'agit d'ouvertures généralement minimes, par rapport à celles que je viens de désigner, et que la réduction y est alors relativement bien plus considérable; soit parce que la valeur élevée de l'eau, employée ainsi, doit faire étudier, avec tout le soin possible, les causes diverses qui peuvent influer sur le volume effectif de celle qui est livrée, moyennant un prix déterminé.

CONTRE-BAS, CONTRE-HAUT (*in basso, in alto*).— Synonymes des mots plus simples *au-dessus, au-dessous.* Mais la similitude de l'écriture de ces deux derniers mots ayant souvent donné lieu à des erreurs graves, résultant d'interprétations diamétralement opposées dans la fixation du niveau de certains ouvrages qu'il était nécessaire de rapporter ainsi à des points fixes, on a dû, dans l'usage des travaux publics, mais principalement dans l'architecture hydraulique, adopter de préférence les expressions *en contre-bas, en contre-haut,* qui ne sont pas sujettes à la même confusion.

CONTRE-FORT (*rinforzo*). — Massif, pilier ou appendice, adossé à une construction en maçonnerie pour lui donner plus de résistance contre la poussée des voûtes, des terres ou des eaux; lorsque les contre-forts ne peuvent être établis extérieurement c'est-à-dire dans le sens opposé à la poussée, on les place à l'intérieur, mais avec une liaison convenable.

Contre-fort (*contraforte*). — Terme de géographie physique par lequel on désigne, dans le système général des chaînes de montagnes, les petites collines de deuxième ou de troisième ordre, qui s'embranchent sous diverses inclinaisons avec les rameaux principaux desdites chaînes.

Contre-pente (*contrapendenza*). — Portion de rampe de peu d'étendue, formant une irruption momentanée dans une ligne générale de pente.

Contre-repère. Voyez Repère.

Cote (*cota*). — En matière d'arrosage, ce mot a deux significations très-distinctes; 1° dans les nivellements relatifs soit aux travaux neufs, soit aux travaux d'entretien et de curage, les *cotes* indiquent des différences de niveau. Quant les canaux sont exécutés et à l'état d'entretien, les usagers payent annuellement diverses *cotes*, soit pour l'amodiation des eaux, à tant par once ou à tant par hectare, soit pour leur part des frais généraux d'entretien d'administration, etc.

Corroi (*teppata*). — Massif de terre glaise ou d'argile, corroyée et battue avec soin, de manière à intercepter complétement l'écoulement ou même la filtration des eaux. Dans les travaux d'irrigation, où la retenue et la conservation des eaux ont toujours beaucoup d'importance, on fait, avec raison, partout où les localités le comportent, un très-grand usage des corrois de glaise, qui sont moins coûteux et souvent d'un effet meilleur que les ciments.

Couronnement (*coronamento*). — C'est le dessus de la dernière assise, ou de la partie supérieure, d'un ouvrage soit en maçonnerie, soit en charpente.

Cours d'eau. Voyez Rivière.

Coursier (*Camera della ruota*). — Espace dans lequel fonctionne une roue, mue par un courant d'eau.

Crapaudine (*piastra*). — Morceau de fer, de fonte, ou de pierre dure, portant une cavité cylindrique dans laquelle tourne un pivot vertical.

Crèche ou Encrèchement (*recinto*). — Enceinte formée de pieux et de palplanches jointives, ou de pieux seulement, et destinée à préserver les fondations des ouvrages hydrauliques, soit pendant leur construction, soit après leur achèvement, des affouillements ou autres dégradations que peuvent causer les eaux courantes.

Cric (*martinetto*). — Machine servant à lever des fardeaux considérables. Elle est composée essentiellement d'une crémaillère, d'un double pignon et d'une manivelle. Quand les vannes d'une retenue d'eau ont beaucoup de hauteur et de largeur, leur manœuvre ne peut s'effectuer qu'au moyen d'un cric, mais elle a alors l'inconvénient d'être très-lente.

Culées (*cosce*). — Massifs de maçonnerie établis sur les rives opposées d'un cours d'eau et destinées à supporter soit le tablier en charpente, soit la voûte d'un pont. L'épaisseur des culées doit être calculée de manière à ce qu'elles résistent également à la poussée des voûtes et à la poussée des terres.

Curage (*spurgo*). — Opération qui consiste à enlever du lit des rivières ou canaux, la vase, les dépôts de terre ou de graviers, et autres matières qui s'y déposent et tendent à en obstruer le cours. Les curages, qui ont généralement beaucoup d'importance, sur les canaux d'irrigation, doivent s'y exécuter avec une grande célérité.

D

Dalle (*grondaja*). — Pierre plate, de $0^m,10$ à $0^m,30$ d'épaisseur, dont la superficie est variable selon la destination qu'on veut lui donner, et d'après la nature des bancs de la carrière. Dans les ouvrages hydrauliques les dalles sont d'un très-grand usage pour radiers, couvertes ou revêtements d'aqueducs, etc.; mais leur qualité la plus précieuse est de fournir d'excellentes fondations, soit sous l'eau, soit dans les terrains humides.

Damage (*pestellazione*). — Les remblais des digues seraient presque toujours impropres à retenir les eaux sans la précaution qu'on doit toujours avoir, non-seulement d'y employer autant que possible de la terre argileuse, mais encore de battre ou de comprimer cette terre, tant par le passage des voitures ou brouettes, que par l'emploi d'un instrument spécial que l'on nomme *dame* et qui diffère peu dans sa forme de l'instrument du même nom dont se servent les paveurs.

Darse (*darsena*). — Tous les anciens ports d'Italie avaient une partie intérieure, qui se fermait la nuit, au moyen d'une chaîne, et où l'on avait coutume de retirer les galères. Ce nom est resté aux simples bassins ou entrepôts établis sur les canaux de navigation ou d'irrigation, soit dans l'intérieur, soit aux abords des principales villes.

Débit (*esito, prodotto*). — Le débit ou produit d'une bouche est la quantité d'eau qu'elle fournit dans un temps donné. — *Voir* le tableau comparatif des mesures placé à la fin du tome II.

Déblais, Remblais (*terre scavate, levate*). —Dans les travaux sur le terrain, on désigne par le mot déblais les terres à fouiller ou à creuser, et par celui de remblais les terres rapportées. — Voy. Terrassements. Un terrassement préalable, comprenant des déblais et des remblais, est presque toujours nécessaire pour bien adapter un terrain à recevoir le bénéfice de l'irrigation. C'est du moins ainsi que l'on opère généralement en Lombardie.

Débouché (*foce, sbocco*).—C'est l'extrémité inférieure d'un canal ou d'un ruisseau, le point où il déverse ses eaux, en qualité d'affluent, dans un canal ou cours d'eau plus considérable. Ainsi, dans le Milanais, le canal de Pavie a son débouché dans le Tessin, sous les murs de cette ville, un peu en aval de laquelle ladite rivière a elle-même son débouché dans le Pô.—Dans la région irrigable du Piémont, la Doire-Baltée, la Sesia, l'Agogna, le Tordoppio ont aussi leur débouché dans le Pô. Voy. Confluent, Embouchure.

Débouché (*sezione*). — C'est effectivement la section libre offerte à l'écoulement des eaux, en un point déterminé, par la coupe transversale du lit d'une rivière ou d'un canal, par un pont, par un empèlement ou par un autre ouvrage analogue.

Déchargeoir (*scaricatore.*) — Empèlement composé d'une ou de plusieurs vannes de fond, et servant à opérer la décharge d'un bief, soit seulement pour maintenir son niveau constant, à l'approche des grandes eaux, soit pour mettre ce bief à sec, en cas de curage ou autres réparations.

Défrichement (*bonificazione*). — Ce mot, que l'on emploie souvent d'une manière exclusive, mais impropre, au remplacement des bois et des forêts par des terres labourables, doit s'appliquer à toute opération agricole ayant pour résultat de mettre en valeur un sol qui ne rapportait rien ou presque rien.

Les défrichements opérés au moyen de l'irrigation sont les plus remarquables de tous; car avec de l'eau et un peu d'engrais on transforme en riche prairie une plage aride et entièrement infertile. Cette pratique, qui commence à faire des progrès en France, donne surtout d'admirables résultats dans la *Crau,* immense plaine de cailloux, qui existe dans les environs d'Arles. Des essais également satisfaisants ont eu lieu, plus en petit, sur les bords de la Moselle.

Dépôt (*deposito*). — Voyez Alluvion, Atterrissement.

Dérivation (*derivazione*). — Voyez Canal.

Desséchement (*asciugamento*). — Opération consistant à faire évacuer les eaux stagnantes d'un marais, d'un terrain marécageux, ou même d'un terrain périodiquement submergé, pour le mettre en culture. Les terrains susceptibles de desséchement offrent un très-grand intérêt pour les entreprises d'irrigation; car l'état même où on les prend témoigne incontestablement qu'ils remplissent déjà naturellement la première des conditions nécessaires, c'est-à-dire que les eaux y arrivent; reste donc à accomplir la seconde et non moins essentielle de ces conditions, qui est de faire que ces eaux s'écoulent; or, c'est le but essentiel de tout desséchement.

Déversoir (*sfioratore, travaccatore*). — Digue ou barrage, ordinairement en maçonnerie, qui sert de régulateur à une retenue d'eau, son couronnement étant réglé de manière que celle-ci y coule d'elle-même, superficiellement, aussitôt qu'elle dépasse le niveau voulu.

Digue (*argine*). — Ouvrages en remblai, composés de terre franche ou argileuse, revêtus de gazon, clayonnages, fascinages, etc., et destinés soit à soutenir les eaux élevées, par un barrage, à une certaine hauteur au-dessus du niveau des terrains environnants, soit à protéger les terres riveraines contre les inondations. Dans le premier cas les digues supportent continuellement la poussée des eaux; dans le second elles n'ont à y résister que momentanément, pendant la durée des crues; mais d'un autre côté les digues de cette espèce sont exposées aux affouillements et autres avaries qu'occasionnent la vitesse et le choc des eaux.

Dragage (*spurgo con macchina*). —Opération qui consiste à enlever sous l'eau, sans épuisement, et avec une machine qu'on appelle *drague*, la vase, les graviers ou encombrements quelconques, existant au fond d'une rivière, d'un bassin, d'un canal.

E

Eau d'été, Eau d'hiver, Eau continue (*acqua estiva, iemale, continua*). — Dans la pratique des irrigations du Milanais, on distingue ainsi les eaux servant aux arrosages d'été et aux arrosages d'hiver. Elles ont des prix très-différents.

Écluse (*Sostegno, coucha*). — Construction en maçonnerie composée principalement de deux murs latéraux ou bajoyers, d'un mur de chute, qui rachète l'excédant de pente naturelle du terrain, et de deux paires de portes busquées, disposées de manière à faire passer facilement les bateaux d'un bief dans un autre. Sur les canaux qui servent à la fois à la navigation et à l'irrigation, les écluses sont nécessairement munies d'un double passage, l'un et l'autre sont exclusivement réservés à chacune de ces destinations.

Economie (travaux par) (*lavori per economia*). — Dans ce système les dépenses sont payées d'après les rôles et états, tenus journellement et certifiés par les conducteurs ou autres agents préposés à la surveillance des travaux. Ces états, visés par les ingénieurs, sont transmis à l'autorité administrative qui fait ordonnancer les payements, selon les formes et dans les délais prescrits par les règlements.

Embouchure (*imboccatura*). — En Italie, et spécialement en matière d'arrosages, ce mot, qui dérive de *bocca*, bouche, désigne toujours l'origine d'un canal de dérivation, ou la prise d'eau de ce canal; soit dans une rivière, soit dans un canal plus considérable. C'est exclusivement avec cette signification que dans le cours de cet ouvrage je me sers du mot embouchure; encore bien que le plus souvent l'acception qu'on lui donne en France comporte l'idée opposée, celle de la restitution des eaux. Cependant je pourrais citer plusieurs ingénieurs qui ont avec raison adopté l'autre signification comme beaucoup plus précise. — *Voir* comme complément de cet article, le mot Débouché (sbocco).

Edifice (*edifizio*). — C'est ainsi que l'on désigne généralement les ouvrages d'art ayant une destination spéciale; et principalement les *modules* ou régulateurs.

Émissaire (*emissario*). — Nom que l'on donne en Italie, soit à un canal, soit à un cours d'eau lorsqu'il servent à l'écoulement d'un lac ou d'un marais. Dans ce sens, le Tessin et l'Adda sont les émissaires naturels des deux principaux lacs situés au nord du Milanais.

Empatement (*imbasamento*). — Base formant une saillie plus ou moins considérable sous une construction en maçonnerie, pour lui donner plus de stabilité.

Empèlement. — Voyez Vanne, Vannage.

Emprunt (*presa di terra*). — Lorsque dans un projet de terrassements, comme cela arrive toujours dans la construction des digues, il n'y a pas, sur la ligne des travaux, égalité entre le cube des déblais et celui des remblais, ceux-ci ne peuvent se compléter qu'à l'aide de terres, prises dans des fouilles à part, spécialement ouvertes à cet effet, et que l'on nomme *chambres d'emprunt*.

Encaissé (*incassato*). — Ce mot s'applique à la différence plus ou moins grande qui existe entre le niveau d'un cours d'eau et celui de ses rives; ainsi on dit que telle rivière est très-encaissée, en un point désigné de son cours, par opposition avec les endroits où elle coule à fleur de terre. Là où il existe des travaux d'endiguement, on peut toujours dire qu'un cours d'eau est encaissé entre ses digues.

Endiguement (*arginatura*). — Opération consistant à endiguer ou à pourvoir de digues une rivière ou un torrent qui n'en avaient pas encore.

Engrais (*concime, letame*). — Les engrais consistent dans des matières solubles chargées de carbone, d'hydrogène et d'azote, provenant généralement de la décomposition des matières végéto-animales. La nature des engrais renfermant, d'une manière surabondante, les principes constitutifs des végétaux, et leur solubilité qui facilite beaucoup l'absorption ou l'assimilation de ces principes, expliquent la puissante influence qu'ils exercent en agriculture.

Les engrais jouent un très-grand rôle dans l'économie rurale qui a pour base l'irrigation; mais il y a de grandes distinctions à faire, suivant la qualité des eaux que l'on emploie et le système d'arrosage qui est adopté.

Enrochement (*fondamento a pietre perdute*). — Amas de pierres brutes ou de cailloux, d'un volume suffisant, que l'on jette au fond de l'eau jusqu'à ce qu'il atteigne à un niveau déterminé. Le volume des pierres à employer dans un enrochement doit être d'autant plus considérable que le courant à l'action duquel elles doivent résister est plus rapide; car leur résistance ne résulte que de leur propre poids. Ce mode de fondation, qui dispense des épuisements et des bétonnages, est très-avantageux, partout où l'on a sous la main des matériaux convenables à y employer. Les enrochements servent aussi quelquefois à protéger seulement le pied d'un ouvrage exposé à être affouillé par les eaux courantes.

Éperon (*sperone*). — Ouvrage en maçonnerie, en terre, en fascines ou en charpente, de dimensions plus ou moins considérables, destiné à protéger une berge ou une construction hydraulique contre le choc des eaux, celui des glaces et autres corps flottants.

Epi (*penello*). — On peut donner ce nom à tout ouvrage fixe en maçonnerie, pieux, fascines, etc., qui, partant de la rive d'un cours d'eau, forme une saillie quelconque sur son lit. Car c'est en vertu de cette saillie que les épis ont la faculté d'amortir, et même dans certains cas de détruire entièrement, la vitesse des eaux le long des bords. D'après cette propriété, l'on emploie très-efficacement les épis soit pour préserver une rive menacée de corrosion, soit même pour réparer par l'effet des alluvions les dégradations déjà effectuées.

Epuisement (*getto d'acqua*). — Opération consistant à enlever, à l'aide de seaux, de baquets, de corbeilles, de pompes et autres machines, toute l'eau d'un emplacement dans lequel on veut fonder un ouvrage en maçonnerie, sans être gêné par les eaux.

EROSION ou CORROSION (*corrosione*). — Dégradation des rives, ou berges d'un rivière, par le choc ou le frottement des eaux.

ESPASSIÈRE. Voyez MARTELLIÈRE.

ESTACADE (*palizzata*). — Ouvrage en pieux ou en charpente, à claire-voie, servant soit à barrer un bras de rivière ou l'entrée d'un canal, soit à protéger des constructions hydrauliques contre le choc des glaces ou celui des bateaux.

ÉTIAGE (*estività*). — Mot employé en France, dans l'architecture hydraulique pour désigner le niveau le plus bas des eaux d'une rivière. *Voir* ci-dessus aux mots BASSES EAUX, HAUTES EAUX, en quoi le mot ÉTIAGE est défectueux, au moins dans sa généralité.

EXTRADOS (*estradosso*). — Surface extérieure d'un voûte, prise au-dessus de l'épaisseur des pendants, ou voussoirs.

EYGADIER (*camparo*). — Nom donné dans l'ancienne Provence, et dans les départements limitrophes, aux employés ou préposés, chargés de veiller à la distribution des eaux d'irrigation, entre divers usagers, ainsi qu'à la surveillance et à la police des canaux d'arrosage. — Voyez PRÉPOSÉ, REYGUIER.

FAÎTE (*colmo*). — Ligne culminante sur le sommet des chaînes de montagnes. Les lignes de faîte sont surtout remarquables en ce qu'elles déterminent le partage des eaux entre les versants opposés. Ces lignes sont très-rarement de niveau : elles offrent au contraire des ondulations très- prononcées qui y établissent des *cimes* et des *cols*. — *Voyez* ces mots.

Pour les montagnes secondaires ou les simples collines on se sert assez communément du mot *crête* : mais le mot faîte est le seul dont l'acception soit précise et régulière.

F

FASCINAGE (*fascinata*). — Ouvrage en fascines.

FASCINES (*fascine*). — Petits faisceaux de branches vertes, fortement serrées par des liens de même nature, et destinés à former divers ouvrages en lit de rivière ; tels que des épis, revêtements de talus, etc.

FAUCARDEMENT (*taglio delle erbe*). — Action de couper à la faux les herbages et les plantes aquatiques, qui croissent dans le lit des canaux, dont elles tendent à diminuer la section et dont quelquefois elles obstruent totalement le débouché.

FLOTTEUR (*galleggiante*).—Instrument simple ou composé, dont on se sert pour mesurer l'espace que parcourt une eau courante, dans un temps donné. Le flotteur est *simple* quand il n'est formé que d'un corps spécifiquement plus léger que l'eau, lequel étant jeté au milieu du courant, sert à constater sa vitesse superficielle ; il est *composé* lorsqu'il est pourvu d'une partie flottante et d'une partie plongeante, de manière à indiquer la vitesse moyenne ou réelle des filets d'eau, soumis à l'expérience. On les distingue dans ce cas sous le nom de *aste ritrometriche*.

Franc-Bord (*franco, marciapiede*). — Espace ou sentier, de largeur variable, que l'on réserve ordinairement le long d'un canal et qui en est regardé comme une dépendance indispensable, à cause de l'obligation où est l propriétaire de ce canal de pourvoir seul à l'entretien et aux curages qu'il réclame, là où il traverse des héritages appartenant à des tiers.

Quand des contestations s'élèvent à l'occasion d'un franc-bord dont la largeur n'est pas fixée par titres, les tribunaux compétents arbitrent cette largeur d'après les usages de la localité.

Frette (*cerchio di ferro*). — Cercle de fer qui entoure les pièces de bois exposées à se fendre par l'effet du choc ou de la torsion. Ainsi l'on a toujours soin de fretter les têtes de pieux ou pilotis, qui doivent recevoir les chocs d'un mouton. On frette également les arbres des roues hydrauliques et d'autres pièces analogues.

Fuite (*stillazione*). — Perte d'eau à travers les fissures ou les fondations d'un ouvrage destiné à la retenir. L'irrigation étant de tous les usages de l'eau celui où elle a le plus de valeur, les pertes et les filtrations, qu'on désigne vulgairement sous le nom de fuites d'eau, doivent être soigneusement évitées.

G

Gare (*darsena*). — Lieu réservé, sur les rivières et canaux pour y retirer les bateaux pendant l'hiver afin qu'ils soient en sûreté et à l'abri des avaries que peuvent causer soit les grandes eaux, soit les débâcles de glaces. — Voyez Darse.

Gatellation (*gatellazione*). — *Voir* ci-après.

Gatello (*gatello*). — Espèce de mentonnet ou de petite console saillante de $0^m,06$ à $0^m,10$ adaptée à la face extérieure de la vanne qui fait partie du module régulateur des bouches de prise d'eau dans le Milanais. Le gatello est destiné à opposer un obstacle fixe à la levée de ladite vanne, au delà du point déterminé par l'administration, pour fournir la hauteur d'eau ou pression, nécessaire au-dessus du bord supérieur de la bouche proprement dite.

La gatellation est la vérification que l'autorité administrative fait exécuter par le ministère des ingénieurs et inspecteurs des eaux, toute les fois qu'elle le juge convenable, sur les canaux du gouvernement, dans le Milanais, afin de s'assurer : 1° que toutes les vannes sont pourvues d'un *gatello*; 2° que ces arrêts sont placés à la hauteur convenable pour obtenir constamment la pression voulue, d'après le niveau moyen des eaux du canal. — *Voir* la description du module milanais.

Glacis (*spatto*). — C'est la surface inclinée que forme un déversoir, depuis son couronnement jusqu'au niveau de ses fondations, dans la partie d'aval.

H

Hydromètre (*idrometro*). — Colonne ou tablette en pierre, en marbre ou en métal, portant une échelle verticale graduée, dans le but de constater les divers niveaux des eaux, dans une rivière ou un canal. Sur des fleuves, très-importants, comme le Nil et le Rhône, l'hydromètre perd son nom générique pour emprunter celui du fleuve, et l'on dit alors *nilomètre*, *rhonomètre*, *etc.*

J

Jaugeage (*misura delle acque*). — Appréciation du volume d'eau que débite une rivière, dans un temps déterminé, en se servant soit d'expériences directes, soit de formules, calculées d après des expériences analogues.

Jouées. (*spalle*). — Voyez Bajoyers.

L

Lachure (*scaricatura*). — Flot ou volume d'eau qu'on lâche temporairement, d'amont en aval, par l'ouverture totale ou partielle d'une vanne ou vantelle faisant partie soit d'une écluse de navigation, soit d'un simple barrage de retenue. — Voyez Écluse.

Levée (*levata*). — Digue ou remblai, ordinairement en terre, et revêtue de gazon ou de clayonnages. Les levées ont pour objet d'empêcher une eau courante sujette à des crues, de se répandre sur les terres adjacentes. Sur les bords du Rhône on donne aux ouvrages de cette espèce le nom de *lévadons*, et l'on désigne sous le nom de *lévadiers* les agents institués par les associations de propriétaires intéressées, pour la surveillance de ces digues particulières. — Voyez Digue.

Libages (*sassatelli*). — Blocs de pierre de fortes dimensions et grossièrement équarris, servant à établir solidement les fondations et les parties basses des ouvrages hydrauliques, dont les matériaux ont besoin d'être très-massifs.

Ligne d'eau (*linea d'acqua*). — C'est la 144e partie du pouce d'eau, ou pouce de fontainier, ancienne mesure française pour la distribution des eaux d'un faible volume, notamment dans les usages domestiques. — Voir au tableau comparatif des mesures.

Lit (*letto*). — C'est l'espace sur lequel coulent les eaux d'une rivière d'un ruisseau, d'un canal, sans se répandre sur les terrains environnants. Le point le plus essentiel à atteindre par une bonne administration et une bonne police des eaux courantes, c'est la stabilité de leur lit: or, cette stabilité correspond au régime pour lequel il y a équilibre entre la résistance du lit et l'action érosive des eaux.

M

Martellière. — Dans le midi de la France, et notamment dans les départements traversés par le Rhône, c'est le nom que l'on donne aux empèlements ou vannages qui sont le seul moyen employé pour régler les prises d'eau destinées à l'arrosage des terres. Dans la Provence les simples vannes d'irrigation sont désignées par les noms d'*espassières* ou *esparcières*. Ces vannes sont toujours censées établies entre des jouées en maçonnerie.

Meule d'eau (*ruota d'acqua*). — Désignation employée dans le midi de la France (région des Pyrénées) pour indiquer le débit plus ou moins grand des bouches de prises d'eau. — Voir le tableau comparatif des mesures, d'où il résulte que la *meule d'eau* est aujourd'hui une désignation entièrement fictive.

Modellation (*modellazione*). — Voyez ci-après.

Module (*modello, edificio*). — Appareil destiné à régler d'une manière aussi exacte qu'il est possible, la quantité d'eau introduite dans une dérivation effectuée sur une rivière ou sur un canal principal. La modellation consiste à imposer, par mesure de police, l'établissement d'un module régulateur aux bouches de dérivation qui en sont dépourvues.

Moulan ou Moulan d'eau (*ruota d'acqua*). Mesure des eaux adoptée dans le midi de la France (région de la Provence). Cette quantité, primitivement basée sur le débit nécessaire au roulement des meules d'un moulin à farine, avec une chute moyenne, peut être définitivement fixée aujourd'hui, comme mesure de distribution des eaux d'irrigation.

N

Niveau (*livello*). — Instrument d'une grande importance pour toutes les opérations sur le terrain, et notamment pour le tracé des canaux. Dans ceux qui sont destinés à l'irrigation la question des pentes ayant plus d'importance que partout ailleurs, on doit, dans les études sur le terrain, n'employer que des instruments d'une grande perfection et d'une exactitude éprouvée.—Lorsqu'on ne veut, en matière de nivellement, qu'une approximation comme cela a lieu par exemple quand il s'agit de dresser les pentes d'un terrain qu'on veut disposer à l'irrigation, on peut se servir d'une simple chaîne d'arpenteur et de trois jalons de hauteur fixe, que l'on nomme dans ce cas des *nivelettes*.

Noria (*noria*). — Machine ou roue à seaux propre à élever les eaux, et employée depuis une époque très-ancienne aux irrigations, notamment par le Maures en Espagne, où cette machine est encore très-répandue.

O

OEil de meule. — Dans les Pyrénées françaises, on appelle ainsi de petites prises d'eau ou bouches circulaires de $0^m,16$ à $0^m,24$ de diamètre. — Voyez Meule.

Œuvre (*opera*). — Nom que prennent dans la Provence la plupart des associations formées pour la construction, la continuation ou seulement la jouissance des canaux d'arrosage. Exemple : œuvre d'Arles, œuvre de Crapone, œuvre des Alpines.

Once d'eau (*oncia d'acqua*). — Nom adopté dans toute l'Italie pour désigner les différentes mesures de l'eau d'irrigation. Malheureusement autant de provinces, autant d'onces différentes; non-seulement quant au volume d'eau effectif qu'elles représentent, mais encore quant à la manière de l'obtenir.

Un des points que j'ai eu le plus particulièrement en vue, dans la rédaction de cet ouvrage, a été de démontrer que, parmi les diverses *mesures d'eau* en usage dans l'Italie septentrionale, il en est une plus parfaite que toutes les autres et reconnue telle d'une manière incontestable. De sorte que s'il était constaté, qu'en France ou ailleurs, les irrigations ne prendront jamais tout l'accroissement dont elles sont susceptibles, qu'avec les garanties d'ordre et de régularité que peut seule établir une bonne mesure des eaux, c'est celle-là qu'il conviendrait d'adopter. — Voir le tableau comparatif.

P

Partage d'eau (*spartizione d'acqua*). — C'est la division d'un certain volume d'eau courante en deux ou plusieurs parties dans des proportions déterminées.

Partiteur (*partitore*). — Ouvrage d'art servant à effectuer, dans des proportions voulues, le partage des eaux d'irrigations.

Pelle. — Voyez Vanne.

Pente (*pendenza*). — C'est l'inclinaison d'une eau courante, appréciée sur une certaine longueur, prise pour unité. La pente de la plupart des cours d'eau étant généralement très-faible, il est préférable de la désigner plutôt par kilomètre que par mètre. Ainsi, de ces deux énonciations d'une même chose, $0^m,42$ par kilomètre, ou $0^m,00042$ par mètre, il n'est personne qui ne doive préférer la première. En France, l'usage n'est point généralement adopté de déterminer les pentes des cours d'eau par kilomètre; et cependant leur désignation par mètre, avec un grand nombre de décimales, donne lieu journellement aux erreurs les plus graves.

Pénurie (*magra*). — État d'un cours d'eau dans le moment où celle-ci est le moins abondante. Ce mot préférable à celui d'*étiage* qui peut impliquer une idée fausse est en usage dans plusieurs départements du midi de la France et s'applique aux époques où la rareté des eaux d'irrigation oblige à modifier, entre les usagers, les règles habituelles de leur distribution.

Pertuis (*pertugio*). — Terme qui peut s'appliquer à tout ouvrage d'art destiné à donner passage à une eau courante.

Pilonage. — Voyez Damage.

Pilots, Pilotis (*palafitte*). — Système de pieux ou pilots enfoncés, au refus d'un mouton à sonnette d'une pesanteur déterminée, ou quelquefois battus seulement à la masse, pour former soit les fondations d'un ouvrage hydraulique sur un mauvais terrain, soit une enceinte destinée à le protéger contre les affouillements et autres dommages.

Point de partage (*punto di spartizione*). — Ce nom se donne en architecture hydraulique, au bief le plus élevé d'un canal à deux versants; et en topographie, au point sur lequel, dans les chaînes ou groupes de montagnes, s'opèrent naturellement la division des eaux de pluie, ou de la fonte des neiges, entre deux ou plusieurs versants opposés. Dans le voisinage des cols, c'est ordinairement par la présence d'un petit lac que ces partages naturels des eaux sont rendus sensibles à l'œil. Dans les Alpes, les lacs les plus élevés ne se trouvent ordinairement que sur l'un ou l'autre des versants. Dans la partie des Apennins la plus voisine de Rome, région très-riche en eau, on remarque plusieurs de ces lacs, placés précisément au point de partage; de sorte qu'ils fournissent des eaux à deux courants opposés, comme cela a lieu pour le bief de partage d'un canal de navigation. On voit des exemples de cette disposition vers la frontière des États pontificaux et de la Toscane, au nord du lac Trasimène, sur un faîte secondaire où plusieurs petits lacs dirigent leurs eaux, à l'est dans la vallée du Tibre, et à l'ouest dans celle de l'Arno. Dans les montagnes secondaires, le partage des eaux ne s'opère guère que d'une rivière à une autre, comme dans le cas que je viens de citer; mais dans les montagnes d'un ordre plus élevé, les points de partage voient aboutir à eux des cours d'eau qui desservent des mers différentes.

Dans un travail statistique que j'ai rédigé en 1841, sur les cours d'eau du département de la Haute-Marne, j'ai signalé, dans la montagne de Langres, un point de partage fort remarquable qui distribue les eaux en trois directions différentes pour les vallées de la Marne, de la Saône et de la Meuse; c'est-à-dire entre l'Océan, la Méditerranée et la mer du Nord.

Pont-aqueduc, Pont-canal (*ponte-canale*). — Ouvrage d'art formé d'un ou plusieurs rangs d'arches ou arcades, et surmonté soit par un aqueduc proprement dit, soit par un canal à ciel ouvert. Les ponts-aqueducs servent à conserver le niveau, ou la pente régulière d'une dérivation qui doit traverser un vallon ou même une vaste plaine. Les Romains s'étaint distingués dans ce genre de construction, mais ils ont été surpassés par les peuples modernes. Les ponts-aqueducs de *Cisiltey* en Angleterre, de *Corton* en Amérique, dont le dernier a quatorze lieues de longueur, sont des constructions qui, pour la hardiesse et le grandiose, dépassent tout ce que l'antiquité avait fait dans le même genre.

Le pont-aqueduc de *Roquefavour*, sur la ligne du canal de Marseille, sera également un ouvrage très-remarquable dans cette espèce de travaux.

Portée d'eau (*portata d'acqua*). — Expression usitée pour désigner le volume d'eau que débite, ou que *porte*, soit un cours d'eau, soit un canal, dans un temps donné. Cette évaluation se fait ordinairement, en mètres cubes, ou en litres, par seconde.

Portes d'écluse ou Portes busquées (*portoni, portine*). — Nom qu'on donne aux portes d'écluses qui battent, tant en amont qu'en aval, contre les buscs, en forme de chevron brisé, formant saillie sur les radiers des écluses de navigation. Toute écluse a un mur de chute, d'où il résulte nécessairement une dimension inégale des deux paires de portes qui ferment un même sas. Cette circonstance a servi à leur désignation en Italie, où ces portes sont en usage depuis le milieu du xve siècle. Ainsi, au lieu de dire portes d'amont, portes d'aval, on dit plus simplement, *portine*, *portoni* (petites portes et grandes portes).

Porteur d'eau (*portatore*). — Voyez Canal d'amenée.

Potelets; potilles (*balconata*). — Pièces de bois verticales faisant partie d'un empèlement ou vannage.

Pouce d'eau (*pollice d'acqua*). — Le pouce d'eau, ou pouce de fontainier, est la quantité d'eau qui s'écoule par une ouverture circulaire d'un pouce de diamètre, percée dans une mince paroi et avec une pression ou hauteur d'eau de sept lignes sur le centre, ou d'une ligne sur le bord supérieur de cet orifice. Pour le produit métrique du pouce d'eau, voir le tableau comparatif des mesures.

Préposé (*camparo*).—Terme général équivalant aux diverses désignations locales données aux employés de la surveillance immédiate des canaux d'arrosages, et notamment de la distribution des eaux entre les usagers d'un même canal. — Voyez Camparo, Eygadier, Reyguier.

Prés d'hiver (*prati iemali, marcitori, di marcita*). — Prés soumis pendant l'hiver, à un mode d'irrigation particulier, qui paraît avoir pris naissance il y a plusieurs siècles dans le Milanais; ces prés sont les seuls qui puissent fournir de l'herbe verte pendant toute l'année.

Pression (*battente*).—Charge ou hauteur d'eau qu'il est de règle de laisser au-dessus d'un orifice ouvert dans un réservoir, pour régulariser l'écoulement qui a lieu par cet orifice. La théorie indiquerait de compter cette hauteur à partir du centre de l'orifice; dans la pratique, et pour tous les modules en usage dans l'Italie, cette hauteur est calculée à partir du bord supérieur de la bouche de prise d'eau. Obtenir cette hauteur d'eau *constante* au-dessus des bouches de dérivation est tout le secret de la perfection d'un module régulateur; mais ce but est d'autant plus difficile à atteindre que le cours d'eau alimentaire est de sa nature, moins régulier et surtout moins riche, dans la saison des arrosages.

Prise (*presa*). — Expression incomplète et par conséquent vicieuse, dont on se sert dans tout le midi de la France, pour désigner la prise d'eau ou l'embouchure d'un canal de dérivation.

Q

Queue de fontaine. — Voyez Tête de fontaine.

R

Radier (*selciato*). — Revêtement en pavés, dalles, bois, ou autre matière solide, dont on recouvre le sol des rivières et canaux pour y éviter les affouillements. Les radiers sont surtout indispensables dans l'emplacement des ouvrages d'art, tels que les ponts, les écluses, les aqueducs, etc., où l'eau prend ordinairement une plus grande vitesse que celle de son cours naturel.

Recépage (*tagliamento*). — Ce mot n'est employé, dans l'architecture hydraulique, que pour désigner l'action de couper, ou recéper, les pieux ou pilotis à une hauteur uniforme. Des machines particulières servent à pratiquer cette opération sous l'eau, et à toutes les profondeurs.

Refoulement (*rigurgito*). — Lorsqu'une bouche ou un orifice quelconque sont ouverts dans un réservoir, le produit de l'eau qui y passe dans un temps donné, se trouve nécessairement modifié selon que l'écoulement se fait, soit entièrement à l'air libre, soit en totalité ou en partie, dans l'eau, existant à un niveau inférieur à celui du réservoir. C'est à cette dernière circonstance que s'applique l'expression de refoulement. Dans la Lombardie et le Piémont, on nomme *bouches refoulées* (*bocche rigurgitate*), celles qui, par la situation des lieux, sont astreintes à avoir ainsi leur débouché entièrement ou partiellement dans l'eau. Il y a des règles particulières pour calculer dans ce cas la dépense effective des bouches suivant qu'elles sont plus ou moins noyées. — Voir le chapitre qui traite des modules.

Régalage (*spargimento*). — En matière de terrassement on donne ce nom à l'opération qui consiste à rabattre, à la pelle ou au râteau, les dernières buttes ou inégalités formées par les versements partiels des brouettes et tombereaux, afin de donner au terrain une surface unie suivant la forme et les inclinaisons qui lui ont été assignées. Dans aucune autre circonstance le régalage des terres n'est réclamé avec autant de soin que sur les emplacements que l'on veut disposer à recevoir l'irrigation. Car il est de fait que celle-ci s'effectue d'autant mieux, et consomme d'autant moins d'eau, que le terrain est mieux dressé, ou disposé suivant des pentes convenables, pour la recevoir.

Régime (*indole*).—Dans l'acception rigoureuse adopté par plusieurs hydrauliciens, le mot *régime*, en hydrodynamique, désigne seulement l'état dans lequel il y a équilibre entre l'action érosive d'une eau courante et la résistance du lit qui la reçoit. Dans une acception plus générale cette expression s'applique à la manière d'être, et selon le sens de l'expression italienne, au caractère, au naturel, bon ou mauvais, d'une eau courante. Ainsi l'on dit : telle rivière à un régime régulier, telle autre a un régime torrentiel.

On conçoit aisément qu'en matière d'irrigations les cours d'eau à régime régulier sont infiniment plus utiles que les cours d'eau à régime torrentiel. Néanmoins, quand ces derniers offrent encore un volume notable, dans la saison des arrosages, l'irrégularité du régime n'est pas un motif suffisant pour faire renoncer à leur emploi.

Remblai. — Voyez Déblai.

Remous. — Voyez Refoulement.

Repère (*segno fisso*). — Point fixe pris, provisoirement, sur une maçonnerie ou autre ouvrage analogue, et définitivement sur une construction spéciale, dans le but de fixer d'une manière invariable relativement à ce point fixe, le niveau d'un bief ou d'une eau courante quelconque. — Voyez Caractères.

Rigole. — Voyez Canal.

Risberme (*riparo*). — Talus ou glacis en fascinages, gazon, maçonnerie, ou enrochement, établi pour protéger le pied des digues ou autres ouvrages hydrauliques.

Rivière (*fiume*). — La langue italienne ordinairement si riche, n'a pas de mots qui correspondent aux trois divisions suivantes, existant dans la langue française : fleuve, rivière, ruisseau. Peu importe qu'un cours d'eau ait son débouché à la mer ou dans une rivière, qu'il débite 1000 mètres cubes ou 10 litres par secondes, qu'il s'appelle le Pô ou l'Olone ; dans toute l'Italie c'est toujours par le nom générique de *fiume* qu'on le désigne. La seule distinction existant dans ce pays est donc celle qui est faite, sous le rapport du régime entre les rivières et les torrents. Dans la plupart des États qui avoisinent les Alpes tout cours d'eau classé comme torrent est, par cette seule désignation, compris dans le domaine public.

Roggia. — Voyez Canal.

Rotation (*ruota, rotazione*). — Rotation est quelquefois synonyme d'assolement (voyez ce mot); mais alors, en Italie on a soin de dire *rotation agronomique*, et cela exprime le retour des mêmes cultures sur le même sol. *Rotation* s'emploie aussi comme mode de distribution des eaux d'arrosage qui sont affectées à tel ou tel terrain, après des intervalles égaux de 7, 8 ou 10 jours. On dit alors communément : telle prairie reçoit l'eau à rotation de 7 jours, de 8 jours, de 10 jours, etc.

Roue d'eau (*ruota d'acqua, rodigine*). — Termes usités en Italie pour désigner un certain volume d'eau qui était censé être celui que réclamait le roulement d'un moulin à blé dans des circonstances ordinaires. — Voir au tableau comparatif des mesures ; voyez aussi les mots Moulan et Meule.

S

Sas (*conca, tromba*). — Le sas d'une écluse de navigation est l'espace dans lequel, par une igénieuse et simple manœuvre des eaux, les bateaux s'élèvent et s'abaissent de la quantité nécessaire pour franchir les chutes, qui rachètent la pente naturelle du terrain. Le sas est terminé, en amont et en aval, par des portes busquées, et latéralement par les murs ou bajoyers de l'écluse.

Sur les canaux servant à la fois à la navigation et à l'irrigation, les deux services doivent être indépendants l'un de l'autre. C'est pourquoi le sas des bateaux y est toujours contigu à un coursier ou pertuis, fermé seulement à son extrémité d'amont par des vannes régulatrices qui servent à distribuer les eaux d'irrigation et à les maintenir dans les différents biefs à un niveau convenable.

Sas (*tromba*). — Je désigne également par le nom de *sas* l'ouvrage d'art analogue à un sas d'écluse, mais de dimensions plus petites, qui entre sous deux formes différentes, dans la construction du module milanais. Dans ce module on distingue le sas couvert (*tromba coperta*) placé en amont de la bouche, du sas découvert (*tromba scoperta*) qui se trouve en aval. — Voir sa description au tome II.

Schiola. — Voyez Canal ou Rigole.

Section (*sezione*). — Surface qui serait produite par la coupe verticale et orthogonale de l'objet dont on veut avoir la section, en un point déterminé.

Seuil (*incile*). — Arasement en saillie formé au moyen d'une dalle, ou d'une pièce de bois, et contenant la partie inférieure d'un empèlement ou d'un autre ouvrage hydraulique.

Siphon (*tomba a sifone*). — Aqueduc en forme de siphon, ayant pour but d'obliger une eau courante à s'infléchir de manière à passer sous un canal ou sous un aqueduc déjà existant, lorsque le niveau naturel de cette eau courante est trop élevé pour que ce passage s'effectue au moyen d'un aqueduc ordinaire. Ces sortes d'ouvrages sont très-multipliés, dans les pays où l'irrigation offre de grands avantages, parce que bientôt les canaux et rigoles de dérivation finissent par s'y entre-croiser dans tous les sens, et à des niveaux différents. C'est ce qui a lieu dans le Milanais. — Voyez Aqueduc, Pont-aqueduc.

Sole. — Voyez Assolement.

Sonnette (*battipalo*). — Machine destinée au battage des pieux. Elle se compose essentiellement des bras ou montants, d'une poulie et d'une corde ou tiraude, disposée de manière que plusieurs ouvriers s'y emploient en même temps; enfin du *mouton*, pièce de charpente d'un poids plus ou moins considérable et qu'on laisse retomber sur les pieux à enfoncer.

Syndic, syndicat (*sindaco, sindacato*) — Les syndicats sont des commissions élues, avec le contrôle de l'autorité administrative, par les assemblées des usagers d'un cours d'eau ou d'un canal. Les syndics sont les membres de ces commissions.

T

Talus (*scarpa*). — Surface plus ou moins inclinée d'un déblai ou remblai (voyez ces mots). Il y a des talus naturels, ce sont ceux que les terres ont pris d'elles-mêmes, sans le secours de l'art, comme cela se voit, par exemple, sur les berges des cours d'eau, sur le penchant des collines. Les talus artificiels sont ceux que l'on établit en observant une proportion déterminée entre leur base et leur hauteur. L'inclinaison se détermine par le rapport existant entre ces deux dimensions.

Terrassement. — Mouvement de terres, synonyme de *déblais* et *remblais*. — Voyez ces mots.

Tête et queue de fontaine (*testa ed esta di fontana*). — Dénominations en usage dans la Lombardie pour désigner un bassin, de forme et de grandeur variables, que l'on établit dans le but de recueillir et d'utiliser les eaux de source que l'on découvre en creusant la terre, soit dans l'ouverture même des canaux d'irrigation, soit par la recherche spéciale que l'on fait de ces sources. Voir, au tome II, le chapitre qui traite de cet objet.

Thalweg (*thalweg*). — Mot allemand, adopté dans toutes les langues pour désigner la ligne des points les plus bas d'une vallée. Les plus petites vallées ont leur thalweg; ces lignes se rencontrent donc souvent à de grandes hauteurs. Mais dans les vallées de premier ordre, telles que celles du Pô, du Rhône, de la Garonne, etc., on trouve des lignes définitives de thalweg, qui sont la région des points les plus bas de toute une vaste contrée. Généralement les cours d'eau placés dans cette situation n'ont ni assez de pente, ni assez d'élévation pour alimenter des irrigations naturelles; mais ils n'en sont pas moins d'une ressource précieuse pour cette industrie, en offrant un moyen d'écoulement assuré aux eaux surabondantes, qui ont servi à l'irrigation des terrains supérieurs. Les détails donnés dans le cours de cet ouvrage démontrent que, dans l'art des irrigations, le thalweg des grandes vallées est une ligne de la plus grande importance.

Tirant d'eau (*immersione*). — Quantité dont un bateau chargé plonge, ou s'enfonce, au-dessous du niveau d'eau d'un canal. On conçoit que la hauteur d'eau dont un bateau chargé a besoin pour rester à flot et pour naviguer librement, est toujours un peu supérieure au tirant d'eau proprement dit. Sur les canaux de navigation et d'irrigation, il y a un rapport nécessaire entre le tirant d'eau des bateaux et la dépense qui s'en fait dans la saison des arrosages; ces deux intérêts étant diamétralement opposés, il faut qu'ils soient combinés et respectivement réglés. La surveillance des préposés doit donc porter sur les dimensions des bateaux entrant dans le canal, aussi bien que sur le débit des bouches de prise d'eau.

Torrent (*torrente*). — C'est l'état naturel des rivières et des simples ruisseaux dans les pays de montagnes, où leur cours impétueux est une conséquence immédiate de la rapidité des pentes. L'idée de torrent comporte à la fois celle d'une grande vitesse des eaux, et celle d'une grande irrégularité dans leur volume, tantôt gonflé par les pluies, tantôt réduit à rien par les sécheresses. Quand ces circonstances caractéristiques ne se réalisent pas complétement, on se sert de l'expression mitigée de *rivière torrentielle*. Ces rivières peuvent être caractérisées par l'impossibilité où l'on serait d'y effectuer la remonte des trains ou bateaux; ce qui a lieu, dans des circonstances ordinaires, avec des pentes de 2m,50 par kil. Tant que les torrents coulent sur des rochers ou sur des galets et cailloux, ils ne peuvent causer beaucoup de dommages; mais les régions les plus menacées de grands désastres, sont celles de la partie moyenne des vallées, où d'après la modération des pentes l'eau coule généralement sur les bancs de sable ou de gravier, offrant peu de résistance, et où conséquemment le lit des rivières torrentielles éprouve, lors des crues subites et violentes, des variations continuelles, très-funestes à la stabilité de la propriété riveraine et surtout aux embouchures des canaux d'irrigation. Tel est l'état de la Durance qui constitue cependant la principale source des arrosages du midi de la France, et qui, d'après cet inconvénient, réclame un bon système d'endiguement, sans lequel cette stabilité désirable ne saurait être obtenue.

Trombature (*trombatura*). — Expression dérivée du mot italien *tromba*, et désignant la disposition qui, en amont et en aval de la bouche, caractérise le module milanais. Voyez Sas.

U

Usagers (*utenti*). — C'est l'ensemble des particuliers qui ont droit à l'usage commun des eaux d'un canal ou d'une rivière.

V

Vanne (*paratora, cateratta*). — Partie mobile et principale des vannages ou empèlements, qui se hausse ou se baisse à volonté, pour laisser couler ou pour retenir l'eau.

Vantail (*vantaglia*). — Porte mobile sur un axe vertical, telles que celles qui sont disposées, par paires, à l'amont et à l'aval du sas dans les écluses de navigation

Vantelle (*vantella, chiavica*). — Petite vanne se levant verticalement ou tournant sur un axe vertical pour servir à l'aménagement des eaux sur les canaux, soit de navigation, soit d'arrosage.

Vantellerie (*cateratte*). — Nom équivalent à celui de *vannage* ou d'*empèlement*, et désignant le système de plusieurs vannes contiguës.

Vitesse de l'eau (*velocità*). — Espace que parcourt une eau courante, dans un temps déterminé. Cette vitesse se calcule ordinairement à raison de tant de mètres ou de centimètres par seconde. Dans un même cours d'eau les vitesses propres aux divers filets fluides dont il se compose ne sont jamais identiques. La vitesse superficielle, mesurée au milieu du courant, dans l'endroit que l'on appelle le fil de l'eau, est toujours la plus grande ; les vitesses du fonds sont relativement d'autant moindres que la hauteur d'eau est plus forte. Il y a une vitesse particulière qu'on nomme vitesse moyenne ou théorique, parce qu'étant multipliée par la section, elle donne le produit du cours d'eau. Pour les rapports existant entre ces différentes vitesses, voir le chapitre qui traite des *jaugeages*.

TABLE

DES CHAPITRES.

Pages.

LIVRE PREMIER.

CANAUX DU PIÉMONT.

LIVRE DEUXIÈME.

CANAUX DE LA LOMBARDIE.

LIVRE TROISIÈME.

ÉTUDE ET ÉTABLISSEMENT DES CANAUX.

LIVRE QUATRIÈME.

FIN DE LA TABLE DU TOME PREMIER.

Paris. — Imprimé par E. Thunot et Ce, rue Racine, 26.

A LA MÊME LIBRAIRIE.

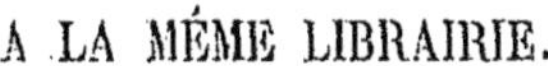

NADAULT DE BUFFON

Ingénieur en chef, Professeur à l'École des ponts et chaussées,
Membre de la Société d'agriculture,
Ancien chef de division au ministère des travaux publics.

COURS D'AGRICULTURE ET D'HYDRAULIQUE AGRICOLE, comprenant les principes généraux de l'économie rurale et les divers travaux d'amélioration du régime des eaux dans l'intérêt de l'agriculture, tels que curages, élargissements, redressements, endiguements, dessèchements des marais et terrains inondés, assainissements des terrains humides ou détériorés par suite de filtrations, drainages, irrigations, limonages, etc. 4 beaux vol. in-8°, avec un grand nombre de figures dans le texte et 18 belles planches.............................. 39 fr.

Cet ouvrage est la rédaction revue, refondue et beaucoup augmentée du cours professé depuis plusieurs années par l'auteur à l'École des ponts et chaussées.

MAITROT DE VARENNE

Ingénieur en chef des ponts et chaussées.

HYDRAULIQUE AGRICOLE, DES IRRIGATIONS ET DESSÈCHEMENTS dans le département de la Haute-Garonne; in-8°....... 5 fr.

DELACROIX

Ingénieur des ponts et chaussées.

FAITS DE DRAINAGE. DÉBIT DES TERRES DRAINÉES, position des plans d'eau souterrains; in-12.................... 1 fr. 25 c.

ASSAINISSEMENT PAR LE DRAINAGE DES BOURGS ET AGGLOMÉRATIONS D'HABITATIONS; in-8°......................... 3 fr. 50 c.

LAMAIRESSE

Ingénieur des ponts et chaussées.

DRAINAGES exécutés dans le département du Jura; in-8. 1 fr. 25 c.

Paris. — Imprimé par E. Thunot et Ce, rue Racine, 26.

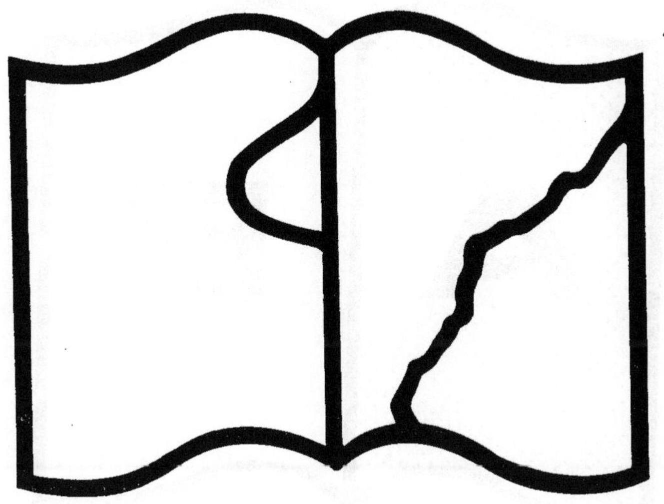

Texte détérioré — reliure défectueuse

NF Z 43-120-11

A
B

www.ingramcontent.com/pod-product-compliance
Ingram Content Group UK Ltd.
Pitfield, Milton Keynes, MK11 3LW, UK
UKHW021839190726
13855UKWH00001B/55